U0385696

API 设计模式

奥拉夫·齐默尔曼
米尔科·斯托克
[美] 丹尼尔·吕布克　　著
乌韦·兹敦
切萨雷·保塔索

蒋　楠　　　　译

清华大学出版社
北　京

北京市版权局著作权合同登记号 图字：01-2023-1359

图书在版编目（CIP）数据

API设计模式 / (美) 奥拉夫·齐默尔曼等著 ; 蒋楠译.
北京 : 清华大学出版社, 2025. 3. -- ISBN 978-7-302-68172-4
Ⅰ. TP393.092.2
中国国家版本馆CIP数据核字第2025G0B171号

责任编辑：王　军
封面设计：高娟妮
版式设计：恒复文化
责任校对：成凤进
责任印制：沈　露

出版发行：清华大学出版社
　　　　网　　　址：https://www.tup.com.cn，https://www.wqxuetang.com
　　　　地　　　址：北京清华大学学研大厦A座　　　　邮　　编：100084
　　　　社 总 机：010-83470000　　　　邮　　购：010-62786544
　　　　投稿与读者服务：010-62776969，c-service@tup.tsinghua.edu.cn
　　　　质 量 反 馈：010-62772015，zhiliang@tup.tsinghua.edu.cn
印 装 者：天津鑫丰华印务有限公司
经　　销：全国新华书店
开　　本：170mm×240mm　　　印　　张：24.75　　　字　　数：617千字
版　　次：2025年3月第1版　　　印　　次：2025年3月第1次印刷
定　　价：128.00元

产品编号：098655-01

各 方 赞 誉

"API 正在席卷全球。软件开发过程中的组织和协作越来越依赖于 API。设计 API 时会遇到各种挑战，而使用模式是应对这些挑战的有效手段。本书有助于从业者提高 API 设计的效率：他们可以集中精力设计自己的应用程序，而标准的设计问题则可以通过使用模式解决。对于从事 API 相关工作的人士来说，本书会改变他们设计和理解 API 的方式。"

——Erik Wilde

Axway 公司 Catalyst 团队成员

"五位作者通过浅显易懂的方式探讨了 API 生命周期中涉及的各种设计模式，本书涵盖从定义到设计的各个阶段。无论是已经写过几十个 Web API 的老手，还是刚刚接触这一领域的新手，都能从阅读本书中受益。书中介绍的模式有助于保持 API 设计具有一致性，并帮助开发人员应对设计过程中可能遇到的各种挑战。本书非常值得一读。"

——James Higginbotham

《Web API 设计原则》作者

LaunchAny 公司创始人、首席 API 顾问

"如今，API 在软件开发领域无处不在。API 设计看似简单，但是所有饱受糟糕设计之苦的开发人员都有体会，掌握 API 设计的技巧并不容易，它远比表面看到的现象要精细和复杂。本书的五位作者运用丰富的经验和多年研究工作的成果，创建出一套关于 API 设计的结构化知识体系。本书不仅可以帮助读者理解用于构建高质量 API 所需掌握的基本概念，而且会提供一套实用的模式，可供开发人员在构建自己的 API 时使用。本书适合所有从事现代软件系统设计、开发或测试的人士阅读。"

——Eoin Woods

Endava 公司首席技术官

"在系统设计(尤其是在日益主导软件生态系统的分布式系统设计)中，需要进行大量权衡取舍，而 API 是帮助管理这些权衡取舍的关键要素之一。在我看来，本书通过使用易于理解的概念来消除 API 理解和设计过程中呈现出的复杂性，无论是已有一定经验的工程师，还是刚刚开始从事软件工程和架构设计的新人，都不难理解书中讨论的内容。如果你希望在系统设计中发挥关键作用，那么掌握书中介绍的 API 设计概念和模式至关重要。"

——Ipek Ozkaya

美国卡内基梅隆大学软件工程研究所软件解决方案部智能软件系统工程技术总监

2019—2023 年《IEEE 软件》期刊主编

"我相信，在当今这个时代中，'API 优先'设计将成为大型复杂系统设计的主旋律。正因为如此，本书的出版恰逢其时，值得所有架构师一读。"

——Rick Kazman
美国夏威夷大学马诺阿分校教授

"终于看到系统探讨 API 设计这一重要话题的著作了！真希望能早几年读到本书，书中介绍的模式非常有用。"

——Gernot Starke 博士
INNOQ 研究员

"在我看来，某些软件项目之所以失败，是因为中间件技术掩盖了系统的分布式特性：程序员设计出适用于集中式系统的 API，但是在分布式环境中远程调用这种 API 时就会出现问题。本书探讨了在相互依存的世界中软件所需具有的分散性，并给出了设计各部分功能模块之间的接口时长期适用的建议。书中介绍的模式并不局限于某种特定的中间件技术，它们既能帮助开发人员创建和理解互联软件系统，也有助于管理这些系统目前和今后在功能上的必要演进。这些系统不仅在全球范围内的业务中发挥着作用，而且广泛应用于汽车、房屋以及日常生活所依赖的几乎每一项技术中。"

——Peter Sommerlad
独立咨询顾问
《面向模式的软件架构(卷 1)：模式系统》作者
Security Patterns 作者

"本书堪称软件工程师和架构师在 API 设计、演进、文档化方面的'瑞士军刀'。我特别欣赏本书的一点是，五位作者并没有简单地将模式抛给读者，而是围绕现实示例进行解释，并提供实践性的架构决策支持，还通过案例研究来剖析模式和决策，因此理解书中介绍的模式语言可谓易如反掌。读者可以直接查找某个问题对应的解决方案，也可以通读各章以全面了解与 API 设计相关的问题和解决方案。所有模式经过精心设计且命名得体，并通过了从业者社区的同行评审。阅读本书是一种享受。"

——Uwe van Heesch 博士
执业软件架构师
Hillside Europe 前副总裁

"本书讨论的 44 种 API 模式涵盖各个方面，有助于软件工程师和架构师设计出具备互操作性的软件系统。五位作者不仅介绍了 API 的基础知识，还提供了大量研究示例。对于今后将要从事软件工程行业的人士来说，本书是一本优秀的教程。书中讨论的许多模式在实践中极为有用，已被应用于设计集成化、任务关键型铁路运营中心系统的 API。"

——Andrei Furda
日立轨道 STS 澳大利亚分公司高级软件工程师

序 一

我参与策划和编辑的"Addison-Wesley Signature Series 丛书"侧重于介绍软件开发过程中的有机增长和改进，下文会对此详细论述。在我看来，首先有必要介绍一下我与本书第一作者Olaf Zimmermann 教授之间那种自然而然的交流。

我经常提到系统设计遵循康威定律。该定律指出，沟通是软件开发过程中的关键要素。系统设计不仅反映出设计者具有的沟通思维，此外个人在沟通过程中采用的语言组织和方式同样重要。良好的沟通可以促进有意义的讨论并激发思想火花，从而持续推动创新产品的开发。2019年 11 月，我在瑞士伯尔尼举行的 Java 用户组(Java User Group, JUG)会议上遇到了 Zimmermann教授。我当时做了关于反应式架构和编程的发言，并介绍了如何结合领域驱动设计来使用反应式架构。在我的发言之后，Zimmermann 教授进行了自我介绍。我还见到了他指导的研究生、后来成为同事的 Stefan Kapferer。他们两人相互合作，以"有机"的方式设计和开发了名为 ContextMapper 的开源产品(一种用于领域驱动设计的领域特定语言和工具)。与 Zimmermann 教授的偶遇最终促成了本书的出版。在介绍"Addison-Wesley Signature Series 丛书"出版的宗旨之后，我会进一步分享这次邂逅的故事。

"Addison-Wesley Signature Series 丛书"致力于帮助读者提高软件开发成熟度，并在以业务为中心的实践中取得更大成功。这套丛书强调采用各种方法(包括反应式架构、面向对象编程、函数式编程、领域建模、大小合适的服务、模式、API)对软件进行有机改进，并探讨相关基础技术的最佳用法。

接下来，我会重点谈谈什么是有机改进(organic refinement)。

一位朋友和同事最近使用"有机"一词来描述软件架构，从而引起了我的注意。虽然我在软件开发领域听说过也使用过这个词，但是在看到有机架构(organic architecture)这样的表达方式后，我开始深入思考"organic"的含义。

请读者想一想"organic"这个词，甚至"organism"这个词。二者在大多数情况下指代生物体，但有时也用来描述某些表现出类似生命特征的非生物体。"organic"一词源自希腊语，其词源与身体的功能器官有关。查一查"organ"的词源就会知道，这个词的含义很广泛。实际上，"organic"一词的含义也很广泛，它包括：身体器官、实施演进过程、某种功能性工具、乐器。

"organism"一词的第一种含义是"生物体"，涵盖从宏观的超大型生物到微观的单细胞生命形式，这方面的例子俯拾皆是。"organism"一词的第二种含义是"有机体"，相关的例子可能就不那么容易想到了。一个例子是组织(organization)，这个词由"有机"(organic)和"有机体"(organism)两部分构成，旨在描述一种具有双向依赖关系的结构化事物。之所以将组织比作有机体，是因为组织内部的各个部分相互依赖：组织需要各个部分来维持运作，各个部分也需要组织来发挥作用。

从这个角度出发，可以将上述思维方式扩展到非生物体，因为它们表现出类似于生物体的特征。以原子为例，每个原子都是一个独立的系统，所有生物体都由原子组成。但是原子本身不属于生物体，而且不会繁殖。尽管如此，考虑到原子能够持续运动和相互作用，仍然可以将原子视为某种生物体。原子之间甚至会相互结合。一旦发生这种情况，那么每个原子就不仅仅是一个独立的系统，它们还与其他原子共同形成子系统，各个原子结合后所表现出的组合行为会催生出一个更大的整体系统。

因此，从某种程度上说，任何与软件相关的概念都是"有机"的，因为即使是非生物体也会表现出生物体具有的某些特征。当我们通过具体场景讨论软件模型概念、绘制架构图、编写单元测试及其相应的领域模型单元时，软件就开始变得鲜活起来。软件并非一成不变，因为我们在不断讨论如何改进和优化软件，其中一个场景的变化会引发另一个场景出现变化，从而对架构和领域模型产生影响。在持续迭代的过程中，改进软件带来的价值可以促使有机体逐步增长。随着时间的推移，软件也在不断发展。我们通过使用有用的抽象来处理和解决复杂性问题，软件在发展，其功能也在发生变化。所有这些工作都有一个明确的目的，那就是在全球范围内更好地为人类服务。

遗憾的是，与有机体一样，软件往往难以"茁壮成长"，而且经常出现"发育不良"的情况：即使初期一切正常，但随着时间的推移也容易生病(出现故障)、变形(功能异常)、长出不自然的附属物(增加不必要的功能)、萎缩(功能失效)或恶化(质量下降)。更糟糕的是，尽管我们投入时间和精力去改进存在问题的软件，但是这些努力不仅没能提高软件质量，反而带来更多问题。最糟糕的是，即使改进失败导致问题恶化，但软件依然不会完全崩溃，从而令对这些问题的处理变得更加棘手——其实，软件要是真的崩溃就好了。我们不得不选择把软件"置于死地"。要做到这一点，需要具备屠龙者一样的勇气、技巧和坚韧不拔的意志——不是一位屠龙者，而是几十位精力充沛的屠龙者。实际上，解决复杂的软件问题通常需要几十位具有极高智慧和专业技巧的"屠龙者"。

"Addison-Wesley Signature Series 丛书"的目的就在于此。如前所述，我参与策划和编辑的这套丛书致力于帮助读者通过使用各种方法(包括反应式架构、面向对象编程、函数式编程、领域建模、大小合适的服务、模式、API)来提高软件开发成熟度并取得更大成功。除此之外，这套丛书还会探讨相关基础技术的最佳用法。实现这些目标不是一朝一夕之功，而是需要有计划、有技巧地进行逐步改进。我和这套丛书的其他作者随时准备提供帮助。为此，我们尽最大努力来实现既定目标。

现在接着聊一聊我的故事。与 Zimmermann 教授初次见面时，我邀请他和 Kapferer 在几周后前往德国慕尼黑，参加我组织的"实现领域驱动设计"工作坊(IDDD Workshop)。虽然他们两人无法抽出时间全程参与，但是愿意参加第三天也就是最后一天的活动。我的第二个提议是请 Zimmermann 教授和 Kapferer 在工作坊结束后抽空演示 Context Mapper 工具。与会者和我对这款工具印象深刻，这也促成我们在 2020 年有了进一步合作。尽管如此，我和 Zimmermann 教授还是设法经常见面，并继续讨论 Context Mapper 的设计。记得有次见面时，Zimmermann 教授提到他在公开提供 API 模式方面所做的努力，并向我展示了部分 API 模式以及他和其他人围绕这些模式所开发的附加工具。我邀请 Zimmermann 教授参与"Addison-Wesley Signature Series

丛书"的编写工作,本书就是取得的成果。

后来,我与 Zimmermann 教授和 Daniel Lübke 进行视频通话,启动了本书的编写工作。虽然我没有与另外三位作者 Mirko Stocker、Uwe Zdun 和 Cesare Pautasso 进行过交流,但是考虑到他们的资历,我对作者团队的专业水平充满信心。值得一提的是,Zimmermann 教授和 James Higginbotham 通力合作,确保本书与同属 "Addison-Wesley Signature Series 丛书" 的《Web API 设计原则》(*Principles of Web API Design*)在内容上互为补充。总体而言,本书五位作者对行业文献所做的贡献给我留下了深刻印象。API 设计的重要性毋庸置疑。本书出版后反响热烈,表明它恰好切中 API 设计的 "痛点"。相信读者也会认同本书的价值。

——Vaughn Vernon
"Addison-Wesley Signature Series 丛书" 的编辑
《实现领域驱动设计》一书的作者

序 二

API 无处不在。API 经济推动了云计算、物联网等技术领域的创新，也是众多公司实现数字化转型的关键推手。几乎所有企业应用程序都有用于集成客户、供应商和其他业务合作伙伴的外部接口，而解决方案内部接口将应用程序拆分为更容易管理的模块(例如，松散耦合的微服务)。基于 Web 的 API 在分布式环境中至关重要，但是这些 API 并非集成远程方的唯一手段：基于队列的消息传递通道和基于发布/订阅的通道广泛用于后端集成，并通过公开 API 来实现消息生产者与消息使用者之间的交互。gRPC 和 GraphQL 的发展势头也很强劲，且受到越来越多的关注。因此，进行 API 设计时有必要遵循业内认可的最佳实践。理想情况下，API 设计应该在各种技术环境中保持一致，并在技术发生变化时仍然能够正常运行。

模式相当于一套词汇表，用于描述特定问题及其解决方案。模式在抽象与具体之间取得平衡，从而既有永恒性，又有现实意义。以 Gregor Hohpe 和 Bobby Woolf 合著、同属"Addison-Wesley Signature Series 丛书"的《企业集成模式》(*Enterprise Integration Patterns*)为例，自从我担任 IBM MQ 系列产品的首席架构师以来，就一直在企业培训和行业项目中使用这本书。各种消息传递技术"你方唱罢我登台"，但是服务激励器(Service Activator)、幂等接收者(Idempotent Receiver)等消息传递的概念始终存在。我自己写过云计算模式、物联网模式和量子计算模式，甚至还写过用于数字人文领域的模式。由 Martin Fowler 撰写、同属"Addison-Wesley Signature Series 丛书"的《企业应用架构模式》(*Patterns of Enterprise Application Architecture*)介绍了远程外观(Remote Facade)、服务层(Service Layer)等模式。这些图书深入探讨了设计分布式应用程序时需要考虑的各种因素，但是并没有涵盖所有内容。因此，我很高兴看到 API 设计空间如今也得到了模式的支持——对于 API 客户端与 API 提供者之间传输的请求消息和响应消息来说，模式尤其重要。

本书的五位作者均为资深的架构师和开发人员，既有经验丰富的行业专家和设计模式领域的"大 V"，也有学术研究者和讲师。我与其中三位作者共事多年，自 2016 年他们启动微服务 API 模式(Microservice API Pattern，MAP)项目以来，我就一直在关注项目的进展情况。他们忠实地运用了模式概念：每种模式文本基于一套通用模板构建而成，首先描述问题背景(包括设计要素)，然后提出概念性的解决方案，并附有具体的示例(通常是 RESTful HTTP)，同时针对优缺点进行批判性讨论以解决设计初期面临的问题，最后给出使用相关模式的建议。许多模式经过模式会议的指导和作者工作坊的讨论，获得的反馈能够帮助这些模式在几年时间里反复改进、逐步完善，从而在此过程中形成集体知识。

本书致力于从多方面、多角度探讨 API 设计，包括范围界定、架构、消息表示结构、质量属性驱动的设计以及 API 演进。可以通过不同的方式来浏览本书介绍的模式语言，这些方式包括项目阶段或结构元素(例如，API 端点和操作)。本书使用图形图标来表述每种模式包含的核心内容，这一点与 *Cloud Computing Patterns* 一书的做法类似。这些图标不仅可以作为记忆辅助工具，还能用于描绘 API 及其元素。本书提供独特而新颖的决策模型，汇集了有关模式应用的常见问题、可选方案和评判标准。这些模型提供循序渐进、简单易懂的设计指导方针，同时也保留了 API 设计中固有的复杂性。通过在一个示例案例中逐步运用书中讨论的决策模型，读者能够更容易理解这些模型及其建议。

在阅读本书第 II 部分(模式参考部分)时，应用和集成架构师会发现，端点角色(如 PROCESSING RESOURCE)和操作职责(如 STATE TRANSITION OPERATION)的相关内容十分有用，可以帮助他们合理确定 API 的规模并做出部署决策(尤其是云环境中的部署决策)。毕竟，状态是 API 设计中的重要因素，而书中介绍的某些模式专门用于处理 API 背后需要进行的状态管理。此外，本书深入探讨了标识符的应用(如 API KEY、ID ELEMENT 等模式)和多种响应塑造方案(例如，使用从 GraphQL 抽象而来的 WISH LIST 和 WISH TEMPLATE)，并针对如何公开不同类型的元数据给出了实用建议，这些内容都能使 API 开发人员受益。

到目前为止，我还没有看到其他图书采用模式的形式来记录生命周期管理和版本控制策略。本书介绍的 LIMITED LIFETIME GUARANTEE 和 TWO IN PRODUCTION 模式在企业应用程序中十分常见，这些演进模式会受到 API 产品负责人和维护人员的青睐。

总而言之，本书既有理论基础，也有实际应用，在包含大量深刻建议的同时又不失大局观。书中介绍的 44 种模式分为五大类，它们从实际的项目提炼而来，不仅经过了严谨的学术论证，还吸收了业界的意见和建议。我相信，无论现在还是将来，这些模式都会对模式社区有所裨益。无论是业内的 API 设计人员，还是从事与 API 设计和演进工作相关的研究者、开发者和教育者，都能从阅读本书中受益。

——Frank Leymann 教授

欧洲科学院院士

德国斯图加特大学应用系统架构研究所所长

前　言

前言包括以下内容。
- 本书的背景和宗旨：动机、目标和范围。
- 适合阅读本书的人群：目标读者及其使用场景和信息需求。
- 本书的组织方式：以模式作为知识载体。

P.1　动机

　　人类可以用多种不同的语言进行交流，软件也是如此。软件不仅可以采用各种编程语言编写，还可以通过多种协议(如 HTTP)和消息交换格式(如 JSON)来传输数据。每当用户更新自己的社交网络个人资料、在线下单、刷卡购物时，HTTP、JSON 以及其他技术就会发挥作用。

- 应用程序前端(例如，智能手机上运行的移动应用程序)向应用程序后端(例如，网上商城的订单系统)发出交易处理请求。
- 应用程序的各个模块会交换长时间存在的数据(例如，客户配置文件或产品目录)，也会与业务合作伙伴、客户和供应商的系统进行数据交换。
- 应用程序后端提供外部服务(例如，支付网关或云存储)所需的数据和元数据。

　　这些场景中涉及的软件组件(无论是大型、中型还是小型组件)彼此通信，以实现各自的目标并共同服务于最终用户。为了应对这种分布式挑战，软件工程师通过应用程序编程接口(Application Programming Interface，API)进行应用程序集成。每个集成场景至少涉及两类通信参与者：API 客户端和 API 提供者。API 客户端使用 API 提供者对外公开的服务，API 文档则规定了客户端与提供者之间的交互方式。

　　就像人类在交流时可能产生误会一样，软件组件在通信过程中也常常难以理解对方传递的信息。设计人员很难确定消息中应该包含多少信息以及如何组织这些信息，也很难就最适合的对话风格达成一致。在表达需求或响应请求时，通信参与者既不希望信息过少，也不希望信息过多。有些应用程序集成和 API 设计非常成功，相关方能够理解对方传递的信息并达成各自的目标，彼此之间的数据交换既有效又高效。有些应用程序集成和 API 设计则缺乏清晰度，从而令参与者感到困惑或存在压力。冗长的消息和碎片化的对话不仅可能使通信通道不堪重负，而且会带来无谓的技术风险，还可能增加开发和运营过程的工作量。

　　那么，如何评判集成 API 设计的优劣？API 设计人员应该采取哪些措施以促进积极的客户端开发者体验？理想情况下，有关如何设计出高质量集成架构和 API 的指导方针不应依赖于任何特定的技术或产品。技术和产品"你方唱罢我登台"，但是相关的设计建议应该在很长一段时间内保持适用性。不妨用现实世界中的事物进行类比：无论是古罗马政治家西塞罗采用的修辞和雄辩原则，还是美国心理学家 Marshall Rosenberg 在《非暴力沟通》(*Nonviolent Communication: A Language of Life*)[Rosenberg 2002]一书中提出的原则，都没有局限于使用英语或其他任何自然语言。这些原则具有普适性，不会随着自然语言的发展而过时。我们撰写的这本书旨在为集成专家和 API 设计人员提供一套类似的工具和术语。本书围绕 API 设计和演进所采用的模式来探讨各个知识点，这些模式适用于各种通信范式和技术(我们主要以基于 HTTP 和基于 JSON 的 Web API 为例进行讨论)。

目标和范围

我们致力于通过采用行之有效、可以重复使用的解决方案元素来帮助克服 API 设计和演进过程中存在的复杂性。

> 如何从利益相关者的目标、重要的架构需求和已经得到验证的设计元素入手，设计出既具备可理解性又具备可持续性的 API？

虽然关于 HTTP、Web API 和集成架构(包括面向服务的架构)的讨论和资料比比皆是，但是到目前为止，有关单个 API 端点和消息交换的设计尚未得到足够的关注：

- 远程公开的 API 操作数量以多少为宜？请求消息和响应消息中应该交换哪些数据？
- 如何确保 API 操作和客户端-提供者交互具有松耦合？
- 消息表示应该采用扁平结构还是层次嵌套结构？如何就表示元素的含义达成一致，以便正确理解并有效处理这些元素？
- API 提供者应该负责处理 API 客户端发送的数据(可能需要更改提供者端状态并连接到后端系统)，还是只负责为客户端提供共享数据存储？
- 如何以一种受控的方式对 API 进行更改，以便在支持扩展性的同时不会破坏兼容性？

针对在某些需求背景中反复出现的特定设计问题，本书介绍的模式概括出了一些行之有效的解决方案，能够在一定程度上回答上述问题。这些模式侧重于处理远程 API(而不是程序内部 API)，旨在改善客户端和提供者端的开发者体验。

P.2   目标读者

本书针对具备一定基础、希望进一步提高技能和设计水平的软件专业人员，书中介绍的模式主要面向对平台无关的架构知识感兴趣的集成架构师、API 设计人员和 Web 开发人员。无论是专注于后端集成的专家，还是负责为前端应用程序提供支持的 API 开发人员，都可以从这些模式提供的知识中获益。本书侧重于探讨 API 端点粒度和通过消息交换产生的数据，因此对 API 产品负责人、API 审核员、云租户和云提供商也有一定的参考价值。

> 本书适合具有一定经验的软件工程师(如开发人员、架构师或产品负责人)阅读，他们已经了解 API 的基础知识，并且希望提高自己的 API 设计水平(包括如何设计消息数据契约和如何实现 API 演进)。

对学生、讲师和从事软件工程研究的人员来说，本书介绍的模式及其展示方式可能也很有用。我们会介绍 API 的基础知识和 API 设计对应的领域模型，以确保即使读者不了解 API 的基础知识，也能理解本书讨论的内容及其模式。

如果读者了解现有的模式及其优缺点，则可以提高 API 设计和演进方面的熟练程度。通过应用书中推荐的适合特定需求背景的模式，开发、使用和演进 API 及其提供的服务将变得更容易。

P.2.1　使用场景

我们希望 API 的设计和使用过程能带来令人愉悦的体验。为此，本书及其讨论的模式有如下三种主要的使用场景：

1. 构建统一的词汇表、明确需要做出的设计决策并分享可选方案和相关的权衡取舍，以促进开展 API 设计方面的讨论和工作坊。掌握这些知识后，API 提供者就可以设计出高质量且风格独特的 API，从而既能满足客户端的短期需求，又能满足客户端的长期需求。

2. 简化 API 设计审查的流程并加快对 API 进行客观比较的速度，以保证 API 的质量，并以向后兼容和可扩展的方式实现 API 的演进。

3. 提高 API 文档的质量，加入不依赖于平台的设计信息，以便 API 客户端开发人员更容易理解所提供的 API 具有的功能和限制。这些模式可以直接嵌入 API 契约，而且不仅能应用于新的设计，也能应用于现有的设计。

为了展示这些模式的用法并帮助读者开始使用模式，本书将讨论一个虚构的案例，并给出两个在实际项目中运用模式的案例。

读者不需要掌握任何特定的建模方法、设计技术或架构风格就能阅读本书，但是了解对齐-定义-设计-完善(Align-Define-Design-Refine，ADDR)过程、领域驱动设计(Domain Driven Design，DDD)等概念会有一定帮助。附录 A 将简要回顾这些概念。

P.2.2　现有的设计启发法(和知识空白)

关于特定的 API 技术和概念，有不少图书值得一读，它们提供了深入的建议。举例来说，《RESTful Web Services Cookbook 中文版》(*RESTful Web Services Cookbook*)[Allamaraju 2010]围绕如何构建 HTTP 资源 API 展开讨论，例如，选择哪种 HTTP 方法(POST 还是 PUT)。其他图书从路由、转换、保证交付等方面解释了异步消息传递机制的工作原理，有兴趣的读者不妨读一读《企业集成模式》(*Enterprise Integration Patterns*)[Hohpe 2003]。《领域驱动设计》(*Domain-Driven Design*)[Evans 2003]和《实现领域驱动设计》(*Implementing Domain-Driven Design*)[Vernon 2013]致力于探讨战略性领域驱动设计，对于初步了解 API 端点和服务识别有一定帮助。目前，市面上已有介绍面向服务的体系结构、云计算和微服务基础设施模式的图书。关于数据存储(包括关系数据库和 NoSQL 数据库)的结构也有详细的资料，还有一整套用于分布式系统设计的模式语言，相关讨论可参见《面向模式的软件架构：分布式计算的模式语言》(*Pattern-Oriented Software Architecture, A Pattern Language for Distributed Computing*)[Buschmann 2007]。此外，《发布！软件的设计与部署》(*Release It!: Design and Deploy Production-Ready Software*)[Nygard 2018a]详细讨论了操作设计和生产环境部署。

对于 API 设计流程方面的内容(包括如何根据目标进行端点识别以及如何设计操作)，已经出版的图书也做过深入探讨。举例来说，《Web API 设计原则》(*Principles of Web API Design*)[Higginbotham 2021]一书建议采用包括七个步骤的四个流程阶段。《Web API 设计》[Lauret 2019]一书提出 API 目标画布的概念，《设计并构建 Web API》[Amundsen 2020]一书的讨论则涉及 API 故事。

尽管上面提到的这些图书提供了有价值的设计建议，但是远程 API 设计领域的文献资料仍然不够全面。具体来说，API 客户端与提供者之间传输的请求消息和响应消息应该采用何种结构？《企业集成模式》[Hohpe 2003]一书虽然介绍了三种用于表示消息类型(事件消息、命令消息、文档消息)的模式，但是并没有详细解释这些模式的内部机制。然而，系统之间交换的"外部数据"不同于程序内部处理的"内部数据" [Helland 2005]，这两类数据在可变性、生命周期、准确性、一致性、保护需求等方面存在显著差异。举例来说，制造商与物流公司通过远程 API 和消息传递通道共同管理供应链时交换产品定价和运输信息需要的架构设计比较复杂，而在库存系统内部增加本地库存项计数器需要的架构设计可能相对简单。

本书主要探讨消息表示设计(也就是外部数据[Helland 2005]或 API 的 PUBLISHED LANGUAGE [Evans 2003])，致力于填补有关 API 端点、操作和消息设计的知识空白。

P.3 作为知识共享载体的模式

软件模式是复杂的知识共享工具，至今已有超过 25 年的历史。我们之所以选择采用模式的形式来分享 API 设计的建议，是因为模式名称旨在构建一个领域专用的术语体系，也就是所谓的"通用语言"(ubiquitous language)[Evans 2003]。例如，基于队列的消息传递机制广泛使用各种企业集成模式，消息传递框架和工具甚至也实现了这些模式。

模式并非闭门造车的产物，而是根据实践经验提炼而来的，然后根据同行反馈不断完善。模式社区已经发展出一套用于组织反馈流程的实践方法，指导(shepherding)和作者工作坊(writers' workshop)是其中两种特别重要的实践方法[Coplien 1997]。

每种模式的核心内容围绕一个问题以及相应的解决方案展开。通过探讨影响决策的因素和由此产生的后果，有助于开发人员在评估期望达到和实际达到的质量特征以及某些设计的缺点时做出正确的决策。我们还会讨论替代解决方案，并提供相关模式和技术实现的建议，以便读者全面理解并应用这些模式。

需要注意的是，模式的意义不在于提供完整的解决方案，而在于提供概念性的指导方针，使用者可以根据具体的 API 设计背景进行调整。换句话说，模式很灵活，旨在描述可行的解决方案，但是不提供"无脑复制"的蓝图。如何采用和实现模式以满足项目要求或产品需求，仍然要由 API 设计人员和负责人决定。

长期以来，本书的五位作者一直在工业界和学术界应用和教授模式。有的作者已经写过用于程序设计、架构设计以及分布式应用程序系统与其部件集成的模式[Voelter 2004; Zimmermann 2009; Pautasso 2016]。

在我们看来，模式概念非常契合 P.1 节和 P.2 节讨论的使用场景。

P.3.1　微服务 API 模式

我们提出的模式语言称为微服务 API 模式(Microservice API Patterns)，这种缩写为"MAP"的语言从公开和使用 API 时所交换的消息的角度帮助使用者全面理解 API 设计和演进。这些消息及其有效载荷按照表示元素的形式进行组织。由于 API 端点及其操作的架构职责不同，因此表示元素的结构和含义也不同。消息结构会显著影响 API 及其底层实现的设计时质量和运行时质量。以网络和端点负荷(例如 CPU 消耗和网络带宽使用)为例，少量较长的消息与大量较短的消息并不一样。此外，成功的 API 会随着时间的推移而演进，因此需要妥善管理这些变化。

"MAP"还有"地图"之意。之所以选择这一隐喻和缩写词来表示我们提出的模式语言，是因为地图和模式语言都能提供方向和指导，可以帮助使用者了解在抽象的解决方案空间中有哪些可用选项。API 将来自客户端的请求路由到底层服务实现，因此 API 本身也具有映射性质。

我们承认，将模式语言命名为"微服务 API 模式"可能是一种"吸引眼球"的做法。如果微服务在本书出版后不再流行，那么我们保留更改模式语言名称和重新使用缩写词的权利。例如，缩写同样为"MAP"的"消息 API 模式"(Message API Patterns)也能很好地概述模式语言的适用范围。本书通常将"MAP"称为"模式语言"或"我们提出的模式"。

P.3.2　本书模式的适用范围

本书是一个志愿者项目的最终成果。该项目于 2016 年秋季启动，致力于处理 Web API 和其他远程 API 的设计和演进，以解决端点和消息职责、结构、质量问题以及服务 API 演进。本书介绍的模式语言有助于回答以下问题：

- 每个 API 端点的架构角色是什么？端点角色和操作职责如何影响服务规模和服务粒度？
- 在请求消息和响应消息中，表示元素的数量以多少为宜？这些元素的结构如何？怎样对表示元素进行分组，并为这些元素添加补充信息？
- API 提供者如何确保 API 的质量既能达到一定水平，又能以经济有效的方式利用现有资源？如何向相关方传达和解释质量方面的权衡？
- API 专业人员如何处理支持期、版本控制等生命周期管理方面的问题？如何在更新 API 时保持向后兼容性，并将不可避免的破坏性变更告知相关方？

在动手编写模式之前，我们研究了大量 Web API 和 API 相关规范，并结合自身的专业经验进行思考。我们发现，无论是在公共 Web API 中，还是在行业应用程序开发和软件集成项目中，都能看到这些模式得到了实际应用(已知用途)。从 2017—2020 年，许多模式的过渡版本经过欧洲程序模式语言会议(EuroPLoP)[1]的指导和作者工作坊的讨论，后来被收录在相关的会议论文集中[2]。

P.3.3 切入点、阅读顺序和内容组织

在复杂的设计过程中处理棘手问题(API 设计有时无疑也属于棘手问题，这个词的解释可参考维基百科[Wikipedia 2022a])时，往往难以把握全局，经常出现"只见树木，不见森林"的情况。问题解决活动很复杂，不可能也不适合将其分解为一系列预定义的步骤或标准化流程。因此，我们提出的模式语言提供了多个切入点。读者可以根据自己的情况，从本书任何一个部分开始阅读。更多建议请参见附录 A。

本书分为**基础知识概述、模式、实践应用**等三个部分，图 P-1 显示了各个部分包含的章节和逻辑依赖关系。

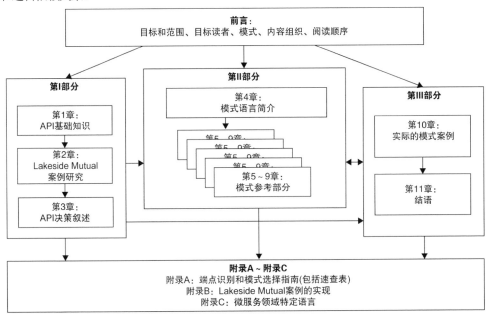

图 P-1 本书各个部分及其依赖关系

第 I 部分包括第 1~3 章。第 1 章主要从概念层面介绍 API 设计。第 2 章将首次介绍 Lakeside Mutual，我们以这家虚构的保险公司作为案例研究，书中许多示例也来自 Lakeside Mutual。这

---

1 https://europlop.net/content/conference.
2 我们决定不在本书中包含大量已知的用例，此类信息可在网上和 2016 年至 2020 年的 EuroPlop 会议记录中找到。在一些补充资料中，你还可以找到额外的实现提示。

一章的内容包括 Lakeside Mutual 的业务背景、需求、现有系统以及初步的 API 设计。第 3 章将探讨决策模型，通过这些模型可以了解模式语言中各种模式之间的关系。我们还会讨论模式选择标准，并通过 Lakeside Mutual 案例解释如何做出关键的决策。这些决策模型既能帮助读者理解本书的内容，也能帮助开发人员在实际应用模式时做出明智的决策。

第 II 部分是模式参考部分，包括第 4～9 章。第 4 章将概括介绍模式语言，第 5～9 章将深入讨论所有 44 种模式。第 II 部分的章节结构和可能的阅读顺序如图 P-2 所示。一种方案是先阅读第 4 章以了解 ATOMIC PARAMETER、PARAMETER TREE 等基本结构模式，再阅读第 6 章以了解 ID ELEMENT、METADATA ELEMENT 等元素构造型。

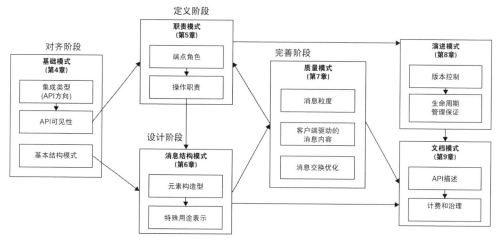

图 P-2　超级模式图：第 II 部分的章节结构和各章之间的关系

每种模式的描述相当于一篇小型专业文章，长度大多在几页。这些描述的组织结构完全相同：首先介绍模式的应用时机和理由，其次解释模式的运行机制并给出至少一个具体示例，然后分析应用某种模式会产生哪些后果，并在读者了解该模式的用法后介绍其他可能适用的模式。我们的模式名称采用**小型大写字母**格式，即所有字母均为大写字母，但是高度比标准的大写字母稍低(如 PROCESSING RESOURCE)。第 4 章将详细介绍模式模板，该模板从 EuroPLoP 会议提出的模板中衍生而来[Harrison 2003]。根据评审过程中得到的意见和建议，我们对模板进行了小幅度重构(感谢 Gregor 和 Peter 的帮助)。我们介绍的模式旨在处理对架构有重大影响的需求，所以特别强调质量属性及其冲突。正因为如此，在制定 API 设计和演进的决策时需要进行权衡，以便找出最合适的解决方案。

第 III 部分包括第 10～11 章。第 10 章以两个不同领域的项目为例探讨模式的实际应用，这两个项目分别涉及电子政务和建筑行业的报价/订单管理。对于 API 今后的发展，第 11 章将给出我们的反思和展望。

附录 A 会提供一份以问题为导向的速查表，也可以由此入手阅读本书。我们还会讨论 44 种模式与职责驱动设计(Responsibility Driven Design，RDD)、领域驱动设计(Domain Driven Design，DDD)、对齐-定义-设计-完善(Align-Define-Design-Refine，ADDR)过程之间的关系。对于 Lakeside Mutual 案例研究，附录 B 会提供 API 设计的更多细节。附录 C 将概括介绍微服务领域特定语言(Microservice Domain Specific Language，MDSL)。MDSL 是一种用于微服务契约的语言，通过<<Pagination>>等装饰器提供内置模式支持。MDSL 能够与 OpenAPI、gRPC 协议缓冲区、GraphQL 以及其他接口描述语言和服务编程语言进行绑定，并为这些语言提供生成器支持。

本书部分示例采用 Java 编写(但是 Java 代码的数量不会很多)，还会涉及大量 JSON 和 HTTP 方面的内容(例如，curl 命令及其响应)。有极少数内容可能与 gRPC、GraphQL 和 SOAP/WSDL 有关，不过无须担心，这些内容会以简单易懂的方式呈现出来，即使读者不了解相关技术的专业知识也能理解。此外，部分示例采用 MDSL 进行描述(我们之所以要开发一种新的接口描述语言，是因为当示例的复杂程度超出"Hello World"的范畴时，就不适合采用 OpenAPI 的 YAML 或 JSON 格式进行描述，否则会导致内容过长，无法在一页篇幅中展示)。

更多信息请浏览本书的配套网站 https://api-patterns.org。

希望读者能够受益于我们的工作成果，从而使我们提出的模式有机会被全球的集成架构师和 API 开发人员采纳，并融入他们的知识体系中。我们很乐意听取你的反馈和建设性批评。

Olaf Zimmermann

Mirko Stocker

Daniel Lübke

Uwe Zdun

Cesare Pautasso

致 谢

感谢 Vaughn Vernon 在我们撰写本书期间提供的所有反馈和鼓励，我们很荣幸参与了他主持编辑的"Addison-Wesley Signature Series 丛书"项目。特别感谢培生集团的 Haze Humbert、Menka Mehta、Mary Roth、Karthik Orukaimani 和 Sandra Schroeder 给予我们的大力支持，也感谢 Frank Leymann 教授为本书作序并提供宝贵意见。在文字编辑 Carol Lallier 的帮助下，本书的后期处理十分顺利，对我们来说是一次愉快的经历。

本书第 10 章以两个实际项目为例探讨模式的应用，相关信息由 Terravis 平台和 INNOQ 咨询公司提供，所以我们很感谢 Walter Berli 和 Werner Möckli(Terravis)以及 Ghadir 和 Willem van Kerkhof(INNOQ)为此付出的努力。Nicolas Dipner 和 Sebnem Kaslack 在他们的学期论文和学士学位项目中设计了最初的模式图标。Toni Suter 编写了 Lakeside Mutual 示例应用程序的大部分代码。作为 Context Mapper 项目的创始人和开发者，Stefan Kapferer 也对 MDSL 工具有所贡献。

感谢所有对本书内容提出意见和建议的人士。Andrei Furda 对书中的介绍性材料提出了自己的看法，他还审查了许多模式的内容；Oliver Kopp 和 Hans-Peter Hoidn 在自己的项目中运用了我们提出的模式并给出了反馈，还与同行组织了几次非正式工作坊；James Higginbotham 和 Hans- Peter Hoidn 审阅了本书手稿。在此向他们深表谢意。

此外，许多同行的反馈令我们受益匪浅，尤其是参加了 EuroPLoP 2017、EuroPLoP 2018、EuroPLoP 2019、EuroPLoP 2020 的指导者和作者研讨会的参与者给出的反馈。感谢以下人士提出的宝贵意见：Linus Basig、Luc Bläser、Thomas Brand、Joseph Corneli、Filipe Correia、Dominic Gabriel、Antonio Gámez Díaz、Reto Fankhauser、Hugo Sereno Ferreira、Silvan Gehrig、Alex Gfeller、Gregor Hohpe、Stefan Holtel、Ana Ivanchikj、Stefan Keller、Michael Krisper、Jochen Küster、Fabrizio Lazzaretti、Giacomo De Liberali、Fabrizio Montesi、Frank Müller、Padmalata Nistala、Philipp Oser、Ipek Ozkaya、Boris Pokorny、Stefan Richter、Thomas Ronzon、Andreas Sahlbach、Niels Seidel、Souhaila Serbout、Apitchaka Singjai、Stefan Sobernig、Peter Sommerlad、Markus Stolze、Davide Taibi、Dominic Ullmann、Martin (Uto869)、Uwe van Heesch、Timo Verhoeven、Stijn Vermeeren、Tammo van Lessen、Robert Weiser、Erik Wilde、Erik Wittern、Eoin Woods、Rebecca Wirfs-Brock 以及 Veith Zäch。还要感谢选修瑞士东部应用科技大学拉珀斯维尔技术学院的《高级模式和框架》和《应用程序架构》课程、选修瑞士意大利语区大学的《软件架构》课程的几届学生。他们在课上讨论了我们提出的模式，并给出了意见和建议。

作 者 简 介

Olaf Zimmermann 是一位长期从事服务导向的专家，拥有架构决策建模领域的博士学位。他是瑞士东部应用科学大学软件学院软件架构学的顾问和教授，致力于研究敏捷架构设计、应用集成、云原生、领域驱动设计以及面向服务的系统。Zimmermann 曾在 ABB 公司和 IBM 公司担任软件架构师，为世界各地的电子商务客户和企业应用程序开发客户提供服务，早年编写过用于系统和网络管理的中间件。Zimmermann 是国际开放标准组织(The Open Group，TOG)授予的杰出(首席)IT 架构师，也是《IEEE 软件》期刊 Insights 专栏的联合编辑。他著有 *Perspectives on Web Services* 一书，也是 IBM 红皮书 *Eclipse Development* 第一版的作者。Zimmermann 在个人网站和博客平台 Medium 发表文章。

Mirko Stocker 是一位热爱编程的开发者，他对选择前端开发还是后端开发犹豫不决，所以决定从事介于二者之间的工作——API 开发，并发现 API 也蕴藏着许多有趣的挑战。Stocker 与他人共同创办了两家法律技术领域的初创公司，目前仍然担任其中一家公司的首席执行官。Stocker 的职业经历助力他成为瑞士东部应用科学大学软件工程学教授，负责编程语言、软件架构、Web 工程等领域的研究和教学工作。

Daniel Lübke 是一位独立的编程和咨询软件架构师，专门从事业务流程自动化和数字化项目。他的研究方向包括软件架构、业务流程设计和系统集成，这些领域本质上需要使用 API 来开发解决方案。Lübke 于 2007 年获得德国汉诺威大学博士学位，此后参与过不同领域的多个行业项目，积累了丰富的经验。他撰写过几种图书，也是许多文章和研究论文的作者和编辑。Lübke 为客户提供培训，并定期在 API 和软件架构的相关会议上发表演讲。

Uwe Zdun 是奥地利维也纳大学计算机科学学院软件架构研究组的全职教授，研究方向为软件设计和架构、经验软件工程、分布式系统工程(微服务、基于服务的系统、云计算、API、区块链系统)、DevOps 和持续交付、软件模式、软件建模以及模型驱动开发。Zdun 参与过相关领域的众多研究项目和行业项目，并发表了 300 多篇学术文章，还与他人合著有 *Remoting Patterns* 和 *Process-Driven SOA* 两本专业图书。

Cesare Pautasso 是瑞士意大利语区大学信息学院软件研究所的全职教授，也是该校架构、设计和 Web 信息系统工程研究小组的负责人。他曾担任第 25 届欧洲程序模式语言会议(EuroPLoP 2022)主席。Pautasso 于 2004 年获得瑞士苏黎世联邦理工学院博士学位，2007 年在 IBM 苏黎世研究实验室短暂工作期间有幸结识 Zimmermann。Pautasso 是《SOA 与 REST：用 REST 构建企业级 SOA 解决方案》(*SOA with REST*)一书的合著者，并通过自出版平台 Leanpub 出版了 *Beautiful APIs*、*Beautiful API Evolution*、*RESTful Dictionary*、*Just Send an Email: Anti-patterns for Email-centric Organizations* 等多种图书。

目　　录

第Ⅲ部分　实践应用

第 I 部分
基础知识概述

第 I 部分介绍的三章知识旨在为开发人员充分理解本书内容奠定基础。第 1 章将介绍 API 的基本概念，并解释远程 API 的重要性和设计 API 时面临哪些挑战，以便为开发人员阅读后续章节铺平道路。

第 2 章将介绍 Lakeside Mutual 案例研究，并以此作为贯穿全书的示例。Lakeside Mutual 是一家虚构的保险公司，其所使用的系统体现出 API 模式的实际运用情况。

第 3 章围绕需要做出的具体决策来概述各种模式，第 II 部分将详细讨论这些模式。每种决策致力于解答 API 设计存在的某个问题，这些模式为解决方案提供了备选项。我们还会介绍 Lakeside Mutual 的决策结果。第 3 章讨论的决策模型有助于开发人员组织 API 设计工作，也可作为 API 设计审查的核对清单。

第1章

API 基础知识

本章首先介绍远程 API 的背景知识，然后解释 API 的极端重要性，并分析 API 设计过程中遇到的主要挑战(包括耦合和粒度问题)，最后介绍 API 领域模型，以帮助开发人员熟悉全书使用的术语和概念。

1.1 从本地接口到远程 API

如今，几乎不存在完全断开连接的应用程序，哪怕是独立应用程序往往也会提供某种外部接口。以通常基于文本的文件为例，文件导入/导出就是一种简单的接口。从某种意义上讲，也可以将使用了操作系统剪贴板的复制和粘贴功能看作接口。在应用程序内部，每种软件组件同样会提供接口[Szyperski 2002]。这些接口描述了组件对外公开的操作、属性和事件，但不会透露组件内部采用的数据结构或实现逻辑。要使用组件，开发人员必须学习并理解组件提供的接口。某个选定的组件可能使用其他组件提供的服务，倘若如此，则说明该组件对一个或多个所需的接口存在出站依赖。

有些接口比其他接口更加公开。例如，中间件平台和框架通常会提供 API。具有平台特征的 API 最早见于操作系统，目的是将用户应用程序软件与操作系统的实现区分开来，可移植操作系统接口(POSIX)和 Win32 API 就属于这种平台 API。平台 API 既要具备足够的通用性和表现力，以便开发人员构建不同类型的应用程序；又要在多个操作系统版本中保持稳定，以便旧版应用程序在操作系统升级后仍然能够继续运行。将操作系统组件的内部接口纳入公开发布的 API 对文档质量提出了很高的要求，且对接口随着时间推移而可能出现的变化类型也施加了严格的限制。

API 既可以跨越操作系统进程的边界，也可以暴露在网络中，以支持在不同物理或虚拟硬件结点上运行的应用程序之间相互通信。长期以来，企业一直借助这类远程 API 来实现应用程序的集成[Hohpe 2003]。如今，远程 API 一般位于移动应用程序或 Web 应用程序的前端与这些应用程序的服务器后端之间的边界，并且往往将其部署在云数据中心。

通常情况下，应用程序前端使用由应用程序后端管理的共享数据。因此，同一个 API 既可以支持不同类型的 API 客户端(例如移动应用程序和富桌面客户端)，也可以支持并发运行的多个客户端实例。有些 API 甚至向由其他组织开发和操作的外部客户端开放系统。这种开放性不仅会引发安全方面的担忧,例如涉及有权访问 API 的应用程序客户端或最终用户;而且会带来战略层面的影响,例如各方必须就数据所有权和服务级别协商一致、达成共识。

假设本地组件接口和连接应用程序的远程 API 都存在共享知识(shared knowledge),各方需要利用这些知识来开发具备互操作性的软件。就像我们可以毫不费力地将电源线插入匹配的电源插座一样,使用 API 的目的是实现兼容系统的集成。

共享知识包括以下内容:

- 对外公开的操作以及它们提供的计算服务或数据操纵服务;
- 调用操作时所交换数据的表示和含义;
- 可观察的属性(例如组件状态和有效状态转换的相关信息);
- 事件通知和错误条件(例如组件故障)的处理。

远程 API 还会定义以下内容:

- 在网络之间传输消息所用的通信协议;
- 网络端点,包括位置和其他访问信息(例如地址和安全凭据);
- 与分发有关的故障处理策略,包括由底层通信基础设施引起的故障(例如超时、传输错误、网络和服务器瘫痪)。

API 契约体现出各方参与者的期望。API 遵循基本的信息隐藏原则,其实现秘而不宣,只披露最低限度的信息(例如怎样访问 API 并使用 API 提供的服务)。举例来说,在设计与 GitHub 集成的软件工程工具时,开发人员可以通过 GitHub API 了解如何创建和检索问题、问题包括哪些属性(或字段)等内容,但无法得知为公共 API 服务的问题管理应用程序采用哪种编程语言、数据库技术、组件结构或数据库模式。

需要注意的是,并非所有系统和服务从一开始就使用 API,而且 API 可能随着时间的推移而消失。举例来说,社交平台 X(原 Twitter)向第三方客户端开发人员开放其 Web API 以提高知名度,从而很快催生出一个完整的客户端生态系统,吸引了众多用户。为了从用户生成的内容中获利,X 后来选择关闭 API,并把部分客户端应用程序收归旗下,继续在内部进行维护。由此可见,随着时间的推移,API 演进必须受到管理。

1.1.1   分布式系统和远程 API 概述

远程 API 包括多种不同的形式。为支持系统部件之间进行通信,过去半个世纪以来涌现出大量将应用程序分解为分布式系统的概念和技术:

- 传输和网络协议 TCP/IP 及其套接字 API 诞生于 20 世纪 70 年代,是互联网采用的基本通信协议。文件传输协议同样出现在这一时期,例如 FTP 和基本文件输入/输出(如访问共享驱动器或挂载的网络文件系统),过去和如今的编程语言广泛采用这些协议。
- 二十世纪八九十年代,分布式计算环境(Distributed Computing Environment,DCE)等远程过程调用(Remote Procedure Call,RPC)和通用对象请求代理体系结构(Common Object Request Broker Architecture,CORBA)、Java 远程方法调用(Java Remote Method Invocation,Java RMI)等面向对象的请求代理引入了抽象层和便利层。近年来,gRPC 等更为新颖的 RPC 框架开始受到青睐。

- IBM MQ(前身为 IBM MQSeries)、Apache ActiveMQ 等基于队列、面向消息的应用程序集成在时间维度中有助于解耦通信参与者。它们与远程过程调用的历史一样悠久,自 2000 年以来出现了新的实现和风格。例如,各大云服务提供商目前都提供自己的消息传递服务,云租户也可以将其他消息中间件部署到云基础设施(实践中往往采用 RabbitMQ)。
- 得益于万维网的普及,HTTP 等面向超媒体的协议在过去 20 年里逐渐兴起。只有遵循描述性状态迁移(Representational State Transfer,REST)风格规定的所有架构约束,才属于 RESTful 架构。虽然并非所有 HTTP API 都能做到这一点,但 HTTP 目前似乎在公共应用程序集成领域居于主导地位。
- 基于连续数据流构建的数据处理管道(例如采用 Apache Kafka 构建的管道)源于经典的 UNIX 管道-过滤器架构,它在 Web 流量和在线购物行为分析等数据分析场景中颇受青睐。

TCP/IP、HTTP 和基于异步队列的消息传递如今依然占有重要地位,而分布式对象再次成为明日黄花,只有某些遗留系统还在使用它们。通过协议或共享驱动器进行文件传输仍然相当普遍。现有的方案能否继续使用尚待观察,新的方案很可能登台亮相。

所有远程和集成技术的目标都是连接分布式应用程序(或其部件),使它们能够触发远程处理或检索和操作远程数据。如果没有 API 和 API 描述,那么这些应用程序要么不知道如何与远程伙伴系统建立连接并交换数据,要么不清楚如何接收并处理来自这些系统的回复。

1.1.2 远程 API:通过集成协议访问服务

1.3 节将介绍全书使用的 API 术语,本节先把前文的讨论概括为一个定义。

"API"是应用程序接口一词的缩写,因为这个术语源于(通过本地 API 进行的)程序内部分解。API 具有双重性,它们在提供连接服务的同时也提供分离服务。因此,远程 API 也可以指通过使用应用程序集成的通信协议来访问数据、软件服务等服务器端资源("访问"一词的首字母为"a","协议"一词的首字母为"p","集成"一词的首字母为"i",合起来是"API")。

到目前为止,我们讨论的远程消息传递概念如图 1-1 所示。

远程 API 为集成的应用程序模块提供虚拟和抽象的连接。每个远程 API 至少由另外三个 API 实现:客户端和提供者各有一个本地接口,通信栈的下一层还有一个远程接口。两个本地接口由操作系统、中间件或编程语言库和软件开发工具包(Software Development Kit,SDK)提供,并由 API 客户端和 API 提供者端的应用程序使用。本地接口向需要集成的应用程序组件、子系统或整个应用程序公开网络/传输协议服务(例如基于 TCP/IP 套接字的 HTTP)。

为了实现可互操作通信这一共同目标,各个通信参与者必须就 API 契约达成共识。定义 API 契约时,既要考虑协议和支持协议的端点,也要考虑对外公开的数据。请求和响应消息表示必须以某种方式进行结构化[1]。即使是关于文件导入/导出或文件传输的消息也需要经过仔细设计,因为在这种情况下,文件中包含这些消息。基于剪贴板的集成具有类似的属性。API 契约致力于描述有关消息语法、结构和语义的共享知识,在连接双方的同时也把双方分离开来。

---

[1] 响应消息是否存在取决于所用的消息交换模式(本章稍后将讨论我们构建的 API 领域模型)。

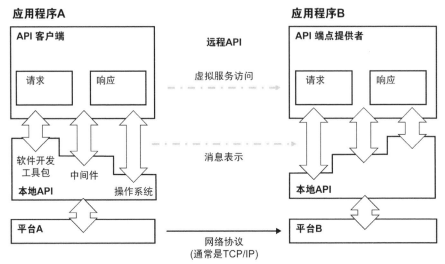

图 1-1 远程 API：基于消息的集成和概念

我们把远程 API 定义如下：

远程 API 是一系列有据可查的网络端点，支持内部和外部应用程序组件相互提供服务。这些服务有助于实现领域特定目标，例如实现业务流程的完全自动化或部分自动化。客户端可以激活提供者端的处理逻辑，或支持数据交换和事件通知。

上述定义确立了本书的设计空间。请注意：本书致力于讨论远程 API，因此从现在开始，除非明确说明，否则"API"一词均指远程 API 而不是本地 API。

API 设计极具挑战性，许多影响决策的因素(又称驱动力或质量属性)在设计中起到至关重要的作用。相关讨论参见 1.2 节。

1.1.3 API 的重要性

我们接下来讨论部分业务领域和技术领域，从中可以找到许多 API 的身影。

1. 现实生活中的各种 API

如今，API 涉及广告、银行、云计算、网站目录、娱乐、金融、政府机构、医疗健康、保险、求职、物流、消息传递、新闻、开放数据、支付、二维码、房地产、社交媒体、旅游、短网址、可视化、天气预报、邮政编码等诸多领域。网络上存在数以千计的 API，通过这些 API 可以访问以服务形式交付的可复用组件。下面给出了上述领域的一些示例：

- 创建并管理广告活动。获取关键字和广告的状态。生成关键字估计。生成广告活动效果的相关报告。

- 在核实客户身份后开设银行账户。
- 在虚拟机上管理和部署应用程序，并跟踪资源消耗情况。
- 确定某个人的身份。查找其电话号码、电子邮件地址、所在位置和人口统计数据。
- 收集、发现并分享自己青睐的报价。
- 检索外汇、股票和商品交易的相关信息。获取市场的实时价格数据。
- 访问空气质量监测、停车设施、电力和水资源消耗、每日新增病例数、紧急服务请求等公共数据集。
- 在保护用户隐私和控制权的前提下，实现健康和健身数据的共享。
- 返回旅游保险、房屋保险和汽车保险的报价，为客户提供即时保险业务。
- 利用基本职位搜索、检索特定职位数据和申请职位的方法，将职位数据库集成到用户软件或网站中。
- 汇总多家货运公司的信息，提供货运等级、运输成本报价以及货物预订和跟踪功能，并能够安排提货和送货。
- 在全球范围内发送短信。
- 充分利用新闻、视频、图片、多媒体文章等已发布的内容。
- 访问在线支付解决方案，包括发票管理、交易处理和账户管理。
- 访问房屋估价、房产详情(包括历史销售价格、城市和社区市场统计数据)、房贷利率、月供估算等服务。
- 研究信息通过社交媒体的传播方式。这些信息可以是假新闻、骗局、谣言、阴谋论、讽刺作品乃至准确的报道。
- 根据类别、国家、地区或用户所在位置获取网络摄像头。获取每个网络摄像头捕捉的一系列图像。添加用户自己的网络摄像头。
- 采用数字天气标记语言(Digital Weather Markup Language，DWML)，以编程方式获取当前观测、预报、天气监视/警告和热带气旋警报。

在上述所有示例中，API 契约定义了 API 的调用位置和调用方式、需要发送的数据以及所接收响应的格式。实际上，部分领域和服务与 API 呈现出共生共荣、不可分割的关系。下面将深入分析其中一些领域和服务。

2. 移动应用程序和云原生应用程序使用并提供大量 API

自智能手机(如 iPhone)和公有云(如亚马逊云服务)于 2006 年前后出现以来，软件的开发方式和向最终用户交付的方式发生了翻天覆地的变化。JavaScript 在 Web 浏览器中的普及和XMLHttpRequest 规范[1]的引入，共同推动了软件向单页应用程序、智能手机应用程序等富客户端的范式转移。

如今，为移动应用程序或其他最终用户前端提供服务的应用程序后端通常部署到公有云或私有云中。目前，采用"一切皆服务"(XaaS)模式的云服务不计其数，它们具备独立部署、租

1　称为异步 JavaScript 和 XML 技术(AJAX)，详见：https://developer.mozilla.org/en-US/docs/Web/Guide/AJAX。请注意，JSON 如今比 XML 更受青睐，而且 Fetch API 比 XMLHttpRequest 对象更强大、更灵活。

用、扩展和计费的能力。这种大规模的模块化和(可能的)区域分布需要使用 API，包括云内部的 API 和云租户使用的 API。截至 2021 年，亚马逊云服务提供了 200 多项服务，紧随其后的是微软云和谷歌云[1]。

当云服务提供商向云租户提供 API 时，部署到云端的应用程序开始依赖这些云 API，但自身也会公开并使用应用程序级 API。这类 API 既可以连接云外部应用程序前端与云托管应用程序后端，也可以实现应用程序后端的组件化，从而使这些后端能够充分利用按使用付费、弹性伸缩等云属性，成为名副其实的*云原生应用程序*(Cloud Native Application，CNA)。典型的云原生应用程序架构如图 1-2 所示。

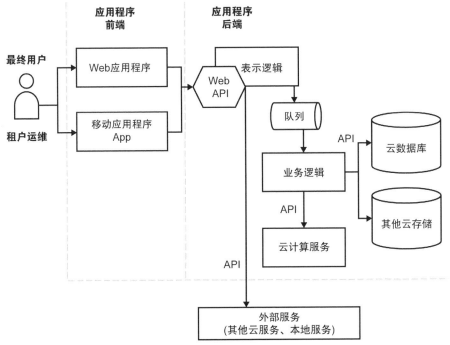

图 1-2　云原生应用程序(Cloud Native Application，CNA)架构

从架构的角度来看，隔离状态、分布、弹性、自动化和松耦合(Isolated State，Distribution，Elasticity，Automation，Loose Coupling，IDEAL)是云原生应用程序所期望具备的理想属性[Fehling 2014]。技术文献采用一系列原则来描述云应用程序的特征，IDEAL 是其中之一。作为IDEAL 的超集，以下七项特征概括了云原生应用程序能够成功运行并充分利用云计算优势所需具备的要素[Zimmermann 2021a]：

1. 适用性
2. 规模调整(rightsizing)和模块化
3. 主权和容忍
4. 弹性和保护
5. 可控性和适应性

1　很难确定具体的数字，取决于如何区分各项服务。

6. 工作负荷感知和资源高效利用

7. 敏捷性和工具辅助

第 2 项特征(规模调整和模块化)要求必须使用 API。云应用程序管理(第 5 项特征)同样需要用到 API，DevOps 工具链(第 7 项特征)也能从 API 中受益。

例如，Kubernetes 已成为在本地和云端运行应用程序并协调底层计算资源的热门之选，这款集群管理软件能够解决重复部署大量单体应用程序和服务的问题。所有应用程序服务通过 API 相互通信，并与各自的客户端交换数据。Kubernetes 平台本身也会公开管理 API [Kubernetes 2022]和命令行接口。Kubernetes 提出的操作者概念通过 API 和其上的 SDK 对外公开，从而进一步提高了可扩展性。Kubernetes 甚至还具备管理应用程序 API 的能力。

又如，软件即服务(Software-as-a-Service，SaaS)提供商往往不仅提供可定制的多租户最终用户应用程序，而且通过 HTTP 向第三方开放其应用程序功能。举例来说，Salesforce 提供通过 HTTP API 进行数据访问和集成的功能。截至本书完稿时，Salesforce 有 28 个可用的 API，涵盖营销、B2C 商业活动、客户数据管理等多个领域。

3. 微服务之间通过 API 相互通信

近年来，微服务一词几乎随处可见。自从 2014 年 4 月 James Lewis 和 Martin Fowler 在网上发表文章[Lewis 2014]以来，业界对这种相当先进的系统分解方法已进行过深入讨论。随着面向服务的体系结构(Service Oriented Architecture，SOA)进入持续软件交付和云计算的时代，微服务应运而生。抛开炒作的成分不谈，微服务可以定位为 SOA 的一种子风格或实现方法，既强调服务的独立可部署性、可伸缩性和可变性，也强调分散性、自主决策和容器编排[Pautasso 2017a]。

每种微服务仅承担一项职责，该职责应该代表领域特定的业务功能。微服务通常部署在轻量级虚拟化容器(如 Kubernetes 和 Docker)中，封装自身状态，并通过远程 API(一般采用 HTTP，但也可以采用其他协议)相互通信。这些服务 API 有助于确保彼此之间具有松耦合，从而能够在不影响整体架构的情况下进行演进或替换[Zimmermann 2017]。

微服务的范围有限且侧重于实现单一业务功能，因此有利于软件复用。微服务支持能够进行持续交付的敏捷软件开发实践。例如，一支团队往往只负责一种微服务，可以独立进行开发、部署和操作。如前所述，微服务也是实现 IDEAL CNA 的理想之选。独立部署微服务时，可以通过容器虚拟化和弹性负载均衡实现横向的按需可伸缩性。通过保持现有的服务 API 不变，微服务能够实现单体应用程序的增量迁移，从而降低软件现代化改造带来的风险。

微服务同样会带来新的挑战。微服务具有分布式和松耦合的特性，进而对 API 设计和系统管理提出了很高要求。考虑到分布式架构引入的通信开销和糟糕的 API 设计，微服务架构的性能可能受到影响。举例来说，把单体、有状态的应用程序解耦为独立、具有自主性的微服务时，就会带来数据一致性和状态管理方面的挑战[Furda 2018]。为此，必须避免单点故障或级联故障扩散造成的影响。采用传统的备份和灾难恢复策略时，无法同时确保整个微服务架构具有自主性和一致性[Pardon 2018]。如果希望扩展架构以纳入大量微服务，则需要采用严格的方法来管理、监控和调试生命周期。

某些挑战可以通过构造足够完备的基础设施加以克服。例如，负载均衡器会引入(托管)冗余；又如，就算下游微服务实例出现故障，使用断路器[Nygard 2018a]也能降低上游微服务实例崩溃的风险(这种风险最终会导致整个系统瘫痪)。随着时间的推移，服务 API 仍然需要进行适当的规模调整和演进。

本书致力于从端点粒度和操作/数据耦合的角度来分析 API 层面的服务规模调整，微服务基础设施不是讨论重点。但如果 API 服务的规模足够大，那么基础设施设计的难度就会降低，因此本书也会间接讨论基础设施设计。

4. API 属于产品，可能形成生态系统

软件产品是可以购买(或授权使用)的实体资产或虚拟资产。对于所购买的产品，付费客户对其使用寿命、质量和可用性有一定期待。API 既可以作为独立的产品存在，也可以随其他软件产品一起提供(例如，用于加载产品的主数据，或进行配置和定制以满足特定用户群体的需要)。即使没有自己的业务模型或没有直接为业务战略做出贡献，API 仍然应该被"视为产品"[Thoughtworks 2017]。API 应该有专门的业务负责人、治理结构、支持系统和路线图。

举例来说，由深度学习算法提供支持的数据湖需要使用数据，而这些数据必须从某处获取。如果把数据比作数字时代的石油，那么消息信道和事件流就是输油管道，中间件/工具/应用程序就是炼油厂，API 则相当于输油管道、生产者与消费者之间的阀门。数据湖既可以是对外公开 API 的市场化产品，也可以是管理方式类似于市场化产品的企业内部资产。

软件生态系统是指"一系列参与者在共同的技术平台上进行互动，从而孕育出大量软件服务或解决方案"[Manikas 2013]。生态系统由自然增长、相互独立但又彼此相关的部分和参与者组成，要么完全分散，要么以做市商(market maker)为中心。Cloud Foundry 等开源市场属于软件生态系统，苹果公司的 App Store 则属于转售软件生态系统。两种生态系统的成功与 API 息息相关：API 既支持应用程序加入或离开生态系统，也支持成员之间进行通信和协作，还支持分析生态系统的健康状况[Evans 2016]。

我们以旅游管理生态系统为例进行讨论。这种生态系统可能提供两种 API，一种用于引导(加载租客、出行平台等生态系统成员)，另一种用于支持行程规划、报告和分析应用程序的开发(提供目的地排名、住宿评价等功能)。生态系统的各个组成部分通过 API 相互通信，在预订火车票、飞机票或酒店房间时也通过 API 与市场/生态系统制造者交换数据。

生态系统能否取得成功，取决于 API 设计和演进是否正确。软件生态系统越复杂、越动态，其 API 设计就越具有挑战性。多条消息在参与者之间传输，它们的关系由 API 契约描述，这些消息构成了持续时间较长的对话。生态系统的成员必须就格式、协议、对话模式等问题达成一致。

5. 小结

本节讨论的所有示例、场景和领域都与远程 API 及其契约息息相关，类似的示例、场景和领域还有很多。简而言之，API 是近年来几乎所有主要发展趋势的使能技术，既包括前文提到的移动端/Web 端和云服务，也涵盖人工智能和机器学习、物联网、智慧城市、智能电网等领域。就连云端的量子计算也离不开 API，谷歌量子人工智能开发的量子引擎 API(Quantum Engine API)便是一例。

1.2　API 设计中的决策驱动因素

在图 1-1 所示的架构中，API 起到相当独特的"连接-分离"作用，从而催生出大量具有挑战性、有时甚至相互抵触的设计问题。例如，在对外公开数据(以便客户端能够善加利用)与隐藏实现细节(以便能够随着 API 演进而进行调整)之间，务必找到平衡。一方面，API 对外公开的数据表示必须满足客户端的信息和处理需求；另一方面，必须以易于理解、可维护的方式对 API 进行设计和记录。向后兼容性和互操作性在 API 设计中十分重要。

本节将介绍特别重要的驱动因素，我们会反复讨论这些贯穿全书的因素。下面从 API 的成功要素入手讨论。

1.2.1　API 的成功要素

从某种意义上讲，成功是一项见仁见智的衡量标准。衡量 API 成功与否的一种观点认为：

只有多年前设计和发布、每天都能以最小延迟和零停机时间为数十亿付费客户端提供服务的那些 API，才称得上是成功的 API。

另一种相反的观点则认为：

对于完全根据 API 文档构建的外部客户端来说，如果新发布的 API 能够成功接收并响应该客户端的第一个请求，而且不需要原始实现团队的帮助或介入，那么这样的 API 就可以被视为已经取得了成功。

如果 API 用于商业环境，则可以根据商业价值来评估 API 成功与否，重点是评估服务运营成本相对于每个 API 客户端直接或间接产生的收入是否具有经济可持续性。API 可能采用不同的商业模式，既包括由广告商资助、可以免费访问的 API，这些广告商对通过 API 构建的应用程序并对其用户提供的数据感兴趣(数据可能由用户自愿提供，也可能由用户非自愿提供)；也包括基于订阅的 API 和按使用付费的 API，这些 API 根据不同的资费计划提供服务。举例来说，谷歌地图曾是独立的 Web 应用程序，而在用户开始通过逆向工程将地图可视化嵌入自己的网站后，谷歌公司才决定开放地图 API。由此可见，最初封闭的架构在用户需求的推动下逐步开放，而一开始可以免费访问的 API 后来发展成为有利可图的按使用付费服务。作为谷歌地图的开源替代方案，开放街道街图(OpenStreetMap)同样提供了一些 API。

第二个成功要素是可见性。如果潜在客户不知道 API 的存在，那么再好的 API 设计也算不上成功。举例来说，既可以通过在公司产品和产品文档中加入 API 链接，也可以通过在程序员圈子里进行宣传来发现公共 API。使用 ProgrammableWeb 和 APIs.guru 之类的 API 目录同样可行。无论采用哪种方式，为宣传 API 而进行的投资最终应该都会得到回报。

API 的实际发布时间既可以根据部署新功能或修复错误所需的时间来衡量，也可以根据为 API 开发功能齐全的客户端所需的时间来衡量。首次调用时间能够很好地反映出 API 文档的质量和客户端开发人员的引导体验。为缩短首次调用时间，API 的学习曲线也应该尽量平缓。首次创建 n 级工单的时间同样可以作为衡量指标——但愿 API 客户端开发人员要过很久才会遇到需要启动一级、二级或三级支持来解决的错误。

生命周期是衡量 API 成功与否的另一项指标。即使 API 最初的设计者已经离世，API 可能依然存在。成功的 API 通过适应不断变化的客户需求来不断吸引客户，因此往往具有旺盛的生命力。然而，客户(包括那些没有其他选择的客户)仍然青睐功能保持不变和长期稳定的 API。例如，标准化、发展缓慢的电子政务 API 可以满足客户的合规性要求。

总之，API 既要在短时间内实现系统及其部件的快速集成，又要长期支持这些系统的自主性和独立演进。快速集成旨在降低整合两个系统所花费的成本，独立演进则是为了防止系统向高度纠缠和耦合的方向发展，以免无法分离(或替换)。这两个目标在某种程度上是相互矛盾的，相关讨论将贯穿全书。

1.2.2　API 设计有何不同

API 设计会影响所有软件设计和架构。从 1.1 节的讨论可知，独立开发和运营的客户端与服务提供者相互做出的假设是 API 设计的基础。API 能否取得成功，取决于相关各方能否达成一致并长期信守承诺。这些假设和协议涉及以下问题和权衡取舍。

- **一个通用端点与多个特定/专用端点**：应该只设计一种接口供所有客户端使用，还是分别设计 API 供部分或全部客户端使用？哪种方案可以提高 API 的易用性？例如，通用 API 是否具有更好的复用性，但在特定情况下也更难应用？
- **细粒度端点和操作范围与粗粒度端点和操作范围**：如何平衡 API 功能的广度和深度？API 是否应该匹配、聚合或拆分底层系统功能？
- **处理大量数据的少数操作与处理少量数据的大量琐碎操作**：请求和响应消息包含的数据内容应该尽量详尽，还是重点突出？哪种方案的可理解性、性能、可伸缩性和可演进性更好并能减少带宽消耗？
- **数据当前性与数据正确性**：共享陈旧的数据是否胜过完全不共享数据？当可靠的数据一致性(API 提供者内部)与快速响应时间(由 API 客户端感知)之间发生意料之中的冲突时，应该如何处理？应该通过轮询机制报告状态变化，还是通过事件通知或流式传输推送状态变化？命令与查询是否应该分开？
- **稳定的契约与频繁变化的契约**：如何在不牺牲可伸缩性的前提下保持 API 的兼容性？在设计功能丰富、长时间使用的 API 时，如何进行修改以确保不会破坏向后兼容性？

上述问题、方案和标准是 API 设计面临的挑战，开发人员需要根据不同的需求背景做出不同的选择。我们采用的模式会给出可能的答案及其后果。

1.2.3　API 设计难在哪里

最终用户界面设计带来的用户体验要么很愉快，要么很糟心。与之类似，API 设计会影响开发者体验——受影响的对象既包括学习如何使用 API 来构建分布式应用程序的客户端开发人员，也包括编写提供者 API 实现的开发人员。API 首次发布并在生产环境中投入运行后，其设计会对最终集成系统的性能、可伸缩性、可靠性、安全性和可管理性产生重大影响。如果利益相关方的关注点发生抵触，则必须加以平衡。这种情况下，开发者体验会延伸到操作者体验和维护者体验中。

对 API 提供者和客户端而言，双方的目标和要求既可能有所重叠，也可能相互矛盾，不一定总能实现双赢。API 设计之所以充满挑战，是因为受到了某些非技术性因素的影响。

- **客户端多样性**：API 客户端的需求各不相同，而且会不断变化。API 提供者必须决定是只开发一种统一的 API 来提供足够适用的折中方案，还是根据不同客户的具体需求分别开发 API。
- **市场动态**：API 提供者试图赶上竞争对手的创新脚步，从而可能带来更多变化并催生出不兼容的演进策略，这会超出 API 客户端能够接受或愿意接受的范围。此外，客户端通过寻找标准化的 API 作为保持独立于特定提供者的一种手段，而有些提供者可能通过提供诱人的扩展功能来锁定客户端。假如谷歌地图和开放街道街图采用同一套 API，情况是否会更好？对于这个问题，客户端和提供者端的开发人员或许存在不同的看法。
- **分布谬误**：有时需要通过使用不可靠的网络来访问远程 API。常言道，凡是可能出错的事必定会出错。举例来说，即使某项服务正常运行，客户端也可能暂时无法访问该服务，从而对确保 API 访问的高服务质量(例如，确保 API 可用性和响应时间)构成挑战。
- **控制错觉**：客户端可以使用 API 对外公开的所有数据，使用这些数据的方式有时出乎意料。发布 API 意味着交出一部分控制权，从而使系统面临来自外部(甚至未知)客户端的压力。开发人员必须谨慎决定外界可以通过 API 访问哪些内部系统部件和数据源，因为控制权一旦交出，就很难甚至完全无法收回。
- **演进陷阱**：虽然微服务的初衷是支持频繁进行更改(例如结合 DevOps 实践实现持续交付)，但是设计高质量 API 的机会只有一次。一旦 API 发布并取得成功，就会有越来越多的客户端依靠 API，导致更改和完善它的成本变得越来越高，删减功能时也无法做到完全不影响客户端。尽管如此，API 还是会随着时间的推移而演进。调整 API 时需要采取适当的版本控制实践，以缓和设计稳定性与灵活性之间的紧张关系。有时候，提供者拥有主导演进策略和节奏的市场影响力；有时候，客户端社区在 API 使用关系中更为强势。
- **设计失配**：后端系统在功能范围和质量方面的表现以及端点和数据定义方面的结构，可能与客户端的预期有所不同。为克服这些差异，必须采用某种形式的适配器以转换失配部件。某些情况下，后端系统必须进行重构或重新设计，以满足外部客户端的需求。
- **技术变革和技术漂移**：用户界面技术在不断进步。例如，从键盘和鼠标发展到触摸屏和语音识别，再发展到虚拟现实和增强现实使用的运动传感器(以及其他更先进的技术)。这些技术进步促使开发人员重新思考用户与应用程序的交互方式。API 技术也在不断变化——无论是新的数据表示格式、改进的通信协议还是中间件和工具环境的变化，都需要进行持续性投资，以保证集成逻辑和通信基础设施能够与时俱进[1]。

1　现在还有多少 XML 开发人员和工具？

总之，API 设计可以决定软件项目、产品和生态系统的成败。API 并非单纯地实现工件，而是集成资产。API 具有连接器和分离器的双重属性，而且往往会存在很长时间，因此设计时绝不能草率行事。虽然各种技术层出不穷，但集成设计人员面临的许多基本设计问题及其解决方案保持不变。

下一节将讨论架构方面的重要需求，尽管这些需求会发生一定变化，但是就整体而言，基本的需求在很长一段时间内会保持相关性。

1.2.4   架构方面的重要需求

可以从开发、操作、管理等方面来界定 API 要实现的质量目标。本节进行概述，后续章节将详细介绍这些目标。

- **可理解性**：进行 API 设计时，请求和响应消息中表示元素的结构是一个重要的开发问题。为保证可理解性并避免产生不必要的复杂性，通常建议严格遵照领域模型来编写 API 实现代码并设计 API。请注意，"遵照"并不等同于完全对外公开或完全复制，尽可能隐藏信息也很有必要。
- **信息共享与信息隐藏**：API 指定了客户端期望的内容，同时抽象出提供者端如何满足这些期望。开发人员需要付出时间和精力将规范与软件组件的实现分开。设计 API 时，向接口公开现有的实现细节也许是一种省时省力的解决方案，但这样处理存在严重弊端，那就是今后很难在不影响客户端的情况下修改 API 实现。
- **耦合量**：松耦合是分布式系统及其组件在结构设计方面的内部质量目标，可以认为这种架构原则介于需求(问题)与设计元素(解决方案)之间。通信各方的松耦合包括不同的维度，一是处理命名和寻址约定的引用自主性，二是隐藏技术选择的平台自主性，三是支持同步通信或异步通信的时间自主性，四是涉及数据契约设计的格式自主性[Fehling 2014]。根据定义，API 调用将客户端和提供者端耦合在一起。然而，耦合性越低，客户端和提供者端就越容易独立演进，原因之一在于提供者和使用者必须共享的知识会影响可更改性。举例来说，针对对外公开的数据结构进行规模调整可以带来一定程度的格式自主性。此外，除非确有必要，否则来自同一提供者端的两个 API 不应该进行耦合(例如通过隐藏的依赖关系)。
- **可修改性**：可修改性是可支持性和可维护性的重要子问题。就 API 设计和演进而言，可修改性会纳入向后兼容性，以促进并行开发和部署灵活性。
- **性能和可伸缩性**：从 API 客户端的角度观察，延迟是重要的操作问题，它受到多方面因素的影响，既包括带宽、低级延迟等网络行为，也包括有效载荷的封送(marshalling)和解封送(unmarshalling)等端点处理工作。API 提供者端主要关心吞吐量和可伸缩性。这两项指标意味着即使由于更多客户端使用 API 或现有客户端令负载加重而导致提供者端的负载增加，响应时间也不会延长。
- **数据简约性**：在对性能和安全性要求极高的分布式系统中，数据简约性是一项重要的通用设计原则。但是当通过指定请求和响应消息来迭代并渐进式地定义 API 时，这项原则不一定适用，原因在于添加内容(例如信息项或值对象的属性)往往比删除内容更容易[1]。因此，在 API 设计和演进的过程中，整体认知负荷和处理工作量会不断增加。在 API 新增某些内容后，往往很难判断能否安全地删除 API，这是因为许多(甚至未知的)客户端可能会依赖 API。正因为如此，API 对外公开的契约也许包括大量相当复杂的数据元素(例如客户或产品主数据的属性)，而且这种复杂性很可能随着软件的演进而增加。变化性管理和"选项控制"必不可少。

- **安全性和隐私性**：对 API 设计来说，安全性和隐私性往往是重要的考虑因素，不仅包括访问控制，而且包括敏感信息的保密性和完整性。例如，API 可能需要具有安全性和隐私性，以免暴露后端服务中包含的机密元素。为支持可观察性和可审计性，建议监控 API 流量和运行时行为。

为满足这些有时相互矛盾(且不断变化)的需求，需要在某些已知选项或新选项之间选择准备采用的架构，而需求是影响架构决策的因素(或标准)之一。权衡利弊的情况不仅存在，而且必须进行处理。我们提出的模式选择将需求作为设计要素来考量，并讨论权衡解决方案。

1.2.5　开发者体验

近年来，将开发者体验与用户体验进行类比和比喻变得颇为流行。Albert Cavalcante 在"What Is DX?" [Cavalcante 2019]一文中写道，开发者体验是用户体验与软件设计原则相结合的产物，愉悦的开发者体验由功能、稳定性、易用性、清晰性这四大支柱构成，即

$$开发者体验 = 功能 + 稳定性 + 易用性 + 清晰性$$

开发者体验涉及开发工作的方方面面，包括工具、库和框架、文档等等。功能支柱指出，某些软件对外公开的处理/数据管理功能之所以具有高优先级，仅仅是因为这些功能激发了客户端开发人员对 API 的兴趣。API 提供的功能应该满足客户端的目标。稳定性指满足期望和各方一致同意的运行时质量目标，如性能、可靠性和可用性。对开发人员而言，可以通过提供文档(教程、示例、参考资料)、社区知识论坛、工具特性(以及其他方式)实现(软件)易用性。清晰性既包括简单性，也涉及可观察性。举例来说，点击工具中的按钮、调用命令行界面(或 SDK 提供的命令)、生成代码等操作所产生的后果应该始终清晰明确。一旦出现问题，客户端开发人员不仅希望了解原因(例如，输入无效或提供者端存在问题)，而且希望找到处理方案(例如，稍后再次尝试调用或修改输入)。

这里有必要提醒开发人员注意：设计 API 的目的不是供自己使用，而是供客户端及其软件使用。话虽如此，设备间通信与人机交互存在本质区别，原因很简单：人类与计算机的思考能力和行为方式有所不同。程序可能(在某种程度上)具备思考能力，但没有喜怒哀乐，也不会意识到自身的存在和所处的环境[2]。因此，并非所有有关用户体验的建议都直接适用于开发者体验。

开发者体验(理所当然)受到广泛关注，它还包括维护者体验以及顾问/教育者/学习者体验，但是我们对运维者体验是否有足够的了解和认识呢？

1　想一想大型企业的业务流程、需要填写的相应表单和审批要求：许多活动和数据字段往往是出于好意而添加的，但它们很难取代现有的内容。

2　我们也许可以在图像识别等某些受限的领域中训练程序，但不能指望它们能够建立起价值体系，并像人类那样表现出道德和伦理。

综上所述,至少可以从短期的积极反馈和长期的使用情况这两个方面来衡量 API 成功与否:

第一印象很重要。成功完成首次 API 调用并对响应进行处理的过程越简单、越明确,使用 API 的客户端开发人员就越多,开发者体验(功能、稳定性、易用性和清晰性)也越好。开发人员初次使用 API 时留下的良好印象能否持续下去,成为 API "永葆青春"的基础,具体取决于性能、可靠性、可管理性等运行时质量目标。

下一节(也是本章最后一节)将介绍 API 领域模型,其中涉及本书使用的各种术语。

1.3 远程 API 的领域模型

本书及其模式语言采用一套基本的抽象和概念,为 API 设计和开发构建一个领域模型 [Zimmermann 2021b]。我们利用这个领域模型详细介绍我们采用的模式,但并不追求为现有的所有通信概念和集成架构绘制出完整而一致的图景。不过,我们会解释领域模型要素与 HTTP 和其他远程技术中的概念有哪些关系。

1.3.1　通信参与者

就抽象层面而言,有两种通信参与者(简称"参与者")通过 API 相互通信,它们是 API 提供者和 API 客户端。API 客户端可以使用的 API 端点没有数量限制。API 提供者对外公开 API **契约**,API 客户端则使用契约。API 契约负责约束通信,包括提供具有指定功能的可用端点的相关信息。这些基本概念和它们之间的关系如图 1-3 所示。

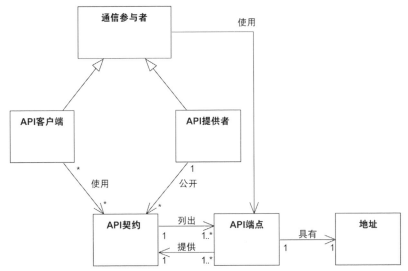

图 1-3　API 设计和演进的领域模型:通信参与者、API 契约、API 端点

请注意，图 1-3 没有显示整个 API，因为 API 是由一系列端点及其提供的契约所构成的。API 端点代表通信信道的提供者一侧，API 至少包括一个这样的端点。每个 API 端点都有唯一的地址(例如统一资源定位符)，通常用于万维网、RESTful HTTP 和基于 HTTP 的简单对象访问协议(Simple Object Access Protocol，SOAP)。在客户端角色中，通信参与者通过 API 端点访问API。通信参与者可以同时扮演客户端角色和提供者角色。这种情况下，通信参与者既作为 API提供者提供某些服务，也在实现中使用其他 API 提供的服务[1]。

面向服务的架构把 API 客户端称为服务使用者(或服务消费者)，API 提供者称为服务提供者[Zimmermann 2009]。在 HTTP 中，API 端点对应一组相关资源。带有预先发布 URI 的根资源(home resource)是一种入口级别的 URL，用于定位和访问一种或多种相关资源。

1.3.2　API 端点提供描述操作的 API 契约

如图 1-4 所示，操作由 API 契约描述。除端点地址以外，操作标识符用于区分操作，SOAP消息体中的顶级 XML 标签就起到这种作用。在 RESTful HTTP 中，HTTP 方法(又称 HTTP 动词)的名称在单个资源内具有唯一性[2]。

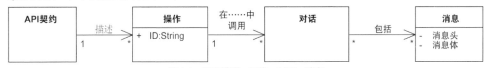

图 1-4　领域模型：操作、对话、消息

1.3.3　消息是对话的组成部分

API 操作由契约描述并由端点提供，可以参与对话。对话不同，组合和编排信息的方式也不同，但所有对话都会描述通信参与者之间交换的消息序列。四种主要的对话类型如图 1-5 所示。请求-应答消息交换由单条请求消息和单条响应消息构成。如果没有响应，则表明对话具有单向交换性。第三种对话是事件通知，包含了触发事件所用的单条消息。最后，对话可能持续很长时间，最初的单条请求消息发送后会收到多条应答消息。在这种请求-多应答消息交换中，客户端向提供者发送的一条消息会注册回调，提供者向客户端发送的一条或多条消息则执行回调动作。

三种消息类型是命令消息、文档消息和事件消息[Hohpe 2003]，它们很自然地与对话类型相吻合。例如，文档消息可以通过单向交换对话进行传输；又如，如果客户端关心命令执行结果，那么命令消息需要通过请求-应答对话进行传输。消息可以采用 JSON、XML 等多种格式进行传输。本书主要讨论所有三类消息的内容和结构。

对话的类型还有很多，例如发布-订阅机制等更复杂的对话。基本对话可以组合成规模更大的端到端对话场景，这些场景涉及多个 API 客户端与提供者之间的消息交换，甚至可能包括持续数天、数月或数年的托管业务流程[Pautasso 2016; Hohpe 2017]。这类高级对话往往见于软件生态系统、企业应用程序以及其他 API 使用场景，但它们不是本书的讨论重点。

1　通信信道的客户端一侧还需要一个网络端点，但本书侧重于探讨 API 而不是通信信道或网络，因此不进行描述。
2　在 OpenAPI 规范中，操作通过 HTTP 方法及其 URI 路径加以标识，还有一个名为 operationId 的附加属性[OpenAPI 2022]。

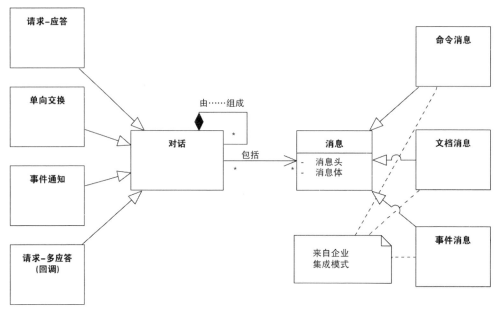

图 1-5 领域模型：对话类型和消息类型

1.3.4 消息结构和表示

如图 1-6 所示，一个或多个表示元素(又称参数)构成了通过网络发送的消息的表示(请注意，某些技术使用"操作签名"一词来指代参数及其类型)。消息携带元数据和数据，它们保存在消息头和消息体中。地址、消息头和消息体中的表示元素可能已经排序，也可能没有排序；可能会进一步构造为层次结构，也可能不会。这些表示元素通常经过命名，而且可以是静态类型或动态类型。消息既可以包含源地址(以接收返回该地址的应答消息)，也可以包含目标地址。举例来说，返回地址、关联标识符等概念支持消息参与基于内容的消息路由和复杂的长时间对话[Hohpe 2003]。HTTP 资源 API 中的超媒体控件(链接)就包含这样的地址信息。如果消息中没有出现地址，则由通信信道单独承担消息路由的任务。

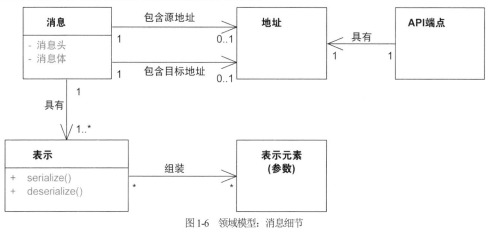

图 1-6 领域模型：消息细节

消息表示也称为数据传输表示(Data Transfer Representation，DTR)。在设计 DTR 时，应该避免对客户端和服务器端的编程范式(例如面向对象编程、命令式编程或函数式编程)做出任何假设。客户端与服务器之间交换的是普通消息(例如不包括任何远程对象存根或处理程序)[1]。将编程语言表示转换为可以通过网络发送的 DTR 的过程称为序列化或封送，相反的操作则称为反序列化或解封送。这些术语往往见于分布式计算技术和中间件平台[Voelter 2004]。纯文本和二进制格式一般用于收发 DTR，如前所述，JSON 和 XML 是常见的格式。

1.3.5 API 契约

如图 1-7 所示，全部端点操作均由 API 契约(参见图 1-3)指定。API 契约详细描述了所有可能出现的对话和消息，直至协议级别的消息表示(参数、消息体)和网络地址。API 客户端和 API 提供者必须就契约中指定的共享知识协商一致后才能交换数据，因此 API 契约对于实现任何具备互操作性、可测试性和可演进性的运行时通信都至关重要。

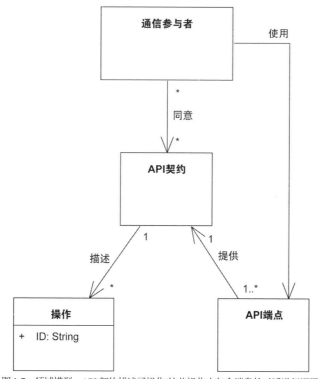

图 1-7　领域模型：API 契约描述了操作(这些操作由包含消息的对话进行调用)

实际上，这种协议可能具有高度不对称性，原因在于许多 API(尤其是公共 API)是由 API 提供者按原样提供的，导致 API 客户端无法自行修改。客户端可以按规定使用，也可以完全不用，此时通信参与者之间不会就契约进行协商或达成正式协议。如果 API 客户端为服务付费，

1　数据传输对象(Data Transfer Object，DTO)是一种程序级别的模式，DTR 相当于 DTO 在网络传输中的对应形式[Fowler 2002; Daigneau 2011]。

那么情况可能有所不同：这类 API 契约也许是各方实际协商的产物，并附有法律合同(甚至会写入法律合同)。API 契约既可以只列出最基本的内容，也可以被纳入更全面的 API Description 或 Service Level Agreement(我们采用的两种模式)。

1.3.6　全书使用的领域模型

在讨论模式语言时，本书采用领域模型中的抽象概念作为词汇表。这是因为根据定义，模式文本必须与平台和技术无关(说明性示例除外)。此外，领域模型中的任何概念和关系都可能成为决定是否采用某种模式的驱动因素。举例来说，消息每次出现时，必须确定其参数结构。第 3 章将深入探讨这些内容，并指导开发人员对所有领域模型元素和模式进行决策。

最后要指出的是，我们采用微服务领域特定语言(Microservice Domain-Specific Language，MDSL)对部分示例进行建模，MDSL 就是以这个领域模型为基础设计而成的，相关讨论参见附录 C。

1.4　本章小结

本章讨论了以下内容：

- API 的定义以及设计高质量 API 的重要性及所面临的挑战。
- API 设计中的期望质量目标，包括耦合和粒度方面的考虑因素，以及积极的开发者体验由哪些要素组成。
- 本书使用的 API 领域术语和概念。

无论是模块化程序内部使用的本地 API，还是连接操作系统进程和分式系统的远程 API，都已存在很长时间。目前，大多数远程 API 采用 RESTful HTTP、gRPC、GraphQL 等基于消息的协议。远程 API 提供了通过应用程序集成的协议来访问服务器端资源的途径("访问""协议"和"集成"这三个词的首字母合起来是"API")。远程 API 起到重要的桥梁作用，它们把多个系统连接在一起，同时尽可能保持各个系统的独立性，以最大限度减少后续调整所带来的影响。API 及其实现甚至可以具有独立的控制权和所有权。本地 API 和远程 API 都应该以满足客户端对信息或集成的实际需求为己任，并具有明确的目的性。

如果用现实事物作为类比，那么不妨把 API 看作建筑物的入口和大厅。例如，在一幢摩天大楼的大堂里，接待来访者的工作人员既要把他们带到相应的电梯口，也要检查他们是否有权从正门进入。首次前往某处时，第一印象很重要——人类使用软件是这样，API 客户端使用 API 也是这样。因此，API 门户就像其背后应用程序对应的一套"名片"(或构建地图)，用于将服务介绍给可能有兴趣使用它们来编写自己的应用程序的开发人员。名片和入口大厅都会影响来访者体验，API 则会影响开发者体验。

对于本地 API，需要确保它能正确使用；而对于远程 API，还要把分布式计算的谬误考虑在内。举例来说，当最终用户界面(例如基于浏览器的单页应用程序)和分布式云应用程序中的后端服务需要借助远程 API 进行通信时，就不能认为网络是可靠的。

在架构决策过程中，必须考虑一系列质量属性。从客户端的角度来说，API 的开发质量包括具有良好的开发者体验、可负担的成本和足够的性能；从提供者的角度来说，API 的开发质量包括具有可持续性且易于更改和维护。在整个 API 生命周期中，以下三类质量属性尤为重要。

1. 开发质量：从开发人员的角度来说，API 应该易于发现、学习和理解，并能方便地用来构建应用程序。这些要素统称为 API 应提供积极的开发者体验，通过功能、稳定性、易用性、清晰性这四大支柱进行定义。

2. 操作质量：API 及其实现应该是可靠的，并满足规定的性能、可靠性和安全性要求。API 在运行时应该具备可管理性。

3. 管理质量：API 应该可以随时间的推移进行演进和维护，最好能够同时兼顾扩展性和向后兼容性，从而在调整 API 时不会影响现有的客户端。为此，必须在敏捷性与稳定性之间找到平衡。

实现高质量的 API 设计和演进具有一定的难度(也很有趣)，原因如下：

- API 应该具有长久的生命力，需要从短期和长期两个方面来衡量 API 成功与否。
- 各方需要就 API 对外公开的功能和相关质量属性协商一致、达成共识。
- API 的粒度既取决于对外公开的端点数量和操作数量，也取决于这些操作中请求和响应消息包含的数据契约。在少量富操作和大量窄操作之间做出选择十分重要。
- 需要实施耦合控制。零耦合意味着断开连接；API 客户端与 API 提供者之间的了解越深入，双方的耦合性就越高，独立演进就越困难。
- 虽然 API 技术"你方唱罢我登台"，但 API 设计的基本概念和相关的架构决策及其选项和标准保持不变。

本书侧重于讨论用于连接系统及其部件的远程 API。API 提供者对外公开 API 端点，端点提供操作，而操作通过消息交换进行调用。这些交换中的消息构成了对话，它们包含简单或结构化的消息表示元素。这些概念定义在 API 设计和演进采用的领域模型中。本书致力于将这些概念付诸实践，从而设计出能够满足客户端需求的高质量 API。

第 2 章将介绍一个虚构的大型 API 和服务设计示例，第 3 章将以决策驱动因素为基础分析本节讨论的设计挑战和要求。第 II 部分将详细阐述模式及其解决方案，并讨论 API 的成功要素和质量属性。

第 2 章

Lakeside Mutual 案例研究

本章重点介绍 Lakeside Mutual 案例，并以此作为贯穿全书的示例场景。为了激发在该场景中使用 API 的需求，也为了能够在后续章节中证明 API 设计决策具有合理性，我们将介绍示例系统及其需求，并提供初步的 API 设计作为概述和预览。

Lakeside Mutual 是一家虚构的保险公司，为客户、合作伙伴和员工提供多种数字服务。公司后端由多个用于客户、保单和风险管理的企业应用程序组成；应用程序前端通过多种渠道提供服务，既包括面向潜在客户和现有客户的智能手机应用程序，也包括面向公司员工和第三方销售代理的富客户端应用程序。

2.1 业务背景和要求

在 Lakeside Mutual 的企业 IT 部门，一支敏捷开发团队刚刚接到一项任务：为客户应用程序扩展自助服务功能。早期的架构刺探(architectural spike)表明，所需的客户和保单数据分散在多个后端系统中，这些系统都没有采用合适的 Web API 或消息信道来提供所需的数据。

开发团队已经完成以下分析和设计工件：

- 与领域模型期望的系统质量属性和分析级别有关的用户故事
- 描述可用和所需接口的系统上下文图/上下文映射
- 描述现有系统部件及其关系的架构概览图

这些工件为 API 设计提供了宝贵的建议，下面将进行讨论。

2.1.1 用户故事和期望的系统质量

下一版客户应用程序应该支持几项新的自助服务功能，以下用户故事描述了其中一项功能：

作为 Lakeside Mutual 的客户，我希望能够自己在线更新联系方式，以保持数据的时效性。我不想为此事而致电保险经纪，因为电话接通前可能需要等待很长时间。

开发人员已经收集了有关期望的系统质量(例如性能、可用性和可维护性)的要求。在 80% 的情况下，客户更新联系方式的时间不应超过 2 秒。Lakeside Mutual 预计有 1 万名客户会使用这项新的在线服务，同时在线的客户数量将达到总人数的 10%。

可用性是另一个重要问题。如果新的自助服务功能无法帮助客户有效实现自助服务目标，那么他们也许会转而使用成本更高的方法，从而违背开发新功能的初衷。可靠性要求也是如此(尽管没有可用性要求那么严格)：Lakeside Mutual 的客户也许在非工作时间、周末或节假日才能抽出时间处理自己的保险合同，因此接口在这些时段应该处于可用状态。

考虑到这些要求，无论选择哪种架构和框架，都应为 Lakeside Mutual 的开发和运营团队提供切实有效的支持。团队应该能够监控和管理应用程序，并对其进行长期维护。

2.1.2 分析级别的领域模型

客户及其保单构成了系统的核心(主数据管理)。借助新的自助服务前端，客户无须前往分支机构或预约上门服务，就能更新自己的联系方式并索取不同保单的报价。应用程序采用领域驱动设计(Domain Driven Design，DDD)[Evans 2003; Vernon 2013]来构建领域(业务)逻辑。图 2-1 给出了三种主要的聚合[1]，即 Customer(客户)、InsuranceQuoteRequest(保险报价请求)和 Policy(保单)。

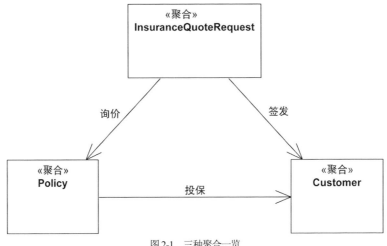

图 2-1　三种聚合一览

接下来我们深入讨论上述三种聚合，以探索领域驱动设计的其他概念。现有客户或潜在客户提出保险报价请求，他们索取新保单(如医疗保险或汽车保险)的报价。根据报价和保单提供的信息，可以了解投保人和今后可能提出索赔的客户。

InsuranceQuoteRequest 聚合包括多个具有标识和生命周期的实体以及不可变的值对象，是短期操作型数据的一个示例，其组件如图 2-2 所示。InsuranceQuoteRequest 聚合根是具有独特角色的实体，它充当聚合的入口点，并将聚合的各个组件连接在一起。从图中还能看到若干指向其他聚合的引用，它们指向各自的聚合根实体。例如，InsuranceQuoteRequest 引用客户目前希望更改的现有保单。保险报价请求还包括引用了一个或多个地址的 CustomerInfo，这是因为要么保单可能涉及多位客户(例如父母的医疗保险可能涵盖子女)，要么客户可能有多处居所。

---

1 聚合是一起加载和存储的领域对象集群，能够执行相关的业务规则。

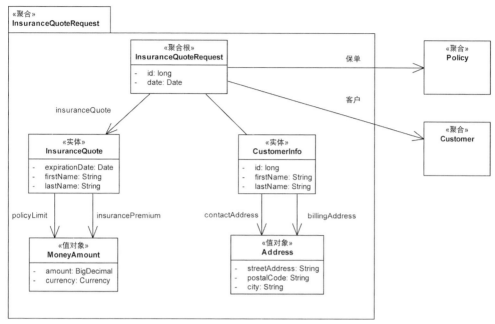

图 2-2　InsuranceQuoteRequest 聚合的详细信息

Policy 聚合的详细信息如图 2-3 所示，该聚合的主要任务是处理 MoneyAmounts、保单类型、日期期限等值对象。此外，所有保单均有 PolicyId，这一标识符用于引用来自外部的聚合。观察图 2-3 的右侧可以看到对 Customer 聚合的引用。

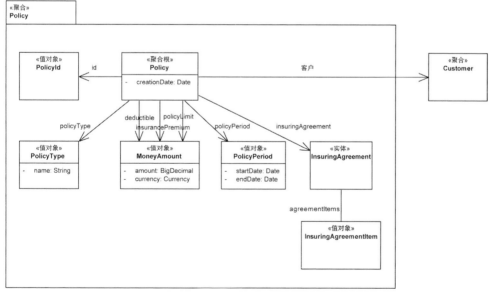

图 2-3　Policy 聚合的详细信息

Customer 聚合的详细信息如图 2-4 所示,该聚合包括常用的联系方式以及现住址和原住址。与通过 PolicyId 可以唯一地标识保单类似,通过 CustomerId 可以唯一地标识客户。

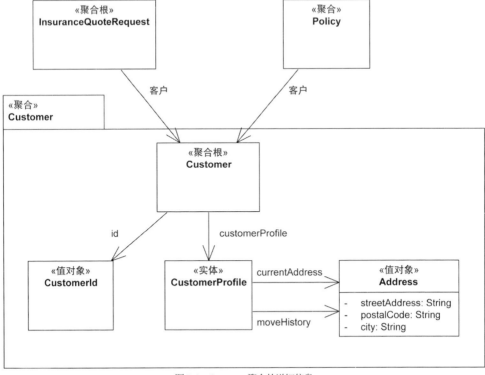

图 2-4   Customer 聚合的详细信息

2.2   架构概述

介绍完业务背景和要求之后,接下来我们讨论 Lakeside Mutual 的现有系统及其架构。

2.2.1   系统上下文

当前的系统上下文如图 2-5 所示。现有客户(图中未显示)应该能够通过客户自助服务 (Customer Self-Service)前端更新自己的联系方式。客户自助服务在客户核心(Customer Core)服务中检索主数据,保单管理(Policy Management)应用程序和公司内部的客户管理(Customer Management)应用程序也使用客户核心服务[1]。

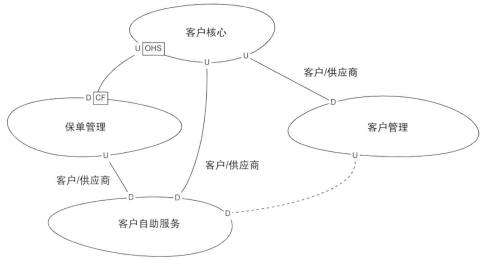

图 2-5　Lakeside Mutual 的上下文映射(实线表示现有的关系，虚线表示新的接口)

将图 2-5 所示的四个应用程序作为限界上下文(Bounded Context)，很容易追溯到分析级别的领域模型[1]。目前，客户自助服务上下文仅与保单管理和客户核心进行交互。为实现新的自助服务功能，将新增与客户管理上下文的关系(图 2-5 中以虚线表示)。下一节将探讨实现这些限界上下文的软件架构。

2.2.2　应用程序架构

我们对图 2-5 所示的系统上下文进行完善，得到的核心组件如图 2-6 所示，这些组件是 Lakeside Mutual 为客户和员工提供服务的基石。图 2-5 所示的限界上下文为引入相应的前端应用程序和配套的后端微服务(例如客户管理前端和客户管理后端)奠定了基础。

前端策略是使用富 Web 客户端，所以单页应用程序(Single Page Application，SPA)采用 JavaScript 实现。鉴于公司在几年前做出的战略决策，大多数后端采用 Java 实现，利用 Spring Boot 依赖注入容器来提高灵活性和可维护性。Apache ActiveMQ 是一款普及而成熟的开源消息系统，用于集成客户自助服务和保单管理。

- **客户核心**：管理个人客户的个人数据(如姓名、电子邮件、现住址等)。客户核心通过 HTTP 资源 API 向其他组件提供这些数据。
- **客户自助服务后端**：为客户自助服务前端提供 HTTP 资源 API，并连接到保单管理后端提供的 ActiveMQ 代理以处理保险报价请求。
- **客户自助服务前端**：采用 React 构建的应用程序，提供客户注册、查看现有保单、按需修改住址(示例用户故事)等功能。

1　领域驱动设计模式中的限界上下文表示模型边界，它是对团队、系统以及系统部件(如应用程序前端和后端)的抽象和概括。

- **客户管理后端**：采用 Spring Boot 构建的应用程序，为客户管理前端和客户自助服务前端提供 HTTP 资源 API。此外，WebSocket 的作用是实现聊天功能，以便在使用了客户管理前端的呼叫中心代理与登录到客户自助服务前端的客户之间实时传递聊天消息。

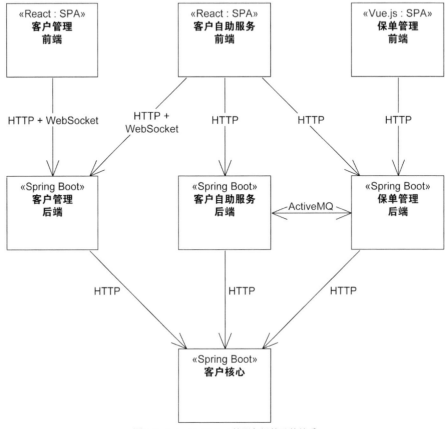

图 2-6　Lakeside Mutual 的服务组件及其关系

- **客户管理前端**：采用 React 构建的应用程序，供客服人员与客户进行沟通，帮助他们解决 Lakeside Mutual 保险产品的相关问题。
- **保单管理后端**：采用 Spring Boot 构建的应用程序，为客户自助服务前端和保单管理前端提供 HTTP 资源 API。
- **保单管理前端**：采用 vue.js 构建的 JavaScript 应用程序，支持 Lakeside Mutual 的员工查看并管理个人客户的保单。

Lakeside Mutual 决定采用微服务架构。公司之所以做出这一战略性架构决策，既是为提高系统部件升级的灵活性(以响应业务变更要求)，也是为业务增长做好准备(工作负荷可能随着业务增长而增加，从而使后端成为系统性能扩展的瓶颈)。

2.3　API 设计活动

我们继续讨论本章开头提到的用户故事,也就是为保险客户提供更新其联系方式的途径。

客户自助服务团队刚刚从待办事项列表中删除了上述用户故事,并将其纳入当前的冲刺开发周期。在冲刺计划会议期间,团队确定了用于下次迭代的活动:

1. 为上游客户管理后端设计一个独立于平台的 API,供下游客户自助服务前端使用。

2. 指定 API 端点(如果假设基于 HTTP 的 Web API 来进行设计,则为资源)及其操作(GET、POST 等 HTTP 动词/方法),包括请求参数和响应结构(例如,JSON 有效载荷的对象结构)。

3. 根据前文列出或引用的分析和设计工件来证明决策的合理性。

那么,Lakeside Mutual 的 API 设计人员怎样借助模式来处理这些任务呢?下文(以及本书后续章节)会讨论这个问题。本案例研究的部分 API 实现工件请参见附录 B。

2.4　目标 API 规范

以下 API 草图描述了在执行所需的 API 设计活动时,对负责更新客户联系方式的端点进行的*初步*设计。请注意,该草图只做预览之用,目前读者并不需要完全理解所有细节。

```
API description CustomerManagementBackend
usage context SOLUTION_INTERNAL_API
  for FRONTEND_INTEGRATION

data type CustomerId ID
data type CustomerResponseDto D

data type AddressDto {
  "streetAddress": D<string>,
  "postalCode": D<string>,
  "city": D<string>
}

data type CustomerProfileUpdateRequestDto {
  "firstname": D<string>,
  "lastname": D<string>,
  "email": D<string>,
  "phoneNumber": D<string>,
  "currentAddress": AddressDto
}
```

```
endpoint type CustomerInformationHolder
  version "0.1.0"
  serves as INFORMATION_HOLDER_RESOURCE
  exposes
   operation updateCustomer
   with responsibility STATE_TRANSITION_OPERATION
    expecting
   headers
     <<API_Key>> "accessToken": D<string>
   payload {
     <<Identifier_Element>> "id": CustomerId,
     <<Data_Element>>
      "updatedProfile":
      CustomerProfileUpdateRequestDto
   }
   delivering
   payload {
    <<Data_Element>> "updatedCustomer": CustomerResponseDto,
    <<Error_Report>> {
     "status":D<string>,
     "error":D<string>,
     "message":D<string>}
   }
```

API 由微服务领域特定语言(Microservice Domain-Specific Language，MDSL)指定。作为一门领域特定语言，MDSL 用于指定(微)服务契约、数据表示和 API 端点，相关介绍参见附录 C。这门语言可用于生成 OpenAPI 规范(前述契约的 OpenAPI 版本在 YAML[1]渲染中占 111 行)。

观察上述 API 草图可以看到 API 描述、两种数据类型定义和一个执行单一操作的端点。无论是<<API_Key>>构造型，还是 SOLUTION_INTERNAL_API、FRONTEND_INTEGRATION、INFORMATION_HOLDER_RESOURCE、STATE_TRANSITION_OPERATION 等标记(以及其他一些元素)，都会引用模式，详细解释参见本书第 II 部分。

2.5 本章小结

本章围绕 Lakeside Mutual 案例研究展开讨论，并以此作为贯穿全书的示例。Lakeside Mutual 是一家虚构的保险公司，通过使用一套微服务以及相应的应用程序前端来实现客户、契约和风险管理的核心业务功能。

---

1 YAML 最初是"另一种标记语言"(Yet Another Markup Language)的缩写，但后来为体现这门语言的性质而改为"YAML 不是标记语言"(YAML Ain't Markup Language)：YAML 并非一门真正的标记语言，而是一种数据序列化语言。

1. Web API 负责连接应用程序前端与后端。

2. 后端同样通过 API 进行通信。

3. 从用户需求、期望的系统质量、系统上下文信息、已经做出的架构决策等方面入手进行 API 设计。

本书第 3 章和第 II 部分将详细阐述这一初步的 API 设计，并重新审视这些模式以及在客户自助服务 API 的业务和架构设计背景中应用它们的原因。

附录 B 列出了 API 实现的部分摘要，完整的 API 实现参见 GitHub[1]。

1　https://github.com/Microservice-API-Patterns/LakesideMutual。

第 3 章

API 决策叙述

API 端点、操作和消息设计牵扯到多方面的内容，因此有一定难度。各种需求往往相互抵触，需要权衡取舍。开发人员必须做出大量架构决策和实现选择，在此过程中有众多解决方案可供选择。API 能否取得成功，关键在于能否做出正确的决策。有时候，开发人员要么不清楚应该进行哪些选择，要么只能在了解部分可用方案的情况下做出决策。此外，并不是所有标准都一目了然。举例来说，与可持续性这类质量属性相比，性能、安全性这样的质量属性更加显而易见。

本章围绕主题类别来讨论模式选择方面的决策。我们将详细探讨 API 设计的迭代过程，首先介绍 API 的范围界定，然后讨论有关端点角色和操作职责的架构决策。与质量相关的设计优化和 API 演进方面的决策也在讨论范围之内。本章不仅会列出需要做出的决策和最常见的模式 (相关介绍参见第 Ⅱ 部分)，而且会讨论开发人员在实践中遇到的模式选择标准。

3.1 前奏：模式作为决策选项，设计驱动力作为决策标准

模式选择是一项需要做出并论证其合理性的架构决策。正如《持续架构实践》(*Continuous Architecture in Practice*)[Erder 2021]一书所述，这一决策可能受到某些因素的影响。因此，本章的决策叙述致力于确定在 API 设计和演进过程中必须做出的架构决策，我们会针对每项决策讨论相应的决策标准和设计备选方案。这些备选方案以我们提出的模式为基础，详细讨论参见本书第 Ⅱ 部分。

我们采用以下格式来确定需要做出的决策。

决策：所需决策的示例

(涉及哪个主题？)

然后按照下表的形式列出符合条件的模式。

模式：PATTERN NAME	
问题	[要解决哪个设计问题？]
解决方案	[概述解决该问题的可能方法]

我们随后会概述与第 Ⅱ 部分讨论的模式因素相对应的决策标准，并给出若干推荐的最佳实

践(注意不要机械地照搬这些实践，而是要结合特定的 API 设计工作加以运用)。

决策结果示例   第 2 章曾经介绍过 Lakeside Mutual 案例，本章将以这家虚构的保险公司为例讨论各项决策。我们采用以下架构决策记录(Architectural Pecision Record，ADR)格式：

就[功能或组件]而言，

希望/针对[要求或质量目标]的需求，

我们决定采用[某种方案]，

且忽略[备选方案]，

以实现[效益]，

并认可由此产生的[负面后果]。

这种格式称为原因陈述(why-statement)[Zdun 2013]，是一种 ADR 模板。经过 Michael Nygard 的宣传普及[Nygard 2011]，这类决策日志在研究和实践中有着悠久的历史[1]。简而言之，它们的作用是跟踪给定上下文中的决策结果及其理由(依据)。

ADR 模板的一个实例如下所示：

就模式决策叙述而言，

针对在示例中说明选项和标准的需求，

我们决定加入类似于这种格式的架构决策记录，

以实现理论与实践的平衡，

并认可这样处理会导致篇幅变长，从而迫使读者在从头至尾阅读本章时不得不从概念跳转到应用。

为了与本章讨论的概念性内容(即决策点、选项和标准)明确区分开来，原因陈述均以楷体表示。原因陈述中的"忽略"部分属于可选内容，上例没有使用。

接下来的各节围绕下列决策主题展开讨论。

- 3.2 节：介绍 API 可见性、API 集成类型和 API 文档。
- 3.3 节：讨论端点的架构角色，我们会剖析信息持有者角色并定义操作职责。
- 3.4 节：讨论如何在表示元素的平面结构与嵌套结构之间进行选择，并介绍元素构造型(element stereotype)。
- 3.6 节：探讨 API 客户端的识别和身份验证、对 API 的使用情况进行计量和计费、防止 API 客户端过度使用 API、明确规定质量目标和处罚机制、报告和处理错误、外部上下文表示等多方面的内容。
- 3.7 节：介绍分页(pagination)、避免非必要数据传输的其他手段、处理消息中的引用数据等内容。
- 3.8 节：包括两部分内容，一是版本控制和兼容性管理，二是版本发布和停用的相关策略。

本章还包括两段插叙，围绕 Lakeside Mutual 案例中涉及的职责和结构模式、质量和演进模式展开讨论。

---

1 参见 https://ozimmer.ch/practices/2020/04/27/ArchitectureDecisionMaking.html.

3.2　API 的基础性决策和模式

从第 1 章的讨论可知，API 是对外公开计算服务或信息管理服务的软件接口，同时使底层服务提供者的实现与 API 客户端脱钩。本节将介绍以模式作为决策选项的基础性架构设计决策，详细阐述 API 提供者端的服务实现与 API 客户端之间存在哪些关系。我们讨论的模式涉及管理层面或组织层面，对技术方面的重要考虑因素也会产生实质性影响。

本节讨论的决策致力于解答以下问题：

- 应该从哪里访问 API？换句话说，API 的可见性如何？
- API 应该支持哪些集成类型？
- 是否需要文档化 API？如果需要的话，应该怎样对 API 进行文档化？

这些决策之间的关系如图 3-1 所示。

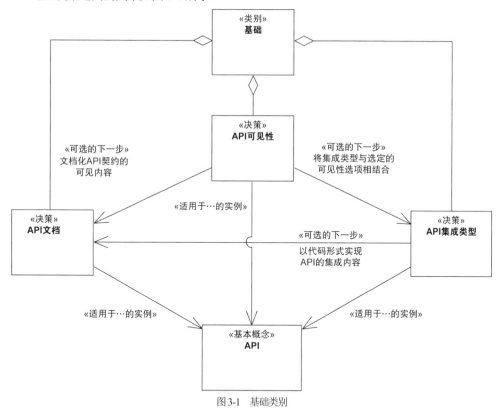

图 3-1　基础类别

基础类别的第一项决策涉及 API 可见性。在不同类型的 API 中，应该使用 API 的 API 客户端也许千差万别。API 既可能面向位于不同组织和地点的大量 API 客户端，也可能只面向单一组织或同一软件系统中少数几个知名的 API 客户端。

此外，必须针对系统在物理层面的组织结构与 API 之间的关系做出决策，这一决策可能影响到不同的集成类型。某些情况下，负责显示和控制最终用户界面的前端与负责数据处理和存储的后端在空间上相互分离。以面向服务的架构为例，各个后端可能经过拆分并分散部署在多个系统或子系统中。无论使用前端还是后端，基于 API 的集成都可能实现。

最后，需要就 API 文档进行决策。当服务提供者决定对外公开一个或多个 API 端点时，客户端必须能够根据 API 文档找到 API 操作的调用位置和调用方式：既包括描述了 API 端点位置、消息表示参数等技术性 API 访问信息的文档，也包括描述了前置条件和后置条件、相关服务质量保证等操作行为的文档。

3.2.1　API 可见性

有时候，开发人员希望通过对外公开一个或多个 API 端点为部分应用程序提供远程 API。这种情况下，所有 API 的早期决策都与 API 可见性有关。从技术角度来看，API 可见性取决于 API 的部署位置和网络连接(例如互联网、外联网、公司内网甚至单个数据中心)；从组织角度来看，API 客户端所服务的最终用户对 API 需要在多大程度上对外可见会产生一定影响。

可见性决策的出发点主要是管理或组织层面而不是技术层面，往往涉及预算和资金方面的考虑因素。有时候，单个项目或产品为 API 的开发、运营和维护筹集资金；而在其他情况下，多个组织(或一个组织内部的多个部门)共同为 API 提供资金支持。

然而，可行性决策在许多技术方面会产生重大影响。我们比较两种 API：一种是开放的公共 API，这种通过互联网对外公开的 API 可供任意数量的部分未知 API 客户端使用；另一种是解决方案内部的 API，这种 API 仅在组织内部使用，面向数量不多且稳定的系统或子系统。开放的公共 API 可能需要承受相当高的工作负荷，而且会经历多次峰值；解决方案内部的 API 则往往不会承受太高的工作负荷，而且只需为少数几个知名的 API 客户端提供服务。正因为如此，上述两种 API 可见性的性能和可伸缩性要求也许大相径庭。

需要做出的核心决策如下。

决策：API 可见性

应该从哪里访问 API？互联网还是访问受控网络(例如内联网或外联网)？抑或只能在托管特定解决方案的数据中心内部访问 API？

API 可见性决策的三个决策选项如图 3-2 所示，选项以模式的形式给出。

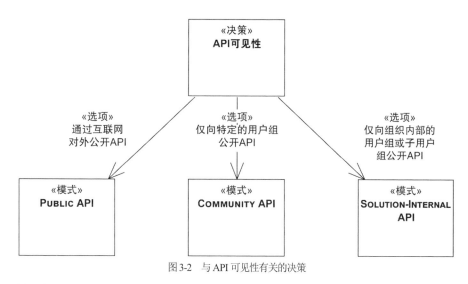

图 3-2　与 API 可见性有关的决策

第一个选项是 PUBLIC API 模式。

模式：PUBLIC API	
问题	如何实现 API 的广泛可见性,以便分布在全球、各个国家或地区的 API 客户端都能使用 API(客户端的数量不受限制)?
解决方案	通过互联网公开 API,并附上详细的 API DESCRIPTION 以描述 API 的功能性和非功能性属性。

将目标受众的规模、位置和多样性纳入考虑十分重要,对 PUBLIC API 来说更是如此。无论是目标受众的期望和需求,还是可能使用的开发平台和中间件平台以及其他相关的考虑因素,都能帮助开发人员确定是否公开和如何公开 API。举例来说,相对于在服务器上渲染的动态网站,通过浏览器访问 API 的单页应用程序越来越多。受到这一趋势的影响,可通过互联网访问的 API 数量逐渐增多。

一般来说,可见性较高的 PUBLIC API 必须有能力应对持续出现的高工作负荷或峰值负载。这不仅会导致复杂性增加,而且对后端系统和数据存储的成熟度提出了很高要求。目标受众的规模决定了 API 可能承受的负载,目标受众的位置则决定了所需的互联网接入级别和带宽。

比起可见性较低的 API,可见性较高的 API 也许存在更高的安全性要求。使用 API KEY 或作为替代的身份验证协议通常标志着 PUBLIC API 与其变体 Open API 之间的区别:真正开放的 API 是没有使用 API KEY 或其他身份验证手段的 PUBLIC API。当然,API KEY 和身份验证协议也适用于 API 可见性决策的另外两个选项。

必须为 API 的开发、运营和维护筹集资金。通常情况下,API 一定要提供能够"创收"的业务模式。以 PUBLIC API 为例,付费订阅和按调用付费(参见 PRICING PLAN 模式)是常见的选择。另一种方案是通过广告等方式进行交叉融资。在考虑这些因素的同时,还要把预算问题考虑进去。虽然为 API 第一个版本的初始开发工作筹集资金相对容易,但是从长远来看,为 API(尤其是已经取得成功、拥有大量客户端的 PUBLIC API)的运营、维护和演进提供资金支持可能要困难得多。

另一个可见性较低的决策选项是 COMMUNITY API。

	模式：COMMUNITY API
问题	如何限制 API 的可见性和访问权限,使其仅对封闭的用户群体可见? 这类用户群体并非专属于组织内的某个部门,而是属于多个法人实体(例如公司、非营利/非政府组织、政府机构)。
解决方案	将 API 及其实现资源部署在访问受限的安全位置(例如外联网),仅供目标用户群体访问。只有受限的目标受众能够获取 API DESCRIPTION。

与 PUBLIC API 一样,COMMUNITY API 的开发、运营和维护也需要资金支持,因此预算发挥着同样重要的作用,但如何筹集资金取决于社区的具体情况及其所需的解决方案。例如,产品用户社区支付的许可费也许足以支持开发 API 所需的费用。为实现某些特定的社区目标,政府机构或非营利组织可能为受限(特定)的用户群体提供开发、运营和维护 API 所需的资金。与 SOLUTION-INTERNAL API(稍后讨论)的本质区别在于,为 COMMUNITY API 买单的往往不是单个项目或产品预算,支付费用的各方可能有不同的利益。

COMMUNITY API 还有其他变体,通常见于公司环境。企业 API 是仅用于公司内部网络的 API,产品 API 随购买的软件(或开源软件)一起提供。最后,在访问由云服务提供商提供的服务 API 和在云环境中托管的应用服务时,如果访问受到限制且具有安全保障,那么这种 API 也可以视为另一种形式的 COMMUNITY API。

目标受众的规模、所在位置和技术偏好同样会产生一定影响(甚至往往与预算方面的考虑因素有关,因为社区成员可能会为 API 付费)。与个体团队或公众相比,这些社区特征有时更加复杂而多变。在 PUBLIC API 中,由于用户在政治层面的影响力相对较小,因此 API 开发组织通常很容易制定标准;而在有界社区中,利益相关方的关切往往多种多样,要求也很高。例如,应用程序负责人、DevOps 人员、IT 安全官等角色关心的问题可能有所不同且相互抵触。此外,这些考虑因素可能使 API 生命周期管理变得更具挑战性。以 COMMUNITY API 为例,付费客户可能强烈要求某个 API 版本保持可用状态。

最后,可见性最有限的决策选项是 SOLUTION-INTERNAL API。

	模式：SOLUTION-INTERNAL API
问题	如何将对 API 的访问和使用限制在应用程序之内,例如只允许同一逻辑层/物理层或另一逻辑层/物理层的组件访问 API?
解决方案	从逻辑层面将应用程序拆分为多个组件。设置这些组件对外公开本地 API 或远程 API。仅向系统内部的通信参与者(例如应用程序后端的其他服务)提供这些 API。

与 PUBLIC API 和 COMMUNITY API 一样,SOLUTION-INTERNAL API 的开发、运营和维护同样需要资金支持。比起其他两种公开程度更高的 API 可见性类型,SOLUTION-INTERNAL API 面临的问题通常较少,原因在于一个项目或产品预算通常就能支付 API 的成本。反过来,这意味着

项目既能决定有关生命周期的考虑因素，也能决定所支持的目标受众的规模、所在位置和技术偏好。当然，这些关切的重要性取决于项目目标。以开发一个内部 API 为例，其作用是为客户通过在线商城购买的产品开具发票。可以预计，API 开发团队了解产品及其计费要求，这些要求会随着时间的推移而发生变化。当开发团队推出新的 API 版本时，需要通知处理同一商城应用程序、依赖这一内部 API 开展工作的其他团队，以便这些团队明确 API 的变化情况。

前文提到的其他技术问题也具有类似的特征。与 PUBLIC API 相比，通常更容易了解 SOLUTION-INTERNAL API 具有的工作负荷。但如果 SOLUTION-INTERNAL API 通过 PUBLIC API 接收调用，那么情况可能有所不同。以计费为例，如果公司的所有产品都是通过 PUBLIC API 提供的，那么用于计费的 SOLUTION-INTERNAL API 就必须处理这些 PUBLIC API 产生的负载。同样，后端系统和数据存储的复杂性和成熟度以及安全性需求只能满足解决方案内部的需求，并遵循提供这些解决方案的组织所采用的最佳实践。

请注意，SOLUTION-INTERNAL API 有时会演进为 COMMUNITY API(甚至是 PUBLIC API)。这种升级不应该只是一种简单的范围蔓延(scope creep)，而应该经过慎重的决策和规划。一旦 SOLUTION-INTERNAL API 发生演进，可能需要重新考虑部分 API 设计决策(例如，涉及 API 安全性的决策)。

另外需要注意的是，API 可见性包括消息可见性和数据结构可见性。对于所交换的数据结构，API 客户端和 API 提供者需要有一致的理解。用领域驱动设计的术语来说，这些数据结构属于 PUBLISHED LANGUAGE [Evans 2003]的一部分。功能丰富的 PUBLISHED LANGUAGE 有可能为开发人员带来积极的体验，但本身也会引入耦合。

决策结果示例　Lakeside Mutual 的案例研究团队如何进行决策？原因何在？
就客户自助服务渠道而言，
针对为外部用户(如现有客户)提供服务的需求，
Lakeside Mutual 的 API 设计人员决定将公司的 SOLUTION-INTERNAL API 演进为 COMMUNITY API，且忽略 PUBLIC API，
以满足已知用户群体的需求并预测 API 的工作负荷，
并认可这种 API 无法为未注册用户(潜在客户)提供服务。

3.2.2　API 集成类型

第二项基础决策是 API 支持哪些集成类型。

决策：API 支持的集成类型
API 客户端是应该向移动应用程序、Web 应用程序、富客户端应用程序等最终用户显示表单和处理结果，还是应该在托管应用程序组件的中间层和后端层充当包装器和适配器？

两个决策选项如图 3-3 所示，它们是 FRONTEND INTEGRATION(或纵向集成)和 BACKEND INTEGRATION(或横向集成)[1]。

1　横向集成和纵向集成的概念源于分布式系统(及其层次和层级)的通用可视化，将前端置于图表的顶部，后端置于图表的底部。

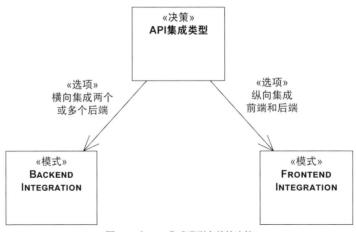

图 3-3　与 API 集成类型有关的决策

FRONTEND INTEGRATION 和 BACKEND INTEGRATION 可以与前文讨论的任何可见性模式相结合。

	模式：FRONTEND INTEGRATION
问题	当客户端的最终用户界面与服务器端的业务逻辑和数据存储在空间上相互分离时，如何填充并更新计算结果、数据源中搜索的结果集和数据实体的详细信息？应用程序前端如何调用后端的活动或向后端上传数据？
解决方案	指示分布式应用程序的后端通过基于消息的远程 FRONTEND INTEGRATION API 向一个或多个应用程序前端公开其服务。

FRONTEND INTEGRATION API 的设计方式在很大程度上取决于前端的信息和业务需求，这一点在前端包含用户界面(User Interface，UI)时体现得尤为明显：为满足 UI 的所有需求，可能需要设计功能丰富且表达性强的 API(例如，API 应该支持 PAGINATION 模式，以便 UI 能够有效地逐步获取附加信息)，从而有助于为 API 客户端开发人员提供愉悦的体验。然而，开发表达性强的 API 往往耗资不菲，而且可能比相对简单的 API 产生更紧密的耦合。更多的投入和紧密的耦合可能增加 API 设计面临的风险。

对 FRONTEND INTEGRATION API 来说，安全性和数据隐私方面的考虑通常很重要，这是因为许多应用程序前端需要处理客户信息等敏感数据。

	模式：BACKEND INTEGRATION
问题	对独立开发和单独部署的分布式应用程序及其部件来说，如何在交换数据并触发相互活动的同时保持系统内部概念的完整性，且不会引入不必要的耦合？
解决方案	通过基于消息的远程 BACKEND INTEGRATION API 公开其服务，将分布式应用程序的后端与一个或多个其他后端(既可能属于同一个分布式应用程序，也可能属于其他分布式应用程序)进行集成。

在许多后端集成中，必须考虑性能、可伸缩性等运行时质量目标。例如，有些后端可能反过来为多个前端提供服务，后端之间也可能需要传输大量数据。当需要跨组织边界进行后端集成时，安全性也许是重要的考虑因素之一。同样，在某些后端集成场景中，互操作性也是一个重要考虑因素。例如，在进行集成的系统中，应用程序负责人和系统集成者可能互不相识。

对集成任务(尤其是 BACKEND INTEGRATION)来说，开发预算也可能是需要考虑的重要因素。例如，SOLUTION-INTERNAL API 和 COMMUNITY API 的成本分配也许比较模糊，并且为集成任务分配的预算也有限。系统集成可能涉及不同的开发文化和公司政治，并且这些差异可能相互抵触或互不协调。

API 集成类型决策采用的两种模式(FRONTEND INTEGRATION 和 BACKEND INTEGRATION)与 API 可见性决策采用的三种模式(PUBLIC API、COMMUNITY API 和 SOLUTION-INTERNAL API)有一定关系，如下所示：

- PUBLIC API 通常提供 FRONTEND INTEGRATION 功能，可用于连接 Web 应用程序或移动前端；PUBLIC API 还能支持 BACKEND INTEGRATION 场景，例如为大数据应用中的数据湖提供开放数据。
- COMMUNITY API 通常支持 BACKEND INTEGRATION 场景，例如数据复制或事件溯源。COMMUNITY API 还可能支持在门户和混搭(mashup)中进行 FRONTEND INTEGRATION。
- SOLUTION-INTERNAL API 可能提供 FRONTEND INTEGRATION 功能，以支持为仅在解决方案内部使用的最终用户界面提供服务的 API 客户端。SOLUTION-INTERNAL API 还可能支持本地上下文中的 BACKEND INTEGRATION，例如，在本地环境中执行的提取-转换-加载(Extract-Transform-Load，ETL)过程。

决策结果示例　做出 API 集成类型决策时，Lakeside Mutual 采用了哪些 API 设计？
就客户自助服务渠道而言，
针对通过用户界面向外部用户提供正确数据的需求，
Lakeside Mutual 的 API 设计人员决定采用 FRONTEND INTEGRATION 模式，且忽略 BACKEND INTEGRATION 模式，
以便在客户进行自助服务时提高数据质量和生产力，
并认可必须妥善保护外部接口。

针对决策结果示例给出的"认可"某种后果，后续决策中提到的 HTTPS 和 API KEY 模式是两种可选方案。

3.2.3　API 文档

除 API 可见性和 API 集成类型这两项基础性决策之外，开发人员还要决定是否对 API 进行文档化以及如何操作。与 API 文档有关的决策如图 3-4 所示。

在 API 文档决策中，与 API 相关的基本模式是 API DESCRIPTION。简单的小型项目或不久后可能发生重大变化的原型项目可能不会采用这种模式，而是选择"无 API DESCRIPTION"选项。

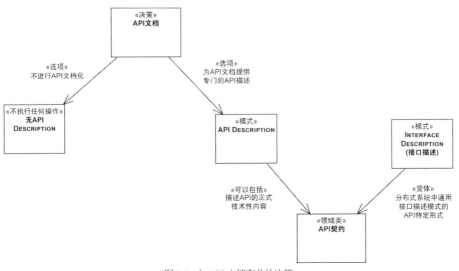

图3-4 与 API 文档有关的决策

决策：API 文档

是否应该对 API 进行文档化？如果答案是肯定的，那么应该如何实现文档化？

模式：API DESCRIPTION

问题	API 提供者和 API 客户端应该共享哪些知识？这些知识应该如何实现文档化？
解决方案	创建 API DESCRIPTION，用于定义请求和响应消息的结构、错误报告机制以及其他需要在提供者与客户端之间共享的相关技术信息。除了静态和结构化信息，API DESCRIPTION 还应该包括动态方面或行为方面的内容，例如调用序列、前置条件和后置条件、不变式(invariant)等。在编写 API DESCRIPTION 时，不仅需要从语法层面描述 API，还应该补充质量管理策略、语义规范和组织信息。

API DESCRIPTION 包括功能性 API 契约，负责定义请求和响应消息结构、错误报告机制以及 API 提供者与 API 客户端之间共享的其他相关技术知识。除提供语法接口描述之外，API 契约还包括质量管理策略、语义规范、组织信息等方面的内容。就本质而言，API 契约属于"接口描述" (Interface Description)模式[Voelter 2004]的特例或变体，其目的是描述 API。举例来说，OpenAPI 规范(前称 Swagger)、API 蓝图[API Blueprint 2022]、Web 应用程序描述语言(Web Application Description Language，WADL)、Web 服务描述语言(Web Service Description Language，WSDL)都是根据接口描述模式来指定接口的语言，可用于描述 API DESCRIPTION 的技术性内容，也就是 API 契约。除采用正式的规范语言之外，也可以通过非正式的方式来描述 API 契约，例如，在网站上以文本形式对 API 契约进行描述。可以综合运用正式的规范语言和非正式的描述这两种方式。微服务领域特定语言(Microservice Domain Specific Language，MDSL)就是一种支持 API DESCRIPTION 模式的机器可读语言(相关讨论参见附录 C)。

在实践中，模式解决方案中包含的其他内容(质量管理策略、语义规范和组织信息、调用序列、前置条件和后置条件、不变式等)往往以非正式的方式进行描述。许多内容(例如，用于定义的前置条件和后置条件、不变式[Meyer 1997]或调用序列[Pautasso 2016])也能采用形式语言进行描述。

API DESCRIPTION 的一个关键之处在于，这种模式提供了一种具有通用性、与编程语言无关的 API 描述，因此对实现互操作性大有裨益。此外，API DESCRIPTION 有助于实现信息隐藏。API 提供者不应该透露 API 客户端不需要了解的 API 实现细节，客户端也不应该猜测如何正确调用 API。换句话说，API 设计人员应该集中精力思考 API 的可使用性和可理解性，为此必须给出清晰而准确的 API DESCRIPTION。这种模式有助于平衡可使用性、可理解性与信息隐藏之间的关系。

保持 API 实现细节的独立性有助于确保 API 客户端与 API 提供者之间具有松耦合。在实现 API 的可扩展性和可演进性时，松耦合和信息隐藏至关重要。如果客户端没有过分依赖 API 实现细节，那么往往很容易调整和演进 API。

决策结果示例　Lakeside Mutual 决定应用以下模式：

就客户自助服务渠道而言，

为改善客户端开发人员的体验，

Lakeside Mutual API 的设计人员决定采用详尽的 API DESCRIPTION 以及契约语言 MDSL 和 OpenAPI，

以实现易于学习和使用且具备互操作性的 API，

并认可 API 的文档必须随着 API 的演进而与时俱进。

第 4 章将介绍本节讨论的可见性和集成模式，第 9 章将介绍 API DESCRIPTION。

3.3　API 角色和职责的相关决策

设计 API 端点及其操作时会遇到两个问题：

- API 端点应该扮演哪种架构角色？
- 每项 API 操作应该承担哪些职责？

推动引入 API 的因素和 API 设计的要求多种多样，因此 API 在应用程序和服务生态系统中所起的作用也大相径庭。有时候，API 客户端希望向 API 提供者通报某个事件或移交某些数据；有时候，客户端会请求提供者端的数据以继续在客户端进行处理。有时候，API 提供者必须进行大量复杂的处理才能满足 API 客户端的信息需求；有时候，提供者只要向客户端返回已经作为部分应用程序状态存在的数据元素即可。对提供者端的处理(无论简单还是复杂)来说，有些处理可能改变提供者端状态，有些处理则不会。

在定义端点角色(面向动作或面向数据)之后，就需要针对端点操作的职责(包括只计算结果、只读取状态、创建新状态而不读取、进行状态转换)进行更具体的决策。在 API DESCRIPTION 中明确定义这些职责有助于开发人员更好地设计和选择 API 端点的部署选项。举例来说，如果端点仅执行无状态计算和数据读取操作，那么操作结果可以被缓存，相应的实现也可以被复制，从而更容易进行横向扩展。

如图 3-5 所示，职责类别包括两项决策。一般来说，首先在端点识别过程中决定架构角色(至少要做出初步的架构角色决策)，然后据此设计操作职责。请注意，既需要确定每个端点(或资源)扮演的架构角色，也需要指定每项 API 操作承担的职责。

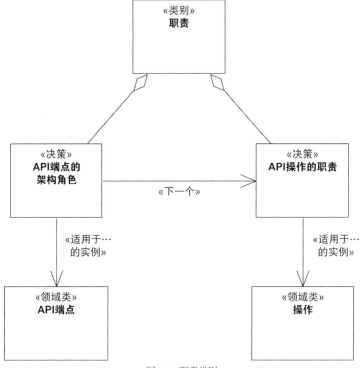

图 3-5　职责类别

3.3.1　端点的架构角色

进行 API 需求分析时可能会产生一份候选 API 端点列表，这些端点可能是 HTTP 资源的实例。在项目或产品开发之初，这些接口尚未指定(或只是部分指定)。API 设计人员必须解决语义问题，并为 API 对外公开的服务选择合适的业务粒度。由于项目要求和利益相关方关注的问题各不相同，因此简单化的表述无法满足需要，例如 "根据定义，面向服务的体系结构(Service Oriented Architecture，SOA)中的服务属于粗粒度服务，而微服务属于细粒度服务，这两种服务无法共存于同一系统中"，或 "始终偏好细粒度服务而不是粗粒度服务" [Pautasso 2017a]。任何情况下都要考虑上下文[Torres 2015]，并且内聚性和耦合性的标准有多种形式[Gysel 2016]。正因为如此，服务设计的非功能性需求往往相互抵触[Zimmermann 2004]。

针对这些普遍存在的挑战，开发人员需要确定 API 端点所扮演的架构角色。这项决策十分重要，有助于更好地选择和拆分(候选)API 端点。

决策：端点的架构角色

API 端点在架构中应该扮演哪种技术角色？

如图 3-6 所示，架构角色决策包括两种可供选择的主要模式。

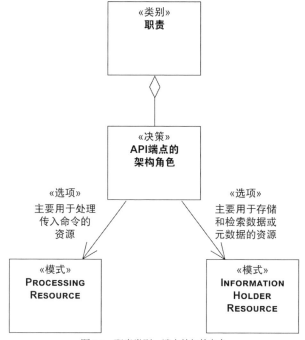

图 3-6　职责类别：端点的架构角色

PROCESSING RESOURCE 主要用于处理传入的动作请求(又称命令或活动)。

	模式：PROCESSING RESOURCE
问题	API 提供者如何使 API 客户端触发某个动作？
解决方案	在 API 中加入 PROCESSING RESOURCE 端点，以公开绑定和包装了应用程序级别的活动或命令的操作。

相反，INFORMATION HOLDER RESOURCE 主要用于公开数据或元数据的存储和管理，包括数据或元数据的创建、操作和检索。

	模式：INFORMATION HOLDER RESOURCE
问题	如何在 API 中公开领域数据的同时避免暴露数据实现？API 如何公开数据实体，以便 API 客户端可以同时访问或修改这些实体，而不会影响数据完整性和数据质量？
解决方案	在 API 中加入 INFORMATION HOLDER RESOURCE 端点，代表面向数据的实体。对外公开该端点的创建、读取、更新、删除、搜索等操作，以访问并操作该实体。 在 API 实现中，协调对这些操作的调用以保护数据实体。

选择 PROCESSING RESOURCE 还是 INFORMATION HOLDER RESOURCE 取决于客户端所需的功能，因此这项基础性决策相对来说并不难。尽管如此，在确定哪种资源提供哪些功能以及怎样合理地拆分 API 方面，API 设计人员有很大的自主权。例如，设计人员必须把契约表达性和服务粒度纳入考虑：简单的交互能够使客户端更好地控制 API 并提高处理过程的效率，但面向动作的功能可以提高诸如一致性、兼容性、可演进性等方面的质量标准。就 API 的易学性和可管理性而言，这些设计选择既可能是积极的，也可能是消极的。此外，必须确保语义具有互操作性(包括确保各方对所交换数据的含义有一致的理解)。如果处理不当，那么所选的端点-操作布局可能对响应时间产生负面影响，并导致 API 碎片化。

实践中很难实现真正的无状态 PROCESSING RESOURCE。由于需要考虑 API 安全性和保护请求/响应数据隐私的缘故，可能存在需要维护状态的情况。例如，对于所有 API 调用以及由此产生的服务器端处理过程，必须维护完整的审计日志。

进行决策时需要考虑耦合产生的潜在影响，尤其应该关注有状态资源。过分强调以数据为中心往往会催生出增删改查(Create Read Update Delete，CRUD)API，从而增加不必要的耦合。稍后将针对不同类型的信息持有者角色进行详细讨论。对某些后端结构来说，如果依照原样使用，则可能导致 API 之间出现高度耦合。但 API 设计人员可以自由发挥，将 API 设计成专门支持 API 与其客户端之间进行交互的附加层。此时需要考虑与 API 设计以及与后端服务相关的各种质量属性冲突和权衡，包括并发性、一致性、数据质量和完整性、可恢复性、可用性、可变性(或不可变性)。此外，进行这类决策时往往要考虑是否符合松耦合[Fehling 2014]、逻辑数据和物理数据独立性、微服务原则(如独立部署性[Lewis 2014])等架构设计原则。

决策结果示例 我们的案例研究团队如何解决令人担忧的问题？

就客户自助服务渠道而言，

针对客户希望轻松更新联系方式的需求，

Lakeside Mutual 的集成架构师决定采用面向数据的 INFORMATION HOLDER RESOURCE，而不是面向活动的 PROCESSING RESOURCE，

以提供表达性强、易于理解的增删改查功能，

并认可公开联系方式会在一定程度上使自助服务渠道与客户管理后端发生耦合。

3.3.2 剖析各类信息持有者角色

INFORMATION HOLDER RESOURCE 主要用于公开数据或元数据的存储和管理，包括数据或元数据的创建、操作和检索。如图 3-7 所示，INFORMATION HOLDER RESOURCE 模式可以细分为多种模式。

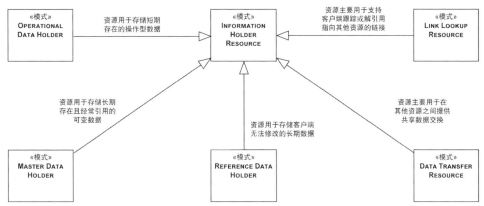

图 3-7　职责类别：INFORMATION HOLDER RESOURCE 类型

在这些信息持有者角色的上下文中，以下三类数据发挥着关键作用，它们对于定义前三种模式所描述的角色至关重要：

- 操作型数据(operational data)涵盖组织事务中的事件。例如，向企业下订单、向客户运送物品、员工招聘都会产生操作型数据。操作型数据(又称事务型数据)的存在时间往往很短，就本质而言它是事务性的，而且具有许多传出关系。

- 主数据(master data)是支持系统中实现的业务事务的重要信息，既包括组织内各方(例如个人、客户、员工或供应商)的数字表示，也包括与组织相关的主要事物(如产品、材料、物品或车辆)，还可以表示实际或虚拟的地点(例如位置或站点)。主数据的存在时间往往很长，而且经常被引用。

- 参考数据(reference data)是一种惰性数据(inert data)，被一个或多个系统以及构成这些系统的微服务和组件所引用和共享。国家代码、邮政编码、交付状态代码(如"待处理""信息已接收""传输中""交付中""尝试失败"和"已交付")都属于参考数据。参考数据具有存在时间长、结构简单且客户无法直接修改的特点。

支持操作型数据的 INFORMATION HOLDER RESOURCE 角色是 OPERATIONAL DATA HOLDER。之所以选择这种模式，往往是因为它能够更快地处理更新操作。为支持业务敏捷性和更新灵活性，处理操作型数据的服务也一定要易于更改。然而，所创建和修改的操作型数据必须满足许多(业务)场景中的高精度和高质量标准，例如，必须支持概念完整性、一致性等质量要求。

	模式：OPERATIONAL DATA HOLDER
问题	如果客户端 API 希望对代表操作型数据的领域实体实例执行增删改查操作，那么 API 应该提供哪些支持？这些数据转瞬即逝，在日常业务操作期间经常发生变化，而且存在大量传出关系。
解决方案	将 INFORMATION HOLDER RESOURCE 标记为 OPERATIONAL DATA HOLDER 并添加 API 操作，以支持 API 客户端频繁而快速地对数据执行增删改查操作。

与操作型数据不同，主数据是存在时间很长且具有高引用性的可变数据。MASTER DATA

HOLDER 存储此类数据。主数据质量通常是决策的核心因素，包括主数据的一致性以及采取的保护措施(如防范攻击和数据泄露)。在设计 MASTER DATA HOLDER 资源时，往往还要考虑外部依赖关系。例如，组织的不同部门可能具有不同的数据所有权。

模式：MASTER DATA HOLDER

问题	如何进行 API 设计，以访问存在时间长、不经常更改而且会被多个客户端引用的主数据？
解决方案	将 INFORMATION HOLDER RESOURCE 标记为专用的 MASTER DATA HOLDER 端点，以绑定主数据的访问操作和操纵操作，从而保持数据一致性并有效管理引用。将删除操作视为特殊形式的更新操作。

对 OPERATIONAL DATA HOLDER 和 MASTER DATA HOLDER 来说，一种简单的设计是为每个确定的接口元素提供 CRUD 资源，用于公开操作型数据或主数据。前面的模式草图提到"创建、读取、更新、删除"(或"增删改查")，并不意味着只能采用此类设计来实现模式。这样处理很容易导致出现 API 碎片化，不仅影响性能和可伸缩性，还会增加不必要的耦合和复杂性——注意避免这种 API 设计。建议在资源识别过程中循序渐进，首先确定范围明确的接口元素，例如领域驱动设计中的聚合根、业务功能或业务流程。甚至也可以考虑从界限上下文等更大的结构开始识别。在少数情况下，从领域实体入手识别端点同样可行。针对 API 和领域驱动设计之间的关系，Apitchaka Singja 等人进行过更深入的讨论[Singjai 2021a, 2021b, 2021c]。遵循这种方案设计出来的 OPERATIONAL DATA HOLDER 和 MASTER DATA HOLDER 具有更丰富的语义特征。就领域驱动设计而言，我们致力于构建功能丰富而深入的领域模型，而不是"贫血领域模型"(anemic domain model)[Fowler 2003]。这种模型应该在 API 设计中有所体现，但不必一一对应。

对于某些存在时间同样很长的数据来说，我们知道客户不希望修改这些数据，或不应该给予客户修改数据的权限。建议通过 REFERENCE DATA HOLDER 提供这类参考数据。为提高性能，不妨考虑缓存参考数据，但可能需要在一致性与性能之间进行权衡。由于参考数据几乎不会发生变化(即使有变化也可以忽略不计)，因此很容易将其直接"写死"在 API 客户端的代码中，或是对参考数据进行一次检索后本地存储副本。然而这样的设计有违"不要重复自己"(Don't Repeat Yourself，DRY)原则，只是权宜之计。

模式：REFERENCE DATA HOLDER

问题	在 API 端点中，应该如何处理在多处引用、长时间存在且客户端无法修改的数据？向 PROCESSING RESOURCE 或 INFORMATION HOLDER RESOURCE 发送请求并从这些资源接收响应时，应该如何使用这类参考数据？
解决方案	提供特殊类型的 INFORMATION HOLDER RESOURCE 端点(即 REFERENCE DATA HOLDER)，作为静态、不可变数据的单一参考点。该端点只能执行读取操作，不能执行创建、更新或删除操作。

LINK LOOKUP RESOURCE 主要用于支持客户端跟踪或解引用指向其他资源的链接，也可以设计这种资源作为辅助角色。链接是改善 API 使用者与 API 提供者之间耦合性和内聚性的主要手段，但也要注意改善与 LINK LOOKUP RESOURCE 的耦合。此外，在消息中加入链接而不是内容

可在一定程度上减短消息的长度,就像 EMBEDDED ENTITY 那样。但如果客户需要使用全部或部分信息,那么这样处理会增加所需的调用次数。无论是在消息中加入链接还是在 EMBEDDED ENTITY 中包含内容,都会影响到整体资源的使用情况。为保证链接能够正常工作,最好建立可以在运行时更改的动态端点引用。LINK LOOKUP RESOURCE 会增加 API 中的端点数量,还可能令 API 更加复杂,后果的严重程度取决于 LINK LOOKUP RESOURCE 采用集中式设计还是分散式设计。最后要指出的是,必须考虑处理失效链接时存在的一致性问题:遇到失效链接时,提供链接查找机制的系统可以采取一些措施,而没有提供链接查找机制的系统通常会立即抛出异常(即"找不到资源"错误)。

	模式:LINK LOOKUP RESOURCE
问题	如何设计消息表示,以便消息接收者引用其他数量可能很多且经常发生变化的 API 端点和操作,而不需要使用这些端点的实际地址?
解决方案	引入专用的 LINK LOOKUP RESOURCE 端点,它是一种特殊类型的 INFORMATION HOLDER RESOURCE 端点,对外公开特殊的 RETRIEVAL OPERATION 操作。这些操作返回 LINK ELEMENT 的单个实例或集合,它们代表所引用的 API 端点的当前地址。

还有一种名为 DATA TRANSFER RESOURCE 的端点角色模式,这种模式表示资源主要用于在客户端之间交换共享数据,可能有助于减少与 DATA TRANSFER RESOURCE 进行交互的通信参与者之间的耦合。从时间和位置两方面来看,API 客户端既不必同时启动和运行,也不必了解彼此的地址,只要能够找到 DATA TRANSFER RESOURCE 即可。这种模式有助于克服某些通信约束,例如一方无法直接连接到另一方。与客户端/服务器通信方式相比,异步、持久的 DATA TRANSFER RESOURCE 更可靠。这种模式还具备良好的可伸缩性,但必须采取措施来处理数量可能未知的接收者,以免影响可伸缩性。然而,间接通信可能产生更多延迟。要交换的数据必须存储在某处,而且必须留出足够的存储空间。最后要注意的是,必须确立共享信息的所有权,以便明确控制资源可用性生命周期。

	模式:DATA TRANSFER RESOURCE
问题	两个或多个通信参与者如何在互不相识、并非同时可用,甚至在发送数据前不知道接收者是否存在的情况下交换数据?
解决方案	引入 DATA TRANSFER RESOURCE 作为共享存储端点,供两个或多个 API 客户端访问。为这一专门的 INFORMATION HOLDER RESOURCE 设置全局唯一的网络地址,以便两个或多个客户端将其用作共享数据交换空间。至少添加一项 STATE CREATION OPERATION 和一项 RETRIEVAL OPERATION,以便将数据存储到共享空间并从中提取数据。

决策结果示例 Lakeside Mutual 的 API 设计人员做出以下决策:

就客户管理后端而言,

针对长期保存和使用客户数据的需求,

Lakeside Mutual 的 API 设计人员决定采用 MASTER DATA HOLDER 模式，他们引入客户核心服务，且忽略其他四种信息持有者类型，

以便在不同系统之间实现客户数据的单一整合视图，

并认可如果架构设计和实现方式有误，那么这一 MASTER DATA HOLDER 可能会成为性能瓶颈并引发单点故障。

3.3.3　定义操作职责

确定某个端点角色之后，就必须针对其操作做出更详细、更具体的决策。如图 3-8 所示，API 操作职责决策包括四种广泛使用的模式。

决策： 操作职责

每项 API 操作的读写特性是什么？

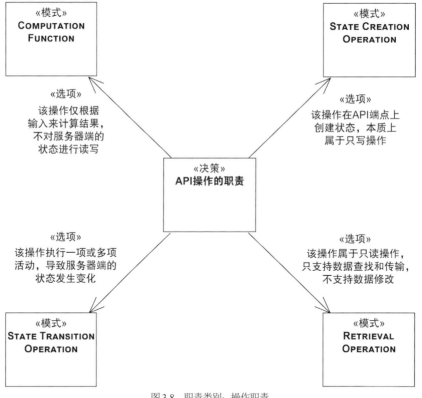

图 3-8　职责类别：操作职责

第一种模式是 STATE CREATION OPERATION，用于对在 API 端点上创建状态的操作进行建模，本质上属于只写操作。之所以强调本质上，是因为这种操作可能也需要读取一些提供者内部的状态，例如在创建状态之前检查现有数据中是否存在重复的键。但是，STATE CREATION OPERATION 的主要作用还是创建状态。

在设计 STATE CREATION OPERATION 时，应该把这种操作对耦合的影响考虑在内。STATE

CREATION OPERATION 不涉及读取提供者的状态，所以确保一致性可能不太容易。由于客户端报告的事件发生在这些事件到达提供者之前，因此设计时还要注意时序问题。最后要指出的是，API 提供者收到的消息可能与 API 客户端发送的消息顺序不同或出现重复，因此可靠性是个重要的考虑因素。

模式：STATE CREATION OPERATION	
问题	API 提供者如何指示 API 客户端报告自己需要了解的事件，以便及时处理或稍后处理？
解决方案	在 API 端点(可能是 PROCESSING RESOURCE 或 INFORMATION HOLDER RESOURCE)中加入只能写入数据的 STATE CREATION OPERATION：sco: in -> (out,S')。

RETRIEVAL OPERATION 属于只读操作，只支持查找和传输数据，客户端不能修改任何数据。但是向客户端发送数据之前，可以在 RETRIEVAL OPERATION 中对数据进行一些处理，例如通过聚合数据元素来优化传输过程。有些检索操作旨在搜索数据，有些检索操作则用于访问单个数据元素。数据的形式五花八门，客户端对数据的兴趣也各不相同，因此设计操作时应该考虑数据的真实性、多样性、高速性、规模性等属性。工作负荷管理同样应该纳入考虑，这一点在传输大量数据时尤其重要。此外，API 客户端与 API 提供者之间传输的信息越多，其耦合性就越高，消息也越长。

模式：RETRIEVAL OPERATION	
问题	如何检索远程参与者(即 API 提供者)提供的信息，以满足最终用户的信息需求或支持其在客户端对信息做进一步处理？
解决方案	在 API 端点(通常是 INFORMATION HOLDER RESOURCE)中加入只读操作 ro: (in,S) -> out 以请求结果报告，报告中包含所请求信息的机器可读表示。在操作签名中加入搜索、过滤和格式化功能。

STATE TRANSITION OPERATION 是执行一项或多项活动的操作，会导致服务器端的状态发生变化。这种操作包括对服务器端的数据进行全部更新、部分更新或删除。在推进长时间运行的业务流程实例的状态时，同样会用到 STATE TRANSITION OPERATION。需要更新或删除的数据可能通过先前调用的 STATE TRANSITION OPERATION 创建而成，也可能通过 API 提供者在内部初始化创建而成(换句话说，API 客户端既不参与也看不到创建过程)。

STATE TRANSITION OPERATION 模式的决策受到多种因素的影响。大型服务可能包含复杂而丰富的状态信息，但这些信息只在少数转换中进行更新；小型服务的状态转换可能相对简单，但是会频繁进行。有鉴于此，必须把服务粒度纳入考虑。对于长时间运行的流程实例，确保客户端的状态与提供者端后端的状态保持一致并不容易。此外，务必留意先前流程中产生的状态变化是否会使后续流程产生依赖。举例来说，由其他 API 客户端、下游系统中的外部事件或提供者内部批处理作业触发的系统事务，可能与由 STATE TRANSITION OPERATION 触发的状态变化相互抵触。需要在网络效率和数据简约性这两个目标之间进行权衡：单条消息越短，为达到某个目标而必须交换的消息数量就越多。

模式: STATE TRANSITION OPERATION	
问题	客户端如何触发导致提供者端应用程序状态发生变化的处理动作?
解决方案	在 API 端点中加入 sto: (in,S) -> (out,S') 操作, 该操作通过结合客户端输入和当前状态来触发提供者端状态更改。 对端点(可能是 PROCESSING RESOURCE 或 INFORMATION HOLDER RESOURCE)内的有效状态转换进行建模, 并在运行时检查端点收到的更改请求和业务活动请求是否有效。

COMPUTATION FUNCTION 操作仅根据客户端的输入来计算结果, 不会读写服务器端的状态。前文详细讨论过性能和消息大小方面的各种考虑因素, 设计 COMPUTATION FUNCTION 时同样需要考虑这些因素。许多情况下, COMPUTATION FUNCTION 需要确保执行具有再现性。某些计算任务可能消耗大量资源(如 CPU 时间和主存储器), 所以对工作负荷的管理至关重要。由于不少 COMPUTATION FUNCTION 经常发生变化, 因此维护时需要予以特别注意, 这是因为相对于客户端的更新, 提供者端的更新更容易进行。

模式: COMPUTATION FUNCTION	
问题	客户端如何在不会产生副作用的情况下远程调用提供者端进行处理, 并根据输入数据来计算结果?
解决方案	在 API 端点(通常是 PROCESSING RESOURCE)中加入名为 cf 的 API 操作, 其格式为 cf: in -> out。 设置这一 COMPUTATION FUNCTION 验证收到的请求消息, 执行所需的 cf 函数, 并通过响应消息返回计算结果。

决策结果示例 Lakeside Mutual 的 API 设计人员做出以下决策:

就客户核心 INFORMATION HOLDER RESOURCE 而言,

针对实现高水平自动化和服务多样化客户端的需求,

Lakeside Mutual 的 API 设计人员决定采用实现了全部四种职责模式(读取、写入、读写、计算)的操作,

以实现对客户主数据的读写访问和验证支持,

并认可必须协调并发访问, 且定义过于细粒度的创建、读取、更新、写入操作可能导致交互出现碎片化。

第 5 章将探讨端点的架构角色和操作职责模式。

3.4 选择消息表示模式

除定义端点和操作, 针对在调用操作时交换的消息, API 契约还定义了这些消息的结构。

在我们提出的模式语言中，结构表示类别涉及如何设计消息表示结构。它致力于处理以下设计问题：

- API 消息参数和消息体的最佳数量是多少？这些表示元素对应的合适结构是什么？
- 消息元素的含义和构造型是什么？

关于第一个设计问题，HTTP 资源 API 通常使用消息体向 API 提供者发送数据，或从提供者接收数据(数据可以呈现为 JSON、XML 或其他 MIME 类型)，而 URI 的查询参数用于指定所请求的数据。就 WSDL/SOAP 而言，可以把第一个问题理解为应该如何组织 SOAP 消息的各个部分，以及应该使用哪些数据类型来定义 XML 模式定义(XML Schema Definition，XSD)中的相应元素。在 gRPC 中，这个设计问题涉及采用协议缓冲区(Protobuf)规范定义的消息结构，可能包含消息、数据类型等详细信息。

每当设计或重构消息时，都可能需要针对结构表示类别做出决策。进行决策时，需要考虑通过消息传输的表示元素(包括请求参数和消息体元素)。

如图 3-9 所示，结构表示类别包括四项典型的决策。第一项决策涉及参数表示结构。参数表示既可以确定消息元素的含义和职责，也可以确定多个数据元素是否需要用到附加信息，还可以确定整条消息是否可以通过上下文信息加以扩展。

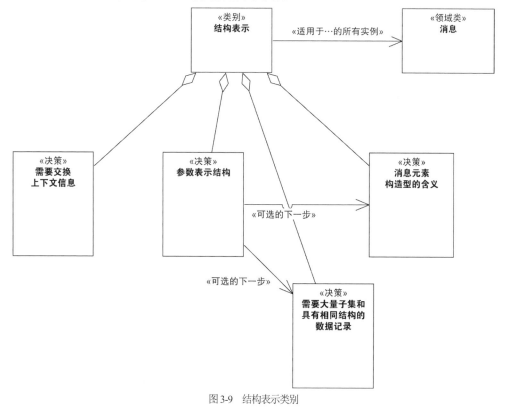

图 3-9　结构表示类别

3.4.1 表示元素的扁平结构与嵌套结构

结构表示设计中的一项主要决策如下：

决策：表示元素的结构

应该采用哪种整体结构来表示通过消息传输的数据元素？

如图 3-10 所示，参数表示结构决策包括以下典型的决策选项。

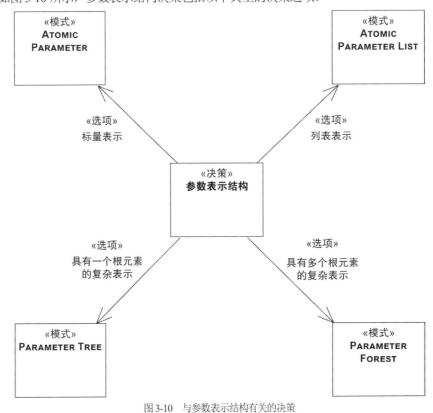

图 3-10　与参数表示结构有关的决策

最简单的决策选项是标量表示，相应的模式是 ATOMIC PARAMETER。

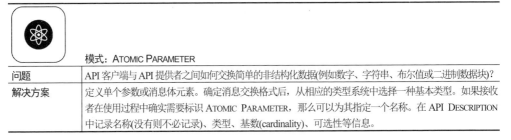

模式：ATOMIC PARAMETER	
问题	API 客户端与 API 提供者之间如何交换简单的非结构化数据(例如数字、字符串、布尔值或二进制数据块)？
解决方案	定义单个参数或消息体元素。确定消息交换格式后，从相应的类型系统中选择一种基本类型。如果接收者在使用过程中确实需要标识 ATOMIC PARAMETER，那么可以为其指定一个名称。在 API DESCRIPTION 中记录名称(没有则不必记录)、类型、基数(cardinality)、可选性等信息。

某些情况下需要传输多个标量，此时列表表示往往是最合适的决策选项，相应的模式是 ATOMIC PARAMETER LIST。

模式: ATOMIC PARAMETER LIST	
问题	如何将多个相关的 ATOMIC PARAMETER 合并为一个表示元素, 从而既能使每个 ATOMIC PARAMETER 的结构保持简单, 又能在 API DESCRIPTION 和运行时消息交换中清楚地描述各个 ATOMIC PARAMETER 之间的关系?
解决方案	将两个或多个简单的非结构化数据元素组合到一个内聚表示元素中, 以定义包含多个 ATOMIC PARAMETER 的 ATOMIC PARAMETER LIST。通过位置(索引)或字符串键值(string-valued key)来标识列表项目。接收者也可以为整个 ATOMIC PARAMETER LIST 单独指定一个名称, 以便在处理过程中使用。指定 ATOMIC PARAMETER LIST 必须包括多少个元素和可以包括多少个元素。

如果标量表示和列表表示都不适用, 那么应该从另外两种更为复杂的表示中任选其一。当数据中存在单个根元素(或者很容易为要传输的数据设计单个根元素)时, 可以利用 PARAMETER TREE 模式将表示元素包装在分层结构中。

模式: PARAMETER TREE	
问题	在定义复杂的表示元素并在运行时交换这些相关元素时, 如何表达元素之间的包含关系?
解决方案	将 PARAMETER TREE 定义为具有专用根结点的分层结构, 该根结点包括一个或多个子结点。每个子结点既可以是单个 ATOMIC PARAMETER, 也可以是 ATOMIC PARAMETER LIST, 还可以是另一个 PARAMETER TREE, 通过本地名称或位置进行标识。每个结点可能包括恰好一个基数、零或一个基数、至少一个基数、零或多个基数。

由于所有复杂的数据结构都可以置于单个根元素下, 因此 PARAMETER TREE 模式适用于任何情况。但如果数据元素的内容互不相关, 那么选择该模式可能没有太大意义。假如感觉采用单个树形结构不符合所传输数据元素的实际情况, 则可以考虑改用 PARAMETER FOREST 模式。在这种模式中, 多个树形结构组合成一个列表。

模式: PARAMETER FOREST	
问题	如何将多个 PARAMETER TREE 作为 API 操作的请求消息/响应消息有效载荷进行处理或传输?
解决方案	定义由两个或多个 PARAMETER TREE 组合而成的 PARAMETER FOREST。通过位置或名称访问 PARAMETER FOREST 的成员。

在结构表示类别中, 更复杂的模式均采用 ATOMIC PARAMETER 来构建更复杂的结构。换句话说, ATOMIC PARAMETER LIST 是 ATOMIC PARAMETER 的序列, PARAMETER TREE 中的叶结点是 ATOMIC PARAMETER。PARAMETER FOREST 中的结构通过其他三种模式构建而成, 这些模式之间的依赖关系如图 3-11 所示。因此, 需要反复运用前文讨论的两项决策来处理复杂模式中具有的详细结构。举例来说, 在处理 PARAMETER TREE 中的各个数据结构时, 需要重新考虑它们的表示方式, 并根据情况选择标量、列表或树。第 4 章将讨论如何在实际的技术中运用这些模式。

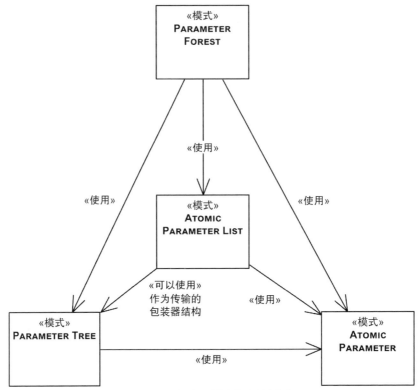

图 3-11　参数表示结构的模式依赖关系

　　如果所用的技术不支持以其他方式传输多个扁平参数，那么 ATOMIC PARAMETER LIST 可以表示为 PARAMETER TREE，并将其作为传输的包装器结构。这种树的根结点只包括标量类型的叶结点。

　　参数表示结构决策包括四种模式，无论选择哪种模式，都需要考虑几个因素。

　　一个显而易见的因素是领域模型和系统行为的固有结构。为确保其具有可理解性和简单性，也为了避免引入不必要的复杂性，建议在设计代码和消息的参数表示时尽量贴近领域模型。慎重运用这种一般性建议至关重要：只公开接收者需要的数据，以免增加无谓的耦合。例如，对于采用树形结构的领域数据元素，选择 PARAMETER TREE 是顺理成章之事，这样就可以方便地从领域模型或编程语言数据结构映射到消息结构，从而提高可追踪性。又如，在物联网场景中，传感器会频繁地向边缘结点发送一个数据项，为更好地反映这种行为，ATOMIC PARAMETER 无疑是理想之选。针对消息数量和每个消息结构进行决策时，需要仔细分析何时需要用到哪个数据元素。有时无法通过分析得出结论，因此需要进行大量测试来优化消息结构。

　　安全相关数据(如安全令牌)、其他元数据(例如消息和关联标识符或错误代码)等与消息一起传输的各类附加数据同样需要纳入考虑。实际上，这些附加信息能够改变消息的结构表示。举例来说，如果在传输 PARAMETER TREE 的同时还要发送元数据，那么在树形结构中集成元数据也许不太明智，更好的选择是使用包含两个顶层树元素的 PARAMETER FOREST，其中一个树元素用于表示消息内容，另一个树元素用于表示元数据。

　　不一定总是需要传输底层业务逻辑或领域模型中可用的整个数据元素。为改善性能，建议仅传输数据元素的相关内容，以优化资源使用(减少带宽和内存消耗)并提高消息处理过程中的性能。举例来说，如果客户端需要从一组员工数据记录中获取薪资数据以执行与具体员工无关的计算任务，那么只要通过 PARAMETER TREE 传输所有这些记录即可。但如果客户端只需要薪资数据，那么更有效的方案是通过 ATOMIC PARAMETER LIST 只发送这些数据，从而显著减小消息大小。

然而，将数据拆分为大量较短的消息会增加网络流量，整体带宽消耗也将因此而增加，从而对资源使用产生负面影响。由于存在大量较短的消息，因此处理这些消息可能需要耗费更多资源。如果服务器在每次处理消息时都必须恢复会话状态，那么情况会变得更糟糕。仍以前文讨论的客户端为例，如果客户端在进行第一次计算后不久需要使用员工记录集中的其他数据，并连续多次发送请求，那么总体资源利用率和性能可能远远不及一开始就传输整个选定的员工记录集。

有时候，可以将多个数据元素合并为一条消息发送出去，这同样是为了提高资源利用率并改善性能。以云端物联网解决方案为例，如果边缘结点从传感器收集数据(例如，特定时间间隔内的一组测量值)，那么更合理的方案一般是将这些数据批量发送到云核心，而不是单独发送每个数据元素。在边缘结点执行预计算时，计算结果甚至可能适合采用单个 ATOMIC PARAMETER 来表示。

考虑消息有效载荷的可缓存性和可变性有助于改善性能并减少资源消耗。

某些情况下，优化资源使用和性能会对可理解性、简单性、复杂性等其他质量指标产生负面影响。以 API 设计为例，一种方案是为每项特定的任务提供一条消息用于在员工记录上执行操作(API 端点可能包含大量操作)，另一种方案是一次传输一组指定的完整员工记录。前一种方案也许可以提高资源利用率并改善性能，但 API 设计也会变得更复杂，因此更难理解。

对 API 提供者与 API 客户端之间商定的 API 契约来说，请求和响应消息的结构是重要组成部分，它们有助于通信参与者之间建立共享知识。这种共享知识在 API 提供者与 API 客户端之间的耦合中起到一定作用，有学者将其称为松耦合的格式自主性(format autonomy)[Fehling 2014]。例如，开发人员不妨考虑始终使用字符串或键值对来交换数据，但这样的通用解决方案会增加使用者与提供者之间隐式共享的知识，从而增加耦合，导致测试和维护变得复杂，还可能使消息包含不必要的冗余数据。

有时候，消息结构中只需交换少量数据元素即可满足通信参与者的信息需求。例如，在检查处理资源的状态(采用枚举中定义的特定值来表示)时，就不必传输大量信息。一方面，API 契约不够明确会引起互操作性问题——在处理可选性(通过信息缺失或专门的 null 值来表示)和其他形式的变化性(例如，在不同表示之间进行选择)时可能遇到这种情况。另一方面，API 契约过于详细会降低灵活性，也难以保持向后兼容性。简单的数据结构催生出细粒度的服务契约，复杂的数据结构则往往催生出粗粒度的服务契约(涵盖大量业务功能)。

某些情况下，与标准化相关的互操作性问题可能成为决策的主导因素。举例来说，就算存在某种更容易理解、传输效率更高的定制化专用格式，但是为减少设计的工作量，建议还是选择使用标准的交换格式，哪怕这种格式不是最理想的方案。

开发者便利性和开发者体验(包括学习和编程所投入的精力)也可能影响消息表示结构的决策，这些方面与可理解性、简单性、复杂性等因素密切相关。例如，易于创建和填充的结构可能难以理解或调试，易于传输的紧凑格式则可能难以记录、理解和解析。

安全性(尤其是数据完整性和保密性)和数据隐私问题是相关的，因为安全解决方案可能需要传输额外的消息有效载荷，例如，通常经过签名或加密处理的密钥和令牌。另一个重要的考虑因素是应该传输哪些有效载荷以及如何保护它们的安全。一般来说，需要对所有消息内容进行彻底审核。在传输过程中，数据不应该被篡改，也不应该出现冒用他人身份的情况。针对消息中最敏感的数据元素采取安全措施往往足以满足需要，因为这些措施会扩展到整条消息。某些情况下，这些考虑因素甚至可能催生出不同的消息结构或 API 重构(例如拆分端点或操作[Stocker 2021b])。以一条复杂的消息为例，如果需要为两个数据元素设置不同的安全级别(如不同的权限和角色)，那么也许有必要将这条消息拆分为两条消息，从而以不同的方式保护两个数据元素。与其他更复杂的模式相比，使用 ATOMIC PARAMETER 在不同参数的安全级别及其语义贴近度(semantic proximity)方面所需的设计和处理工作最少，Michael Gysel 等人曾经讨论过这个问题[Gysel 2016]。

前文讨论的模式决策存在一个问题，那就是 API 提供者往往不清楚 API 客户端(今后)可能使用哪些用例。举例来说，进行 API 设计时，提供员工记录的 API 提供者不一定了解不同的客户端可能希望执行哪些计算任务。有鉴于此,实践中建议进行接口重构[Stocker 2021a; Neri 2020]和扩展。然而，API 设计的这种不断演进会对稳定性产生负面影响。其中涉及某些重要的设计考虑因素，而这些因素很难在一开始就得到正确的处理，原因之一在于(今后)用例具有的不确定性经常会影响 API 提供者和 API 客户端做出的设计决策。

> **决策结果示例**　Lakeside Mutual 的 API 设计人员做出以下决策:
> 就更新客户 STATE TRANSITION OPERATION 的请求而言，
> 针对汇总客户信息的需求，
> Lakeside Mutual 的 API 设计人员决定结合使用 PARAMETER TREE 和 ATOMIC PARAMETER 模式，
> 以实现表达性强的数据契约用于对外公开领域模型所需的视图，
> 并认可嵌套的树形结构必须以一种具备互操作性的方式进行序列化和反序列化。

请注意，除考虑本节讨论的众多概念性因素之外，还需要进行大量技术性决策，包括支持的通信协议(例如 HTTP、HTTPS、AMQP、FTP 或 SMTP)和消息交换格式(例如 JSON、SOAP或纯 XML、ASN.1 [Dubuisson 2001]、Protobuf 规范[Google 2008]、Apache Avro 模式[Apache 2021a]或 Apache Thrift [Apache 2021b])。引入 GraphQL [GraphQL 2021]等 API 查询语言同样可行。

3.4.2　元素构造型

从前文的讨论可知，参数结构决策旨在定义请求消息和响应消息的数据传输表示(Data Transfer Representation，DTR)。然而，这一决策并未定义各个表示元素的含义。如图 3-12 所示，元素构造型决策涉及四种典型的模式(设计选项)。

> **决策**: 元素构造型
> 各个表示元素的含义是什么? 这些元素在 DTR 中有哪些用途?

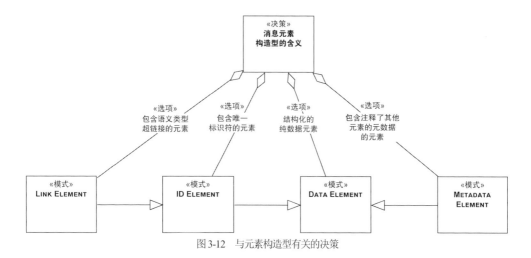

图 3-12　与元素构造型有关的决策

表示元素通常用于传输普通的应用程序数据。举例来说，如果采用领域驱动设计[Evans 2003]来构建应用程序的业务逻辑，那么应该考虑实体在领域模型中对应的数据。

	模式：DATA ELEMENT
问题	在不公开 API 提供者内部数据定义的情况下，API 客户端与 API 提供者之间如何交换领域信息/应用程序级别的信息？从数据管理的角度来看，怎样减少 API 客户端与 API 提供者之间的依赖？
解决方案	为请求消息和响应消息定义专用的 DATA ELEMENT 词汇表，将相关数据包装或映射到 API 实现的业务逻辑中。

无论设计哪种 DATA ELEMENT，都要考虑一些通用的决策因素。在设计以数据为中心的领域元素(如实体)相关的 API 元素时，最简单、表达性最强的方式是在 API 中完整地表示实体，也就是将所有相关信息都映射到 API。这样处理会增加通信参与者在处理数据时可以选择的选项数量，从而降低数据处理的便利性，因此往往不是个好主意。互操作性有一定风险，API 文档编制的工作量也会增加，还可能引入无谓的有状态通信，从而违反 SOA 原则和微服务原则[Zimmermann 2017]并引发性能问题。

出于安全性和数据隐私方面的考虑，可能还需要谨慎选择 API 中的 DATA ELEMENT。如果通信参与者收到大量详细数据(特别是不一定需要的数据元素)，则会产生一些令人生厌的安全威胁，例如数据面临遭到篡改的风险。此外，额外的数据保护会增加配置工作量。

API 中的所有数据可能需要长时间维护。由于许多集成场景希望保持向后兼容性，因此修改 API 并非易事。需要持续测试所有 API 功能。如果希望灵活地适应不断变化的需求，则必须权衡 API 的可维护性和演进性。

包含元数据的 DATA ELEMENT 称为 METADATA ELEMENT。

模式：METADATA ELEMENT

问题	如何为消息添加额外的信息，以便接收者能够正确地解释消息内容，而不必将数据语义的假设 "写死" 在代码中？
解决方案	引入一个或多个 METADATA ELEMENT，用于解释并增强请求消息和响应消息中包含的其他表示元素。对 METADATA ELEMENT 进行全面赋值，并保持这些值的唯一性。在 METADATA ELEMENT 的帮助下，实现具备互操作性、高效的消息使用和处理。

METADATA ELEMENT 的关键决策因素与普通的 DATA ELEMENT 类似，但是还要考虑其他一些特定的因素。如果数据包括相应的类型、版本和作者信息，那么接收者可以利用这些额外信息来解决歧义问题，从而提高互操作性。运行时数据附带额外的解释性数据有助于解释和处理消息，但也可能增加通信各方之间的耦合。为了提高易用性，消息接收者可以借助 METADATA ELEMENT 来理解消息内容并提高处理效率。但是包含 METADATA ELEMENT 会增加消息大小，从而在一定程度上对运行时效率产生负面影响。

具有特殊含义或承担特殊职责的一类 DATA ELEMENT 是表示标识符的元素。

模式：ID ELEMENT

问题	如何在设计时和运行时区分 API 元素？如何在进行领域驱动设计时识别 PUBLISHED LANGUAGE 的元素？
解决方案	引入具有唯一性的 ID ELEMENT，利用这种特殊类型的 DATA ELEMENT 来标识需要相互区分的 API 端点、操作和消息表示元素。在整个 API DESCRIPTION 和实现过程中，始终以相同的方式使用这些 ID ELEMENT。确定 ID ELEMENT 是全局唯一，还是仅在特定 API 的上下文中有效。

对于 ID ELEMENT 中使用的标识方案，务必确保它们在多个方面具有高准确性，以避免在整个 API 生命周期中出现歧义。从长远来看，前期投入较少的简单方案(例如使用扁平的非结构化字符串作为标识符)可能引起稳定性问题，以致需要付出更多努力来解决累积的技术债务。例如，新的需求可能导致元素名称发生变化，从而使 API 版本出现兼容问题。比起更简单或仅在本地具有唯一性的标识符，通用唯一标识符(Universally Unique Identifier，UUID)[Leach 2005]的适用性更强，因此在条件允许时应该尽量采用这种标识符。然而，虽然 UUID 便于机器处理，但往往不太适合人类用户理解，所以同样需要进行权衡。最后，安全方面的问题可能也要纳入考虑，因为在许多应用程序上下文中，应该根本无法猜测实例标识符(至少猜测难度极大)。UUID 就是这样，但非常简单的识别方案未必如此。

某些情况下，标识符的远程可寻址性很重要，此时可以使用 URI 或其他远程定位器作为 ID ELEMENT。这种情况下，同样必须决定是使用人类可读的名称还是机器可读的唯一标识符(例如将 UUID 嵌入 URI)。由此引出 LINK ELEMENT，这种特殊类型的 ID ELEMENT 是提供链接的元素。

模式：Link Element	
问题	如何在请求消息和响应消息的有效载荷中引用 API 端点和操作，以便远程调用这些端点和操作？
解决方案	在请求消息或响应消息中加入 Link Element，作为指向其他端点和操作的指针。Link Element 是一种特殊类型的 Id Element，既具备人类可读性和机器可读性，又能通过网络访问。根据具体情况，还可以考虑在请求消息或响应消息中加入 Metadata Element，用来注释和解释关系的性质。

设计 Link Element 时，需要考虑的因素与 Id Element 类似。这是因为所有 Link Element 本质上都属于可以远程访问的 Id Element，但并非所有 Id Element 都是 Link Element，且 API 中使用的某些标识符并不包含可访问的网络地址。例如，客户端不能远程访问某个领域数据元素，但仍然需要引用这个元素(后端或第三方系统中的关键数据元素就是这样)。这种情况下，无法使用 URI。是否应该向客户端提供此类元素值得商榷。这样处理既可能是一项糟糕的设计选择，也可能是一种必要的处理手段，需要视情况而定。以后端“关联标识符”(Correlation Identifier)[Hohpe 2003]或关联标识符的代理为例：为使其生效，必须将其传输给客户端。

决策结果示例　Lakeside Mutual 的 API 设计人员做出以下决策：

就读取客户 Retrieval Operation 而言，

针对唯一识别客户的需求，

Lakeside Mutual 的 API 设计人员决定采用 Id Element 模式的自定义实现(例如，`"customerId": "bunlo9vk5f"`)，

以实现简单、紧凑和准确的客户识别形式，

并认可这样的 ID 无法通过网络地址访问，也不太方便用户理解。

3.5　插叙：Lakeside Mutual 案例中的职责和结构模式

前文介绍了 Lakeside Mutual 的集成架构师和 API 设计人员所做的一些架构决策，我们接下来讨论(到目前为止)最终的设计。

第 2 章曾经介绍过初步的 API 设计，将其中的 MDSL 片段转换为实现类，并逐一审查本章目前讨论的各种决策和模式选择选项，最终可能得到采用 Spring Boot 创建的 `CustomerInformationHolder` 控制器(如图 3-13 所示)。

为实现客户端与客户主数据之间的交互，我们把 `CustomerInformationHolder` 控制器设计为 Information Holder Resource。具体来说，将 Information Holder Resource 标记为对外公开多项操作的 Master Data Holder。在这些操作中，请求消息和响应消息传输不同的 Data Element(如客户数据)。实现类不会直接公开，而是使用数据传输对象(Data Transfer Object，DTO)。与实体不同，DTO 还包括 Id Element 和 Link Element，以支持客户端检索更多数据。

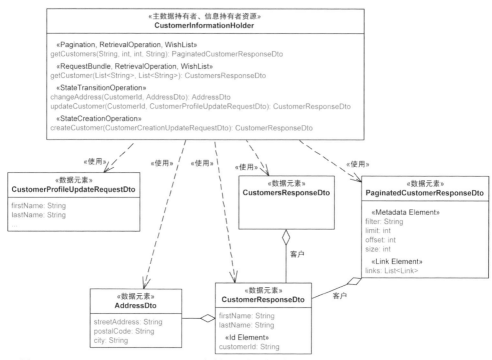

图 3-13 `CustomerInformationHolder` 控制器及其关联的数据传输对象(Data Transfer Object,DTO)的类图

由于 Lakeside Mutual 服务的客户数量众多,因此 `getCustomers` RETRIEVAL OPERATION 的结果采用 PAGINATION 模式(稍后讨论),以支持 API 客户端以易于管理的组块形式浏览数据。

接下来的两项决策叙述将介绍 PAGINATION 和其他与 API 质量相关的模式。

3.6 API 质量治理的相关决策

在提供高质量服务的同时也要考虑成本效益,API 提供者必须在二者之间找到平衡。质量类别中所用的模式可以解决或有助于解决以下总体设计问题:

如何确保所提供的 API 达到一定的质量水平,同时又能以经济有效的方式利用现有资源?

可以从多个方面衡量 API 的质量,既包括 API 契约所描述的功能,也包括可靠性、性能、安全性和可伸缩性。其中一些技术质量指标称为服务质量(Quality of Service,QoS)属性。QoS 属性可能相互抵触,而且决策时几乎总是需要平衡经济方面的因素(例如成本和发布时间)。

不是所有客户端都要提供相同的 QoS 保证。进行质量方面的决策时,必须综合考虑 API 客户端和这些客户端访问的 API。许多决策适用于大量客户端和 API,例如,以免费增值模式(freemium)访问某个 API 的所有客户端,或访问特定 API 的所有客户端。

与质量治理有关的主要决策如图 3-14 所示。

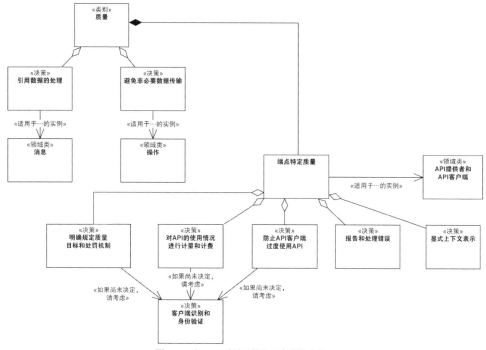

图 3-14　与 API 质量及其治理有关的决策

API 质量必须得到治理，并根据需要加以改进。3.6 节将讨论治理和管理，3.7 节将给出质量改进建议。在质量类别中，各个模式所需的决策如下：

- API 客户端的识别和身份验证
- 对 API 的使用情况进行计量和计费
- 防止 API 客户端过度使用 API
- 报告和处理错误
- 上下文表示

3.6.1　API 客户端的识别和身份验证

识别旨在确定与 API 进行交互的客户端，身份验证旨在验证提供给 API 的身份。对于付费(或使用免费增值模式)的 API 提供者来说，识别和身份验证是建立授权的关键环节：一旦 API 客户端通过识别和身份验证，API 提供者就会根据客户端的已验证身份及其授权权限给予访问权。例如，商业 API 产品的 API 提供者必须识别其客户端，以确定调用究竟来自已知客户端(例如付费客户)还是未知客户端。

身份验证和授权是确保安全性的基本要素，但它们也有助于满足许多其他方面的质量要求。举例来说，如果未知客户端可以随意访问 API，或已知客户端能够过度使用 API，那么整个系统的性能就会降低，从而对可靠性产生负面影响，运营成本也可能出现计划外的增加。

API 提供者和 API 客户端能够在一定程度上确保或监控与服务质量相关的因素能否得到实现，例如性能、可伸缩性和可靠性。此外，API 提供者可以通过提供 QoS 保证来确保 API 客户端获得一定的性能、可伸缩性和可靠性。这样的 QoS 保证通常与客户端的定价方案或订阅模型有关，所以同样需要对 API 客户端进行识别和身份验证。

总之，客户端识别和身份验证是实现某些安全质量目标的基础，也为建立服务质量和成本控制提供了技术方面的支持。与客户端识别和身份验证有关的典型决策如图 3-15 所示。从图 3-14 可以清楚地看到这项决策与其他决策和实践的联系，部分决策需要考虑客户端识别和身份验证。

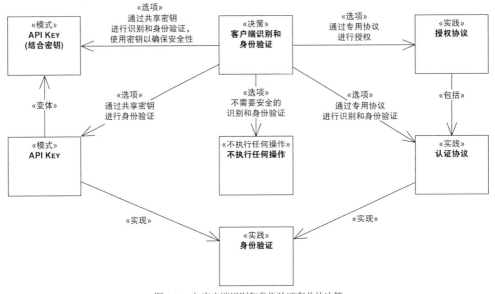

图 3-15   与客户端识别和身份验证有关的决策

第一个(也是最简单的)选项是"不需要安全的识别和身份验证"，可能适用于以下情况：不在生产环境中使用的 API；在受控的非公共网络中运行且只向有限客户端开放的 API；客户端数量有限且滥用风险较低或基本不会被过度使用的 PUBLIC API。

显而易见的备选方案是引入验证 API 的机制。利用 API KEY 来识别客户端是解决这个问题的最佳方案。

	模式：API KEY
问题	API 提供者如何识别并验证 API 客户端及其请求？
解决方案	API 提供者为每个 API 客户端分配具备唯一性的令牌(API KEY)，并由客户端提交给 API 端点进行验证。

如果对安全性的要求较高，那么仅仅使用 API KEY 还无法满足需求。为增强安全性，除 API KEY 之外，可以再使用另一把不会传输的附加密钥对 API 客户端进行安全验证。API KEY 用于识别客户端，而通过密钥生成的附加签名(任何情况下都不会传输)用于验证客户端的身份并确保请求没有遭到篡改。

安全性很复杂，需要综合考虑多方面的因素，因此存在众多 API KEY 的补充和备选方案。例如，开放授权 2.0(OAuth 2.0)[Hardt 2012]是一项用于授权的行业标准协议，也是通过开放身份认证连接(OpenID Connect)[OpenID 2021]实现安全身份验证的基础。Kerberos [Neuman 2005]是另一项完整的认证或授权协议，经常用于在网络内部提供单点登录。如果搭配轻量目录访问协议(Lightweight Directory Access Protocol，LDAP)[Sermersheim 2006]，那么 Kerberos 还可以提供授权功能。LDAP 本身也支持身份验证，因此可以用作认证或授权协议。挑战握手身份认证协议(Challenge Handshake Authentication Protocol，CHAP)[Simpson 1996]和可扩展认证协议(Extensible Authentication Protocol，EAP)[Vollbrecht 2004]都属于点对点认证协议。

针对客户端识别和身份验证进行决策时，必须考虑多种因素。首先，所需的安全级别很重要。如果需要安全的识别和身份验证，那么选择"不需要安全的识别和身份验证"或"API KEY"还不够。API KEY 有助于提供基本的安全保障。在使用 API KEY 之前，客户端需要进行注册。虽然会增加一些注册步骤，但比起"不需要安全的识别和身份验证"选项，一旦客户端成功获取 API KEY，实际使用时并不会太麻烦。其他选项则没有那么容易使用，因为它们需要处理更复杂的协议并设置所需的服务和基础设施。无论在客户端还是提供者端，管理身份验证和授权协议中所需的用户账户凭据都很烦琐，而选择"API KEY"或"API KEY"(结合密钥)能够简化管理。

就性能而言，选择"不需要安全的识别和身份验证"不会产生任何开销。API KEY 在处理密钥时会产生少量开销，而 API KEY(结合密钥)需要消耗更多处理资源，从而略微降低性能。认证和授权协议还提供其他功能(例如，在 Kerberos 中联系可信第三方，或是在开放授权标准或 LDAP 中进行授权)，所以往往会增加开销。最后，"API KEY"选项将调用了 API 的客户端与其组织分离开来，因为使用客户的账户凭据会为系统管理员和开发人员提供完整的账户访问权限，而给予这样的权限并无必要。在认证和授权协议中，可以通过创建子账户凭据来降低上述问题带来的负面影响。子账户凭据仅支持 API 客户端访问 API，但不会提供客户账户的其他权限。

决策结果示例　Lakeside Mutual 的 API 设计人员做出以下决策：
就用于客户管理的 FRONTEND INTEGRATION 模式对应的 COMMUNITY API 而言，
针对保护客户记录等敏感个人信息的需求，
Lakeside Mutual 的 API 设计人员决定采用 API KEY 模式，
以确保只有经过身份识别的客户端才能访问 API，
并认可需要对 API KEY 进行管理(会增加运营成本)，也认可这只是一种基本的安全解决方案。

3.6.2　对 API 的使用情况进行计量和计费

如果 API 是商业产品或服务，那么 API 提供者可能希望对 API 的使用收取费用，为此需要识别并验证 API 客户端的身份。常见的做法是使用现有的身份验证实践，以便提供者监控客户端，并根据 API 的使用情况制定 PRICING PLAN。

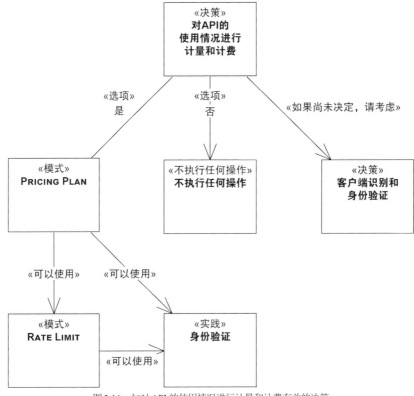	**模式：PRICING PLAN**	
问题	API 提供者如何计量 API 服务的使用情况及收取费用？	
解决方案	根据 API 使用情况制定相应的 PRICING PLAN，以便向 API 客户、广告商或其他利益相关方收取费用。在 API DESCRIPTION 记录这一 PRICING PLAN。定义并监控用于衡量 API 使用情况的各种指标，例如，每项 API 操作的统计数据。	

同样，也可以不对客户使用 API 的情况进行计量和计费。

如图 3-17 所示，PRICING PLAN 模式可能存在其他变体，包括 USAGE-BASED PRICING(基于实际使用量的定价)、MARKET-BASED PRICING(基于市场的定价，又称拍卖式资源分配)和 SUBSCRIPTION-BASED PRICING(基于订阅的定价)，它们都可以搭配免费增值模式使用。在执行 PRICING PLAN 时，提供者有时会设置 RATE LIMIT 以确保服务得到公平合理的使用。对 API 的使用情况进行计量和计费的决策如图 3-16 所示。

图 3-16 与对 API 的使用情况进行计量和计费有关的决策

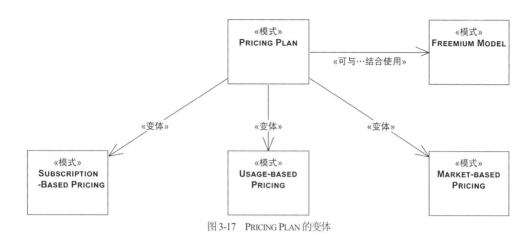

图 3-17　Pricing Plan 的变体

经济方面的因素往往是决策的主导因素，例如使用定价模型并选择最适合业务模型的某种 Pricing Plan 模式。进行决策时既要考虑采用 Pricing Plan 的优点，也要考虑对客户使用 API 的情况进行计量和计费时需要付出的努力和成本。客户只愿意为自己实际使用的 API 服务支付费用，所以准确性是重中之重。为确保计量的准确性，计量粒度需要足够细致。由于计量和计费记录包含客户的敏感信息，因此必须提供额外的保护措施以保证安全性。

决策结果示例　Lakeside Mutual 的 API 设计人员做出以下决策：

就客户自助服务渠道而言，

针对吸引并留住客户的需求，

Lakeside Mutual 的 API 设计人员决定不采用 Pricing Plan，而是免费提供 API，

以鼓励更多客户接受并使用 API，

并认可必须通过其他方式筹集 API 所需的资金。

3.6.3　防止 API 客户端过度使用 API

少数客户端过度使用 API 可能会严重影响其他客户端使用 API 提供的服务。从经济成本的角度来看，仅仅通过增加处理能力、存储空间和网络带宽来解决这个问题往往不可行，所以通常需要采取措施以防止客户端过度使用 API。一旦可以识别客户端，就能监控它们对 API 的个体使用情况。如前所述，对客户端进行身份验证是实现识别的典型手段。Rate Limit 模式通过限制每段时间内允许发起的请求数量来解决 API 过度使用的问题。

模式：Rate Limit

问题	API 提供者可以采取哪些措施以避免 API 客户端过度使用 API？
解决方案	引入并实施 Rate Limit，以防止客户端过度使用 API。

备选方案是不采取任何措施,放任 API 客户端过度使用 API。如果经过评估后发现,就算客户端过度使用 API 也不太可能演变为严重的问题,那么不执行任何操作是可行的。举例来说,如果所有客户端都是内部客户端或值得信赖的合作伙伴,则可能没有必要设置 RATE LIMIT,以免增加开销。

上述两种方案以及它们与客户端识别、身份验证和身份验证实践之间的联系如图 3-18 所示。

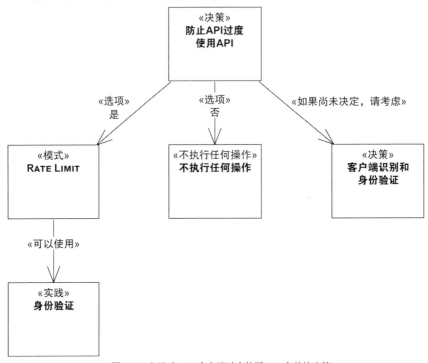

图 3-18　与防止 API 客户端过度使用 API 有关的决策

进行决策时需要考虑的主要因素如下:提供者必须维持一定水平的性能(有时甚至会把这项保证正式写入 SERVICE LEVEL AGREEMENT);如果客户端滥用 API,则可能对性能产生负面影响。需要采取一些手段以帮助客户端了解 RATE LIMIT,以便客户端查看自己在某一特定时间已经用掉多少限额。通过设置 RATE LIMIT,提供者得以支持与可靠性相关的质量标准,从而降低客户端滥用 API 的风险。进行决策时,需要权衡潜在的好处与滥用 API 的风险,以及它们对经济方面造成的影响和严重性。设置 RATE LIMIT 会增加成本,还可能使客户端产生负面看法。因此,必须判断少数客户端滥用 API 带来的风险是否高于为所有客户端设置 RATE LIMIT 带来的风险和成本。

决策结果示例　Lakeside Mutual 的 API 设计人员做出以下决策:

就客户自助服务渠道而言,

针对吸引和留住客户的需求,

Lakeside Mutual 的 API 设计人员决定采用 RATE LIMIT 模式,

以实现合理的工作负荷分配,

并认可必须强制执行所选的 RATE LIMIT,这样处理不仅会增加 API 实现的工作量,还会减慢那些频繁请求且已经达到上限的 API 客户端的速度。

3.6.4　明确规定质量目标和处罚机制

不少 API 缺乏明确的质量目标。如果客户端要求(甚至付费要求)得到更强有力的保证，或提供者希望做出明确的保证以区别于竞争对手，那么明确规定质量目标和处罚机制可能会很有价值。作为 API DESCRIPTION(以及 API 契约)更正式的扩展和补充，SERVICE LEVEL AGREEMENT 模式的实例详细描述了可测量的服务级别目标(Service Level Objective，SLO)和(可选的)违规处罚措施，从而为编制此类规范提供了一种手段。

模式：SERVICE LEVEL AGREEMENT	
问题	API 客户端如何获取 API 及其端点操作的具体服务质量特征？如何采用可量化的方式来定义并传达服务质量特征，以及没有实现这些特征会带来哪些后果？
解决方案	API 产品负责人制定以质量为导向的 SERVICE LEVEL AGREEMENT，其中会定义具备可测试性的服务级别目标。

引入服务级别协议(Service Level Agreement，SLA)的相关决策如图 3-19 所示。为了使 SLA 明确无误，既要标识与之相关的特定 API 操作，也要包含至少一个可测量的 SLO。SLO 指定了 API 的可度量要素，例如性能或可用性。

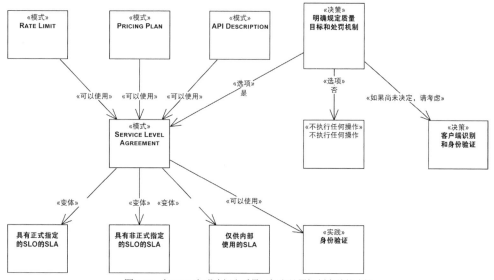

图 3-19　与 SLA 和明确规定质量目标和处罚机制有关的决策

SERVICE LEVEL AGREEMENT 模式有许多典型的变体，包括仅供内部使用的 SLA、具有正式指定的 SLO 的 SLA、仅具有非正式指定的 SLO 的 SLA 等。

PRICING PLAN 和 RATE LIMIT 应该与 SERVICE LEVEL AGREEMENT 保持一致。与 PRICING PLAN

和 RATE LIMIT 一样，SERVICE LEVEL AGREEMENT 需要采用某些手段来识别和验证客户端。使用
API KEY、认证协议等身份验证实践是常见的做法。

针对明确规定质量目标和处罚机制进行决策时，主要需要考虑几个因素。这项决策与业务
敏捷性和活力有关，因为 API 客户端采用的业务模型可能取决于前文讨论的特定服务所对应的
一个或多个质量标准。从使用者的角度来看，如果能提供质量保证并告知客户端，那么该模型
对使用者的吸引力可能更大；但是从提供者的角度来看，必须权衡可能涉及的成本效率和业务
风险问题。某些保证是政府法规和法律义务所要求的，例如与个人数据保护有关的保证。在 SLA
中，通常需要为可用性、性能和安全性提供保证。

决策结果示例　Lakeside Mutual 的 API 设计人员做出以下决策：

就所有保险管理 API 而言，

针对协调 API 客户端和提供者开发的需求，

Lakeside Mutual 的 API 设计人员决定不采用明确的服务级别协议（"不执行任何操作"），

以减少文档和操作方面的开销，

并认可客户端的期望可能不符合它们实际体验到的服务质量。

请注意，某些架构决策会随着产品或服务的演进而进行调整。在 Lakeside Mutual 案例中，
SLA 实际上是在后续阶段引入的，第 9 章在介绍 SLA 模式时会阐述这一点。

3.6.5　报告和处理错误

如何报告和处理错误会直接影响到缺陷的避免和修复、缺陷修复的成本以及未修复缺陷引
起的稳健性和可靠性等问题，在 API 开发中是一个常见的质量考虑因素。请求不正确、权限无
效以及其他许多问题(例如客户端、服务器或底层 IT 基础设施发生故障)都可能导致提供者端出
现错误。

一种选择是对错误完全置之不理(既不报告也不处理)，但往往并非上策。如果只使用一个
协议栈(例如基于 TCP/IP 的 HTTP)，那么常见的解决方案是利用这些协议提供的错误报告机制，
例如 HTTP 中的状态代码(协议级别的错误代码)。但如果错误报告机制需要涵盖多种协议、格
式和平台，那么仅仅依靠协议级别的错误报告机制就行不通了。遇到这种情况时，可以考虑采
用 ERROR REPORT 模式。

	模式：ERROR REPORT
问题	API 提供者如何向 API 客户端通报通信错误和处理故障？如何确保这些信息不依赖于底层通信技术和平台(例如用于表示状态代码的协议级别的标头)？
解决方案	在响应消息中使用错误代码，以一种简单且便于机器处理的方式指示故障并进行分类。此外，添加错误的文本描述，供 API 客户端的利益相关方(包括开发人员或管理员等终端用户)使用。

与报告和处理错误有关的决策如图 3-20 所示。无论采用哪种错误报告机制，决策的主导因
素都是有助于修复缺陷，以及希望通过这种机制提高稳健性和可靠性。错误报告机制能够改善

可维护性和可演进性。对错误进行详细解释可以减少查找缺陷根源所需的工作量，因此 ERROR REPORT 模式往往比简单的错误代码更有效。故障信息的目标受众既包括开发人员和操作人员，也包括技术支持团队和其他支持人员。有鉴于此，ERROR REPORT 的设计应该具有较好的表达性并满足目标受众的期望。与简单的错误代码相比，ERROR REPORT 的设计通常在互操作性和可移植性方面更出色。然而，过于详尽的错误消息可能涉及安全性问题，因为过多披露系统内部的相关信息会使系统更容易受到攻击。如果需要进行国际化，则必须把 ERROR REPORT 中包含的详细信息翻译成其他语言，从而增加了工作量。

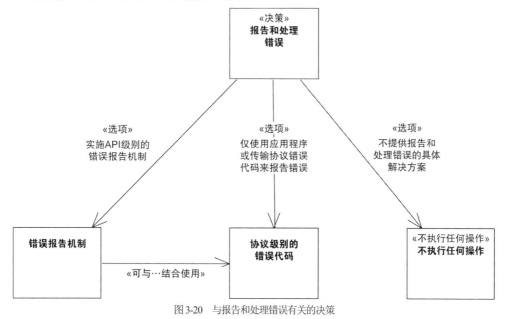

图 3-20　与报告和处理错误有关的决策

决策结果示例　Lakeside Mutual 的 API 设计人员做出以下决策：

就所有 BACKEND INTEGRATION API 而言，

针对即使发生故障也能可靠运行的需求，

Lakeside Mutual 的 API 设计人员决定采用 ERROR REPORT 模式，

以便客户端根据所报告的错误信息来确定相应的对策，

并认可必须准备和处理报告，且响应消息的大小也会增加。

3.6.6　显式上下文表示

除普通数据之外，客户端与提供者之间有时还要交换上下文信息，包括位置和其他 API 用户信息、构建 WISH LIST 的偏好、安全信息(例如用于身份验证、授权和计费的登录凭据，API KEY 就是一例)等等。

为推动协议独立性并进行跨平台的设计，除默认使用网络协议的标准标头和标头扩展功能之外，还可以在消息体中加入 CONTEXT REPRESENTATION 来增强每条消息。如图 3-21 所示，API 设计人员需要在两个选项之间进行决策。默认选项是"不执行任何操作"，另一个选项是基于模式的解决方案。请注意，"不执行任何操作"要么意味着完全不发送上下文信息，要么意味着将上下文信息作为协议标头的一部分发送，而不是明确置于消息有效载荷中。

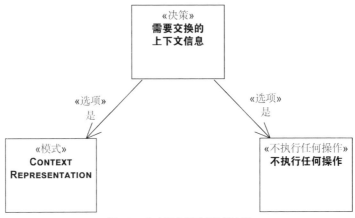

图 3-21　与上下文表示有关的决策

决策：上下文表示
交换显式上下文信息是否能够满足需要？

这项决策关系到是否采用 CONTEXT REPRESENTATION 模式。

	模式：CONTEXT REPRESENTATION
问题	在不依赖任何特定远程协议的情况下，API 使用者和提供者怎样交换上下文信息？在对话过程中，如何确保后续请求能够处理并使用先前请求中包含的身份信息和质量属性？
解决方案	在请求消息或响应消息中，将携带所需信息的全部 METADATA ELEMENT 进行合并并分组，形成一个自定义的表示元素，然后将这个单一的 CONTEXT REPRESENTATION 置于消息负载(而不是协议标头)中进行传输。通过相应地构建 CONTEXT REPRESENTATION，将对话中的全局上下文和本地上下文区分开来。将整合后的 CONTEXT REPRESENTATION 元素置于某个位置并进行标记，以方便查找并与其他 DATA ELEMENT 区分开来。

如果上下文信息在协议级别的标头之外传输，则可以提高互操作性和技术可修改性，否则很难确保其在通过分布式系统中的各种中介(例如，"代理"[Gamma 1995]和"API 网关"[Richardson 2016])传输时仍然能够进行上下文信息交换。当协议升级时，预定义协议标头的可用性和语义可能会发生变化。此外，CONTEXT REPRESENTATION 有助于处理需要得到许多分布式应用程序支持的协议多样性，进而有助于改善系统的可演进性并减少对技术的依赖。CONTEXT REPRESENTATION 模式能够提高开发人员的工作效率。

使用协议标头很方便，而且可以利用特定协议的框架、中间件和基础设施(例如负载均衡器和缓存)，不过这样处理也意味着控制权被移交给协议的设计人员和实现人员。相比之下，采用自定义方法能够最大限度提高对系统的控制，但也会增加开发和测试的工作量。

为实现端到端安全，必须跨多个结点传输令牌和数字签名。这些安全凭据是一种控制元数据，使用者和提供者必须直接进行交换，而不能借助中介和协议端点，否则会破坏所期望的端到端安全。同样，日志记录和审核信息是至关重要的上下文数据，在端到端的传输过程中不应该受到中介的任何干扰。

决策结果示例　Lakeside Mutual 的 API 设计人员做出以下决策：

就 BACKEND INTEGRATION API 而言，

必须跨越技术边界以满足端到端的服务质量需求，

Lakeside Mutual 的 API 设计人员决定采用显式 CONTEXT REPRESENTATION，

以便客户端能够集中找到所有元数据，

并认可底层网络可能无法访问有效载荷所携带的上下文数据。

本节的决策叙述涵盖 API 质量治理，下一节将讨论旨在提高某些质量指标(例如性能)的决策。

3.7　API 质量改进的相关决策

3.6 节介绍了质量治理和管理，本节将围绕质量改进展开讨论。我们从分页入手，然后探讨其他能够避免非必要数据传输的方法，以及如何处理消息中的引用数据。

3.7.1　分页

某些情况下，复杂的数据表示元素可能包含记录集等大量重复性数据。如果客户端每次只需要其中一部分信息，那么最好把信息分成小块后再发送，而不是一次性传输大量信息。举例来说，如果数据包含数千条记录，但客户端以每页 20 条记录的方式逐页显示信息，那么用户需要输入数字才能切换到下一页。从性能和带宽使用的角度来看，仅显示当前页面的数据并在向前或向后翻页时提前获取一两个页面的数据，可能比在开始显示数据前下载所有数据记录更为高效。

API 设计人员进行决策的出发点是应用 PARAMETER TREE 或 PARAMETER FOREST，这两种模式都用于表示复杂的数据记录。如图 3-22 所示，设计人员应考虑以下决策。

决策：分页

传输给 API 客户端的数据结构是否包含大量结构相同的数据记录？倘若如此，对 API 客户端要完成的任务而言，是否只需要获取一小部分数据记录？

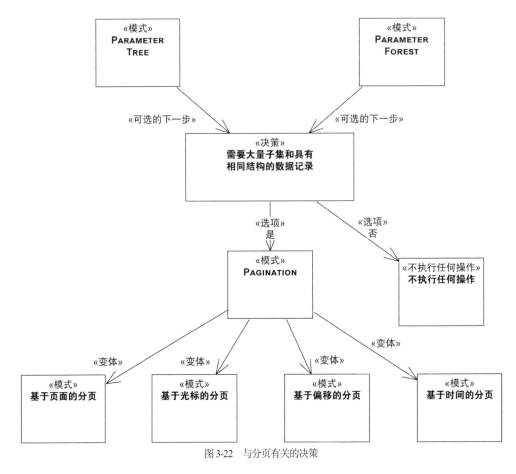

图 3-22 与分页有关的决策

如果两个条件都适用，则可以考虑使用 PAGINATION 模式。

模式：PAGINATION	
问题	API 提供者向 API 客户端返回大量结构化数据时，如何避免客户端的处理负担过重？
解决方案	将大型响应数据集划分为易于管理和传输的组块(又称页面)。每条响应消息发送一个包含部分结果的组块，并将组块的总数或剩余数量告知客户端。提供可选的过滤功能，以便客户端请求只包含特定结果的组块。为了进一步增强便利性，在当前组块或页面中加入指向下一组块或页面的链接。

PAGINATION 模式的依赖关系如图 3-23 所示。

PAGINATION 模式与前文讨论的几种模式存在以下关系：

- ATOMIC PARAMETER LIST 通常用于包含了查询参数的请求消息。

- PARAMETER TREE 或 PARAMETER FOREST 通常用于响应消息中具有的数据结构。

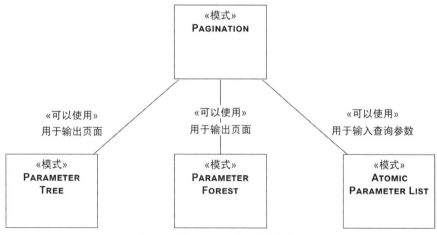

图 3-23　PAGINATION 模式的依赖关系

除了基于索引和基于页面的分页，PAGINATION 还有如下三种变体。

- 基于偏移的分页：与简单的页面相比，API 客户端指定的偏移量可以更灵活地控制请求结果的数量或页面大小的变化。
- 基于游标的分页：这种变体不依靠元素索引，而是依靠 API 客户端可以控制的游标。
- 基于时间的分页：类似于基于游标的分页，但使用时间戳而不是游标来请求组块。

应用 PAGINATION 时有几个关键的决策因素。必须与消息一起发送的数据元素或附加数据的结构一定要具有重复性(即包含数据记录)。数据的变化性也应纳入考虑：所有数据元素的结构是否完全相同？数据定义多长时间更改一次？

PAGINATION 旨在以最快速度向 API 客户端仅发送当前所需的数据，从而显著减少资源消耗并改善性能。只交换和处理一条大型响应消息的效率可能很低。

这种情况下，必须把数据集的大小和数据访问配置文件纳入考虑(源自用户的需求)，特别是要考虑需要立即和随着时间的推移向 API 客户端提供的数据记录数量。尤其要注意的是，在返回供人类用户使用的数据时，不一定需要一次性返回所有数据。

无论 API 提供者还是 API 客户端，都要考虑请求所用的内存和网络带宽，这些因素与资源消耗有关。应该有效利用网络和端点的处理能力，但不能以牺牲数据传输和处理的准确性和一致性为代价。

对于常见的基于文本的消息交换格式(例如表达性强的标记化 XML 或 JSON)来说，由于数据文本表示具有冗长性且存在开销，因此解析成本较高，传输的数据量也较大。使用 Apache Avro、Protobuf 等二进制格式可以显著减少一部分开销，但许多格式需要使用专用的序列化/反序列化库，这些库不一定适用于所有使用者环境(例如 Web 浏览器中的 API 客户端)。如果遇到这种情况，那么 PAGINATION 模式堪称不二之选。

底层网络传输(例如 IP 网络)以数据包的形式传输数据，导致传输时间与数据量呈现出非线性增长的关系。以通过以太网传输的单个 IP 数据包为例，其最大长度为 1500 字节[Hornig 1984]。如果数据长度为 1501 字节，则必须将其拆分为两个独立的数据包进行传输，并在接收端把这两个数据包重新组装起来。

从安全角度来看，检索和编码大型数据集会增加提供者端的工作量和成本，从而使其更容易遭到拒绝服务攻击。此外，由于无法保证大多数网络(尤其是蜂窝网络)的可靠性，因此跨网络传输大型数据集时可能出现中断。

最后要指出的是，与 PARAMETER TREE 和 PARAMETER FOREST 模式相比，理解 PAGINATION 模式要付出更多精力，因此未必适合经验不足的开发人员使用。

决策结果示例 Lakeside Mutual 的 API 设计人员做出以下决策：

就客户核心 MASTER DATA HOLDER 的检索操作而言，

针对平衡请求/响应数量与消息大小的需求，

Lakeside Mutual 的 API 设计人员决定采用 CURSOR-BASED PAGINATION(PAGINATION 模式的变体)，

以便在响应中对大型数据集进行切片处理，

并认可需要利用控制元数据来确保这些请求与响应消息对之间能够协调一致。

3.7.2 避免非必要数据传输的其他手段

某些情况下，调用 API 操作时会传输不必要的数据。前文已经介绍过 PAGINATION，这种模式能够减小响应消息的大小。除此之外，还有四种模式可以解决这个问题。

前文讨论过 API 质量方面的决策，大多数决策适用于更广泛的 API 和客户端组合(例如拥有免费增值 API 访问权限的所有客户端)。而在本节中，有关模式的决策必须做到"一人一策"，这是因为只有对用于执行特定操作的客户端的个别信息需求进行分析，才能确定是否可以减少数据传输。

API 提供者通常要为许多不同的客户端提供服务。设计 API 操作时，确保提供的数据能够满足所有客户端的需求并不容易。有些客户端可能只使用操作提供的一部分数据，有些客户端则可能希望获取更多数据。在客户端运行时之前，不一定能够预测信息需求。为解决这个问题，不妨要求客户端在运行时将自己的数据获取偏好告知提供者。指示客户端发送自己的愿望清单是一种简单的方案。

模式：WISH LIST

问题	API 客户端如何在运行时将自己感兴趣的数据告知 API 提供者？
解决方案	API 客户端在请求消息中加入 WISH LIST，列出希望从资源中获取的所有数据元素；API 提供者返回的响应消息中只包括 WISH LIST 列出的那些数据元素。这种机制称为"响应塑造"(response shaping)。

指定简单的愿望清单不一定很容易，当客户端只想请求有关深度嵌套或重复参数结构的某些内容时更是如此。在处理复杂的参数时，另一种更有效的解决方案是要求客户端在请求消息中发送一个模板(或模拟对象)，以示例的形式表示客户端的愿望。

模式：Wᴉsʜ Tᴇᴍᴘʟᴀᴛᴇ	
问题	API 客户端如何将自己感兴趣的嵌套数据告知 API 提供者？如何灵活、动态地描述需要使用哪些嵌套数据？
解决方案	在请求消息中加入一个或多个附加参数，它们的层次结构与响应消息中的参数保持一致。将这些参数设置为可选参数，或使用布尔值作为参数类型(用于指示请求消息中是否应该包含某个参数)。

设计 API 时，通常将 Wɪsʜ Lɪsᴛ 指定为 Aᴛᴏᴍɪᴄ Pᴀʀᴀᴍᴇᴛᴇʀ Lɪsᴛ，并根据 Pᴀʀᴀᴍᴇᴛᴇʀ Tʀᴇᴇ 生成响应；而 Wɪsʜ Tᴇᴍᴘʟᴀᴛᴇ 一般通过模拟的 Pᴀʀᴀᴍᴇᴛᴇʀ Tʀᴇᴇ 来表达客户端对所需数据的期望，其结构也适用于响应消息。

我们考虑另一种情况：对 API 提供者的操作使用情况进行分析后发现，部分客户端反复请求相同的服务器端数据。与客户端发送请求的频率相比，所请求数据的变化频率要低得多。为避免出现不必要的数据传输，可以考虑使用 Cᴏɴᴅɪᴛɪᴏɴᴀʟ RᴇQᴜᴇsᴛ。

模式：Cᴏɴᴅɪᴛɪᴏɴᴀʟ RᴇQᴜᴇsᴛ	
问题	在频繁调用 API 操作时，如果返回的数据基本不会发生变化，那么应该如何优化服务器端的处理过程并降低带宽占用率？
解决方案	在消息表示(或协议标头)中加入 Mᴇᴛᴀᴅᴀᴛᴀ Eʟᴇᴍᴇɴᴛ 以实现条件性请求，并且仅在元数据指定的条件满足时才处理这些请求。

例如，提供者可以为客户端访问的每种资源生成一个指纹，客户端通过在后续请求中加入该指纹来指示自己已在本地缓存了哪个"版本"的资源，以便提供者只发送较新的资源版本。

再来考虑其他情况。对已部署 API 的使用情况进行分析后，可能会发现客户端正在发送大量类似的请求，而且其中一个或多个调用会返回单独的响应。从可伸缩性和吞吐量的角度来看，这些批量请求可能产生负面影响。如果遇到这种情况，那么不妨使用 RᴇQᴜᴇsᴛ Bᴜɴᴅʟᴇ 模式。

模式：RᴇQᴜᴇsᴛ Bᴜɴᴅʟᴇ	
问题	如何减少请求消息和响应消息的数量以提高通信效率？
解决方案	将 RᴇQᴜᴇsᴛ Bᴜɴᴅʟᴇ 定义为数据容器，以便把多条独立的请求消息组合成一条请求消息。在请求消息中加入元数据，例如各请求消息的标识符和捆绑元素计数器。

图 3-24 总结了与避免非必要数据传输有关的决策。

许多情况下，开发人员不需要或不希望采取措施来减少目标操作的数据传输量。使用 Wɪsʜ Lɪsᴛ 或 Wɪsʜ Tᴇᴍᴘʟᴀᴛᴇ 也能避免不必要的数据传输，这两种模式都会在运行时通知提供者需要使用哪些数据。其他备选方案包括：Cᴏɴᴅɪᴛɪᴏɴᴀʟ RᴇQᴜᴇsᴛ 用于避免重复响应相同的请求，RᴇQᴜᴇsᴛ Bᴜɴᴅʟᴇ 用于将多个请求聚合为一条消息。

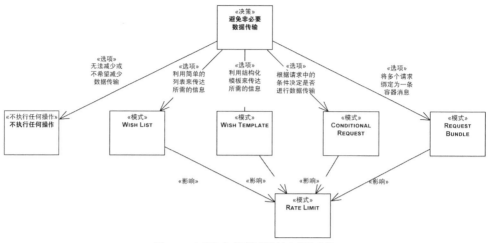

图 3-24 与避免非必要数据传输有关的决策

如果条件评估结果指出应该重新发送资源，那么将 CONDITIONAL REQUEST 与 WISH LIST 或 WISH TEMPLATE 结合起来是一种非常有用的选择，可以指示请求哪个资源子集。从理论上讲，REQUEST BUNDLE 能够与前文讨论的任何一种备选方案(CONDITIONAL REQUEST、WISH LIST 或 WISH TEMPLATE)结合使用，但由于全部四种模式都会对类似的期望质量目标产生积极影响，因此将两种甚至三种模式组合在一起会显著增加 API 设计和编程的复杂性，而获得的收益却微乎其微。可能的模式组合如图 3-25 所示。

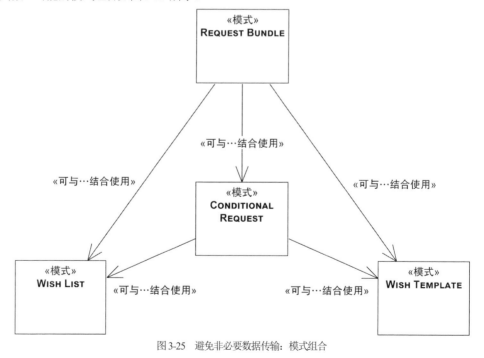

图 3-25 避免非必要数据传输：模式组合

进行决策时，分析客户端的个人信息需求是主要考虑因素，以找出哪些模式(甚至可能是哪些组合)适用并有望获得足够的效益。考虑到在网络数据传输方面可能存在瓶颈，此时数据简约性会进一步推动决策。在分布式系统中，数据简约性是一项重要的通用设计原则，上述四种模式有助于提高数据传输的简约性。

一般来说，无论选择哪种模式都能减少传输的数据量，从而对 RATE LIMIT 和带宽使用产生积极影响。这样处理还可能改善性能，因为不停地向所有客户端(尤其是只需要获取有限信息或最少信息的客户端)传输全部数据元素会浪费响应时间、吞吐量、处理时间等资源。

出于安全方面的考虑，某些情况下不建议采用 WISH LIST 和 WISH TEMPLATE 模式。如果允许客户端提供有关接收哪些数据的选项，则可能在无意中将敏感数据暴露给意外的请求，或是进一步增加受到攻击的风险。例如，发送长数据元素列表或使用无效的属性名称可能会被不法之徒用来发动专门针对 API 的拒绝服务攻击。而没有传输的数据既无法窃取，也无法篡改。最后要注意的是，所有四种模式都会使 API 复杂化，从而增加 API 客户端编程的复杂性。目前广泛使用的 GraphQL 技术可以看作是一种极端形式的声明式 WISH TEMPLATE。此外，这些模式在运行过程中会引入特殊的调用案例，因此需要进行更多测试和维护工作。

决策结果示例　Lakeside Mutual API 如何提供合适的消息粒度和调用频率？架构师和设计人员选择的模式如下：

就员工和代理用例的客户管理前端而言，

由于必须处理大量客户记录，

因此 Lakeside Mutual 的 API 设计人员决定采用 WISH LIST 模式，而没有选择本节讨论的其他模式，

以控制响应消息的长度，

并认可客户端需要提供愿望清单，并由提供者端进行处理，这也意味着需要使用额外的元数据。

针对优化消息大小的决策与选择内联还是拆分结构化数据(即各个部分之间具有多方面关系的复杂数据)有密切关系。接下来，我们将讨论用于解决这一设计问题的两种备选模式。

3.7.3　处理消息中的引用数据

某些数据记录包含指向其他数据记录的引用，因此并不是消息中的所有 DATA ELEMENT 都能表示为普通数据记录。如何在 API 中表达这些本地数据引用是个重要的问题，这个问题的答案决定了 API 的粒度及其耦合特性。

决策：处理引用数据

如何在 API 中表示数据记录中的引用数据？

如图 3-26 所示，这一决策主要包括两个选项。

为表示引用数据记录，一种方案是将其嵌入准备通过网络传输的 DATA ELEMENT。

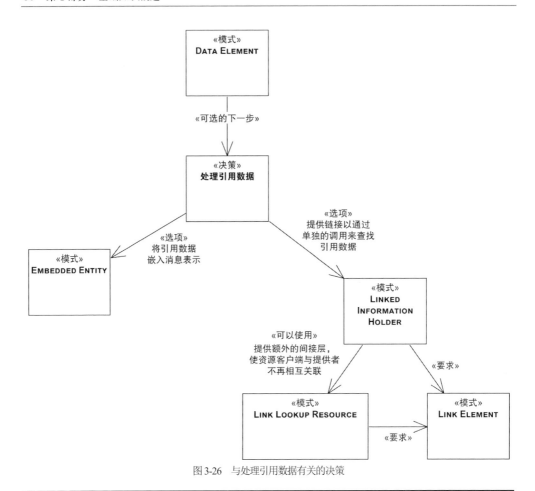

图 3-26　与处理引用数据有关的决策

模式：EMBEDDED ENTITY

问题	当接收者需要了解多个相关的信息元素时，如何避免进行多次消息交换？
解决方案	对于接收者希望跟踪的任何数据关系，在请求消息或响应消息中嵌入一个包含了关系对应的目标端数据的 DATA ELEMENT。这个嵌入的 DATA ELEMENT 称为 EMBEDDED ENTITY，将其置于关系源的表示中。

另一种方案是将引用数据设置为可以远程访问，并在消息中加入指向引用数据的 LINK ELEMENT。

模式：LINKED INFORMATION HOLDER

问题	在 API 处理相互引用的多个信息元素时，如何控制消息大小？
解决方案	在涉及多个相关信息元素的消息中加入 LINK ELEMENT，并让由此产生的 LINKED INFORMATION HOLDER 引用另一个公开了链接元素的 API 端点。

观察图 3-26 可知，LINKED INFORMATION HOLDER 模式可以使用 LINK LOOKUP RESOURCE 来提供额外的间接层，从而实现资源客户端与提供者之间的解耦。LINKED INFORMATION HOLDER 和 LINK LOOKUP RESOURCE 都需要使用 LINK ELEMENT。

例如，使用顶层 EMBEDDED ENTITY 时可以把这两种模式结合在一起，这是因为 EMBEDDED ENTITY 本身利用 LINKED INFORMATION HOLDER 来存储(部分)引用的数据记录。

进行决策时，性能和可伸缩性往往是重要的考虑因素。执行集成所需的消息应该较少，调用次数也应该较少，问题在于这两个要求相互抵触。

此外，不能忽视可修改性和灵活性：因为无论采用哪种本地更新，都必须对相关数据结构以及发送和接收这些数据结构的 API 操作的更新进行协调和同步，因此结构化自包含数据携带的信息元素可能难以修改。对客户端来说，使用包含对外部资源引用的结构化数据会产生更多后果和(外部)依赖，因此这种结构化数据往往比自包含数据更难修改。

EMBEDDED ENTITY 数据有时会存储一段时间，链接则始终指向数据的最新更新。因此，在需要时通过链接访问数据有助于提高数据质量、数据新鲜度和数据一致性。从数据隐私的角度来看，关系的起点和终点对数据保护的需求可能有所不同，例如某个人和与这个人相关的信用卡信息。将信用卡信息嵌入请求个人数据的消息之前，必须要考虑这一点。

决策结果示例 Lakeside Mutual 更倾向于发送大量较短的消息还是少量较长的消息？公司的决策如下：

就客户自助服务渠道而言，

针对公开包含两个实体(并使用两张数据库表)的客户聚合的需求，

Lakeside Mutual 的 API 设计人员决定采用 EMBEDDED ENTITY 模式，且忽略 LINKED INFORMATION HOLDER，

以便在单个请求中传输所有相关数据，

并认可即使某些用例不需要使用地址数据，它也仍然会传输。

第 6 章将讨论 API KEY、CONTEXT REPRESENTATION 和 ERROR REPORT 模式，它们主要用于细化阶段(定义阶段)。第 7 章将介绍构建阶段(设计阶段)，包括 CONDITIONAL REQUEST、REQUEST BUNDLE、WISH LIST、WISH TEMPLATE、EMBEDDED ENTITY 以及 LINKED INFORMATION HOLDER 模式。第 9 章将探讨 PRICING PLAN、RATE LIMIT 和 SERVICE LEVEL AGREEMENT 模式，这些模式主要涉及 API 的交付阶段。

至此，本书中与 API 质量有关的决策和模式全部讨论完毕。接下来，我们将介绍 API 演进所需的决策和可用的模式。

3.8 API 演进的相关决策

要想取得成功，API 应该公开稳定的契约作为开发应用程序的基础，也必须平衡开发人员的期望与 API 交付的保证。维护工作至关重要，在修复错误和添加功能的同时，API 必须不断

演进。API 提供者和 API 客户端的生命周期通常有所不同[Murer 2010]，API 演进要求提供者和客户端制定规则和策略，一是确保提供者可以改进并扩展 API 及其实现，二是确保客户端能够长时间正常运行而无须调整或只需进行少许调整。修改 API 可能对客户端产生破坏性的影响，从而使大量客户端(有时很难预测具体数量)被迫迁移，因此应该尽量减少这种破坏性变更。如果变更导致 API 版本需要进行升级，则必须妥善管理这些变更和升级并做好沟通工作，以降低相关的风险和成本。

API 提供者和客户端必须在各自的生命周期中平衡存在差异、相互抵触的因素，二者之间需要具有一定程度的自主性以避免过度耦合。针对提供者与客户端之间的冲突，本节介绍的模式旨在解决 API 负责人、设计人员和用户面临的以下问题：

在 API 的演进过程中，如何平衡稳定性与兼容性、可维护性与可扩展性之间的关系？

如图 3-27 所示，API 演进主要包括三项决策。第一项决策涉及 API 是否支持某些明确定义的版本标识方案？如果支持的话应该怎样交换版本信息？第二项决策涉及何时发布以及如何发布 API 的新版本并停用旧版本，进而提供三种备选策略作为决策选项。第三项决策涉及是否在这些策略中增加额外的实验性预览。一般来说，所有决策需要在 API 层面做出。

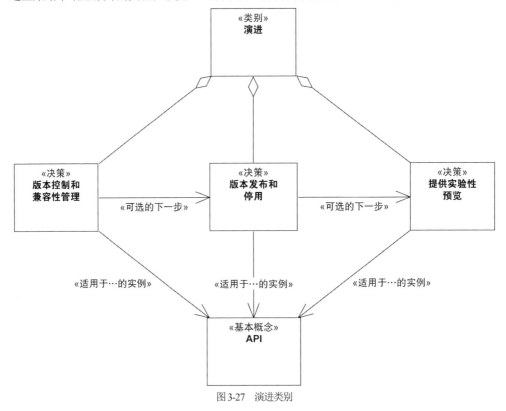

图 3-27   演进类别

3.8.1　版本控制和兼容性管理

在 API 演进的早期阶段，如何支持版本控制是一项重要的决策。极少数情况下，甚至可以考虑完全不使用版本控制，代之以概念验证、实验性预览或业余项目。

决策：版本控制和兼容性管理

是否应该支持 API 版本控制和兼容性管理？应该如何支持？

版本控制和兼容性管理决策的典型选项如图 3-28 所示。首先，必须决定是否使用明确的版本标识和传输方案。VERSION IDENTIFIER 模式就是为这一选项而设计的。其次，EMANTIC VERSIONING 模式描述了结构化 VERSION IDENTIFIER 的使用情况，该模式将破坏性变更与非破坏性变更区分开来。

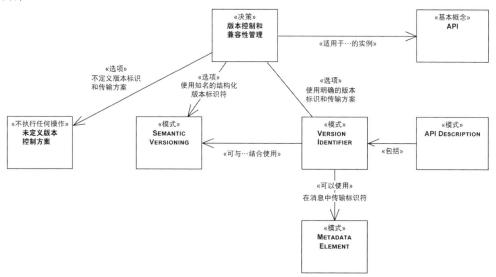

图 3-28　与版本控制和兼容性管理有关的决策

VERSION IDENTIFIER 定义了如何在 API 中传输显式版本号以标识 API 版本。相关决策涉及是否应该引入这种明确的版本控制和版本传输方案。通过应用 VERSION IDENTIFIER 模式，可以实现的重要质量指标包括标识的准确性和精确性。当 API 采用该模式时，客户端可以信赖指定 API 版本中定义的语法和语义。只要 VERSION IDENTIFIER 保持不变，消息交换就具有互操作性。这样一来就能把客户端的影响降至最低：客户端可以放心地认为当前版本中没有"破坏性变更"，这种变更只会在后续版本中出现。此外，API 提供者希望避免在无意中破坏兼容性：如果消息中包括 VERSION IDENTIFIER，那么接收者可以拒绝处理版本号未知的消息。最后要指出的是，显式版本控制实现了 API 版本的可追溯性，API 提供者可以借此监控有多少客户端和哪些客户端依赖于特定的 API 版本，从而降低管理 API 的难度。

	模式：VERSION IDENTIFIER
问题	API 提供者如何向客户端解释当前支持的功能并提醒可能存在的非兼容性变更，以避免由于存在未发现的解释错误而导致客户端无法继续使用 API？
解决方案	引入明确的版本标识符。可以通过 API DESCRIPTION 描述 VERSION IDENTIFIER，也可以将 VERSION IDENTIFIER 纳入请求消息和响应消息(方法是在端点地址、协议标头或消息有效载荷中加入 METADATA ELEMENT)。

API DESCRIPTION 中通常会指定 VERSION IDENTIFIER。一般来说，API 演进类别中的所有模式都与 API DESCRIPTION 密切相关。这些模式不仅可用于在初始阶段指定 API 版本，还提供了一种既能定义语法结构(技术性 API 契约)，又能涵盖诸如所有权、支持、演进策略等组织事项的机制。

可以通过多种方式在消息中加入 VERSION IDENTIFIER。一种与技术无关的简单方法是在消息体中定义一个 METADATA ELEMENT，并将其作为存储 VERSION IDENTIFIER 的特殊位置，这个位置可以是专用 CONTEXT REPRESENTATION 的一部分。还可以考虑使用协议标头和端点地址(例如 URL)作为存储 VERSION IDENTIFIER 的特殊位置。

尽管有许多可以遵循的约定，但 VERSION IDENTIFIER 通常与 SEMANTIC VERSIONING 搭配使用。SEMANTIC VERSIONING 模式描述了一种定义复合版本号的方式，通过主版本号、次版本号和补丁版本号来表述向后兼容性和功能变化造成的影响。

VERSION IDENTIFIER 应该提供准确无误的信息。破坏性变更需要更改客户端，因此 VERSION IDENTIFIER 与软件演进步骤对客户端的影响密切相关。如果版本号未知，那么接收者应该能够拒绝处理消息，以免在无意中破坏向后兼容性。最后要注意的是，VERSION IDENTIFIER 有助于追溯正在使用的 API 版本。

	模式：SEMANTIC VERSIONING
问题	利益相关方如何比较各个 API 版本，以便在第一时间判断出这些版本是否相互兼容？
解决方案	引入分层结构、由三个数字组成的版本控制方案：x.y.z。API 提供者可以使用由主版本号、次版本号、补丁版本号组成的复合版本号来表示不同级别的变更。

得益于 SEMANTIC VERSIONING，检测版本是否兼容易如反掌。尤其是对客户端而言，只需查看 VERSION IDENTIFIER 的各个要素就能更清楚地了解变更会产生哪些影响。分层的三数字版本控制方案(x.y.z)是一种广为人知的 SEMANTIC VERSIONING，有助于明确区分具有不同影响和兼容性级别的变更，从而使 API 的演进时间表更加清晰。此外，API 客户端和提供者的开发人员应该对发布新 API 版本所带来的变化影响了然于胸。

API 提供者务须谨慎，不要同时支持太多 API 版本，而细粒度的版本控制方案恰恰会诱使他们这样做。API 版本的可管理性和 API 提供者的相关治理工作至关重要：无论是数量更多的 API、并行存在的 API 版本还是向客户端做出的扩展保证，都意味着需要付出更多努力才能实现 API 管理和治理。

决策结果示例　Lakeside Mutual 的 API 产品经理做出以下决策：

就保单管理 API 提供的报价功能而言，

针对集成第三方开发人员和满足审计要求的需求，

Lakeside Mutual 的 API 设计人员决定结合使用 VERSION IDENTIFIER 模式和 SEMANTIC VERSIONING 模式，

以便在最短时间内发现破坏性变更并简化维护工作，

并认可必须传输元数据，API 描述也需要随着版本的演进而更新。

3.8.2　版本发布和停用的相关策略

许多 API 提供者急于在短时间内让新版本投入使用，但往往不重视停用旧版本的重要性，以致被维护工作和由此产生的成本压得喘不过气来。

如果开发了新的 API 版本并部署在生产环境中，则需要采用不同的策略来发布新版本和停用旧版本。本节将讨论以下决策：

决策：版本发布和停用

何时以及如何发布 API 的新版本并停用旧版本？

版本发布和停用决策的典型选项如图 3-29 所示。本节讨论的几种模式属于备选方案，它们提供不同的策略来发布新版本和停用旧版本。

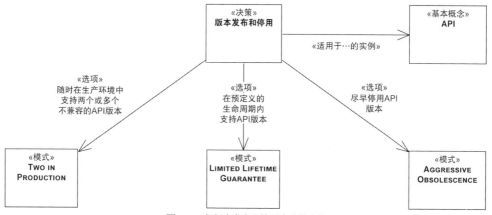

图 3-29　与版本发布和停用有关的决策

第一个选项是提供 LIMITED LIFETIME GUARANTEE，也就是在 API 版本首次发布后，为其生命周期设置一个固定的时间范围。

	v1.1 模式：LIMITED LIFETIME GUARANTEE
问题	API 提供者如何告知客户端可以在多长时间内放心使用已发布的 API 版本？
解决方案	API 提供者保证在一段固定的时间范围内不会更改已发布的 API。标注每个 API 版本的到期日期。

应用 LIMITED LIFETIME GUARANTEE 模式意味着在生产环境中只保留数量有限的 API 版本，以确保 API 的变更不会导致客户端与提供者之间出现没有检测到的向后兼容性问题(尤其是语义方面的向后兼容性问题)。为此，可以采用一种折中方式：通过支持多个版本以尽量减少因 API 发生变化而引起的客户端变更，并允许客户端在规定的时间内继续使用上一个 API 版本；而 LIMITED LIFETIME GUARANTEE 模式也会限制 API 提供者支持的 API 版本数量，从而最大限度减少了为依赖旧版本 API 的客户端提供支持所需的维护工作。因此，这种模式能够保证客户端和提供者之间不会由于 API 的变更而出现没有检测到的向后兼容性问题。

LIMITED LIFETIME GUARANTEE 在生命周期保证中设置一个具体的日期，从而有助于更好地规划因 API 变化而引起的客户端变更。此外，这种模式将维护工作限定为支持使用旧版本 API 的客户端，API 提供者需要就此提前进行规划。

AGGRESSIVE OBSOLESCENCE 模式可用于尽早淘汰现有的功能。

模式：AGGRESSIVE OBSOLESCENCE	
问题	在保证服务质量水平的前提下，提供者如何减少维护整个 API 或 API 部件(例如端点、操作、消息表示)的工作量？
解决方案	尽早公布整个 API 或过时部件的停用日期。声明过时的 API 部件仍然可用，但鼓励继续使用，以便为依赖这些 API 部件的客户端留出足够的时间升级到更新的版本或替代版本。截止日期过后，立即删除已弃用的 API 部件并停止支持。

与版本发布和淘汰决策的所有其他选项相比，AGGRESSIVE OBSOLESCENCE 模式能够从根本上减少 API 提供者的维护工作量。实际上，不必为使用旧版本 API 的客户端提供任何支持。然而，如果客户端与提供者的生命周期有所不同，那么当 API 发生变化时，AGGRESSIVE OBSOLESCENCE 模式会强制客户端在给定的时间内进行更改。但不一定所有客户端都能做出相应的调整，因此客户端可能会出现故障。AGGRESSIVE OBSOLESCENCE 模式认可或尊重 API 提供者与客户端之间的权力动态(power dynamics)，但 API 提供者是关系中的"强势"一方，有权决定更改时间。进行决策时，往往要把 API 提供者的商业目标和限制因素考虑在内。举例来说，如果来自 API 的收入很少，而且必须支持许多 API 客户端，那么 API 提供者可能无法为其他生命周期保证提供支持。

TWO IN PRODUCTION 模式规定了一项相当严格的策略，即应该有多少个不兼容的版本同时处于活动状态。

模式：TWO IN PRODUCTION	
问题	API 提供者如何逐步更新 API，从而既不会影响现有的客户端使用 API，又不必在生产环境中维护大量 API 版本？
解决方案	部署并支持 API 端点及其操作的两个版本，这两个版本提供功能相同的变体，但彼此之间不必相互兼容。在更新和停用版本时，按照渐进、重叠的原则逐步推进。

发布新的 API 版本时，将仍在生产环境中使用的最老版本(默认情况下是倒数第二个版本)标记为停用。也可以支持两个以上的版本(例如三个版本)，此时要选择 Two in Production 模式的变体 "N in Production"。但是为保持 N in Production 模式的特征和优点，N 的数量一定不能过大。

拜 Two in Production 所赐，API 提供者和客户端可以有不同的生命周期。这样一来，提供者就能推出新的 API 版本，而不会影响使用前一个 API 版本的客户端。Two in Production 对解决冲突的影响与 Limited Lifetime Guarantee 类似，区别在于前者同时支持两个(一般情况下支持 N 个)版本，从而为解决客户端与提供者之间的目标冲突给出了一种合理的折中方案。从提供者的角度来看，Two in Production 模式还有一个好处，那就是如果由于错误、性能不佳或开发人员体验不佳而导致客户端不接受新的 API 版本，那么该模式支持回滚到先前的某个版本。

最后，可以通过采用 Experimental Preview 模式来简化新 API 的设计、积累经验并收集反馈。这种模式不提供 API 可用性和支持方面的保证，但提供者和客户端能够获得使用 API 的机会，从而达到收集反馈(提供者)和尽早学习(客户端)的目的。

决策：使用实验性预览

发布 API 的新版本或新的 API 时是否应该提供实验性预览？

如图 3-30 所示，是否提供实验性预览的决策相当简单。

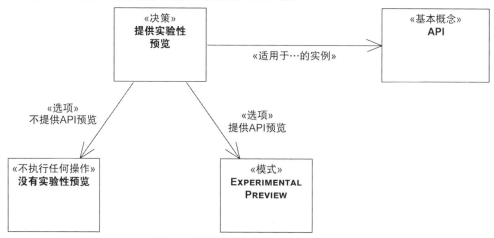

图 3-30　与使用额外的实验性预览有关的决策

Experimental Preview 模式可用于支持创新和新功能。通过把这些新功能公之于众，既能提高客户对新 API(版本)的认知度，又能鼓励客户提供反馈，还能给客户留出时间来决定是否采用新 API 并启动开发项目。

Experimental Preview 是一个或多个正式版本的替代版本。如果 API 提供者不希望管理和支持多个 API 版本以便集中精力开发当前的版本时，则可以使用 Experimental Preview。

使用者希望及早了解新的 API 或 API 的新版本，以便提前进行规划、开发创新产品并影响 API 设计。就规划而言，客户端特别希望获得稳定的 API，从而最大限度减少因 API 变更而产生的工作量。

模式：EXPERIMENTAL PREVIEW	
问题	提供者在推出新的 API(或新的 API 版本)时，如何既能降低给客户端带来的风险，又能获得早期采用者的反馈而不必过早冻结 API 的设计？
解决方案	提供者尽其所能确保客户端可以访问 API，但不对 API 的功能、稳定性和持久性做出任何承诺。提供者明确表示 API 还不够成熟，以免客户端对 API 抱有不切实际的期望。

在制定前文讨论的版本发布和停用策略时，可以考虑是否采用 EXPERIMENTAL PREVIEW，原因在于这种模式提供了一种备选方案，而不是引入完整的附加版本。也就是说，针对版本控制和停用策略做出决策后，可以进一步决定是否增加实验性预览。此外，EXPERIMENTAL PREVIEW 的使用不受其他策略的限制(即使没有制定版本发布和淘汰策略也能使用这种模式)，例如支持对 API 进行实验并收集早期反馈。举例来说，采用 TWO IN PRODUCTION 时，EXPERIMENTAL PREVIEW 可以在引入新版本的初始阶段投入使用，一旦新版本足够成熟，就过渡成为生产环境中支持的两个版本之一。

决策结果示例　Lakeside Mutual 的 API 产品负责人做出以下决策：

就保单管理后端的报价 API 而言，

针对支持发布周期不同的多个 API 客户端的需求，

Lakeside Mutual 的 API 设计人员决定同时采用 TWO IN PRODUCTION 和 EXPERIMENTAL PREVIEW 模式，

以给予客户端选择权，并在出现破坏性变更时为客户端赢得迁移的时间(而且可以使用即将推出的功能)，

并认可必须同时运营和支持两个版本。

第 8 章将介绍 API 演进的模式，这些模式主要涉及 API 的交付阶段(以及后续阶段)。

3.9　插叙：Lakeside Mutual 案例中的质量和演进模式

Lakeside Mutual 的开发人员在各种服务中应用了大量质量模式。引入 WISH LIST 旨在满足多个客户端对不同信息的需求，以便客户端可以准确检索到所需的数据。例如，客户端在进行统计调查时可能需要用到客户的邮政编码和生日，但不需要完整的地址：

```
curl -X GET --header 'Authorization: Bearer b318ad736c6c844b'\
http://localhost:8080/customers/gktlipwhjr?\
fields=customerId,birthday,postalCode
```

返回的响应现在只包含所请求的字段(完整示例参见第 7 章讨论的 WISH LIST 模式):

```
{
  "customerId": "gktlipwhjr",
  "birthday": "1989-12-31T23:00:00.000+0000",
  "postalCode": "8640"
}
```

所有操作都受到 API KEY 的保护, API KEY 通过前述命令中的 Authorization 标头表示。在客户核心服务中，多个请求可以合并为一个 REQUEST BUNDLE。错误或故障情况以 ERROR REPORT 的形式发送。以下调用使用 invalid-customer-id:

```
curl -X GET --header 'Authorization: Bearer b318ad736c6c844b'\
http://localhost:8080/customers/invalid-customer-id
```

从客户端收到的 ERROR REPORT 可知，没有找到 customerId 为 gktlipwhjr 的客户，如下所示:

```
{
  "timestamp": "2022-02-17T11:03:58.517+00:00",
  "status": 404,
  "error": "Not Found",
  "path": "/customer/invalid-customer-id"
}
```

有关 API KEY 和 ERROR REPORT 的更多示例参见第 6 章讨论的模式文本。

不少响应消息包含 EMBEDDED ENTITY 或 LINKED INFORMATION HOLDER。以保单管理后端为例, CustomerDto 包含所有客户保单的嵌套表示。然而，许多客户端在访问客户资源时可能对保单不感兴趣。为避免发送包含大量数据但客户端不需要处理的大型消息，可以使用 LINKED INFORMATION HOLDER，该模式通过引用独立的端点来返回客户保单的相关信息:

```
curl -X GET http://localhost:8090/customers/rgpp0wkpec
{
  "customerId": "rgpp0wkpec",
  ...
  "_links": {
    ...
    "policies": {
      "href": "/customers/rgpp0wkpec/policies"
    }
  }
}
```

然后便可单独请求各个客户的保单信息：

```
curl -X GET http://localhost:8090/customers/rgpp0wkpec/policies
[ {
  "policyId": "fvo5pkqerr",
  "customer": "rgpp0wkpec",
  "creationDate": "2022-02-04T11:14:49.717+00:00",
  "policyPeriod": {
    "startDate": "2018-02-04T23:00:00.000+00:00",
    "endDate": "2018-02-09T23:00:00.000+00:00"
  },
  "policyType": "Health Insurance",
  "deductible": {
    "amount": 1500.00,
    "currency": "CHF"
  },
  ...
```

针对 VERSION IDENTIFIER、SEMANTIC VERSIONING、EXPERIMENTAL PREVIEW 以及 TWO IN PRODUCTION 进行决策时，Lakeside Mutual 的 API 负责人、架构师和开发人员可能会在 URI 中加入 v1.0 这样的标识符，并利用源代码仓库和协作平台的发布管理功能。本节给出的代码片段没有显示版本控制和生命周期管理方面的决策。

假设 Git 是提供源代码仓库的版本控制系统，那么可能存在两个生产分支和一个实验分支。每个分支都可以为不同的持续集成和持续交付/持续部署(Continuous Integration/Continuous Delivery/Continuous Deployment，CI/CD)管道提供数据，最后部署到测试环境或生产环境。

如果希望进一步了解 Lakeside Mutual 案例的实现情况，请参见附录 B。需要注意的是，本章讨论的某些决策尚未完全实现，案例研究的实现仍然处于不断发展之中[1]。

3.10 本章小结

本章讨论了 API 设计和演进过程中涉及的与模式相关的架构决策，包括以下内容：

- 选择描述了 API 可见性(公共、社区、内部解决方案)和 API 类型(前端集成与后端集成)的基础模式。
- 选择端点角色和操作职责，它们在性质上有所不同(活动导向与数据导向)，而且对提供者端的状态(读取或写入访问)会产生不同的影响。
- 选择与结构相关的模式，从语法上(平面参数和嵌套参数)和语义上(数据、元数据、标识符、链接元素等元素构造型)描述各个消息元素。
- 针对 API 质量治理和管理进行决策(如 SERVICE LEVEL AGREEMENT)。

1 在 Lakeside Mutual 案例中，开发人员是否与架构师和产品负责人有些脱节？

- 利用 API 质量模式(如 PAGINATION 和 WISH LIST)来改善性能并适当调整消息大小。
- 在 API 演进过程中,应就合适的 API 生命周期和版本控制方案达成一致。
- 对 API 契约和描述进行最低限度或细致入微的记录,涵盖技术和商业方面(如计费)的内容。

我们介绍了 44 种模式,每种模式都是架构决策问题的一个选项(或备选方案)。进行决策时,需要综合考虑每种模式具有的优缺点和设计要素。本章给出了 Lakeside Mutual 案例的示范性决策结果,并以原因陈述的形式呈现出来。

本书第 I 部分的讨论到此结束,第 II 部分将介绍模式文本和模式语言。

第 II 部分

模　　式

第 II 部分致力于探讨我们提出的各种 API 设计和演进模式,与第 I 部分的第 3 章相辅相成。读者不必逐字逐句阅读第 II 部分,作为参考即可。

《Web API 设计原则》(*Principles of Web API Design*: *Delivering Value with APIs and Microservices*) [Higginbotham 2021]一书提出了对齐-定义-设计-完善(Align-Define-Design-Refine,ADDR)过程,本书第 II 部分的内容根据 ADDR 对应的四个阶段进行编排。

- **对齐阶段**:属于 API 设计的早期阶段,API 范围源自客户端目标和其他需求,并与它们保持一致(对齐),就像用户故事或工作故事所表述的那样。我们会简要总结适用于这一阶段的相关基础模式。
- **定义阶段**:仍然属于 API 设计的早期阶段,端点及其操作定义在相当高的抽象和细化级别。在这一阶段,我们采用职责模式进行设计。
- **设计阶段**:进行技术细节和技术绑定的设计。在这一阶段,我们提出的消息结构和 API 质量模式开始发挥作用。
- **完善阶段**:API 设计及其实现在 API 演进过程中会不断完善。这一阶段还可以应用其他质量模式,通常将 API 重构为特定的模式。

API 设计的进展情况在整个设计和演进过程中会持续(逐步)进行记录。针对 ADDR 对应的四个阶段及其七个步骤(例如“对 API 配置文件进行建模”)与我们提出的模式之间存在哪些关系,附录 A 进行了解释。

第 II 部分的各章就是以上述考虑因素为基础进行组织的,每章至少围绕目标受众的一个角色展开讨论。

- **第 4 章**概述模式语言,并介绍基础模式和基本结构模式,以便为后续章节讨论的模式奠定基础。
- **第 5 章**讨论端点角色和操作职责,从概念架构的角度阐述 API 设计和演进。
- **第 6 章**面向集成架构师和开发人员,介绍请求消息和响应消息的结构。
- **第 7 章**同样面向架构师和开发人员,介绍一些可以改进消息结构以提高特定质量指标的模式。
- **第 8 章**讨论 API 演进和生命周期管理。这一章也面向 API 产品经理。
- **第 9 章**涵盖 API 文档和商业方面的内容。建议所有开发团队成员(尤其是 API 产品经理)认真阅读这一章。

我们从模式概述和指导入手讨论。

第 4 章
模式语言简介

从第 I 部分的讨论可知，远程 API 已成为现代分布式软件系统的一个重要特征。API 提供集成接口，向移动客户端、Web 应用程序、第三方系统等最终用户应用程序公开远程系统功能。不仅最终用户应用程序需要使用并依赖 API，分布式后端系统及其微服务也需要使用 API 以便相互协作。

Lakeside Mutual 是一家虚构的保险公司，其基于微服务的应用程序为我们提供了一个示例。可以看到，API 设计和演进涉及众多反复出现的设计问题，需要解决相互抵触的需求并找到合适的折中。我们针对一系列相关问题提供了决策模型，这些模型给出的选项和标准有助于完成必要的设计工作。在决策过程中，我们也会考虑使用模式作为备选方案。

本章承接第 I 部分，首先概述我们提出的模式语言，然后给出模式语言的浏览路径，并介绍第一套基本的范围界定和结构模式。通过阅读本章，开发人员可以(根据所涵盖的主题和架构问题)理解所提出的模式语言的适用范围，并锁定自己感兴趣的模式(例如按项目阶段进行分类的模式)。针对处于开发阶段的 API，我们通过使用基础模式来描述 API 的可见性和集成类型。我们还将讨论基本结构模式，它们是构成请求消息和响应消息语法结构的基本元素(也是模式语言的一部分)。

4.1 定位和范围

从第 1 章讨论的领域模型可知，API 客户端与提供者之间通过交换请求消息和响应消息来调用 API 端点的操作。我们提出的许多模式侧重于处理请求消息和响应消息中的有效载荷内容，这些消息包括一个或多个可能相互嵌套的表示元素。《企业集成模式》(*Enterprise Integration Patterns*)[Hohpe 2003]一书提供了三种相应的可选模式："文档消息"、"命令消息"和"事件消息"。在消息传递系统中，此类消息经由通信"通道"从发送端点传输到接收端点。这些通道可能由基于队列的消息传递系统提供，也可能以 HTTP 连接或其他集成技术(例如 GraphQL 和 gRPC)的形式出现。API 及其实现的质量属性不仅受到协议功能和配置的影响，而且受到消息大小和内容结构的影响。采用这种消息传递系统时，可以将 API 视为"服务激励器"(Service Activator)[Hohpe 2003]。换句话说，API 通过通信通道与 API 实现中可用的应用程序服务进行交互，其作用类似于连接不同部件的"适配器"(Adapter)[Gamma 1995]。

本章根据命令消息、文档消息和事件消息的内部结构来讨论我们所提出的模式语言。我们还会介绍表示元素、操作和 API 端点所扮演的角色，而不考虑使用哪些通信协议。除探讨如何将消息分组到端点中以实现合适的 API 粒度和耦合性之外，本章还将讨论如何对 API 进行文档化，以及如何管理 API 端点及其部件的演进。

我们尤其关注作为 JSON 对象交换的消息有效载荷(例如通过 HTTP GET、POST 和 PUT 方法)，以及云提供商或消息传递系统(例如 Apache ActiveMQ 或 RabbitMQ)提供的消息队列。JSON 是 Web API 中常用的消息交换格式，但我们提出的模式同样适用于处理 XML 文档或具有其他文本结构的消息，甚至还能用于定义采用二进制编码的消息内容。

图 4-1 以某个 Web API 为例，直观地给出了我们所介绍模式的应用范围。如图所示，rgpp0wkpec 是 Lakeside Mutual(相关讨论参见第 2 章)的一位客户，HTTP GET 方法(curl 命令)请求获取该客户的信息。

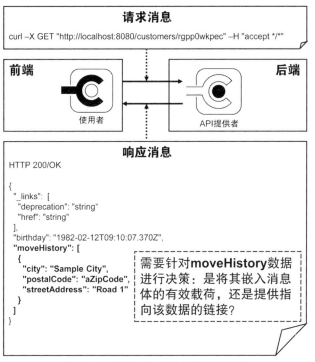

图4-1　API 调用示例：交换的消息及其结构

本例的响应消息为嵌套结构：客户信息既包括生日，也包括以 moveHistory 形式给出的地址变更日志。moveHistory 是一个 JSON 数组，中括号([])里存储的数据是所有搬家目的地(本例只有一个搬家目的地)。每个搬家目的地通过 city、postalCode、streetAddress 这三个字符串进行描述，封装在大括号({})里。采用这种两层嵌套结构会带来一个重要的、反复出现的 API 设计问题：

对于具有包含关系或其他领域级别关系的复杂数据，是否应该将其嵌入消息表示？还是应该提供链接，以便通过单独调用同一(或其他)API 端点的其他操作来查找这些数据？

我们提出的两种模式EMBEDDED ENTITY(参见图4-1)和LINKED INFORMATION HOLDER 为解答上述问题提供了其他方案。EMBEDDED ENTITY 将嵌套数据表示注入有效载荷，而 LINKED INFORMATION HOLDER 将超链接加入有效载荷。使用 LINKED INFORMATION HOLDER 时，客户端必须跟踪这些超链接，并向链接指定的端点位置发送后续请求以获取所引用的数据。这两种模式的组合会显著影响 API 的质量。例如，消息大小和交互次数会影响性能和可变性。从网络和端点功能、客户端的信息需求和数据访问配置文件、源数据的后端位置等方面来看，EMBEDDED ENTITY 和 LINKED INFORMATION HOLDER 都是有效的方案。因此，这些标准决定了应该选择哪种模式，并将其应用到 API 设计中。第 7 章将继续讨论 EMBEDDED ENTITY 和 LINKED INFORMATION HOLDER，并给出进行模式选择时的考虑因素。

4.2　使用模式的原因和方法

模式有助于解决 API 设计问题，为特定上下文(这里指 API 设计和演进)中反复出现的问题提供行之有效的解决方案。根据定义，模式与平台无关，因此可以摆脱概念、技术和供应商的束缚。模式提供了一种在特定领域内进行沟通的通用手段。对于采用模式的 API 设计来说，适当运用这些模式能够使 API 更容易理解，并促进 API 的移植和演进。

每种模式文本相当于一篇短小、专业、独立的文章。这些文本根据以下通用模板构建而成：

- 应用场景部分描述了模式适用的上下文和先决条件，然后通过问题陈述具体说明有待解决的设计问题。设计受到的不同影响解释了问题难在哪里。这部分内容一般会涉及架构决策的考虑因素和相互抵触的质量属性，也可能介绍某些无效的解决方案。
- 针对问题陈述中提出的设计问题，运行机制部分提出了概念性的通用解决方案，以描述解决方案的原理以及实践中可能出现的各种变体(如果存在的话)。
- 示例部分会给出具体示例，以解释如何在实践中实现解决方案。这些示例通常涉及 HTTP、JSON 等特定的技术。
- 针对模式产生的问题，讨论部分会解释解决方案的有效程度，还可能分析其他优缺点，并给出替代的解决方案。
- 相关模式部分列出了在应用某种模式之后，还可以采用哪些符合条件的模式。
- 最后，延伸阅读部分会提供其他建议和参考资料。

第7章采用上述格式来记录本章讨论的两种模式EMBEDDED ENTITY 和 LINKED INFORMATION HOLDER。

请注意，使用模式并不意味着必须遵循某种实现方式，而是为根据项目具体情况而采用哪种模式提供了很大的灵活性。实际上，盲目照搬模式绝不可取，应该将其视为一种工具或向导。只有在了解具体和实际的需求之后，产品专属或项目专属的设计才能满足这些需求(但是对模式这样的通用工件来说，了解具体需求并不容易)。

4.3　模式一览

在思考本书的组织结构时，我们从其他两本书中得到启发：一本是前文提到的《企业集成模式》[Hohpe 2003]，该书按照通过分布式系统传输的消息的生命周期进行编排，涵盖消息创建、发送、路由、转换、接收的全过程；另一本是《企业应用架构模式》(*Patterns of Enterprise Application Architecture*)[Fowler 2002]，该书采用逻辑层作为章节和主题的组织方式，首先介绍领域层，然后讨论持久层和表示层。

遗憾的是，无论采用层还是生命周期来描述 API 领域似乎都不太理想。有鉴于此，我们不再追求找到最合适的组织方式，而是通过架构范围(由第 1 章给出的 API 领域模型定义)、主题分类、完善阶段等方式来介绍各种模式[1]。

4.3.1　结构组织：按范围查找模式

我们提出的大多数模式侧重于描述不同抽象级别和细节层次的 API 构建元素，部分模式涉及整个 API 及其文档(包括技术层面和商业层面)。由此产生的架构范围包括整个 API、端点、操作和消息。这些基本概念参见第 1 章给出的 API 领域模型。图 4-2 列出了这四个范围对应的模式。

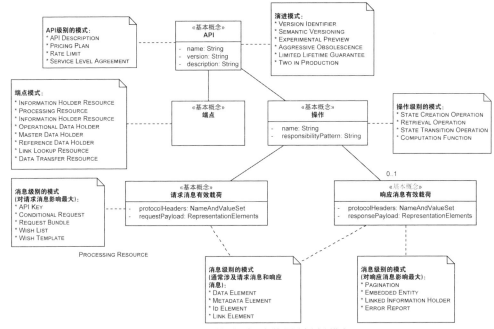

图 4-2　按领域模型元素和架构范围来划分模式

1　通常情况下，我们遵循"不确定就不要添加"规则[Zimmermann 2021b]，而上述"求一得三"的策略是个例外，好在这个例外只会影响元层面。我们希望标准委员会和 API 设计人员能够更严格地遵守"不确定就不要添加"规则。

API DESCRIPTION、SERVICE LEVEL AGREEMENT 等模式涉及整个 API，PROCESSING RESOURCE、DATA TRANSFER RESOURCE 等模式则针对单个端点。许多模式与操作设计或消息设计有关，其中一些模式主要针对请求消息(API KEY、WISH LIST)，另一些模式则主要针对响应消息(PAGINATION、ERROR REPORT)。请求消息和响应消息都可能包含元素构造型(ID ELEMENT、METADATA ELEMENT)。

行为召唤：接到 API 设计任务时，想一想自己需要处理哪些范围，并对照图 4-2 找到与该任务相关的模式。

4.3.2 主题分类：查找模式

我们将所有模式分为五类，每类模式处理几个相关的问题。

- **基础模式**：集成了哪些类型的系统和组件？应该从哪里访问 API？如何实现 API 的文档化？
- **职责模式**：每个 API 端点的架构角色是什么？操作职责是什么？这些角色和职责如何影响服务拆分和 API 粒度？
- **结构模式**：请求消息和响应消息中表示元素的数量以多少为宜？应该如何构建这些元素？如何对它们进行分组和注释？
- **质量模式**：API 提供者如何实现一定水平的设计时质量目标和运行时质量目标，同时以经济高效的方式使用其资源？如何沟通和说明 API 质量方面的权衡？
- **演进模式**：如何处理支持期、版本控制等生命周期管理方面的问题？如何促进向后兼容性，并将不可避免的破坏性变更告知利益相关方？

第 3 章和本书网站[1]根据上述五个类别来组织内容。各章讨论的模式如图 4-3 所示。各个主题类别对应于第 4～8 章，但是有两个例外：首先，基础类别中的 API DESCRIPTION 和三个与质量管理相关的模式(RATE LIMIT、PRICING PLAN、SERVICE LEVEL AGREEMENT)在第 9 章单独讨论；其次，虽然 API KEY、ERROR REPORT、CONTEXT REPRESENTATION 这三种模式与质量相关，但考虑到三者在处理特定用途的表示时所发挥的作用，我们将它们放在第 6 章讨论。附录 A 提供的速查表也采用相同的组织结构。

行为召唤：想一想自己最近遇到的某个 API 设计问题。该问题是否可以归入前文提到的某个类别？是否可以通过问题和模式名称来推断某种模式能否解决问题？可以的话，建议立即查看相应的章节和模式(稍后再继续阅读本章)。更多信息请参见附录 A 提供的速查表。

---

1 https://api-patterns.org。

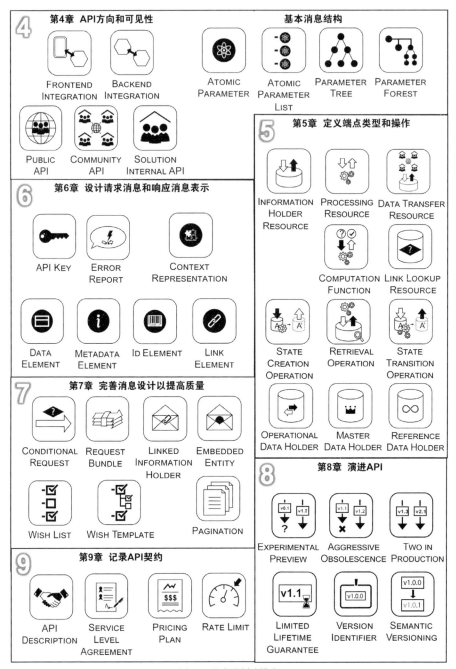

图4-3 按章节划分模式

4.3.3 时间维度：遵循设计完善阶段

API 设计大致遵循"统一过程"(Unified Process)[Kruchten 2000]，从项目/产品立项开始，进行设计细化，实施构建迭代，最终完成项目/产品交付。表 4-1 根据各个过程阶段对模式进行分类，注意有些模式可应用于多个阶段。

表 4-1 按阶段来划分模式

阶段	类别	模式
初始	基础	PUBLIC API、COMMUNITY API、SOLUTION-INTERNAL API
		BACKEND INTEGRATION、FRONTEND INTEGRATION
		API DESCRIPTION
细化	职责	INFORMATION HOLDER RESOURCE、PROCESSING RESOURCE
		MASTER DATA HOLDER、OPERATIONAL DATA HOLDER、REFERENCE DATA HOLDER
		DATA TRANSFER RESOURCE、LINK LOOKUP RESOURCE
	质量	API KEY、CONTEXT REPRESENTATION、ERROR REPORT
构建	结构	ATOMIC PARAMETER、ATOMIC PARAMETER LIST、PARAMETER TREE、PARAMETER FOREST
		DATA ELEMENT、ID ELEMENT、LINK ELEMENT、METADATA ELEMENT
	职责	STATE CREATION OPERATION、STATE TRANSITION OPERATION
		RETRIEVAL OPERATION、COMPUTATION FUNCTION
	质量	PAGINATION
		WISH LIST、WISH TEMPLATE
		EMBEDDED ENTITY、LINKED INFORMATION HOLDER
		CONDITIONAL REQUEST、REQUEST BUNDLE
交付	基础	API DESCRIPTION
	质量	SERVICE LEVEL AGREEMENT、PRICING PLAN、RATE LIMIT
	演进	SEMANTIC VERSIONING、VERSION IDENTIFIER
		AGGRESSIVE OBSOLESCENCE、EXPERIMENTAL PREVIEW
		LIMITED LIFETIME GUARANTEE、TWO IN PRODUCTION

早期阶段(初始阶段)的任务是确定并描述 API 端点在整个系统或架构中的作用。下一步是起草操作，并初步构思和设计请求消息和响应消息的结构(细化阶段)。随后进行质量改进(构建阶段)。当 API 投入使用(交付阶段)时，制定版本控制方法和支持/生命周期策略，以便在必要时进行更新。

虽然表 4-1 的内容按照从上到下的顺序进行编排(所有表格都是如此)，但可以在项目开发过程中(甚至在一个为期两周的冲刺期内)多次查看。本书不建议采用瀑布模型，这是因为在采用敏捷项目组织实践时完全可以在各个阶段之间来回切换。换句话说，每个冲刺期都可能包括初始、细化、构建、交付阶段的任务(并应用相关的模式)。

那么，ADDR 的四个阶段(参见第 II 部分导语)与统一过程的四个阶段(参见表 4-1)有什么关系呢？我们认为：对齐阶段对应于初始阶段，定义阶段对应于细化阶段，设计阶段从细化阶段延续到构建阶段，完善阶段从构建阶段延续到交付阶段(以及后续的演进和维护阶段)。

行为召唤：当前的 API 设计工作处于哪个阶段？表 4-1 列出的模式是否符合自己的设计要求？每当设计工作达到某个里程碑，或每当冲刺开始时从产品待办列表中选择与 API 相关的故事时，都可能需要重新查看表 4-1。

4.3.4 浏览方式：从 Map 到 MAP

如果开发人员还没有准备好逐字逐句阅读第 II 部分，那么可以利用本节给出的三种浏览辅助工具来探索满足当前需要使用的模式语言，即根据结构/范围、主题类别/章节、时间/阶段来查找信息。选定一个或多个切入点后，可以通过每种模式提供的"相关模式"部分进一步了解其他模式，也可以回过头继续查看三种组织结构(范围、主题、阶段)中的某一种。而在学习过一些模式后，开发人员可能希望查看 Lakeside Mutual 案例研究或第 10 章从实际项目中提炼出的模式故事，以便把握整体情况，并了解如何综合运用各种模式。

接下来，我们将针对 ADDR 的对齐阶段介绍符合条件的 API 基础模式和消息结构模式。第 5~9 章将针对 ADDR 的定义、设计和完善阶段讨论适用的模式以及其他内容。

4.4　基础模式：API 可见性和集成类型

就设计要素及其解决方案而言，本节讨论的模式并不复杂，但是掌握这些模式可以为理解其他更高级的模式奠定基础。因此，为了简单起见，我们在讨论时采用"背景和问题""解决方案""详细信息"的结构。开发人员可以随时阅读第 5 章，并在需要时返回本节继续阅读。

基础模式涉及以下两项战略决策：

- API 集成了哪些类型的系统、子系统和组件？
- 应该从哪里访问 API？

上述两个问题的答案有助于界定和描述 API 及其用途：FRONTEND INTEGRATION 和 BACKEND INTEGRATION 是 API 集成的两种方向(或用途和架构定位)，PUBLIC API、COMMUNITY API 和 SOLUTION-INTERNAL API 定义了 API 可见性。这五种模式如图 4-4 所示。

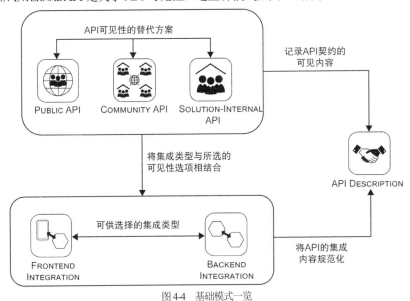

图4-4　基础模式一览

API DESCRIPTION 的相关讨论参见第 9 章。

4.4.1　FRONTEND INTEGRATION 模式

从第 1 章的讨论可知，API 之所以变得如此重要，移动应用程序和云原生应用程序的出现是原因之一。在 API 的帮助下，移动应用程序和云原生应用程序的 Web 客户端得以获取数据并访问提供者端的处理功能。

当客户端的最终用户界面与服务器端的业务逻辑和数据存储在空间上相互分离时，如何填充并更新计算结果、数据源中搜索的结果集和数据实体的详细信息？应用程序前端如何调用后端的活动或向后端上传数据？

指示分布式应用程序的后端通过基于消息的远程 FRONTEND INTEGRATION API 向一个或多个应用程序前端公开其服务。

为最终用户提供服务的应用程序前端既可以是供内部使用的前端，也可以是外部系统的一部分。无论是哪种应用程序前端，其 API 客户端都会使用 FRONTEND INTEGRATION API。FRONTEND INTEGRATION 模式在上下文中的位置如图 4-5 所示。

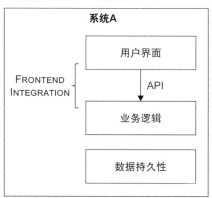

图 4-5　FRONTEND INTEGRATION：API 负责连接远程用户界面与后端逻辑和数据

后端的业务逻辑层(Business Logic Layer)[Fowler 2002]是一个顺理成章的切入点。某些情况下，用户界面的功能被拆分到客户端和服务器，此时 API 也可能存在于用户界面层。

详细说明

确定 API 是 PUBLIC API、COMMUNITY API 还是 SOLUTION-INTERNAL API。根据一个或多个 ATOMIC PARAMETER 和 PARAMETER TREE 来组合请求消息和(可选的)响应消息。稍后会解释这些模式。

借助角色和职责模式(参见第 5 章)、消息结构模式(参见第 6 章)、质量模式(参见第 6～7 章)来实现所选的候选 API 端点。认真思考是否需要对集成 API 进行版本控制以及如何进行版本控制，并在决策时考虑使用一种或多种演进模式(参见第 8 章)。在 API DESCRIPTION 和补充工件中记录 API 契约及其使用条款和条件(参见第 9 章)。

一般来说，基于消息的远程 FRONTEND INTEGRATION API 以 HTTP 资源 API 的形式实现[1]。也可以采用其他远程技术，例如 gRPC[gRPC]、通过 HTTP/2 进行传输[Belshe 2015]或 WebSocket [Melnikov 2011]。近年来，GraphQL 越来越受到开发人员的青睐，它有望解决获取不足 (underfetching)和过度获取(overfetching)的问题[2]。

FRONTEND INTEGRATION API 既可以具有普适性，适合所有客户端使用；也可以专门针对不同类型的客户端或用户界面技术，分别提供"服务于前端的后端"(Backend For Frontend，BFF)[Newman 2015]。

4.4.2　BACKEND INTEGRATION 模式

从第 1 章的讨论可知，云原生应用程序和基于微服务的系统依靠 API 来连接并分离各个部件。API 在软件生态系统中同样发挥着关键作用。从更普遍的意义上讲，当需要从其他系统获取信息或希望在其他系统中执行操作时，任何后端系统都可以使用远程 API，并依靠远程 API 达到自己的目的。

对独立开发和单独部署的分布式应用程序及其部件来说，如何在交换数据并触发相互活动的同时保持系统内部概念的完整性，且不会引入不必要的耦合？

通过基于消息的远程 BACKEND INTEGRATION API 公开其服务，将分布式应用程序的后端与一个或多个其他后端(既可能属于同一个分布式应用程序，也可能属于其他分布式应用程序)进行集成。

这种 BACKEND INTEGRATION API 从来不会被分布式应用程序的前端客户端使用，而是专门为其他后端提供服务。

在图 4-6 所示的两个应用场景中，第一个场景(业务到业务/系统到系统集成)采用 BACKEND INTEGRATION 模式。

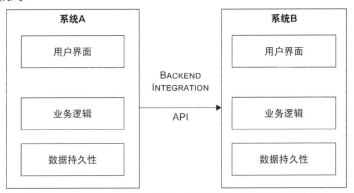

图 4-6　BACKEND INTEGRATION 的第一个应用场景：系统到系统消息交换

1　HTTP 资源 API 使用 REST 风格的统一接口，并在 URI 上调用 POST、GET、PUT、PATCH、DELETE 等 HTTP 方法。如果 HTTP 资源 API 遵循 REST 的附约约束条件(例如使用超链接来传输状态)，那么也可称其为 RESTful HTTP API。

2　GraphQL 相当于 WISH TEMPLATE 模式(参见第 7 章)的大规模框架实现。

BACKEND INTEGRATION 模式的第二个应用场景如图 4-7 所示，即将应用程序内部的业务逻辑拆分为对外公开 SOLUTION-INTERNAL API 的服务组件。

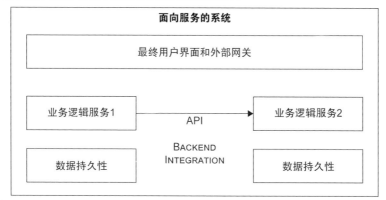

图 4-7 BACKEND INTEGRATION 的第二个应用场景：通过 SOLUTION-INTERNAL API 进行通信的微服务

建议将 BACKEND INTEGRATION API 置于业务逻辑层的入口。通常情况下，业务逻辑层已经包括访问控制、授权执行、系统事务管理和业务规则评估。在某些以数据为中心的场景中，如果不需要处理太多逻辑，那么将集成置于数据持久层可能更合适(图 4-7 中没有显示数据持久层)。

详细说明

针对集成 API 的可见性进行决策，选项包括 PUBLIC API、COMMUNITY API 和 SOLUTION-INTERNAL API。根据一个或多个 ATOMIC PARAMETER(可能嵌套在 PARAMETER TREE 中)来组合请求消息和(可选的)响应消息(4.5 节会继续进行讨论)。定义 API 端点在 BACKEND INTEGRATION 中的角色及其操作职责(参见第 5 章)。使用元素构造型和质量改进模式来设计消息的细节(参见第 6~7 章)。执行这些操作时，认真思考是否在集成 API 的生命周期内对其进行版本控制以及如何进行版本控制(参见第 8 章)。创建 API DESCRIPTION 和补充信息(参见第 9 章)。

应用系统化的方法来规划应用程序架构(经过系统设计的系统)。考虑采用战略领域驱动设计[Vernon 2013]作为企业架构管理("软件城市规划")的轻量级方法。将单个系统拆分为服务时，既要根据功能需求和领域模型[Kapferer 2021; Gysel 2016]，也要根据操作需求(例如扩展需求)和开发方面的考虑因素(例如独立可变性)[Zimmermann 2017]来应用分解标准。此外，使用云服务的成本和工作负荷模式也要纳入考虑[Fehling 2014]。

为提高互操作性，建议选择使用成熟的远程技术以支持标准的消息传递协议和已有的消息交换格式。在选择用于实现 FRONTEND INTEGRATION 的方法时，除前文列出的选项之外，异步、基于队列的消息传递也经常用于 BACKEND INTEGRATION(尤其是需要集成独立系统时)。相关原理和示例请参见第 1 章的讨论。

4.4.3 PUBLIC API 模式

面向万维网的 API 并没有特定的目标受众和可访问性限制，但 API KEY 通常用于控制对 API 的访问。

如何实现 API 的广泛可见性,以使分布在全球、各个国家或地区的 API 客户端都能使用 API(客户端的数量不受限制)?

通过互联网公开 API,并附上详细的 API DESCRIPTION 以描述 API 的功能性和非功能性属性。

图 4-8 给出了 PUBLIC API 模式的一个示例。

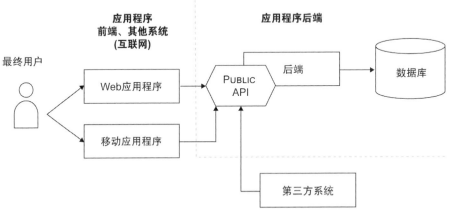

图 4-8　API 可见性:上下文中的 PUBLIC API

详细说明

指定 API 的端点、操作、消息表示、服务质量保证和生命周期支持模型。通过选择职责模式和一种或多种演进模式(参见第 5 章和第 8 章)以继续进行这种集成设计,包括将 API 标记为 PROCESSING RESOURCE、引入 VERSION IDENTIFIER 并应用 SEMANTIC VERSIONING。

利用 API KEY(参见第 7 章)或其他安全手段来控制对 API 的访问。采取措施以提高 API 的安全性和可靠性,并通过投资来完善 API DESCRIPTION 和支持流程的质量(参见第 9 章)。从 API 经济的角度出发,制定 PRICING PLAN 并实施计费/订阅管理。考虑为免费计划设置 RATE LIMIT。记录 API 使用条款和条件(例如写在 SERVICE LEVEL AGREEMENT 中),并要求使用者同意这些条款和条件后才能访问 API。这些条款和条件应该包括合理使用和赔偿方面的内容[1]。第 9 章将讨论 PRICING PLAN、RATE LIMIT 和 SERVICE LEVEL AGREEMENT 模式。

4.4.4　COMMUNITY API 模式

某些 API 由不同组织中的客户端共享,可能部署在只有社区成员才能访问的网络中。

1　无论是 PUBLIC API 的条款和条件文档还是 SERVICE LEVEL AGREEMENT,都是具有法律约束性的工件,应该由专门从事法律事务的专业人士编写,或至少经过他们的审批。

如何限制 API 的可见性和访问权限，使其仅对封闭的用户群体可见？这类用户群体并非专属于组织内的某个部门，而是属于多个法人实体(例如，公司、非营利/非政府组织、政府机构)。

将 API 及其实现资源部署在访问受限的安全位置(例如外联网)，仅供目标用户群体访问。只有受限的目标受众能够获取 API DESCRIPTION。

上下文中的 COMMUNITY API 模式如图 4-9 所示。

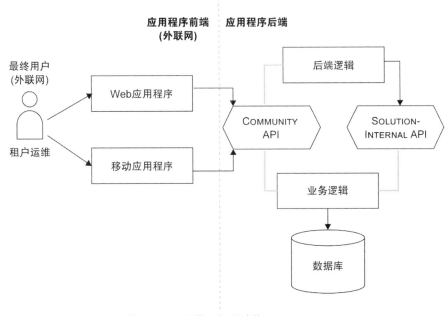

图 4-9　API 可见性：上下文中的 COMMUNITY API

详细说明

指定 API 的端点、操作、消息表示、服务质量保证和生命周期支持模型。请参考 PUBLIC API 的详细说明，以获得更全面(且同样有效)的提示和相关模式。

采取措施以提高 API 的安全性和可靠性，并通过投资来完善 API DESCRIPTION 和支持流程的质量(包括由社区成员管理的支持)。任命一位负责人以管理和维护整个 COMMUNITY API，并从各方寻求资金支持。

PUBLIC API 和 SOLUTION-INTERNAL API 与 COMMUNITY API 属于同一类可见性模式，COMMUNITY API 将这两种模式包含的元素结合在一起，相当于二者的混合体。举例来说，COMMUNITY API 既可以定义社区特定的定价模型(与 PUBLIC API 的定价模型类似)，也可以考虑将 API 端点及其实现部署在同一位置(与许多 SOLUTION-INTERNAL API 的做法类似)。

4.4.5 SOLUTION-INTERNAL API 模式

有些 API 将应用程序划分为组件,例如服务/微服务或程序内部模块。这种情况下,API 客户端和 API 提供者通常位于同一个数据中心(甚至在同一个物理或虚拟计算结点运行)。

▼

如何将对 API 的访问和使用限制在应用程序之内,例如只允许同一逻辑层/物理层或另一逻辑层/物理层的组件访问 API?

从逻辑层面将应用程序拆分为多个组件。设置这些组件对外公开本地 API 或远程 API。仅向系统内部的通信参与者(例如应用程序后端的其他服务)提供这些 API。

◣

SOLUTION-INTERNAL API 模式的两个实例如图 4-10 所示,分别用于应用程序前端和应用程序后端组件,并附有示例 API 客户端和后端实现。

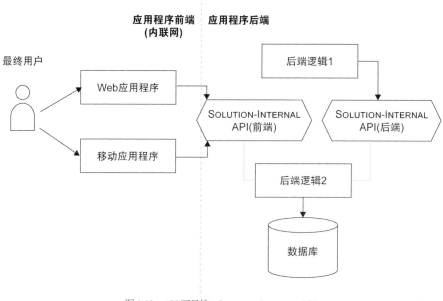

图 4-10 API 可见性:SOLUTION-INTERNAL API

详细说明

一系列相关的 SOLUTION-INTERNAL API 有时被称为平台 API。以单个云服务提供商的产品(或这类产品的集合)为例,对外公开的所有 Web API 都符合平台 API 的条件,包括亚马逊云服务存储产品和 Cloud Foundry 提供的 API。软件产品中的所有 SOLUTION-INTERNAL API(例如面向消息的中间件)也属于平台 API,Apache ActiveMQ 和 RabbitMQ 提供的端点和管理 API 就是此类平台 API 的代表。

请注意,具备独立部署性并不意味着需要进行独立部署。举例来说,模块化单体[Mendonça 2021]使用普通消息通过本地 API 交换数据传输对象,它更容易转换为基于微服务的系统;相比之下,由于远程方法与分布式垃圾回收机制之间存在引用传递,面向对象的"实体丛林"(instance jungle)会导致运行时对象之间出现紧密耦合。

设计和部署用于 BACKEND INTEGRATION 的 SOLUTION-INTERNAL API 以改善应用程序及其各个部分的耦合特征时，需要考虑的因素很复杂。无论是 21 世纪初首次出现的面向服务的架构，还是自 2014 年以来兴起的微服务，都针对这部分设计空间而有所考虑。相关的图书和文章很多，本系列丛书也有涉及[Vernon 2021]。第 5 章将继续讨论这个话题。

4.4.6　基础模式小结

至此，本章对五种基础模式的讨论全部结束。这些模式在解决特定问题时所涉及的决策和解决方案参见第 3 章。

某些情况下，FRONTEND INTEGRATION 称为纵向集成，而 BACKEND INTEGRATION 称为横向集成。这是因为图表/模型图通常按照以下方式来显示分布式系统(及其层次结构)：前端位于顶部，后端位于底部；如果图中包括多个系统，那么这些系统会沿着水平轴显示。请注意，这种从左到右的组织方式也很常见。

有人可能会问，为什么采用模式的形式来描述集成类型和 API 可见性？所有这些 API 不就是带有端点、操作和消息的 API 吗？的确如此。但实践经验表明，两种集成类型的业务环境和要求并不一样，因此为前端和后端提供服务的 API 具有不同的目的，其设计也各不相同。例如，两种情况下选择的协议不一定相同：对 FRONTEND INTEGRATION 来说，HTTP 往往是顺理成章的选择(有时是唯一的选择)；而对 BACKEND INTEGRATION 来说，消息队列更符合需要。就广度和深度而言，请求消息和响应消息的结构也可能有所不同。兼具这两种功能的 API 要么在设计上做出妥协，要么必须提供可选功能，从而往往令 API 使用变得复杂。API 可见性也有类似的考虑因素。举例来说，PUBLIC API 的安全性要求和稳定性需求通常高于 SOLUTION-INTERNAL API，所以错误报告机制需要考虑到 API 客户端与 API 提供者之间可能并不了解(这种情况在使用 SOLUTION-INTERNAL API 时很少出现)。

接下来，我们将讨论请求消息和响应消息的构建元素，从 JSON 等交换格式中抽象出数据定义概念。

4.5　基本结构模式

API 契约描述了一个或多个 API 端点(例如 HTTP 资源 URI)的唯一地址、相关操作(例如，支持的 HTTP 动词或 SOAP Web 服务操作的名称)以及每项操作中请求消息和响应消息的结构。定义这些消息的数据结构是 API 契约的重要组成部分，第 1 章讨论的领域模型将它们作为表示元素。请求消息和响应消息的示例如图 4-1 所示。

由此引出与这些数据结构(表示元素)有关的两个设计问题：

- 请求消息和响应消息中表示元素的数量以多少为宜？
- 应该如何构建这些元素并分组？

举例来说,当采用 HTTP 作为消息交换协议时,上述两个设计问题会影响资源 URI(包括路径参数)、查询参数、cookie 参数、标头参数以及消息内容(又称消息体)。HTTP GET 和 DELETE 请求通常不包括消息体,但是对这些请求的响应包括消息体。HTTP POST、PUT 和 PATCH 请求通常包括消息体,但也可能定义一个或多个路径参数、查询参数、标头参数和 cookie 参数。采用 WSDL/SOAP 进行设计时,需要考虑如何组织 SOAP 消息的各个部分,以及应该使用哪些数据类型来定义相应的 XML 模式元素。gRPC、Protobuf 规范和 GraphQL 提供类似的概念来定义消息结构,开发人员需要做出类似的粒度决策。

针对上面提到的两个设计问题,本节讨论的四种模式以不同方式给出了答案。ATOMIC PARAMETER 用于描述文本、数字等纯数据,而 ATOMIC PARAMETER LIST 将多个基本的 ATOMIC PARAMETER 组合在一起;PARAMETER TREE 支持(原子参数和其他树形结构的)嵌套,而 PARAMETER FOREST 在消息的顶层将多个 PARAMETER TREE 组合在一起。这四种模式及其相互关系如图 4-11 所示。

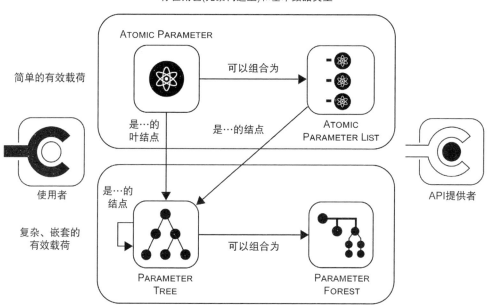

图4-11　构建消息及其表示元素的模式

4.5.1　ATOMIC PARAMETER 模式

从编程语言可知,API 客户端与 API 提供者之间进行消息交换时,最简单的传输单元是基本类型(在前文介绍的所有可见性和集成类型中,都能看到基本类型的身影)。

API 客户端与 API 提供者之间如何交换简单的非结构化数据(例如数字、字符串、布尔值或二进制数据块)?

定义单个参数或消息体元素。确定消息交换格式后,从相应的类型系统中选择一种基本类型。如果接收者在使用过程中确实需要标识 ATOMIC PARAMETER,那么可以为其指定一个名称。在 API DESCRIPTION 中记录名称(没有则不必记录)、类型、基数、可选性等信息。

确定原子数据是单值(single-valued)还是集值(set-valued)。至少应该简要描述传输值的含义,包括计量单位。建议指定一个值范围来限制 ATOMIC PARAMETER 的类型。这个值范围既可以在所选消息交换格式的模式定义语言(例如 JSON 模式、Protobuf 规范、GraphQL 模式语言或 XML 模式)中静态指定,也可以在运行时元数据中动态指定。

如图 4-12 所示,请求消息中出现的单值字符串参数作为 ATOMIC PARAMETER 模式的单个实例。

图 4-12　ATOMIC PARAMETER 模式: (基本类型的)单个标量

在 Lakeside Mutual 案例中,所有 API 操作(例如处理客户信息服务的操作)中都能看到 ATOMIC PARAMETER 的身影。第一个示例是单值:

```
"city":Data<string>
```

这个示例采用微服务领域特定语言(Microservice Domain Specific Language,MDSL),相关介绍参见附录 C。在 Lakeside Mutual 示例应用程序中,客户核心应用程序 API 可以使用这类参数来检索客户所在的城市:

```
curl -X GET --header 'Authorization: Bearer b318ad736c6c844b' \
http://localhost:8110/customers/gktlipwhjr?fields=city
{
  "customers": [{
    "city": "St. Gallen",
    "_links": {
      "self": {
        "href": "/customers/gktlipwhjr?fields=city"
      },
      "address.change": {
        "href": "/customers/gktlipwhjr/address"
      }
```

```
        }
    }],
    ...
}
```

请注意，`city` 并非示例中唯一出现的 ATOMIC PARAMETER，URI 路径中的客户标识符 `gktlipwhjr` 也属于 ATOMIC PARAMETER。

如下所示，通过将原子集值设置为星号(*)，原子参数可以表示为基本类型的集合：

```
"streetAddress":D<string>*
```

上述定义的 JSON 实例为：

```
{ "streetAddress": [ "sampleStreetName1", "sampleStreetName2"]}
```

任何操作定义及其模式组件中都会出现 ATOMIC PARAMETER 的身影。Lakeside Mutual 案例所涉及的 OpenAPI 规范参见附录 B。

详细说明

使用来自 API 所属领域的表达性名称，有助于客户端开发人员和非技术利益相关方理解 API。每个原子数据既可以恰好包括一个基数，也可以是可选项(零或一个基数)，还可以是集值(至少一个基数)，或兼具可选项和集值的特征(零或多个基数)。二进制数据可能需要编码，不妨考虑使用 Base64 [Josefsson 2006]。

实际上，ATOMIC PARAMETER 所传输的文本和数字可能按照一定的内部结构进行组织(例如某个字符串必须匹配特定的正则表达式)，或是一组结构相同的条目(例如 CSV 格式中的行)。但是在序列化和反序列化过程中，API 提供者和 API 客户端不必处理这种结构。包含 API 客户端的应用程序和提供者端的 API 实现仍然需要承担准备和处理有效数据的责任。API DESCRIPTION 可能定义某些值范围和验证规则，但是互操作性契约通常不会规定如何执行这些规则，因为它们属于实现级别的任务(如前所述)。请注意，这种"隧道"技术会绕过序列化/反序列化工具和中间件，因此在某些情况下属于反模式。这种技术看似方便，实则存在技术风险，甚至可能带来安全威胁。

ATOMIC PARAMETER 往往在请求消息或响应消息中扮演特定的角色。第 6 章的 6.2 节将重点介绍四个这样的角色，它们是 DATA ELEMENT、METADATA ELEMENT、ID ELEMENT 和 LINK ELEMENT。

4.5.2   ATOMIC PARAMETER LIST 模式

单个 ATOMIC PARAMETER 的表达性有时无法满足需要。两个或多个 ATOMIC PARAMETER 也许具有很强的语义联系；从 API 客户端、API 提供者或中介的角度来看，可能有必要把请求消息或响应消息的内容划分为几个部分。

如何将多个相关的 ATOMIC PARAMETER 合并为一个表示元素，从而既能使每个 ATOMIC PARAMETER 的结构保持简单，又能在 API DESCRIPTION 和运行时消息交换中清楚地描述各个 ATOMIC PARAMETER 之间的关系？

将两个或多个简单的非结构化数据元素组合到一个内聚表示元素中，以定义包含多个 ATOMIC PARAMETER 的 ATOMIC PARAMETER LIST。通过位置(索引)或字符串键值来标识列表项目。接收者也可以为整个 ATOMIC PARAMETER LIST 单独指定一个名称，以便在处理过程中使用。指定 ATOMIC PARAMETER LIST 必须包括多少个元素和可以包括多少个元素。

整个 ATOMIC PARAMETER LIST 及其元素既可以是可选项，也可以是集值。API DESCRIPTION 应该使用基数来描述这些属性。

ATOMIC PARAMETER LIST 模式在请求消息中的应用如图 4-13 所示。从图中可以看到，数据传输表示包括三个 ATOMIC PARAMETER 条目。

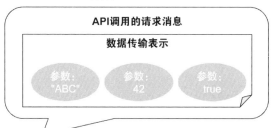

图 4-13　ATOMIC PARAMETER LIST 模式：经过分组的原子数据

在 Lakeside Mutual 案例中，ATOMIC PARAMETER LIST 可用于描述客户地址(MDSL 表示法)：

```
data type AddressRecord (
  "streetAddress":D<string>*,
  "postalCode":D<int>?,
  "city":D<string>
)
```

如上所示，streetAddress 通过星号(*)标记为集值，postalCode 通过问号(?)标记为可选项。

符合这一定义的示例数据的 JSON 表示为：

```
{
  "street": ["sampleStreetName"],
  "postalCode": "42",
  "city": "sampleCityName"
}
```

再次观察客户核心应用程序 API 中所用的 ATOMIC PARAMETER，它可能需要在请求中指定多个字段。这种情况下，可以通过使用单个 fields=city,postalCode 参数(即 ATOMIC PARAMETER

LIST)来指定 API 客户端希望 API 提供者在响应中包含哪些字段(但不是所有字段都会包含进来):

```
curl -X GET --header 'Authorization: Bearer b318ad736c6c844b' \
http://localhost:8110/customers/gktlipwhjr?\fields=city,postalCode
```

客户端不是根据键来识别各个字段,而是根据它们在 GET 请求中的位置进行识别。提供者通过遍历列表以决定是否在响应中包含某个字段。实际上,这正是 WISH LIST 的本质所在,第 7章将讨论这种 API 质量模式。

详细说明

ATOMIC PARAMETER 的设计建议同样适用于 ATOMIC PARAMETER LIST。例如,应该从领域词汇表中挑选一个有意义且前后一致的参数名。为了方便人类用户理解,ATOMIC PARAMETER LIST 中的原子数据顺序应该合乎逻辑,并能反映元素之间的接近程度。对于可以合法使用的组合(即有效列表的实例),API DESCRIPTION 应该给出有代表性的示例。

有些平台不支持通信参与者使用特定的消息类型来发送多个标量。举例来说,许多编程语言只允许响应消息返回一个值或对象,这些语言将数据结构转换为 JSON 和 XML 模式时会默认遵守这一约定(Java 中的 JAX-RS 和 JAX-WS 就是如此)。此时无法使用 ATOMIC PARAMETER LIST,而应该改用 PARAMETER TREE,因为后者能够提供所需的表达能力。

4.5.3　PARAMETER TREE 模式

根据定义,扁平 ATOMIC PARAMETER LIST 仅包含简单的 ATOMIC PARAMETER,但这种 ATOMIC PARAMETER LIST 列出的基本表示元素往往无法满足需要。举例来说,包含订单条目的订单或销售给许多客户的产品(这些客户又会购买许多产品)属于丰富的领域数据,在发布这类数据时,使用扁平 ATOMIC PARAMETER LIST 还不够。

在定义复杂的表示元素并在运行时交换这些相关元素时,如何表达元素之间的包含关系?

将 PARAMETER TREE 定义为具有专用根结点的分层结构,该根结点包括一个或多个子结点。每个子结点既可以是单个 ATOMIC PARAMETER,也可以是 ATOMIC PARAMETER LIST,还可以是另一个 PARAMETER TREE,并通过本地名称或位置进行标识。每个结点可能包括一个基数、零或一个基数、至少一个基数、零或多个基数。

请注意,PARAMETER TREE 通过递归方式定义,以产生所需的嵌套结构。HTTP API 使用嵌套的 JSON 对象来表示该模式所代表的树形结构。如果树结点具有集值,那么这些结点可以用 JSON 数组表示,数组中包含对应于结点的 JSON 对象。

图 4-14 解释了 PARAMETER TREE 模式的概念。

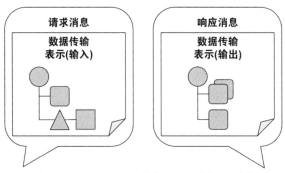

图 4-14　PARAMETER TREE 模式：两层嵌套与一层嵌套

在 Lakeside Mutual 案例中，用于处理客户和契约数据的多项 API 操作使用了 PARAMETER TREE 模式。以图 4-1 给出的 Web API 为例，下面是两层嵌套的一个示例(请注意，前文已将 AddressRecord 定义为 ATOMIC PARAMETER LIST)：

```
data type MoveHistory {
  "from":AddressRecord, "to":AddressRecord, "when":D<string>
}
data type CustomerWithAddressAndMoveHistory {
  "customerId":ID<int>,
  "addressRecords":AddressRecord+, // one or more
  "moveHistory":MoveHistory*       // type reference, collection
}
```

上述 MDSL 数据定义 CustomerWithAddressAndMoveHistory 可能在运行时生成以下 JSON 对象数组结构：

```
{
  "customerId": "111",
  "addressRecords": [{
    "street": "somewhere1",
    "postalCode": "42",
    "city": "somewhere2"
  }],
  "moveHistory": [{
    "from": {
      "street": "somewhere3",
      "postalCode": "44",
      "city": "somewhere4"
    },
    "to": {
      "street": "somewhere1",
      "postalCode": "42",
      "city": "somewhere2"
    },
```

```
    "when": "2022/01/01"
  }]
}
```

更多示例参见 MDSL 网站[1]。

详细说明

如果表示为参数的领域模型元素是分层结构或关联结构(要么具有 1:1 的关系，例如，每位客户对应于唯一的概述和详细信息；要么具有 *n:m* 的关系，例如每位客户可以购买多个产品，每个产品也可以被多位客户购买)，那么使用 PARAMETER TREE 就是一种顺理成章的选择。相较于其他方案(例如通过扁平化列表来表示复杂结构)，PARAMETER TREE 更容易理解。如果安全信息等附加数据必须与消息一起传输，那么 PARAMETER TREE 的分层结构特性可以将附加数据与领域参数区分开来，所以它非常适合在这种场合使用(参见第 6 章介绍的 CONTEXT REPRESENTATION)。

与 ATOMIC PARAMETER 相比，PARAMETER TREE 的处理过程更复杂。如果 PARAMETER TREE 包含不必要的元素或嵌套层次过多，那么在消息传输过程中可能会造成带宽浪费。但如果传输对象是深层结构，那么从处理和带宽利用的角度来看，使用 PARAMETER TREE 通常比发送多条结构简单的消息更有效。某些情况下，PARAMETER TREE 会导致 API 客户端与提供者之间共享不必要的信息或更多结构信息(例如没有明确定义信息的可选性)，从而带来一定的风险，可能不利于保持格式自主性(这也是松耦合的优点之一)。

注意 PARAMETER TREE 的递归定义。应用 PARAMETER TREE(例如为 HTTP POST 请求的消息体定义 JSON 模式)时，这种递归定义可能很优雅(有时别无选择)。结点的选择和可选性使树构建处理器可以适时结束递归过程，从而完成树的构建。不过就算使用这种递归定义，也仍然可能出现消息有效载荷增加的情况，从而给 Jackson 等工具和运行时序列化器造成压力(甚至导致它们崩溃)。

4.5.4　PARAMETER FOREST 模式

就像多个 ATOMIC PARAMETER 可以组合成 ATOMIC PARAMETER LIST 一样，多个 PARAMETER TREE 也可以组合成 PARAMETER FOREST。只有在请求消息/响应消息标头或有效载荷的顶层，使用 PARAMETER FOREST 才有意义。

如何将多个 PARAMETER TREE 作为 API 操作的请求消息/响应消息有效载荷进行处理或传输？

定义由两个或多个 PARAMETER TREE 组合而成的 PARAMETER FOREST。通过位置或名称访问 PARAMETER FOREST 的成员。

PARAMETER FOREST 模式如图 4-15 所示。

1　https://microservice-api-patterns.github.io/MDSL-Specification/datacontract。

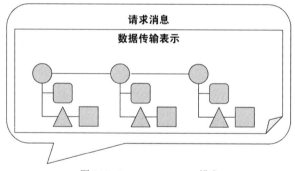

图 4-15　PARAMETER FOREST 模式

可以通过位置或名称访问用于构成 PARAMETER FOREST 的 PARAMETER TREE。请注意，PARAMETER TREE 可能包含其他 PARAMETER TREE，但 PARAMETER FOREST 不一定包含其他 PARAMETER FOREST：

```
data type CustomerProductForest [
  "customers": { "customer":CustomerWithAddressAndMoveHistory }*,
  "products": { "product":ID<string> }
]
```

PARAMETER FOREST 的 JSON 表示看起来与具有相同结构的 PARAMETER TREE 非常类似：

```
{
  "customers": [{
    "customer": {
      "customerId": "42",
      "addressRecords": [{
        "street": "someText",
        "zipCode": "42",
        "city": "someText"
      }],
      "moveHistory": []
    }}],
  "products": [{ "product": "someText" }]
}
```

但是从服务的 Java 接口可以看出操作签名存在细微差别：

```
public interface CustomerInformationHolder {
    boolean uploadSingleParameter(
        CustomerProductForest newData);
    boolean uploadMultipleParameters(
        List<Customer> newCustomer, List<String> newProducts);
}
```

uploadSingleParameter()方法传入一个参数(CustomerProductForest 类)，包括客户树和产品树；而 uploadMultipleParameters()方法传入两个参数，类型分别为 List<Customer>和 List<String>。请注意，uploadMultipleParameters()方法很容易就能重构为 uploadSingleParameter()方法。

详细说明

PARAMETER FOREST 是两个或多个嵌套顶层参数(或消息体元素)的特殊情况。在该模式对应的大多数技术映射中，PARAMETER FOREST 在语义上等同于以其成员作为第一层嵌套的 PARAMETER TREE(参见前文给出的 JSON 示例)。

在 HTTP 资源 API 中，查询参数、路径参数、cookie 参数以及消息体共同构成了这样一种森林结构(这也是我们采用 PARAMETER FOREST 模式的原因之一)。

通过人为创建一个根结点，可以把 PARAMETER FOREST 转换为 PARAMETER TREE。与之类似，ATOMIC PARAMETER 和扁平 PARAMETER TREE 是等价的。正因为如此，通过使用递归的 PARAMETER TREE 并将 ATOMIC PARAMETER 作为叶结点，完全可以构造出任何复杂的数据结构。有人可能会问，使用四种不同的模式比使用两种模式好在哪里呢？我们提供四种设计方案作为模式的目的是模拟 HTTP、WSDL/SOAP、gRPC 等各种技术的复杂性，这样处理既不会掩盖这些技术在概念上具有的差异，又不会使模式丧失通用性。

4.5.5 基本结构模式小结

API 契约的数据部分包括请求消息和响应消息有效载荷的结构，会直接影响(或损害)开发者体验，也会给互操作性、可维护性等质量指标带来风险。针对这些问题和更多期望实现的质量指标(以及相关的设计挑战)，第 1 章进行了更深入的讨论。

使用我们提出的模式会催生出与平台无关的模式定义，这些模式与(OpenAPI 采用的)JSON 模式、Protobuf 规范和 GraphQL 模式语言的对应关系如表4-2 所示。

表4-2 基本结构模式及其已知用途

主题	模式	JSON	XML XML 模式	Protobuf 规范	GraphQL
纯数据	ATOMIC PARAMETER (单值)	基本类型/原始类型	简单类型	标量值类型	标量类型
映射/记录	ATOMIC PARAMETER LIST	对象({...})，不包括其他对象	长度为 1 的序列，引用内置或自定义类型	嵌套类型	input 和 type 定义
嵌套	PARAMETER TREE	包括其他对象的对象 ({...{...}...})	复杂类型	引用其他消息的消息	引用其他内容的 input 和 type 定义
嵌套元素组	PARAMETER FOREST	顶层对象数组	支持在 WDSL 中建模(但实践中很少使用)	N/A	N/A
集合	其他模式(原子、树)的变体	数组([...])	maxOccurs= "unbounded"	repeated 标志	数组([...])

扁平 PARAMETER TREE 和 ATOMIC PARAMETER LIST 可以映射到 URI 的路径参数或查询字符串，使用 "deepObject" 序列化[OpenAPI 2022]就是一种方法。深度嵌套的树形结构则很难映射到 URI 的路径参数或查询字符串，甚至可能无法实现，这是因为 OpenAPI 规范 "没有定义嵌套对象和数组的行为"。

　　所有四种类型的基本结构元素都可以进行组合，用来创建 METADATA ELEMENT、ID ELEMENT 和 LINK ELEMENT，它们是通用 DATA ELEMENT 的变体(第 6 章将讨论这四种模式)。EMBEDDED ENTITY 往往以 PARAMETER TREE 的形式出现，而 LINKED INFORMATION HOLDER 使用 ATOMIC PARAMETER LIST 来定义链接目标(参见第 7 章)。VERSION IDENTIFIER 一般是 ATOMIC PARAMETER (参见第 8 章)。

　　还可以考虑在 API DESCRIPTION 中加入数据溯源信息(但并非强制要求)，包括生成表示元素时涉及的实体、人员和流程信息；数据来源；数据随时间的流动情况等等。需要注意的是，一旦消息接收者开始理解数据起源信息，就可能更加依赖这些信息，从而增加更改 API 的难度。第 6 章 6.2 节将介绍如何在 METADATA ELEMENT、ID ELEMENT、LINK ELEMENT 等表示元素中加入数据溯源信息以及其他语义信息。

　　第 3 章介绍了本节讨论的四种基本结构模式，并给出了这些模式描述的问题和相应的解决方案。

4.6　本章小结

　　本章探讨了模式语言的范围、组织结构和可能的浏览路径，并介绍了后续章节不会深入讨论的五种基础模式和四种基本结构模式。

　　针对在指定、实现和维护基于消息的 API 时经常遇到的设计问题，这些模式提供了成熟的解决方案。为便于浏览，我们根据生命周期阶段、范围界定和设计问题的类别将这些模式分为几组。后续章节采用通用的模板来描述每种模式，首先介绍背景和问题，然后提供解决方案和示例，最后进行讨论并给出相关模式。

　　本章围绕模式语言的基本构建元素展开讨论，内容包括 PUBLIC API(用于 FRONTEND INTEGRATION)、COMMUNITY API 和 SOLUTION-INTERNAL API(用于 FRONTEND INTEGRATION 和 BACKEND INTEGRATION)以及扁平和嵌套消息结构(包括 ATOMIC PARAMETER 和 PARAMETER TREE)。

　　在决定需要构建哪种类型的 API 以及对外公开 API 的位置之后，就可以确定端点及其操作。分配端点角色和操作职责是一种有效的方法，相关讨论参见第 5 章。第 6 章将继续介绍消息和数据契约的设计。本书总共包括 44 种模式，LINKED INFORMATION HOLDER 和 EMBEDDED ENTITY 是其中两种模式。本章开头曾介绍过这两种模式，第 7 章将继续进行讨论。

第5章
定义端点类型和操作

从第 4 章的讨论可知，API 设计会影响请求消息和响应消息的结构。而在开发分布式系统时，确保 API 端点及其操作与系统架构保持协调一致具有同样重要的地位，甚至更加重要(第 1 章在讨论 API 领域模型时已介绍过端点和操作这两个术语)。如果没有经过仔细推敲就匆忙动手，或者根本就没有想过这个问题，那么不一致性会影响概念完整性，导致 API 提供者的实现难以扩展和维护。由此产生的 API 杂乱无章，给 API 客户端开发人员的学习和使用带来困难。

本章讨论的几种架构模式在我们提出的模式语言中起到核心作用，这些模式致力于将高级别的端点识别活动与操作和消息表示的详细设计联系起来。我们采用角色驱动和职责驱动的方法来实现这种转换。掌握 API 端点的技术角色及其操作的状态管理职责不仅有助于 API 设计人员为今后的决策提供更详细的依据，而且有助于实现运行时 API 管理(例如基础设施容量规划)。

第 II 部分引言讨论了对齐-定义-设计-完善(Align-Define-Design-Refine，ADDR)过程，本章内容对应于 ADDR 过程的定义阶段。请注意，即使不熟悉 ADDR 也可以运用本章介绍的模式。

5.1 API 角色和职责简介

业务层面的构思活动往往催生出一系列候选 API 端点。这些初步、暂时的设计制品通常来自 API 设计目标，而 API 设计目标一般表示为各种形式的用户故事、事件风暴产出或协作场景[Zimmermann 2021b]。开始实现 API 时，必须更详细地定义这些候选 API 端点。进行 API 设计时，需要综合考虑不同的架构关注点，包括确定 API 对外公开的服务粒度(是小而具体，还是大而通用)，以及 API 客户端与 API 提供者之间的耦合程度(一般情况下应该尽可能小，但有时也要尽量增加二者之间的耦合程度)。

API 设计的要求多种多样。如前所述，设计要求主要来自业务层面活动的目标，但是不能只考虑这些因素，也要把外部治理规则、现有后端系统施加的限制等因素考虑在内。因此，API 在应用程序和服务生态系统中的架构角色大相径庭。有些情况下，API 客户端只需要向 API 提供者通报某个事件或移交某些数据；而在其他情况下，客户端需要使用提供者端的数据以继续进行处理。在响应客户端的请求时，提供者可能只是返回某个已有的数据元素，也可能执行相当复杂的处理操作(包括调用其他 API)。无论提供者端的处理简单与否，这些处理有时会改变提供者状态，有时则不会改变提供者状态。调用 API 操作时不一定涉及复杂的交互场景和对话。

而对于在线购物、保险理赔管理等长时间运行的业务流程来说，多方之间需要进行复杂的交互。

API 操作的粒度千差万别。小型 API 操作很容易编写，但数量可能很多，需要组合在一起使用，而且在调用这些操作时必须进行协调；大型 API 操作的数量较少，可能具有独立性和自主性，但不一定容易配置、测试和演进。此外，大量小单元与少量大单元的运行时操作管理有所不同，需要在灵活性与效率之间进行权衡。

API 设计人员需要确定 API 操作的业务意义和用途——在面向服务的架构(Service Oriented Architecture，SOA)中，这是一项基本原则[Zimmermann 2017]。决定是否管理状态以及如何管理状态也是 API 设计的重要考虑因素。API 操作有时只是返回某个经过计算的响应，有时则会对提供者端数据存储产生不可逆转的影响。

本章介绍的模式旨在处理 API 设计和使用过程中出现的端点和操作语义问题，以应对上面提到的挑战。这些模式详细描述了 API 端点具有的架构角色(强调数据还是活动)和操作职责(涉及读取还是写入行为)。

5.1.1 设计挑战和期望质量

API 契约所描述的端点和操作设计会直接影响开发者体验(功能、稳定性、易用性、清晰性)。

- **准确性**：调用 API 而不是由开发人员自己实现 API 的功能，需要开发人员对 API 有一定程度的信任，即相信所调用的操作能够可靠地提供正确结果。这种情况下，准确性取决于 API 实现能否按照契约所规定的功能要求来正确执行操作。这种准确性无疑有助于建立信任。开发人员尤其需要关注任务关键型功能。业务流程及其活动的正确运转越重要，就越应该在设计、开发和操作方面投入更多精力。API 契约描述了操作的前置条件、不变式和后置条件，它们的作用是确保 API 客户端与 API 提供者之间的通信能够按照双方的预期进行。
- **控制权和自主性的分配**：工作分配的范围越广，就越有可能实现并行处理和专业化。然而，API 客户端和 API 提供者需要就职责分配和业务流程实例的共享所有权进行协调并达成共识。开发人员必须制定完整性保证，并确保活动能够以一致的方式终止。端点的规模越小、自主性越强，重写端点的难度就越低。但是许多小单元之间往往存在大量依赖关系，导致单独对某个端点进行重写面临很大风险。有鉴于此，进行重写活动时需要考虑前置条件和后置条件的规范、端到端测试、合规性管理等因素。
- **可伸缩性、性能、可用性**：任务关键型 API 及其操作通常具有苛刻的 SERVICE LEVEL AGREEMENT，并与 API DESCRIPTION 一起提供给使用者。无论是证券交易所的日内交易算法，还是在线购物的订单处理和计费，都属于任务关键型组件。全天候(7×24 小时)可用性要求是一个相当苛刻、往往不切实际的质量目标。采用分布式方式实现、具有许多并发实例的业务流程不仅涉及大量 API 客户端，而且涉及对操作的多次调用，其性能表现受制于其中功能最薄弱的组件。当客户端和请求的数量增加时，客户端希望调用操作的响应时间保持在大致相同的水平，否则就会开始怀疑 API 的可靠性。

  在软件工程中，评估故障或不可用性会产生哪些后果既是一项分析和设计任务，也是一项业务领导力和风险管理活动。从一方面讲，公开业务流程及其活动的 API 设计可以加快故障恢复的速度；但是从另一方面讲，这种 API 设计也会增加故障恢复的难度。举例来说，API 可能提供补偿性操作，以撤销之前在调用同一 API 时完成的任务，但如果架构不够清晰或请求协调存在问题，那么 API 客户端和提供者内部的应用程序状态也可能出现不一致的情况。

- **可管理性**：虽然可以对性能、可伸缩性、可用性等运行时质量指标进行设计，但是只有在运行系统后才能评估 API 的设计和实现是否达到预期水平。对 API 及其公开的服务进行监控不仅有助于确定它们能否满足需要，而且有助于判断可以采取哪些措施来解决规定的要求与实际的性能、可伸缩性和可用性之间存在的不匹配问题。监控支持故障管理、配置管理、记账管理、性能管理、安全管理等管理规程。
- **一致性和原子性**：业务活动应该具有非此即彼的语义：要么全部成功执行，要么全部不执行。一旦业务活动执行完毕，API 提供者就会处于一致的状态。但是在某些情况下，业务活动没有成功执行，或者 API 客户端选择明确中止或执行补偿性操作(指应用程序级别的撤销操作或其他后续操作，其作用是将提供者端应用程序状态重置为有效状态)。
- **幂等性**：幂等性也是影响 API 设计的因素之一，甚至可以左右 API 设计的方向。如果(使用相同的输入)多次调用同一项 API 操作会返回相同的输出结果，而且有状态操作对 API 状态会产生相同的影响，那么该 API 操作就具有幂等性。幂等性支持简单的消息重传，有助于处理通信错误。
- **可审计性**：企业的风险管理团队通过进行审计检查来确保业务流程模型具有合规性。所有公开其功能的 API 必须支持此类审计并实施相关控制，以便借助不可篡改的日志来监控业务活动的执行情况。满足审计要求不仅是设计阶段的考虑因素，而且会显著影响运行时的服务管理。举例来说，"Compliance by design – Bridging the chasm between auditors and IT architects"一文介绍了"完整性、准确性、有效性、受限访问"(Completeness, Accuracy, Validity, Restricted Access，CAVR)合规性控制，并针对如何在面向服务的架构中实现此类控制给出了建议[Julisch 2011]。

5.1.2 本章讨论的模式

解决前文提到的设计难题是一项复杂的任务，需要运用多种设计策略和模式，之前出版的图书已经讨论过许多这样的策略和模式(参见本书前言中列出的书单)。本章介绍的模式勾勒出 API 端点和操作具有的重要架构特征，可以简化并改进应用其他策略和模式的过程。

在 API 设计需要解决的架构问题中，有些问题涉及操作的输入：

API 提供者能够从 API 客户端那里得到什么？应该得到什么？例如，提供者对于数据有效性和完整性有哪些前置条件？操作调用是否意味着状态转移？

在处理对操作的调用时，也要注意 API 实现产生的输出：

操作的后置条件是什么？当 API 客户端发送满足前置条件的输入时，又能从 API 提供者那里得到什么？请求是否会更新提供者状态？

以在线购物为例，订单状态可能会更新，之后可以通过 API 调用获取更新后的订单状态。

订单确认中包括所有已购产品的信息，但不会包括其他产品的信息。

API 的类型不同，处理这些问题的方式也不同。确定端点应该具有面向活动的语义还是面向数据的语义十分关键。因此，本章将介绍两种端点角色，二者对应于以下架构角色：

- PROCESSING RESOURCE 模式有助于实现面向活动的 API 端点
- INFORMATION HOLDER RESOURCE 模式代表面向数据的 API 端点

5.2 节将讨论上述两种模式。存在各种专用的 INFORMATION HOLDER RESOURCE。举例来说，DATA TRANSFER RESOURCE 支持面向集成的 API，而 LINK LOOKUP RESOURCE 则起到类似目录的作用。在数据生命周期、关联性、可变性等方面，OPERATIONAL DATA HOLDER、MASTER DATA HOLDER 和 REFERENCE DATA HOLDER 的数据特征有所不同。

这些类型的端点包括 COMPUTATION FUNCTION、RETRIEVAL OPERATION、STATE CREATION OPERATION、STATE TRANSITION OPERATION 等四种操作职责，相关讨论参见 5.3 节。它们在客户端的承诺(API 契约规定的前置条件)和期望(后置条件)方面存在差异，对提供者端应用程序状态和处理复杂性的影响也有所不同。

本章讨论的 11 种模式如图 5-1 所示。

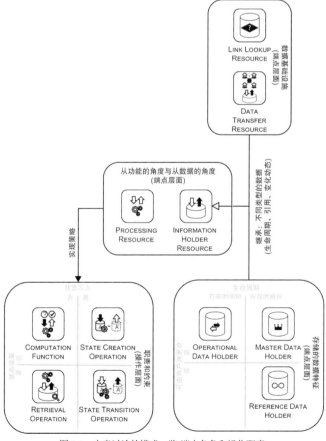

图 5-1   本章讨论的模式一览(端点角色和操作职责)

5.2 端点角色(服务粒度)

图 5-2 对图 5-1 所示的模式图进行细化,展示了代表两种通用端点角色和五种信息持有者类型的模式。

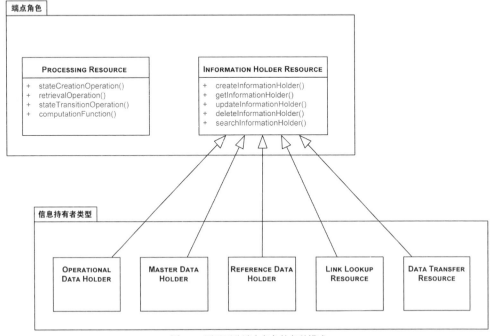

图 5-2 用于区分端点角色的各种模式

两种通用端点角色是 PROCESSING RESOURCE 和 INFORMATION HOLDER RESOURCE,二者可能公开不同类型的操作,例如写入、读取、读写、仅进行计算。INFORMATION HOLDER RESOURCE 包括五种特殊类型,它们致力于从不同的角度解答以下问题:

如何根据数据生命周期、链接结构和可变性特征对面向数据的 API 端点进行分类?

我们首先介绍 PROCESSING RESOURCE,然后讨论 INFORMATION HOLDER RESOURCE 及其五种特殊类型。

5.2.1 PROCESSING RESOURCE 模式

应用场景

应用程序的功能需求已经通过用户故事、用例、分析级别的业务流程模型等形式加以定义。对功能需求的分析表明,需要计算某些内容或执行某种活动。这些计算任务或活动要么无法在本地环境中进行,要么不应该在本地环境中进行,需要使用远程 FRONTEND INTEGRATION API

和 BACKEND INTEGRATION API。候选 API 端点的初步列表可能已经收集完毕。

　　API 提供者如何使远程客户端触发某个动作?

　　这些操作既可能是短暂、独立的命令和计算任务(应用程序领域专属的命令和计算任务或技术工具), 也可能是业务流程中的持续性活动; 既可以读写提供者端状态, 也可以不读写提供者端状态。

　　问题可以更具体一些:

　　API 客户端如何要求 API 端点执行代表业务能力或技术工具的功能? API 提供者如何向客户端展示执行命令的能力, 以便根据客户端的输入(有时还会根据提供者的自身状态)来计算输出?

　　当根据远程客户端的请求来调用提供者端处理时, 通常需要考虑以下设计因素。

- **契约表达性和服务粒度(及其对耦合的影响)**: 如果调用语义存在歧义, 则会妨碍互操作性, 并可能导致处理结果无效(进一步导致调用方做出错误的决策, 从而产生其他负面影响)。有鉴于此, API DESCRIPTION 必须明确描述所调用动作(例如, 自包含命令或对话的一部分)的含义和副作用, 并说明所交换消息的表示方法。API DESCRIPTION 不仅需要明确规定端点和操作提供哪些功能和不提供哪些功能, 而且应该指定前置条件、不变式和后置条件, 并定义 API 实现中的状态变化、幂等性、事务性、资源消耗等属性。虽然不是所有属性都要向 API 客户端公开, 但是提供者内部的 API 文档仍然需要进行描述和说明。

  API 设计人员必须决定每个 API 端点及其操作应该公开哪些功能。公开大量简单的交互可以使客户端拥有更多控制权, 有助于提高处理过程的效率, 但也会带来协调和演进方面的挑战; 只提供少量丰富的 API 功能可以改进一致性等质量指标, 但不一定适合所有客户端, 从而造成资源浪费。API DESCRIPTION 的准确性与其实现的准确性同样重要。

- **易学性和可管理性**: 如果 API 端点和操作的数量过多, 则会使客户端开发团队、测试团队、API 维护和演进团队(可能包括也可能不包括最初的开发人员)难以理清方向, 在查找并选择适用于特定用例的 API 端点和操作时遇到困难。可供选择的方案越多, 就越需要提供长期的解释和决策支持。

- **语义互操作性**: 语义互操作性是有关中间件、协议、格式的开发人员关心的技术问题。在执行操作前和执行操作后, 通信各方还必须就所交换数据的含义和影响达成一致。

- **响应时间**: 在调用远程动作之后, 客户端可能进入等待状态, 直到有结果为止。客户端等待的时间越长, 提供者端应用程序或客户端应用程序出现问题的概率就越高。客户端与 API 之间的网络连接可能早晚会超时。如果等待时间过长，那么最终用户也许会选择刷新，从而给服务于最终用户应用程序的 API 提供者带来额外的负担。

- **安全和隐私**：从功能需求的角度来看，即使 API 提供者无须维护应用程序状态，但如果有必要维护所有 API 调用和由此产生的服务器端处理过程的完整审计日志(例如由于数据隐私方面的要求)，那么提供者端也不是真正的无状态。请求消息和响应消息表示既可能包含个人敏感信息，也可能包含其他机密信息(例如政府和企业的相关信息)。此外，许多情况下必须确保只有经过授权的客户端才能调用某些操作(命令或某些对话内容)。以通过 COMMUNITY API 集成、采用微服务形式实现的员工管理系统为例，正式员工通常没有权限自行提高工资。因此，安全架构设计 —— 例如设计策略决策点(Policy Decision Point，PDP)和策略执行点(Policy Enforcement Point，PEP)，或确定采用基于角色的访问控制(Role-based Access Control，RBAC)还是基于属性的访问控制(Attribute-based Access Control，ABAC)—— 必须考虑以处理为中心的 API 操作的要求。处理资源属于 API 安全设计的范畴[Yalon 2019]，同时也是将策略执行点纳入整体控制流的机会。此外，安全顾问、风险管理人员和审计人员创建的威胁模型和控制措施必须把针对处理过程的特定攻击(例如拒绝服务攻击)纳入考虑[Julisch 2011]。
- **兼容性和可演进性**：API 提供者和 API 客户端应该就输入/输出表示的假设以及待执行功能的语义达成一致。客户端的期望应该符合提供者所提供的服务。请求消息和响应消息的结构可能随着时间的推移而改变。举例来说，如果计量单位发生了变化或引入了可选参数，那么客户端必须能够注意到这一点并做出调整，例如通过开发适配器或升级到新的 API 版本(可能使用新版本的 API 操作)。理想情况下，新版本应该向前兼容和向后兼容现有的 API 客户端。

上面提到的这些问题相互抵触。例如，契约的内容越丰富、表达性强,(在互操作性方面)需要学习、管理和测试的内容就越多。将服务拆分为更小的单元在安全性和演进性方面可能更胜一筹，但是这样处理会增加服务的数量，并且需要进行集成，从而增加性能开销，还可能引起一致性问题[Neri 2020]。

"共享数据库"(Shared Database)[Hohpe 2003]以存储过程的形式提供操作和命令，某些情况下是一种有效的集成方法(实践中也有使用)。但是这种数据库不仅会造成单点故障，而且无法随着客户端的数量增加而扩展，也不具备独立部署或重新部署的能力。共享数据库将业务逻辑纳入存储过程，不太符合单一职责、松耦合等服务设计原则。

运行机制

在 API 中加入 PROCESSING RESOURCE 端点，以公开绑定和包装了应用程序级别的活动或命令的操作。

为新端点定义一项或多项操作，分别承担一种专门的处理职责("需要执行某个动作")。在面向活动的 PROCESSING RESOURCE 中，常见的操作包括 COMPUTATION FUNCTION、STATE CREATION

OPERATION 和 STATE TRANSITION OPERATION。RETRIEVAL OPERATION 主要用于执行简单的状态检查，在面向数据的 INFORMATION HOLDER RESOURCE 中更常见。对于每项操作，为请求定义"命令消息"(Command Message)。在实现"请求-应答"(Request-Reply)消息交换对应的操作时，为响应添加"文档消息"(Document Message)[Hohpe 2003]。提供唯一的逻辑地址(例如 HTTP API 中的 URI)，以支持一个或多个 API 客户端远程访问端点。

这种端点-操作设计如图 5-3 所示(UML 类图)。

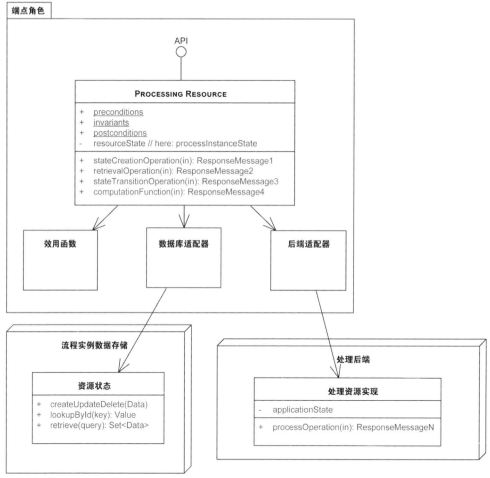

图 5-3　PROCESSING RESOURCE 代表面向活动的 API 设计。在端点中，有些操作会访问并更改应用程序状态，有些操作则不会。数据只通过请求消息和响应消息对外公开

请求消息应该明确所执行的动作，并允许 API 端点确定要执行哪些处理逻辑。这些操作既可能代表通用或针对特定应用程序领域的功能系统能力(在 API 提供者内部实现，或位于某个后端并通过出站端口/适配器访问)，也可能代表技术工具。

可以从 ATOMIC PARAMETER、ATOMIC PARAMETER LIST、PARAMETER TREE、PARAMETER FOREST 这四种结构表示模式中选择任何一种模式来构建请求消息和响应消息。API DESCRIPTION 必须记录 PROCESSING RESOURCE 的语法和语义(包括前置条件、后置条件和不变式)。

PROCESSING RESOURCE 既可以是"有状态组件"(Stateful Component)，也可以是"无状态组件"(Stateless Component)，相关定义参见 *Cloud Computing Patterns* [Fehling 2014]一书。如果在调用 PROCESSING RESOURCE 的操作时导致(共享的)提供者端状态发生变化，则必须仔细设计数据管理方法，包括决定采用严格一致性还是弱一致性/最终一致性、采用乐观锁还是悲观锁。API不应该披露数据管理策略(避免对 API 客户端可见)，而 API 实现应该把系统事务的打开、关闭、提交或回滚操作纳入其中(最好在操作边界处执行)。建议提供应用程序级别的补偿性操作，以处理系统事务管理器无法轻易撤销的情况。例如，在 API 实现中发送的电子邮件一旦离开邮件服务器就无法撤回，必须再发送一封"请忽略前一封邮件"的邮件[Zimmermann 2007; Richardson 2018]。

示例

在 Lakeside Mutual 示例应用程序中，保单管理后端包括一个名为 InsuranceQuote RequestCoordinator 的有状态 PROCESSING RESOURCE，其作用是提供 STATE TRANSITION OPERATION，并将保险报价请求推进到各个阶段。InsuranceQuoteRequestCoordinator 作为 HTTP 资源 API 实现，采用 Java 和 Spring Boot，如下所示：

```
@RestController
@RequestMapping("/insurance-quote-requests")
public class InsuranceQuoteRequestCoordinator {

  @Operation(
    summary = "Updates the status of an existing " +
    "Insurance Quote Request")
  @PreAuthorize("isAuthenticated()")
  @PatchMapping(value = "/{id}")
  public ResponseEntity<InsuranceQuoteRequestDto>
    respondToInsuranceQuote(
      Authentication,
      @Parameter(description = "the insurance quote " +
        "request's unique id", required = true)
      @PathVariable Long id,
      @Parameter(description = "the response that " +
        "contains the customer's decision whether " +
        "to accept or reject an insurance quote",
         required = true)
      @Valid @RequestBody
      InsuranceQuoteResponseDto insuranceQuoteResponseDto) {
```

Lakeside Mutual 示例应用程序服务还包括 RiskComputationService，这个无状态 PROCESSING RESOURCE 用于实现名为 computeRiskFactor 的单个 COMPUTATION FUNCTION：

```
@RestController
@RequestMapping("/riskfactor")
```

```
public class RiskComputationService {
  @Operation(
    summary = "Computes the customer's risk factor.")
  @PostMapping(
    value = "/compute")
  public ResponseEntity<RiskFactorResponseDto>
    computeRiskFactor(
      @Parameter(description = "the request containing " +
        "relevant customer attributes (e.g., birthday)",
        required = true)
      @Valid @RequestBody
        RiskFactorRequestDto riskFactorRequest) {

      int age = getAge(riskFactorRequest.getBirthday());
      String postalCode = riskFactorRequest.getPostalCode();
      int riskFactor = computeRiskFactor(age, postalCode);
      return ResponseEntity.ok(
        new RiskFactorResponseDto(riskFactor));
    }
```

讨论

业务活动导向和业务流程导向既能减少耦合，也能促进信息隐藏。但是在设计 PROCESSING RESOURCE 模式的实例时，务必确保实例不是在基于消息的 API 中进行远程过程调用(Remote Procedure Call，RPC)(倘若如此，设计会因为 RPC 增加了时间自主性、格式自主性等方面的耦合性而受到批评)。许多企业应用程序和信息系统确实具有"业务 RPC"语义，原因在于它们执行用户发出的业务命令或事务，并且必须以某种方式触发、执行和终止这些业务命令或事务。原始文献和后续的一系列设计建议[Allamaraju 2010]指出，HTTP 资源不必对数据进行建模(或只对数据进行建模)，而是可以表示业务事务，尤其是长时间运行的业务事务[1]。在 James Higginbotham 看来，"REST 并不局限于 CRUD"[Higginbotham 2018]。第 8 章将讨论 PROCESSING RESOURCE 的演进。

可以运用动态流程分析、事件风暴[Pautasso 2017a]等服务识别技术来确认 PROCESSING RESOURCE，这些技术对面向服务架构中的"业务一致性"原则会产生积极的影响。根据用例或用户故事中出现的后端集成需求，我们可以为 PROCESSING RESOURCE 模式定义一个实例。如果 PROCESSING RESOURCE 端点中包含一项单独的 execute 操作，那么该端点可以接受具有自解释性的动作请求消息，并返回独立的结果文档。必须按照安全要求的规定保护所有 API 操作。

在许多集成场景中，可能需要强行纳入活动导向和流程导向以满足设计要求，但是会增加解释和维护 API 设计的难度(还会带来其他负面影响)。这种情况下，INFORMATION HOLDER RESOURCE 是更好的选择。在面向对象程序设计中，许多类既包含存储又包含行为。与之类似，我们可以定义既面向处理又面向数据的 API 端点。哪怕只是一个 PROCESSING RESOURCE，有时也需要保存状

1　请注意，HTTP 本身就是一种同步协议，因此必须在应用程序级别添加异步性(也可以通过使用 QoS 标头或 HTTP/2)[Pautasso 2018]。DATA TRANSFER RESOURCE 模式描述了这种设计。

态(但不希望 API 客户端了解 PROCESSING RESOURCE 的结构)。由于可能显著增加耦合,因此不建议在微服务架构中同时使用 PROCESSING RESOURCE 和 INFORMATION HOLDER RESOURCE。

PROCESSING RESOURCE 的类型不同,所需的消息交换模式也不同,具体取决于两个因素:一是处理过程需要花费多长时间,二是客户端是否必须立即接收结果以便继续处理(否则可以稍后向客户端发送结果)。待执行动作的复杂性、客户端发送的数据量、提供者的负荷/资源可用性等因素都可能影响处理时间,所以不太容易估算。请求-应答模式至少需要传输两条消息,这些消息通过一个网络连接进行交换(类似于 HTTP 资源 API 中的一对 HTTP 请求-响应消息)。另一种方案是使用多个技术性连接,例如通过使用 HTTP POST 方法发送命令,然后通过使用 HTTP GET 方法轮询结果。

应该考虑拆分 PROCESSING RESOURCE,以调用其他 API 端点的操作(受到组织结构或遗留系统的限制,没有哪种现有的系统或正在开发的系统能够满足所有处理需求,这种情况普遍存在)。进行设计时,难点主要集中在如何将 PROCESSING RESOURCE 拆分为易于管理的粒度和一系列表达性强、易于学习的操作。*Design Practice Reference* [Zimmermann 2021b]一书讨论的渐进式服务设计(Stepwise Service Design)活动致力于解决上述问题。

相关模式

PROCESSING RESOURCE 侧重于处理活动,其同类模式 INFORMATION HOLDER RESOURCE 则侧重于处理数据。PROCESSING RESOURCE 可能包括 STATE TRANSITION OPERATION、STATE CREATION OPERATION、COMPUTATION FUNCTION 和 RETRIEVAL OPERATION,这些操作采用不同的方式来处理提供者端状态(无状态服务与有状态处理器)。

COMMUNITY API 通常会公开 PROCESSING RESOURCE,SOLUTION-INTERNAL API 有时也包含这种模式。PROCESSING RESOURCE 的操作一般受到 API KEY 和 RATE LIMIT 的保护,其使用过程可能由技术 API 契约附带的 SERVICE LEVEL AGREEMENT 进行管理。可以通过 CONTEXT REPRESENTATION 隔离技术参数,以避免它们渗入请求消息和响应消息中的有效载荷。

在实现 PROCESSING RESOURCE 时,会组合使用"命令消息""文档消息"和"请求-应答"这三种模式[Hohpe 2003]。在《设计模式: 可复用面向对象软件的基础》(*Design Patterns: Elements of Reusable Object-Oriented Software*)[Gamma 1995]一书中,"命令"(COMMAND)模式将处理请求编码为对象,将用于处理请求的调用数据编码为消息。《J2EE 核心模式(原书第 2 版)》(*Core J2EE Patterns*, 2nd Edition)[Alur 2013]一书提出名为"应用程序服务"(APPLICATION SERVICE)的模式,PROCESSING RESOURCE 相当于该模式的远程 API 变体。PROCESSING RESOURCE 的提供者端实现充当《企业集成模式》(*Enterprise Integration Patterns*)[Hohpe 2003]一书讨论的"服务激励器"(Service Activator)。

其他模式致力于处理可管理性问题。有关设计时建议,请参见第 8 章介绍的演进模式;有关运行时需要考虑的因素,请阅读探讨远程模式的相关图书[Voelter 2004; Buschmann 2007]。

延伸阅读

在职责驱动设计[Wirfs-Brock 2002]中,"接口器"(Interfacer)是连接服务使用者与服务提供者的桥梁,并负责保护对服务提供者的访问。PROCESSING RESOURCE 的角色与接口器类似。

《SOA 实践指南：分布式系统设计的艺术》(*SOA in Practice: The Art of Distributed System Design*)[Josuttis 2007]一书的第 6 章围绕服务分类展开讨论，这一章比较了几种分类法存在的差异，包括《Enterprise SOA 中文版——面向服务架构的最佳实战》(*Enterprise SOA: Service-Oriented Architecture Best Practices*)[Krafzig 2004]一书提出的一种分类法。这两本探讨 SOA 的图书提供了银行、电信等领域的项目示例和案例研究，书中介绍的一些流程服务类型/类别示例符合 PROCESSING RESOURCE 模式的已知用途。

从表面上看，"Understanding RPC Vs REST For HTTP APIs"[Sturgeon 2016a]一文致力于讨论 RPC 和 REST，但是仔细阅读后会发现，这篇文章其实(也)涉及在 PROCESSING RESOURCE 与 INFORMATION HOLDER RESOURCE 之间进行决策的问题。

API Stylebook 网站[Lauret 2017]有一个关于动作资源的主题类别，展示了 PROCESSING RESOURCE 模式的(元)已知用途。其"撤销"主题也与此相关，因为撤销操作涉及应用程序级别的状态管理。

5.2.2　INFORMATION HOLDER RESOURCE 模式

应用场景
已指定领域模型、概念性实体-联系图或其他形式的关键应用程序概念及其相互联系的术语表。该模型包括具有身份、生命周期和属性的实体，并且实体之间相互交叉引用。

从分析和设计工作中可以明显看出，处于设计阶段的分布式系统需要在多个位置使用结构化数据，因此一定要确保可以从多个远程客户端访问共享数据结构。几乎不可能将共享数据结构封装在领域逻辑(即业务活动和命令等面向处理的操作)内部，处于开发阶段的应用程序不具有工作流或其他处理性质。

如何在 API 中公开领域数据的同时避免暴露数据实现？

具体而言：

API 如何公开数据实体，以便 API 客户端可以同时访问或修改这些实体，而不会影响数据完整性和数据质量？

- **建模方法及其对耦合的影响**：有些软件工程和面向对象的分析与设计(Object Oriented Analysis and Design，OOAD)方法在步骤、工件、技术中会兼顾处理方式和结构，有些方法则注重计算方式或数据。领域驱动设计[Evans 2003; Vernon 2013]就是讲求平衡的一个示例。实体-联系图侧重于描述数据结构和关系，而不是行为。如果采用以数据为中心的建模和 API 端点识别方法，则可能暴露大量对数据执行增删改查操作的 CRUD API，导致所有授权客户端都可能不受限制地操纵提供者端数据，从而对数据质量产生不利影响。在 CRUD API 中，面向 CRUD 的数据抽象会引入操作和语义方面的耦合。

- **质量属性之间的冲突和权衡**：设计时质量(例如简洁性和清晰性)、运行时质量(例如性能、可用性和可伸缩性)、演进时质量(例如可维护性和灵活性)经常相互抵触。
- **安全性**：横切关注点(例如应用程序安全)也会给 API 的数据处理带来困难。在决定通过 API 公开内部数据之前，务必考虑客户端需要用到哪种数据读/写访问权限。请求消息和响应消息表示可能包含个人敏感信息或机密信息，这类信息的安全必须得到保护。例如，必须评估伪造订单、欺诈性索赔等问题存在的风险，并采取安全控制措施以降低风险[Julisch 2011]。
- **数据新鲜度与数据一致性**：客户端希望尽量通过 API 获取最新的数据，但需要付出努力以保证数据具有一致性和时效性[Helland 2005]。此外，万一今后客户端暂时或永久无法使用这些数据，会有哪些影响呢？
- **遵循架构设计原则**：处于开发阶段的 API 可能属于某个已经搭建好逻辑和物理软件架构的项目。API 应该与组织范围内的架构决策保持一致[Zdun 2018]，包括架构原则(例如松耦合、逻辑和物理数据独立性)或微服务原则(独立部署性)的相关决策。针对 API 是否应该公开以及如何公开数据，这些原则可能提供建议性或规范性指导。在选择采用哪些模式时，这些原则往往会影响决策结果[Zimmermann 2009; Hohpe 2016]。我们采用的模式为进行此类架构决策提供了具体的备选方案和标准(相关讨论参见第 3 章)。

可以考虑将所有数据结构封装在面向处理的 API 操作和数据传输对象(Data Transfer Object，DTO)内部，类似于面向对象程序设计(本地面向对象的 API 对外公开访问方法和外观模式，而所有单个数据成员仍然保持私有性)。这样处理有其可行性，而且有利于信息隐藏，但可能难以独立部署、扩展和替换远程组件。之所以如此，是因为要么需要执行大量细粒度、频繁交互的 API 操作，要么必须重复存储数据。这种方案还会引入额外的间接层，导致数据密集型应用程序和集成解决方案的开发变得更加复杂。

另一种可能性是直接提供数据库的访问权限，以便使用者自行查看可用数据，并在获得批准后直接读取甚至写入数据。这种情况下，API 成为连接使用者与数据库的桥梁，使用者可以通过 API 发送任意查询和事务。Apache CouchDB 等数据库就提供这种数据级别的 API，且不需要进行额外的设置。这种解决方案直接向客户端公开数据的内部表示，因此完全不需要设计和实现 API。但是这样处理违反了基本的信息隐藏原则，也催生出高度耦合的架构——哪怕是对数据库模式进行微小的调整，也会影响所有 API 客户端。直接访问数据库还存在安全方面的威胁。

运行机制

在 API 中加入 INFORMATION HOLDER RESOURCE 端点，代表面向数据的实体。对外公开该端点的创建、读取、更新、删除、搜索等操作，以访问并操作该实体。

在 API 实现中，协调对这些操作的调用以保护数据实体。

提供唯一的逻辑地址，以支持一个或多个 API 客户端远程访问端点。对于四项操作职责(详细讨论参见 5.3 节), 设置 INFORMATION HOLDER RESOURCE 的每项操作只承担其中一项职责:
STATE CREATION OPERATION 用于创建 INFORMATION HOLDER RESOURCE 所代表的实体; RETRIEVAL
OPERATION 用于访问和读取实体, 但不会更新实体, 还可能搜索并返回这些实体的集合(可能经
过过滤处理); STATE TRANSITION OPERATION 用于访问现有实体并对其进行全部或部分更新, 也
可用于删除实体。

为每项操作设计请求消息结构, 必要时可设计响应消息结构。例如, 采用 LINK ELEMENT
来表示实体关系。如果查找目标是国家代码、货币代码等基本的参考数据, 那么响应消息通常
是 ATOMIC PARAMETER; 如果查找目标是丰富的结构化领域模型实体, 那么响应消息更有可能
包含 PARAMETER TREE, 代表所查找信息的数据传输表示(第 1 章在讨论 API 领域模型时介绍过
"数据传输表示"一词)。上述解决方案如图 5-4 所示。

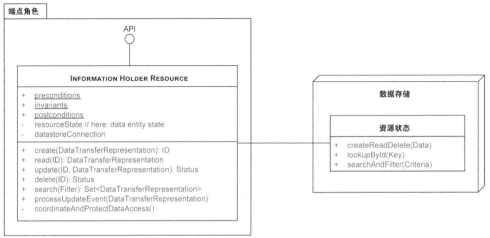

图 5-4　INFORMATION HOLDER RESOURCE 对通用的面向数据的 API 设计进行建模, 并对外公开。这种端点角色将面向信
息访问的职责分为几组。INFORMATION HOLDER RESOURCE 支持对所保存的数据进行增删改查操作, 还支持搜索数据集

为保护资源状态, 定义操作层面的前置条件、后置条件和不变式。确定 INFORMATION HOLDER
RESOURCE 是 *Cloud Computing Patterns* [Fehling 2014]一书定义的"有状态组件"还是"无状态
组件"。即使它是无状态组件, 也仍然存在状态(因为需要保存对外公开的数据), 但整个状态管
理工作都会移交给后端系统。定义新端点及其操作具有的质量特征, 包括事务性、幂等性、访
问控制、责任制(accountability)和一致性:

- 引入访问/修改控制策略。API KEY 是一种对客户端进行识别和授权的简单方法, 同时
  也可以选择更高级的安全解决方案。
- 为保护并发数据访问, 在数据库和并发编程领域采用乐观锁或悲观锁策略。设计协调
  策略。
- 实施保持一致性的检查, 这些检查可能支持"严格一致性"(Strict Consistency)或"最终
  一致性"(Eventual Consistency)[Fehling 2014]。

针对上述面向数据的 API 端点建模采用的通用解决方案, OPERATIONAL DATA HOLDER、

MASTER DATA HOLDER、REFERENCE DATA HOLDER、DATA TRANSFER RESOURCE、LINK LOOKUP
RESOURCE 这五种模式进行了完善和细化。

示例

在 Lakeside Mutual 示例应用程序中，客户核心微服务对外公开主数据。该服务的语义及其
操作(例如 changeAddress())侧重于处理数据，而不是执行动作。换句话说，客户核心微服
务的使用者是用于实现 PROCESSING RESOURCE 模式的其他微服务。因此，该服务公开了一个名
为 CustomerInformationHolder 的端点，并以 HTTP 资源的形式实现：

```
@RestController
@RequestMapping("/customers")
public class CustomerInformationHolder {
    @Operation(
        summary = "Change a customer's address.")
    @PutMapping(
        value = "/{customerId}/address")
    public ResponseEntity<AddressDto> changeAddress(
        @Parameter(
            description = "the customer's unique id",
            required = true)
        @PathVariable CustomerId,
        @Parameter(
            description = "the customer's new address",
            required = true)
        @Valid @RequestBody AddressDto requestDto) {
            [...]
    }

    @Operation(
        summary = "Get a specific set of customers.")
    @GetMapping(
        value = "/{ids}")
    public ResponseEntity<CustomersResponseDto>
      getCustomer(
        @Parameter(description =
            "a comma-separated list of customer ids",
            required = true)
        @PathVariable String ids,
        @Parameter(description =
            "a comma-separated list of the fields" +
            "that should be included in the response",
            required = false)
        @RequestParam(
            value = "fields", required = false,
```

```
        defaultValue = "")
    String fields) {
        [...]
    )
}
```

CustomerInformationHolder端点公开了两项操作, 一项是名为changeAddress()(HTTP PUT方法)、可以读写数据的STATE TRANSITION OPERATION, 另一项是名为getCustomer()(HTTP GET 方法)、只能读取数据的RETRIEVAL OPERATION。

讨论
INFORMATION HOLDER RESOURCE 模式从以下几个方面解决影响设计的不同要素。

- **建模方法及其对耦合的影响**: 之所以会引入 INFORMATION HOLDER RESOURCE, 往往是 因为采用以数据为中心的方法进行 API 建模。处理过程通常由 INFORMATION HOLDER RESOURCE 的使用者负责执行, INFORMATION HOLDER RESOURCE 只要充当可靠的关联数 据源即可。INFORMATION HOLDER RESOURCE 既可以作为关系接收者, 也可以作为关系 提供者, 还可以同时作为关系接收者和关系提供者。

  这样处理是否合适, 取决于当前的场景和项目目标/产品愿景。尽管活动导向或流程导 向往往更受青睐, 但并不适用于所有情况(例如数字档案、IT 基础设施清单、服务器配 置库等场景)。面向数据的分析与设计方法非常适合识别 INFORMATION HOLDER 端点, 但过分强调数据导向可能不利于处理系统行为和逻辑[1]。

- **质量属性之间的冲突和权衡**: 使用 INFORMATION HOLDER RESOURCE 时需要仔细考虑安 全性、数据保护、一致性、可用性以及耦合方面的影响。为避免对 INFORMATION HOLDER RESOURCE 的使用者造成负面影响, 必须控制对内容、元数据或表示格式所做的任何修 改。质量属性树可以引导模式选择过程。

- **安全性**: 并不是所有 API 客户端都有权以相同的方式访问每个 INFORMATION HOLDER RESOURCE。API KEY、客户端身份验证和 ABAC/RBAC 有助于保护每个 INFORMATION HOLDER RESOURCE。

- **数据新鲜度与数据一致性**: 务必保持数据一致性, 以满足多个使用者并发访问的需要。 同样, 客户端必须处理临时故障产生的后果, 例如采用适当的缓存和离线数据复制与 同步策略。在实践中, 选择可用性还是一致性并不像 CAP 定理所描述的那样呈现出严 格的二元对立。提出该定理 12 年后, Eric Brewer 在一篇回顾性文章里讨论了这个问题 [Brewer 2012]。

  如果 API 中存在多个细粒度的 INFORMATION HOLDER, 那么为了实现一个用户故事, 可 能需要进行多次调用操作。数据质量由分散在不同位置的各方共同负责, 所以确保数 据质量变得更加困难。可以考虑将一部分 INFORMATION HOLDER 封装在任何类型的 PROCESSING RESOURCE 内部。

---

1 如果知道锤子的用法(而且手里有一把锤子), 那么所有建筑问题看起来都像钉子——这是一个经典的认知偏差。分析和设计方 法是用来解决特定问题的工具, 不同的问题需要使用不同的分析和设计方法。

- **遵循架构设计原则**：引入 INFORMATION HOLDER RESOURCE 端点可能违反某些更高级的原则(例如，严格的逻辑分层原则禁止从表示层直接访问数据实体)。如有必要，建议重新设计架构[Zimmermann 2015]，或明确给出可以违反规则的例外情况。

INFORMATION HOLDER RESOURCE 以增加耦合性和违反信息隐藏原则而声名狼藉。Michael Nygard 在一篇博文中建议不要采用纯粹的 INFORMATION HOLDER RESOURCE(他将其称为"实体服务反模式")，而是改用基于职责的策略。在 Nygard 看来[Nygard 2018b]，INFORMATION HOLDER RESOURCE 会产生严重的语义和操作耦合，因此建议彻底摒弃这种模式，而是"关注行为而非数据"(本书作者将其描述为 PROCESSING RESOURCE)，并"根据业务流程中的生命周期来划分服务"(本书作者将其视为多种服务识别策略之一)。我们认为，无论在面向服务的系统还是其他 API 应用场景中，INFORMATION HOLDER RESOURCE 确实有其用武之地。然而，使用 INFORMATION HOLDER RESOURCE 的任何决策都应该经过深思熟虑，并通过当前的业务和集成场景来证明其合理性，以免影响系统的耦合性(业界已经观察到耦合增加的情况，并对此提出了批评)。最好不要在 API 级别公开某些数据，而是将它们封装在 PROCESSING RESOURCE 内部。

相关模式

"信息持有者"(Information Holder)是职责驱动设计[Wirfs-Brock 2002]中的一种角色构造型(role stereotype)。这种通用的 INFORMATION HOLDER RESOURCE 模式包括几种改进模式：OPERATIONAL DATA HOLDER、MASTER DATA HOLDER 和 REFERENCE DATA HOLDER 在可变性、关系、实例生命周期等方面各不相同；LINK LOOKUP RESOURCE 模式是另一种专业化的模式，其查找结果可能是其他 INFORMATION HOLDER RESOURCE；DATA TRANSFER RESOURCE 用于存储客户端拥有的临时共享数据。PROCESSING RESOURCE 模式代表互补语义，因此可作为 INFORMATION HOLDER RESOURCE 模式的替代选择。

INFORMATION HOLDER RESOURCE 通常支持 STATE CREATION OPERATION 和 RETRIEVAL OPERATION，用于对 CRUD 语义进行建模。无状态的 COMPUTATION FUNCTION 和既能读取又能写入的 STATE TRANSITION OPERATION 也可以在 INFORMATION HOLDER RESOURCE 中执行，但是抽象级别比在 PROCESSING RESOURCE 中执行时要低。

就 API 层面而言，INFORMATION HOLDER RESOURCE 模式的实现相当于领域驱动设计[Evans 2003; Vernon 2013]中采用的"存储库"(REPOSITORY)模式。通常情况下，INFORMATION HOLDER RESOURCE 采用领域驱动设计中的一个或多个"实体"(ENTITY)来实现，这些实体可能组合成一个"聚合"(AGGREGATE)。需要注意的是，战术性领域驱动设计模式主要用于组织系统的业务逻辑层而不是(远程)API"服务层"(Service Layer)[Fowler 2002]，因此不应该假定 INFORMATION HOLDER RESOURCE 与 ENTITY 之间存在一一对应的关系。

延伸阅读

Process-Driven SOA [Hentrich 2011]一书的第 8 章专门讨论业务对象集成和数据处理。在 "Data on the Outside versus Data on the Inside"[Helland 2005]一文中，Pat Helland 解释了 API 层面的数据管理与 API 实现层面的数据管理有哪些区别。

"Understanding RPC vs REST for HTTP APIs"[Sturgeon 2016a]一文对 RPC 和 REST 进行了

比较，致力于讨论 INFORMATION HOLDER RESOURCE 与 PROCESSING RESOURCE 之间存在的差异。

业界提出了各种一致性管理模式，相关讨论可参见亚马逊云服务首席技术官 Werner Vogels 撰写的"Eventually Consistent"[Vogels 2009]一文。

5.2.3　OPERATIONAL DATA HOLDER 模式

应用场景

已指定领域模型、实体-联系图或关键业务概念及其相互联系的术语表，并且已决定通过采用 INFORMATION HOLDER RESOURCE 实例的方式在 API 中公开这些规范中包含的一部分数据实体。

一方面，数据规范反映出实体的生命周期或更新周期存在显著差异(例如从几秒、几分、几小时到几个月、几年、几十年)；另一方面，数据规范也揭示出经常变化与不经常变化的实体之间有哪些关系(例如，变化快的数据可能主要作为链接源，变化慢的数据则主要作为链接目标)[1]。

> 如果客户端 API 希望对代表操作型数据的领域实体实例执行增删改查操作，那么 API 应该提供哪些支持？这些数据转瞬即逝，在日常业务操作期间经常发生变化，而且存在大量传出关系。

某些期望的质量指标适用于所有类型的 INFORMATION HOLDER RESOURCE。除此之外，其他几种期望的质量指标也值得关注。

- **内容读取和更新操作的处理速度**：根据业务环境，处理操作型数据的 API 服务必须能够快速响应，并且当前状态的读取时间和更新时间都要短。
- **业务敏捷性和模式更新灵活性**：根据业务环境(例如对部分实时用户执行 A/B 测试时)，处理操作型数据的 API 端点还必须做到易于更改，这一点在数据定义或模式发生变化时尤为重要。
- **概念完整性和关系的一致性**：如果创建和修改的操作型数据对业务至关重要，则它们必须符合高精度和高质量标准。举例来说，对系统和流程的保证审计会检查与财务相关的业务对象(包括企业应用程序中的发票和付款)[Julisch 2011]。操作型数据可能由外部方(例如支付提供者)拥有、控制并管理，并且可能与类似的数据和生命周期较长、很少发生变化的主数据存在大量传出关系。成功完成与操作型数据资源的交互之后，客户端希望能够正确访问被引用的实体。

为简化解决方案，一种方案是平等对待所有数据，不考虑它们的生命周期和关系特征。然而，这种统一的方法也许只能催生出"样样精通，样样稀松"的折中方案，虽然可以在某种程度上满足前面提到的所有需求，但是任何一方面都没有出彩之处。举例来说，如果将操作型数据视为主数据，则可能导致 API 设计过于复杂，从而超出一致性和引用管理的实际需要，使其在处理速度和变更管理方面仍有改进空间。

1　OPERATIONAL DATA HOLDER 的上下文与其同级模式 MASTER DATA HOLDER 的上下文类似，这两类数据的生命周期和关系结构有所不同。在德语中，主数据称为 *Stammdaten*，操作型数据称为 *Bewegungsdaten*(参见[Ferstl 2006; White 2006])。

运行机制

将 INFORMATION HOLDER RESOURCE 标记为 OPERATIONAL DATA HOLDER 并添加 API 操作，以支持 API 客户端频繁而快速地对数据执行增删改查操作。

也可以考虑公开其他操作，为 OPERATIONAL DATA HOLDER 赋予领域专属的职责。例如，购物车可以提供费税计算、价格更新通知、折扣以及其他状态转换操作。

这类 OPERATIONAL DATA HOLDER 的请求消息和响应消息往往采用 PARAMETER TREE 的形式，但实践中也存在其他类型的请求消息和响应消息结构。无论是通过 EMBEDDED ENTITY 实例向 OPERATIONAL DATA HOLDER 发送请求，还是从 OPERATIONAL DATA HOLDER 接收响应，都要注意操作型数据与主数据之间存在的关系，并谨慎处理。一般来说，最好将两类数据分置于不同的端点，并通过 LINKED INFORMATION HOLDER 实例实现交叉引用。

解决方案如图 5-5 所示。参与系统用于支持日常业务，通常保存操作型数据，而记录系统负责保存相关的主数据。除了与后端系统(参与系统和记录系统)进行集成，API 实现有时也会维护自己的数据存储。这种数据存储可能既保存操作型数据，又保存主数据。

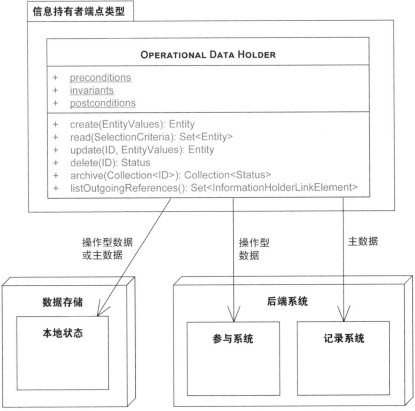

图 5-5   OPERATIONAL DATA HOLDER：操作型数据的生命周期为中短期，日常业务中可能会经常变化。操作型数据既可以引用主数据，也可以引用其他操作型数据

如果多个客户端尝试同时访问 OPERATIONAL DATA HOLDER，那么 OPERATIONAL DATA HOLDER 应该在隔离性和原子性方面提供事务性保证，以确保这些客户端在访问相同数据项的同时能够保持状态一致。如果某个客户端与 OPERATIONAL DATA HOLDER 之间的交互出现问题，那么 OPERATIONAL DATA HOLDER 的状态应该回滚至最后已知的一致状态。同样，当重新执行更新请求或创建请求时，如果这些请求不具有幂等性，则应该对它们进行去重处理。对于密切相关的OPERATIONAL DATA HOLDER，建议一起进行管理和演进，以确保客户端对OPERATIONAL DATA HOLDER 的交叉引用仍然有效。API 应该为所有相关的 OPERATIONAL DATA HOLDER 提供原子更新操作或删除操作。

OPERATIONAL DATA HOLDER 是事件溯源的理想之选[Stettler 2019]。所有状态变化都会记录在案，有助于 API 客户端访问特定 OPERATIONAL DATA HOLDER 的完整状态变化历史。但是，事件溯源可能会增加 API 的复杂性，因为使用者也许希望引用或检索过去任意时间点的状态快照，而不只是查询最新的状态。

示例

以在线购物为例，订单和订单项属于操作型数据，订购的产品和下单的客户属于主数据。因此，通常把这些领域概念划分为(领域驱动设计中)不同的"限界上下文"实例，并作为单独的服务对外公开，如图 5-6 所示。

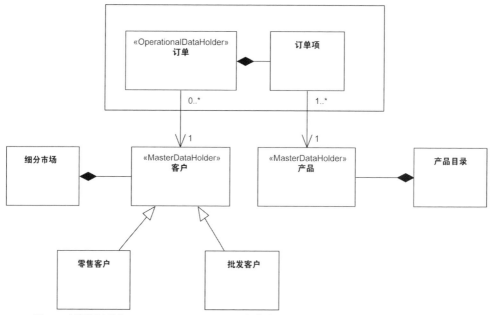

图 5-6 在线购物示例：OPERATIONAL DATA HOLDER(订单)和 MASTER DATA HOLDER(客户、产品)及其关系

Lakeside Mutual 示例应用程序用于管理作为 Web 服务和 REST 资源公开的操作型数据(例如理赔和风险评估数据)，如图 5-7 所示。

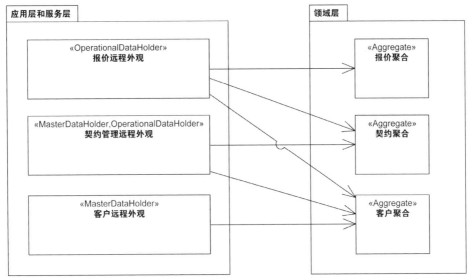

图 5-7　结合使用 OPERATIONAL DATA HOLDER 和 MASTER DATA HOLDER：报价远程外观引用契约聚合和客户聚合，契约管理远程外观引用客户聚合。在本例中，远程外观访问多个彼此隔离的聚合。逻辑层名称来自《领域驱动设计》[Evans 2003]和《企业应用架构模式》[Fowler 2002]

讨论

OPERATIONAL DATA HOLDER 主要用作 API 文档的"标记模式"，有助于使技术接口保持"业务一致性"，这是 SOA 原则和微服务原则之一[Zimmermann 2017]。

某些情况下，即使是操作型数据也要保存很长时间：在大数据分析和商务智能领域，经常会对操作型数据进行归档(例如存储在数据集市、数据仓库或语义数据湖中)，供分析处理使用。

OPERATIONAL DATA HOLDER 的入站依赖越少，更新 OPERATIONAL DATA HOLDER 就越容易。由于数据和数据定义的生命周期有限，因此 API 演进的难度有所降低(例如，保持向后兼容性和实施完整性管理不再是问题)。开发人员甚至可以重写 OPERATIONAL DATA HOLDER，而不必维护旧版本[Pautasso 2017a]。放宽 OPERATIONAL DATA HOLDER 的一致性属性(从严格一致性改为最终一致性)[Fehling 2014]能够提高可用性。

根据领域和场景，OPERATIONAL DATA HOLDER 的一致性和可用性管理可能采用不同于 MASTER DATA HOLDER 的方式来处理相互矛盾的需求。业务敏捷性、模式更新灵活性和处理速度取决于 API 实现。

主数据与操作型数据之间的界限是相对的，而且与应用程序上下文有关。在一个应用程序中只是暂时需要的数据，在另一个应用程序中可能就是核心资产。以在线购物为例，买家只在完成支付和收到商品之前关心订单的情况(除非出现保修问题、买家要求退货或今后再次购买同一件商品)；而卖家可能永久保存所有订单的详细信息，以便随时分析购买行为(例如创建客户画像、提供产品推荐和定向投放广告)。

OPERATIONAL DATA HOLDER 模式有助于满足以合规控制形式存在的监管要求。举例来说，"所有订单引用的客户必须是记录系统和现实世界中真实存在的客户"，执行上述规则可以避免(或发现)欺诈案件[Julisch 2011]。

相关模式

MASTER DATA HOLDER(可以修改数据)和 REFERENCE DATA HOLDER(无法通过 API 修改数据)模式用于描述长时间存在、被众多其他数据引用的信息持有者。PROCESSING RESOURCE 是一种替代模式，更注重执行动作而不是处理数据。OPERATIONAL DATA HOLDER 端点可以使用包括 STATE CREATION OPERATION 和 STATE TRANSITION OPERATION 在内的所有操作职责模式。

在设计 OPERATIONAL DATA HOLDER 操作的请求消息和响应消息时，会用到第 4、6、7 章介绍的模式。这些模式的适用性在很大程度上取决于实际的数据语义。举例来说，将商品加入购物车可能需要用到 PARAMETER TREE，并返回简单的成功标志作为 ATOMIC PARAMETER；结账活动可能需要用到多个复杂的参数(PARAMETER FOREST)，并通过 ATOMIC PARAMETER LIST 返回订单号和预计配送时间。如果希望删除操作型数据，则可以通过发送单个 ID ELEMENT 来触发删除操作，并可能返回简单的成功标志或 ERROR REPORT 表示。PAGINATION 用于对请求大量操作型数据所得到的响应进行切片处理。

在《企业集成模式》[Hohpe 2003]一书中，"数据类型通道"(DATATYPE CHANNEL)模式描述了如何根据消息语义和语法(例如查询、报价或订单)来组织消息传递系统。

在引用其他 OPERATIONAL DATA HOLDER 时，OPERATIONAL DATA HOLDER 可以采用 EMBEDDED ENTITY 的形式把这些数据包含在自身内部。而在引用 MASTER DATA HOLDER 时，OPERATIONAL DATA HOLDER 一般不会把这些数据包含或嵌入自身内部，而是通过引用 LINKED INFORMATION HOLDER 来实现外部化。

延伸阅读

操作型数据(或事务型数据)的概念来自数据库(更具体地说是信息集成)和商业信息学(德语称为 *Wirtschaftsinformatik*)领域[Ferstl 2006]。

5.2.4　MASTER DATA HOLDER 模式

应用场景

已指定领域模型、实体-联系图、词汇表或类似的关键应用程序概念词典，并已决定通过采用 INFORMATION HOLDER RESOURCE 的方式在 API 中公开其中一部分数据实体。

从数据规范中可以看出，这些 INFORMATION HOLDER RESOURCE 端点的生命周期和更新周期差别很大(例如从几秒、几分、几小时到几个月、几年、几十年)。存在时间长的数据通常有许多传入关系，存在时间短的数据则经常引用存在时间长的数据。这两类数据的数据访问配置文件大相径庭[1]。

如何进行 API 设计，以访问存在时间长、不经常更改而且会被多个客户端引用的主数据？

1　MASTER DATA HOLDER 的上下文与其同级模式 OPERATIONAL DATA HOLDER 的上下文类似，需要强调的是这两类数据的生命周期和关系结构有所不同。本节致力于讨论主数据，通常与操作型数据(又称事务型数据)形成对比。(在德语中，主数据称为 *Stammdaten*，操作型数据称为 *Bewegungsdaten*，参见[Ferstl 2006; White 2006]。)

在许多应用场景中，被多处引用且长时间存在的数据具有较高的质量要求，需要采取更严格的保护措施。

- **主数据质量**：无论是日常业务还是战略决策，许多场合会直接、间接或以隐含的方式使用主数据，所以应该确保其准确无误。一方面，如果没有集中存储和管理主数据，那么更新操作不协调、软件错误以及其他无法预知的情况可能引发不一致性问题和其他难以察觉的质量问题；另一方面，如果集中存储主数据，那么接入争用和后端通信产生的开销可能导致访问速度变慢。
- **主数据保护**：无论采用哪种存储和管理策略，都必须通过合适的访问控制和审计策略来妥善保护主数据。这是因为主数据是攻击者青睐的目标，一旦发生数据泄露，可能会造成严重的后果。
- **受外部控制的数据**：某些系统专门用于管理主数据，通常由组织内的独立部门购买(或开发)。例如，主数据管理系统是一种专门处理产品或客户数据的应用程序。在实践中，这种专业的主数据管理系统经常会进行外部托管(战略性外包)。系统的发展和演进涉及众多利益相关方，导致系统集成变得更加复杂。

主数据的数据所有权和审计程序不同于其他类型的数据。主数据集合属于企业资产，在资产负债表中具有一定的货币价值，因此其定义和接口往往不容易受到影响且难以改变。外部因素会影响主数据的生命周期，因此其演进速度可能与引用了主数据的操作型数据有所不同。

为简化解决方案，一种方案是平等对待所有实体/资源，不考虑它们的生命周期和关系模式。然而，这样处理不一定能解决安全审计员、数据负责人、数据管理员等利益相关方关心的问题，无法令各方感到满意。此外，托管服务提供商和数据的实际对应者(例如客户和内部系统用户)同样是主数据的重要利益相关方，采用这种方法可能难以满足他们的利益需求。

运行机制

将 INFORMATION HOLDER RESOURCE 标记为专用的 MASTER DATA HOLDER 端点，以绑定主数据的访问操作和操纵操作，从而保持数据一致性并有效管理引用。将删除操作视为特殊形式的更新操作。

另一种方案是指示这个 MASTER DATA HOLDER 端点提供其他生命周期事件或状态转换。也可以考虑公开其他操作，为 MASTER DATA HOLDER 赋予领域专属的职责。例如，存档系统支持面向时间的检索、批量创建和清除操作。

MASTER DATA HOLDER 是一种特殊类型的 INFORMATION HOLDER RESOURCE，主要用于查找其他位置引用的数据，还支持通过 API 对数据进行增删改查操作(这一点与 REFERENCE DATA HOLDER 不同)。MASTER DATA HOLDER 必须满足此类数据的安全性和合规性要求。

MASTER DATA HOLDER 的具体设计要素如图 5-8 所示。

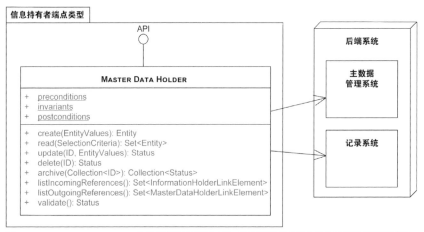

图5-8 MASTER DATA HOLDER:主数据的存在时间较长,而且经常被其他主数据和操作型数据引用,
因此需要满足特定的质量指标和一致性要求

MASTER DATA HOLDER 的请求消息和响应消息一般采用 PARAMETER TREE 的形式,不过实践中也存在更为原子化的请求消息和响应消息结构。主数据创建操作通常采用简单到中等复杂的 PARAMETER TREE。这是因为虽然主数据的结构可能很复杂,但往往可以一次性创建完毕,用户完整填写的表单(例如用于创建账户的表单)就是一例。主数据创建操作通常返回 ATOMIC PARAMETER 或 ATOMIC PARAMETER LIST,其中包含用于唯一/全局标识主数据实体的 ID ELEMENT 或 LINK ELEMENT,这些参数还会报告创建请求是否成功(例如使用 ERROR REPORT 模式)。重复的键、违反业务规则和其他不变式、内部服务器端处理错误(例如后端系统暂时不可用)都可能成为主数据创建操作失败的原因。

主数据更新操作包括两种形式:

1. 粗粒度的完全更新操作会替换主数据实体(如客户或产品)的大多数属性或全部属性。这种更新操作对应于 HTTP PUT 动词。

2. 细粒度的部分更新操作仅更新主数据实体中的一个或几个属性,例如客户地址(但不更新客户名称)或产品价格(但不更新供应商和税务规则)。这种更新操作对应于 HTTP PATCH 动词。

一般通过 RETRIEVAL OPERATION 对主数据进行读取访问,RETRIEVAL OPERATION 提供参数化的搜索和过滤查询功能(可能以声明方式表达)。

可能不需要删除主数据。受到法律合规性要求的限制,对主数据执行删除操作有时难以实现。如果完全删除主数据,则可能破坏大量传入引用。有鉴于此,通常不会完全删除主数据,而是将其标记为不可更改的"存档"状态,处于这种状态的主数据无法进行更新。这样处理还有利于保留审计追踪和历史数据操纵日志。主数据的更改往往至关重要,因此必须具备抗抵赖性。如果(由于监管方面的要求)确实需要删除主数据,那么数据实际上只对部分使用者公开或完全不公开,但仍然以不可见的状态存在(除非另有监管要求禁止这样处理)。

在 HTTP 资源 API 中,多个引用 MASTER DATA HOLDER 资源的客户端之间可以共享该资源的地址(URI),并且这些客户端可以通过使用 HTTP GET 方法(支持缓存的只读方法)进行访问。POST 和 PUT 方法用于创建资源,PATCH 方法用于更新资源[Allamaraju 2010]。

请注意，虽然我们在讨论 MASTER DATA HOLDER 模式时提到创建、读取、更新、删除(增删改查)，但是并不意味着该模式只能通过基于 CRUD 的 API 设计来实现。这样处理很容易导致 API 出现碎片化，不仅影响性能和可伸缩性，还会增加不必要的耦合和复杂性，因此应该避免采用这种 API 设计。建议在资源识别过程中循序渐进，首先确定范围明确的接口元素，例如领域驱动设计中的聚合根、业务功能或业务流程。甚至也可以考虑从限界上下文等更大的结构开始识别。在少数情况下，从领域实体入手识别端点同样可行。这必然催生出语义更丰富、更有深度的 MASTER DATA HOLDER 设计，并对前文提到的质量指标产生更积极的影响。就领域驱动设计而言，我们致力于构建丰富而深入的领域模型，而不是贫血领域模型[Fowler 2003]，这种思路应该体现在 API 设计中。许多情况下，在领域模型中明确标识主数据(以及操作型数据)有助于后续的设计决策使用这些数据。

示例

Lakeside Mutual 示例应用程序包含通过 Web 服务和 REST 资源对外公开的主数据(例如客户数据和契约数据)，因此符合 MASTER DATA HOLDER 模式的特征。图 5-9 展示了其中两种作为远程外观的资源。

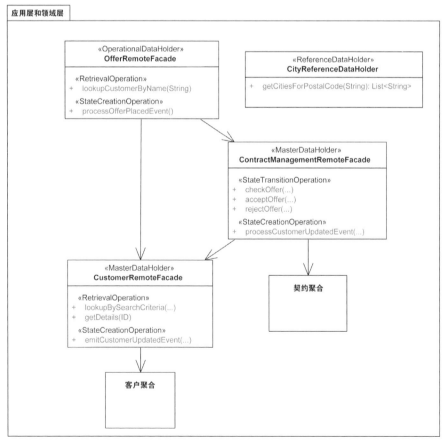

图 5-9 OPERATIONAL DATA HOLDER 与 MASTER DATA HOLDER 之间的相互关系：操作型数据引用主数据，但主数据没有引用操作型数据。从图中还可以看到 REFERENCE DATA HOLDER 模式的应用

观察图 5-9 可以看到，在 API 实现中，三个远程外观(报价远程外观、契约管理远程外观、客户远程外观)相互访问，并访问两个领域层聚合。

讨论

将 API 端点标记为 MASTER DATA HOLDER 有助于确保数据质量和数据保护得到应有的重视。

根据定义，主数据既有大量入站依赖(其他数据依赖主数据)，也可能存在出站依赖(主数据依赖其他数据)。主数据通常受外部控制，因此将 API 端点标记为 MASTER DATA HOLDER 还能更好地控制和限制外部依赖的影响范围，从而确保只有一个 API 提供对特定主数据源的访问，而且所提供的数据具有一致性和时效性。

主数据通常是公司的宝贵资产，是在市场上取得成功的“关键先生”(拥有高质量的主数据甚至可能使公司成为投资者的收购目标)。正因为如此，当 API 对外公开主数据时，创建路线图以规划主数据今后的演进就显得尤为重要，包括确保向后兼容性、考虑使用数字保存并采取措施保护数据免遭窃取和篡改。

相关模式

MASTER DATA HOLDER 有两种替代模式，一种是 REFERENCE DATA HOLDER(无法通过 API 修改数据)，另一种是 OPERATIONAL DATA HOLDER(公开存在时间较短、入站引用较少的数据)。

延伸阅读

主数据和操作型数据的概念来自数据库社区(更具体地说是信息集成社区)和商业信息学(德语称为 *Wirtschaftsinformatik*)领域[Ferstl 2006]，在联机分析处理(Online Analytical Processing，OLAP)、数据仓库、商务智能[Kimball 2002]等方面发挥着重要作用。

5.2.5 REFERENCE DATA HOLDER 模式

应用场景

需求规范指出，某些数据被大多数(甚至所有)系统部件所引用，但几乎不会发生变化(即使有变化也可以忽略不计)。这些变化并非由 API 客户端的日常业务操作引起，而是出于管理方面的需要。这种数据称为参考数据，包括国家代码、邮政编码、地理位置、货币代码、计量单位等多种形式。参考数据通常用字符串字面量的枚举或数值范围来表示。

在 API 操作的请求消息和响应消息中，数据传输表示可以包含或指向参考数据，以满足消息接收者的信息需求。

▼

在 API 端点中，应该如何处理在多处引用、长时间存在且客户端无法修改的数据？

向 PROCESSING RESOURCE 或 INFORMATION HOLDER RESOURCE 发送请求并从这些资源接收响应时，应该如何使用这类参考数据？

▲

某些期望的质量指标适用于所有类型的 INFORMATION HOLDER RESOURCE。除此之外，其他两种期望的质量指标也值得关注。

- **"不要重复自己"**(Do not Repeat Yourself，DRY)原则：由于参考数据几乎不会发生变化(即使有变化也可以忽略不计)，因此很容易将其直接"写死"在 API 客户端对应的代码中；如果使用缓存，则对参考数据进行一次检索，然后永久存储其本地副本。从短期来看，这样处理的效果不错，在数据及其定义发生变化之前可能不会引起任何内在问题[1]。但是这种设计违反了 DRY 原则，所以数据及其定义的变化将影响所有客户端。而如果无法访问客户端，则可能无法对它们进行更新。
- **读取访问的性能与一致性之间的权衡**：由于参考数据很少发生变化(甚至根本不会改变)，因此如果数据被频繁引用和读取，那么不妨考虑引入缓存，以缩短往返访问响应时间并减少流量消耗。这样的复制策略必须经过仔细设计，以便其发挥预期的作用，并避免端到端系统过于复杂和难以维护。举例来说，应该控制缓存大小，而且复制策略必须具备网络分区(断网)容忍性。如果参考数据确实(在模式层面或内容层面)发生变化，那么必须确保数据更新具有一致性。无论是国家分配新的邮政编码，还是许多欧洲国家从使用本国货币转为使用欧元，都体现出一致性的重要。

可以像处理既读取又写入的动态数据一样处理静态和不可变的参考数据。这样处理在许多场合行得通，缺点是难以优化读取访问(例如通过内容分发网络中的数据复制来提高效率)，还可能造成存储资源和计算资源的浪费。

运行机制

　　提供特殊类型的 INFORMATION HOLDER RESOURCE 端点(即 REFERENCE DATA HOLDER)，作为静态、不可变数据的单一参考点。该端点只能执行读取操作，不能执行创建、更新或删除操作。

如有必要，可在其他位置更新参考数据，方法是直接更改后端资产或使用独立的管理 API。通过 LINKED INFORMATION HOLDER 引用 REFERENCE DATA HOLDER 端点。

REFERENCE DATA HOLDER 支持客户端检索整个参考数据集，以便客户端保存一份能够多次访问的本地副本。在此之前，客户端可能希望对内容进行过滤(例如在用户界面的输入表单中实现某些自动完成功能)。此外，可以考虑只查找参考数据的各个条目(例如出于验证目的)。举例来说，货币列表不会发生任何变化，因此可以随处复制和粘贴，也可以通过 REFERENCE DATA HOLDER API 进行检索和缓存。REFERENCE DATA HOLDER API 不仅可以提供完整的列表枚举(以便初始化和刷新缓存)，而且能够根据需要展示或选择内容(例如欧洲货币名称列表)，还支持客户端检查列表中是否存在某些值，以实现客户端验证("这种货币是否存在？")。

REFERENCE DATA HOLDER 模式如图 5-10 所示。

1　例如，在 1999 年之前，使用两位数字就能表示日历年，但是进入 2000 年之后，仅使用两位数字就无法满足需要了。

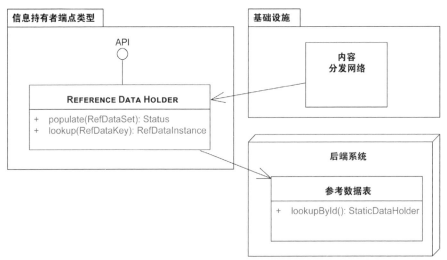

图 5-10　REFERENCE DATA HOLDER：参考数据的存在时间很长，但无法通过 API 进行更改，这种数据经常被多方引用

REFERENCE DATA HOLDER 的请求消息和响应消息通常采用 ATOMIC PARAMETER 或 ATOMIC PARAMETER LIST 的形式，例如当参考数据是非结构化数据且只是枚举某些平面值时，请求消息和响应消息就会简化为 ATOMIC PARAMETER 或 ATOMIC PARAMETER LIST。

参考数据具有存在时间长、几乎不会发生变化的特点，并且经常在多个位置被引用。因此，REFERENCE DATA HOLDER 的操作支持直接访问参考数据表。此类查找可以将短标识符(例如提供者内部的代理键)映射到表达性更强、易于阅读的标识符或整个数据集。

REFERENCE DATA HOLDER 没有规定必须采用哪种实现方式。以管理货币列表为例，使用关系数据库有"杀鸡用牛刀"之嫌，但使用基于文件的键值存储或索引顺序访问方法(Indexed Sequential Access Method，ISAM)文件也许就能满足需要。还可以考虑使用 NoSQL 数据库，例如 Redis 这样的键值存储，或 CouchDB、MongoDB 这样的文档型数据库。

示例
REFERENCE DATA HOLDER 的一个实例如图 5-11 所示。该实例支持 API 客户端根据地址查找邮政编码，或根据邮政编码查找地址。

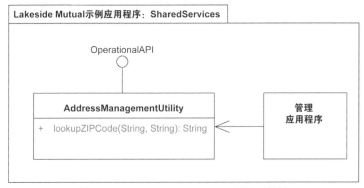

图 5-11　REFERENCE DATA HOLDER：查找邮政编码

讨论

REFERENCE DATA HOLDER 模式最常见的应用场景是查找满足特定约束条件的简单文本数据(例如国家代码、货币代码或税率)。

明确的 REFERENCE DATA HOLDER 能够避免出现不必要的重复。这种模式的目的是提供一个中心参考点，以便在协助数据分发的同时保持对数据的控制。读取性能可以进行优化，复制不可变数据易如反掌(只要数据不发生变化，就无须考虑一致性问题)。

如果将参考数据直接"写死"在客户端对应的代码中，那么一旦需要更新数据，则必须升级所有客户端。相比之下，开发、记录、管理并维护专用 REFERENCE DATA HOLDER 的工作量要少得多。

- DRY 原则：客户端不再需要自行管理参考数据，而是通过远程 API 进行管理。这样处理可以产生积极的效果，类似于数据库设计和信息管理中采用的数据规范化操作。
- **读取访问的性能与一致性之间的权衡**：REFERENCE DATA HOLDER 模式隐藏了 API 后端所用的实际数据，从而使 API 提供者可以在后台引入代理、缓存、只读副本等机制。对 API 客户端来说，唯一可以感受到的效果是响应时间、可用性等质量属性有所提高(前提是操作得当)，这些改进可能体现在功能性 API 契约所附的 SERVICE LEVEL AGREEMENT 中。

某些情况下，开发、记录、管理并维护专用的 REFERENCE DATA HOLDER 会增加工作量和复杂性，超过它给数据规范性和性能提升带来的价值。倘若如此，建议重构 API，将参考数据与 API 中已经存在、更加复杂、有一定动态性的 MASTER DATA HOLDER 端点进行合并[Stocker 2021a]。

相关模式

REFERENCE DATA HOLDER 的替代模式是 MASTER DATA HOLDER，同样可用于管理具有长生命周期的可变数据。OPERATIONAL DATA HOLDER 用于处理存在时间较短的数据。

7.2 节将介绍两种相关的模式：EMBEDDED ENTITY 和 LINKED INFORMATION HOLDER。简单的静态数据通常采用嵌入式结构(从而不需要使用专用的 REFERENCE DATA HOLDER)，但也可以采用链接结构(链接指向 REFERENCE DATA HOLDER)。

延伸阅读

"Data on the Outside versus Data on the Inside"[Helland 2005]一文探讨了广义上的参考数据，维基百科提供了参考数据的清单/目录[Wikipedia 2022b]。

5.2.6　LINK LOOKUP RESOURCE 模式

应用场景

在 API 操作的请求消息和响应消息中，消息表示的设计应该能够满足消息接收者的信息需求。为此，请求消息和响应消息可以采用 LINK ELEMENT 的形式，包含对其他 API 端点(例如 INFORMATION HOLDER RESOURCE 或 PROCESSING RESOURCE)的引用。某些情况下，直接向所有客户端公开其他端点的地址会增加耦合性并妨碍位置自主性和引用自主性，因此并不可取。

▼

如何设计消息表示，以便消息接收者引用其他数量可能很多且经常发生变化的 API 端点和操作，而不需要使用这些端点的实际地址？

▲

应该避免通信参与者之间出现地址耦合，原因如下：

- 在 API 的演进过程中，API 提供者希望能够随时更改链接指向的地址或资源，以适应工作量增长和需求变化的情况。
- 当 API 提供者调整链接的命名约定和结构约定时，API 客户端不希望被迫修改代码和配置(例如应用程序启动过程)。

开发人员还要设法解决以下设计难题。

- **客户端与端点之间的耦合**：如果客户端直接使用端点地址来引用某个端点，那么双方就会建立起紧密的联系。无论是端点地址发生变化还是端点暂时关闭，许多因素都可能导致客户端无法引用端点。
- **动态端点引用**：API 设计通常会在设计时或部署时将端点引用与相应的 API 绑定在一起，例如把引用直接"写死"在客户端对应的代码中(尽管也可以采用更复杂的绑定方案)。某些情况下，这样处理不够灵活，需要在运行时动态更改端点引用。举例来说，如果端点由于维护而暂时停止服务，或负载均衡器需要处理数量动态变化的端点，那么在设计时或部署时绑定端点引用就缺乏灵活性。在引入新 API 版本之后，可以利用中介和重定向辅助程序来解决格式方面存在的差异，这也是动态端点引用的应用场景之一。
- **中心化 VS 去中心化**：为 PUBLISHED LANGUAGE 的每个数据元素提供一个 INFORMATION HOLDER RESOURCE，并通过"写死"在代码中的地址来请求和响应其他 API 端点，这样处理会催生出具有高度去中心化特征的解决方案。其他 API 设计可能采用集中式解决方案以实现端点地址的注册和绑定。所有集中式解决方案都可能比具有部分自主性的分布式解决方案吸引到更多流量。去中心化解决方案易于构建，但不一定容易维护和演进。
- **消息大小、调用次数、资源利用**：一种替代方案是采用 EMBEDDED ENTITY 模式来处理客户端使用的所有引用，但需要付出消息大小增加的代价。一般来说，无论客户端采用哪种方式来管理端点引用，都要进行更多的 API 调用。这些因素都会影响资源利用情况，包括提供者端所用的处理资源和网络带宽。
- **处理失效链接**：在使用引用的客户端看来，这些引用应该指向正确的、已经存在的 API 端点。如果端点地址发生变化而导致引用失效，那么不知情的现有客户端可能因为无法访问 API 而出现问题。更糟糕的是，客户端可能从旧的端点版本中接收到过时信息。
- **端点数量和 API 复杂性**：为避免出现耦合问题，可以专门设置一个端点来获取另一个端点的地址信息。然而，如果所有端点都需要这样处理，那么端点数量将成倍增长，从而增加 API 维护的难度，也会导致 API 更加复杂。

一种简单的方案是加入查找操作，这种特殊类型的 RETRIEVAL OPERATION 向已经存在的端点返回 LINK ELEMENT。这样处理有其可行性，但代价是牺牲端点内部具有的内聚性。

运行机制

引入专用的 LINK LOOKUP RESOURCE 端点，它是一种特殊类型的 INFORMATION HOLDER RESOURCE 端点，对外公开特殊的 RETRIEVAL OPERATION 操作。这些操作返回 LINK ELEMENT 的单个实例或集合，它们代表所引用的 API 端点的当前地址。

这些 LINK ELEMENT 既可能指向面向动作的 PROCESSING RESOURCE 端点，也可能指向面向数据的 INFORMATION HOLDER RESOURCE 端点(或任何细化的端点，这些端点处理操作型数据、主数据、参考数据或充当共享数据交换空间)。

最基本的 LINK LOOKUP RESOURCE 使用单个 ATOMIC PARAMETER 作为请求消息，并通过主键(例如简单但全局唯一的 ID ELEMENT)来识别查找目标。类似的唯一标识符也用于创建 API KEY。为进一步提高客户端的便利性，如果存在多个查找选项和查询参数，则可以使用 ATOMIC PARAMETER LIST(客户端既可自由选择查找模式，也可强制指定查找模式)。对于所存储的信息，LINK LOOKUP RESOURCE 返回全局性、可通过网络访问的引用(每个引用采用 LINK ELEMENT 的形式，并可能根据披露了链接类型的 METADATA ELEMENT 加以修正)。

对于不同类型的 INFORMATION HOLDER RESOURCE 实例，如果 LINK LOOKUP RESOURCE 返回这些实例对应的网络地址，那么客户端随后便可访问这些资源，以获取属性、关系信息等数据。这种解决方案如图 5-12 所示。

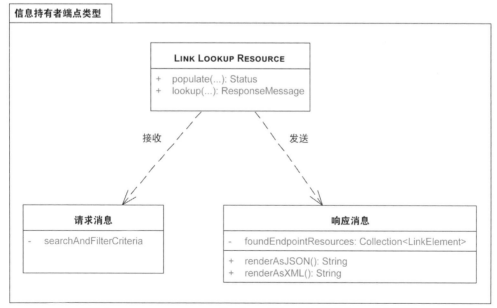

图 5-12　LINK LOOKUP RESOURCE 是一个 API 端点，专门存储其他 API 端点的信息

链接信息可以通过多种形式呈现。JSON-LD [W3C 2019]、超文本应用语言(Hypertext

Application Language，HAL)[Kelly 2016]、Web 服务寻址(WS-Addressing)[W3C 2004]等许多表示法都能用来表示消息中包含的超链接。

变体   如果 LINK ELEMENT 指向 PROCESSING RESOURCE 而不是 INFORMATION HOLDER RESOURCE，则会催生出 LINK LOOKUP RESOURCE 模式的一个变体：根据 REST 风格的定义，超媒体即应用程序状态引擎(Hypertext as the Engine of Application State，HATEOAS)是真正符合 REST 风格的 Web API 的重要特征之一[Webber 2010; Erl 2013]。请注意，HATEOAS 中的链接也称为超媒体控件。

API 提供者发布一些根端点(又称根资源)的地址(即传输给可能感兴趣的 API 客户端)，这样一来，每个响应都会包含相关服务的地址。客户端解析响应，从中提取出资源的 URI，以便随后调用这些资源。如果以这种方式引用 PROCESSING RESOURCE，那么控制流和应用程序状态管理会变得更加灵活和分散；操作层面的模式 STATE TRANSITION OPERATION 全面支持这一 REST 原则。符合 REST 风格的 INFORMATION HOLDER RESOURCE 可能支持对大型复杂数据进行切片或分区。

示例

在 Lakeside Mutual 示例应用程序中，可以指定两项操作来查找用于代表客户的 INFORMATION HOLDER RESOURCE，代码如下(采用 MDSL 表示法，相关介绍参见附录 C)：

```
API description LinkLookupResourceExample

data type URI D<string> // protocol, domain, path, parameters

endpoint type LinkLookupResourceInterface // sketch
 exposes
  operation lookupInformationHolderByLogicalName
    expecting payload
      <<Identifier_Element>> "name": ID
    delivering payload
      <<Link_Element>> "endpointAddress": URI

  operation lookupInformationHolderByCriteria
    expecting payload {
      "filter": P // placeholder parameter P
    }
    delivering payload {
      <<Link_Element>> "uri": URI* // 0..m cardinality
    }

API provider CustomerLookupResource
  offers LinkLookupResourceInterface
```

讨论

拜集中式 LINK LOOKUP RESOURCE 提供的动态端点引用所赐，API 客户端和 API 提供者不必再依赖彼此的位置信息。由于查找职责与实际的处理和信息检索相互分离，因此 LINK LOOKUP RESOURCE 模式能够提升一个端点内的高内聚性，缺点是调用次数和端点数量会相应增加。查找资源必须保持最新状态，所以 LINK LOOKUP RESOURCE 会增加运营成本。使用该模式可以提高端点内的内聚性(以增加额外的专用端点为代价)。

LINK LOOKUP RESOURCE 模式会增加客户端需要发送的调用次数。可以采用两种方法来减小这种负面影响，一是引入缓存，二是仅在检测到失效链接后才执行查找调用。在跨越 API 操作的边界查找 INFORMATION HOLDER RESOURCE(或其他提供者内部数据存储)时会产生更多开销(因为需要进行两次调用)，只有当这些开销不超过缩减(每项操作的)消息有效载荷所带来的节省时，使用 LINK LOOKUP RESOURCE 才能达到改善性能的目的。

当结合使用 LINKED INFORMATION HOLDER 和 LINK LOOKUP RESOURCE 所产生的额外开销超过性能和灵活性带来的收益时，可以考虑将 LINKED INFORMATION HOLDER 改为包含直接指向目标资源的链接。如果这样处理仍然无法减少 API 客户端与 API 提供者之间过于频繁的消息交换(对话)，那么可以对所引用的数据进行扁平化处理，并将其作为 EMBEDDED ENTITY 的实例。

通过间接方式访问资源有助于增加系统的灵活性，使其更容易适应运行时环境。相比之下，当服务器名称发生变化时，使用包含了直接 URI 的系统可能更难进行修改。HATEOAS 的 REST 原则解决了实际资源名称的命名问题，只有"写死"在代码中的客户端链接才会出现问题(解决方案是使用 HTTP 重定向)。也可以考虑使用微服务中间件(例如 API 网关)，但是这会增加整体架构的复杂性和运行时依赖性。利用超媒体来推动应用程序状态转换是 REST 风格的重要特征之一。一个必须确定的问题是，超媒体应该直接引用负责处理任何端点类型的提供者端资源，还是应该引入一定的间接性以进一步降低客户端与端点之间的耦合程度(LINK LOOKUP RESOURCE 模式)。

相关模式

LINK LOOKUP RESOURCE 模式的实例可以返回指向任何端点类型/端点角色的链接，通常是指向 INFORMATION HOLDER RESOURCE 的链接。该模式使用 RETRIEVAL OPERATION。举例来说，RETRIEVAL OPERATION 实例可以返回间接指向 INFORMATION HOLDER RESOURCE 的 ID ELEMENT(以此来获取实际的数据)，LINK LOOKUP RESOURCE 将 ID ELEMENT 转换为 LINK ELEMENT。

采用基础设施级别的服务发现也是一种选择，例如《微服务架构设计模式》(*Microservices Patterns*)[Richardson 2018]一书提出的"服务注册"(SERVICE REGISTRY)、"客户端发现"(CLIENT SIDE DISCOVERY)、"自注册"(SELF REGISTRATION)等模式。

《面向模式的软件体系结构(卷 3)》(*Pattern-Oriented Software Architecture, Volume 3*)一书 [Kircher 2004]和 *Remoting Patterns* [Voelter 2004]一书提出了更为通用的 Lookup 模式，LINK LOOKUP RESOURCE 相当于这种模式在 API 领域的特殊形式或改进。《领域驱动设计》[Evans 2003] 一书提出了 REPOSITORY 模式，LINK LOOKUP RESOURCE 相当于这种模式在抽象层面的特殊形式，实际上起到元存储库的作用。

延伸阅读

探讨 SOA 的图书涉及服务仓库、服务注册表等相关概念。从领域驱动设计的角度来看，LINK LOOKUP RESOURCE 相当于"结构器"(Structurer)[Wirfs-Brock 2002]。

如果 LINK LOOKUP RESOURCE 返回多个类型相同的结果，那么它就会变为"集合资源"(Collection Resource)。集合资源类似于 LINK LOOKUP RESOURCE 在 RESTful HTTP 环境中的对应形式，支持客户端执行添加和删除操作。《RESTful Web Services Cookbook 中文版》(*RESTful Web Services Cookbook*)[Allamaraju 2010]一书的第 2 章 2.3 节致力于探讨如何将资源组织为集合，第 14 章围绕服务发现展开讨论。集合使用链接来枚举其内容，并支持客户端检索、更新或删除单个项。Souhaila Serbout 等人[Serbout 2021]提出，API 可以包括只读集合、可追加集合或可变集合。

5.2.7　DATA TRANSFER RESOURCE 模式

应用场景

两个或多个通信参与者希望交换数据。参与者的数量可能随着时间的推移而变化，并不是所有参与者都了解整个通信过程。它们不一定总是同时处于活跃状态。例如，在最初的数据提供者分享数据之后，可能会有其他参与者希望访问这些数据。

参与者也许只关心如何访问最新的共享信息，对了解每次更新或修改的具体内容不感兴趣。参与者可能受到限制，只能采用特定的网络和集成技术进行通信。

两个或多个通信参与者如何在互不相识、并非同时可用，甚至在发送数据前不知道接收者是否存在的情况下交换数据？

- **耦合(时间维度)**：由于通信参与者具有的可用性和连接配置文件不一定相同，而且可能随着时间的推移而发生变化，因此无法确保能够实现同步(同时)通信。希望进行数据交换的通信参与者越多，所有参与者同时收发消息的可能性就越低。
- **耦合(位置维度)**：通信参与者之间不一定了解彼此所处的位置。由于网络连接具有不对称性，有时无法直接确定所有参与者的地址。例如，发送者可能很难了解如何与隐藏在网络地址转换(Network Address Translation，NAT)表或防火墙后方的接收者进行数据交换。
- **通信约束**：不是所有通信参与者都能直接交换数据。以客户端/服务器架构风格为例，根据定义，客户端无法接收传入连接。此外，某些通信参与者可能没有权限在本地环境中安装通信所需的任何软件(例如消息传递中间件)，只能依靠基本的 HTTP 客户端库来交换数据。如果遇到这种情况，那么间接通信也许是唯一的选择。
- **可靠性**：不能想当然地认为网络一定可靠，客户端也未必总是处于活跃状态。因此，考虑到可能出现的临时网络分区和系统故障，任何分布式数据交换设计都要具有分区容忍性。

- **可伸缩性**：发送数据时，可能无法确定有多少接收者。接收者的数量可能变得非常庞大，导致访问请求意外增加，从而对吞吐量和响应时间产生负面影响。数据量的增长同样是个问题：要交换的数据量可能会无限增加，单条消息变得越来越长，进而超出通信和集成协议规定的容量限制。
- **存储空间效率**：在传输过程中需要存储所交换的数据，而且务必为数据存储留出足够的空间。必须了解准备共享的数据量，以免因为超出带宽的限制而导致数据传输或存储失败。
- **延迟**：直接通信往往比使用中继或通过中介进行的间接通信更快。
- **所有权管理**：为了明确控制所交换数据的可用性生命周期，确认其所有权至关重要。最初的数据所有权属于分享数据的参与者。但是在数据交换完成后，可能由不同的角色负责数据清理工作：最初的发送者(希望最大限度扩大共享数据的覆盖范围)、预期的接收者(可能希望多次读取数据，也可能不希望多次读取数据)或传输资源的托管者(必须控制存储成本)。

可以考虑采用发布-订阅机制，例如由面向消息的中间件(Message Oriented Middleware，MOM)提供的 Apache ActiveMQ、Apache Kafka 或 RabbitMQ，只是客户端需要在本地环境中运行消息传递系统端点来接收和处理传入消息。为使用面向消息的中间件，需要进行安装和操作，但这会增加整体系统管理的工作量[Hohpe 2003]。

运行机制

引入 DATA TRANSFER RESOURCE 作为共享存储端点，供两个或多个 API 客户端访问。为这一专门的 INFORMATION HOLDER RESOURCE 设置全局唯一的网络地址，以便两个或多个客户端将其用作共享数据交换空间。至少添加一项 STATE CREATION OPERATION 和一项 RETRIEVAL OPERATION，以便将数据存储到共享空间并从中提取数据。

与客户端分享传输资源的地址。决定数据所有权以及所有权的转移，建议数据所有权归属客户端而不是提供者。

多个应用程序(API 客户端)可以通过共享的 DATA TRANSFER RESOURCE 来交换数据。其中一个应用程序创建数据，然后将其发布到共享资源。只要知道共享资源的 URI 并获得授权，任何客户端都能检索、更新、添加或删除数据(删除操作的前提是所有客户端应用程序不再需要使用数据)。这种解决方案如图 5-13 所示。

共享的 DATA TRANSFER RESOURCE 在客户端之间建立起名为黑板(BLACKBOARD)的设计模式，并通过异步的虚拟数据流通道来协调客户端之间的所有交互。这样一来，客户端之间就能交换数据，既不必直接相互连接或直接相互寻址(这一点可能更重要)，也不必同时启动和运行。换句话说，只要都能访问共享的 DATA TRANSFER RESOURCE，所有客户端就可以交换数据，无须同时在线(即实现了时间解耦)，其位置也变得无关紧要。

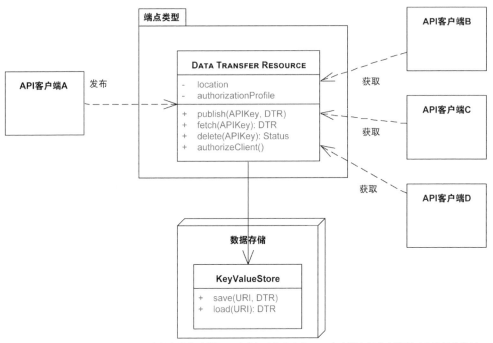

图 5-13   DATA TRANSFER RESOURCE 端点存储临时数据,以减少两个或多个 API 客户端之间共享数据时产生的依赖性。
DATA TRANSFER RESOURCE 模式实例提供数据交换空间供这些客户端使用。数据所有权仍然属于客户端

那么,客户端之间怎样协商共享资源的URI呢?客户端可能需要事先约定共享资源的地址,或使用专用的 LINK LOOKUP RESOURCE 以实现动态地址发现。第一个客户端也可能在发布原始内容时设置 URI,并通过另一条通信通道告知其他客户端,或再次通过向所有客户端事先商定的 LINK LOOKUP RESOURCE 注册地址来通知其他客户端。

HTTP 对 DATA TRANSFER RESOURCE 模式的支持   从实现的角度来看,HTTP 可直接支持该解决方案:客户端 A 首先发送 PUT 请求,向共享资源发布由 URI 唯一标识的信息;客户端 B 随后发送 GET 请求,从共享资源中获取信息。请注意,只要没有客户端发送明确的 DELETE 请求,发布到共享资源的信息就会一直存在。由于 PUT 请求具有幂等性,因此客户端 A 可以放心地向共享资源发布信息。同样,如果客户端 B 的 GET 请求没有发送成功,那么只需重新尝试发送该请求,直到最终成功获取共享信息为止。DATA TRANSFER RESOURCE 模式的 HTTP 实现如图 5-14 所示。

客户端无法得知其他客户端是否已经从共享资源中获取到信息。为了解决这个问题,共享资源可以跟踪访问流量,并提供用于描述传递状态的额外元数据,供客户端查询信息发布后的获取情况(某条信息是否被客户端获取,以及被客户端获取了多少次)。此外,RETRIEVAL OPERATION 公开的 METADATA ELEMENT 有助于回收不再使用的共享资源。

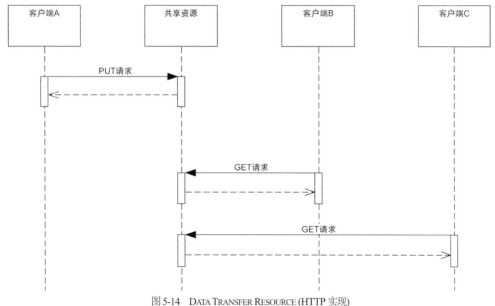

图 5-14　DATA TRANSFER RESOURCE (HTTP 实现)

变体　访问模式和资源生命周期可能有所不同，因此 DATA TRANSFER RESOURCE 模式存在以下变体。

1. RELAY RESOURCE：如图 5-15 所示，它只有两个客户端，分别用于读取和写入资源。数据所有权从写入资源的客户端转移到读取资源的客户端。

图 5-15　RELAY RESOURCE

2. PUBLISHED RESOURCE：如图 5-16 所示，一个客户端仍然写入资源，但之后会有数量极多且无法预知的客户端在不同时间(可能是几年后)读取资源。最初写入资源的客户端负责决定共享资源在多长时间内向多个读取资源的客户端公开。这样处理可以支持路由模式，例如《企业集成模式》[Hohpe 2003]一书讨论的"接收表"(RECIPIENT LIST)模式。流式中间件可以实现 PUBLISHED RESOURCE。

3. CONVERSATION RESOURCE：如图 5-17 所示，多个客户端读取和写入资源，最后会删除资源。传输资源的所有权属于所有参与数据交换的客户端(因此任何客户端都可以执行更新和删除操作)。

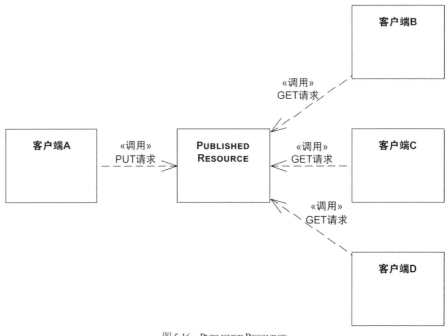

图 5-16 PUBLISHED RESOURCE

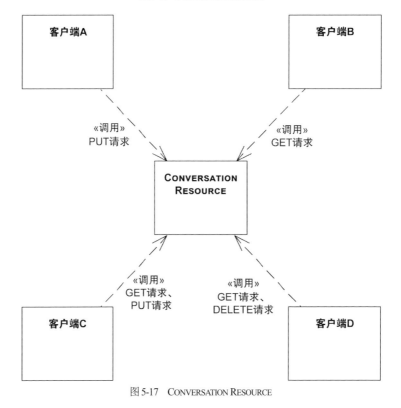

图 5-17 CONVERSATION RESOURCE

示例

图5-18展示了如何使用DATA TRANSFER RESOURCE 模式作为Lakeside Mutual 示例应用程序的集成接口。如图所示，ClaimReceptionSystemOfEngagement(理赔受理系统)是数据源，ClaimProcessing SystemOfRecords(理赔记录处理系统)和 FraudDetectionArchive(欺诈检测档案)是数据宿，ClaimTransferResource(理赔转移资源)将两个数据宿解耦。

讨论

DATA TRANSFER RESOURCE 模式结合了消息传递和共享数据存储库的优点：既具有数据流的灵活性，也支持异步处理[Pautasso 2018]。接下来，我们(围绕 HTTP 和 Web API)逐一讨论各种因素和模式属性。

- **耦合(时间维度和位置维度)**：支持异步和间接通信。
- **通信约束**：如果客户端之间无法直接连接，则使用传输资源作为共享黑板。由于以下原因，客户端有时无法直接交换数据：
  a) 客户端设计用来发送请求，而不是接收其他客户端发送的请求。
  b) 客户端在防火墙/NAT 后端运行，而防火墙/NAT 只允许客户端建立出站连接。

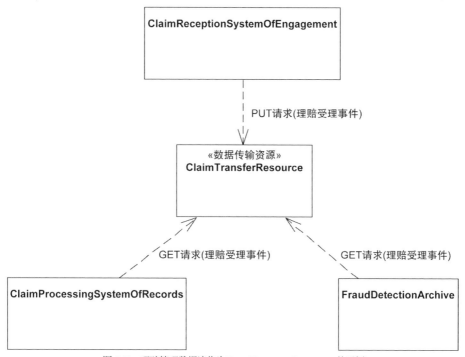

图5-18 理赔管理数据流作为 DATA TRANSFER RESOURCE 的示例

  c) 客户端在 Web 浏览器内运行，它们只能通过 Web 浏览器与 Web 服务器进行通信(发送 HTTP 请求并接收 HTTP 响应)。
  d) 客户端并非同时在线。

如果直接连接难以实现，那么不妨考虑使用间接路由。共享的 DATA TRANSFER RESOURCE

就相当于这样一种中介元素，它可以充当两个客户端都能访问的联合存储空间。即使有些客户端暂时无法访问，也不会影响 DATA TRANSFER RESOURCE 的可用性。

- **可靠性**：使用消息传递系统时，客户端和中间件可以在本地环境中交换数据(消息传递系统代理进程随后接管远程消息传递的任务，以保证消息传递能够成功进行)。从概念上讲，这种"无调用栈的编程"比阻塞式远程过程调用更复杂也更容易出错，但如果正确使用也能收到很好的效果[Hohpe 2003]。而在应用 DATA TRANSFER RESOURCE 模式时，客户端始终通过远程方式连接到资源。此外，HTTP 无法保证消息传递能够成功进行，但由于 PUT 方法和 GET 方法具有幂等性，因此能够在一定程度上缓解这个问题：发送消息的客户端可以反复尝试调用 DATA TRANSFER RESOURCE，直到上传或下载成功为止。在使用这些具有幂等性的 HTTP 方法访问共享资源时，中间件和接收消息的客户端都不必检测和删除重复的消息。
- **可伸缩性**：Web 资源能够存储多少数据，取决于 Web 服务器中包含的数据存储/文件系统有多大。根据协议，在一个标准的 HTTP 请求/响应中，客户端与 Web 资源之间传输的数据量几乎没有限制，因此只受限于底层中间件实现和硬件容量。客户端数量同样受到底层中间件实现和硬件容量的限制。
- **存储空间效率**：DATA TRANSFER RESOURCE 的提供者必须分配足够的存储空间。
- **延迟**：采用间接方式进行通信时，数据需要在参与者之间经过两跳传输，但是参与者不必同时处于可用状态。比起单次传输的性能，DATA TRANSFER RESOURCE 模式更注重数据能否跨越较长时段传输并覆盖多个参与者。
- **所有权管理**：根据 DATA TRANSFER RESOURCE 模式的变体，数据所有权(确保共享资源内容的有效性并最终进行清理的权利和义务)既可以属于最初的数据发布者，也可以归了解资源 URI 的各方共有，还可以转移到 DATA TRANSFER RESOURCE。如果最初的数据发布者无法保证在所有接收者读取数据之前一直存在，则应该考虑将数据所有权转移到 DATA TRANSFER RESOURCE。

在引入 DATA TRANSFER RESOURCE 之后，还可能出现其他设计问题。

- **访问控制**：根据所交换信息的类型，用于读取资源的客户端相信资源由可信、合法的来源进行初始化。因此在某些情况下，只有经过授权的客户端才能读取或写入共享资源。可以采用 API KEY 或更高级的安全解决方案来实现访问控制。
- **(缺乏)协调**：客户端可以随时读取和写入共享资源，甚至进行多次读写操作。除了检测资源是否为空(或是否没有经过初始化)之外，写入资源的客户端与读取资源的客户端之间几乎不会进行其他协调。
- **乐观锁**：同时写入资源的多个客户端可能相互抵触。冲突应该作为错误上报，并触发系统管理活动进行协调。
- **轮询**：有些客户端无法实时收到共享资源状态发生变化的通知，它们必须通过轮询来获取最新的共享资源版本。

- **垃圾回收**：在某个客户端读取 DATA TRANSFER RESOURCE 之后，无法确定是否还会有其他客户端读取 DATA TRANSFER RESOURCE。因此，如果没有明确删除 DATA TRANSFER RESOURCE，则可能发生数据泄露。维护工作必不可少：清除已失效的 DATA TRANSFER RESOURCE 可以避免浪费存储资源。

相关模式

从数据访问和存储所有权的角度来看，DATA TRANSFER RESOURCE 不同于其他类型的 INFORMATION HOLDER RESOURCE。这种模式既是数据源，也是数据宿。DATA TRANSFER RESOURCE 拥有并负责管理自己的数据存储，只能通过 DATA TRANSFER RESOURCE 提供的 API 来访问其内容。其他 INFORMATION HOLDER RESOURCE 类型的实例通常处理其他参与者(例如后端系统及其非 API 客户端)访问的数据，这些数据甚至可能属于其他参与者。可以将 LINK LOOKUP RESOURCE 视为 DATA TRANSFER RESOURCE，它用于存储一种特殊类型的数据：地址(或 LINK ELEMENT)。

《企业集成模式》[Hohpe 2003]一书探讨了各种异步消息传递采用的模式，其中一些模式与 DATA TRANSFER RESOURCE 密切相关。DATA TRANSFER RESOURCE 相当于在 Web 环境中实现的"消息通道"，不仅能够处理消息路由和转换，而且支持多种消息消费选项("竞争消费者"和"幂等接收者")。基于队列的消息传递和基于 Web 的软件连接器(通过 DATA TRANSFER RESOURCE 模式描述)可视为两种不同但相关的集成风格，"The Web as a Software Connector"[Pautasso 2018]一文分析了二者之间的区别。

《面向模式的软件体系结构(卷 1)》(*Pattern-Oriented Software Architecture, Volume 1*)[Buschmann 1996]一书讨论的"黑板"模式适用于不同的上下文，但解决方案采用的基本框架是类似的。*Remoting Patterns* [Voelter 2004]一书提出名为"共享存储库"的远程处理风格，而 DATA TRANSFER RESOURCE 可以看作适用于 Web 环境中共享存储库的 API。

延伸阅读

"接口器"是职责驱动设计中的一种角色构造型，它是一个相关但通用性更强的编程概念[Wirfs-Brock 2002]。

5.3 操作职责

API 契约公开了 API 端点可以执行的一项或多项操作，这些操作在处理提供者端状态时会重复使用某些模式。四种操作职责模式是 COMPUTATION FUNCTION、STATE CREATION OPERATION、RETRIEVAL OPERATION 和 STATE TRANSITION OPERATION。这些模式及其变体的概述如图5-19所示。

请注意，我们将 API 的状态保持职责称为函数(因为它们只是代表客户端完成某些独立工作)，而将状态更改职责称为操作(因为它们在客户端提供某些数据后被触发，随后对数据进行处理和存储；客户端也可以检索这些数据)。

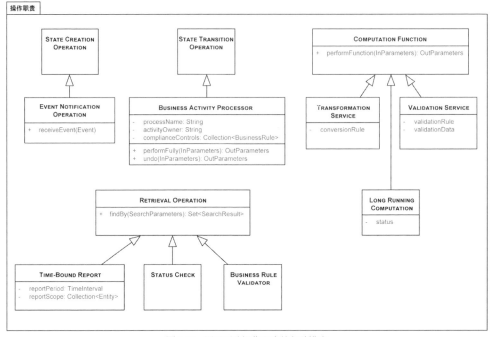

图 5-19　用于区分操作职责的各种模式

5.3.1　STATE CREATION OPERATION 模式

应用场景

已引入 API 端点。API 客户端已通过用户故事、Given-When-Then 语句[Fowler 2013]等形式给出了自己的 API 需求，质量要求也已明确。

API 客户端希望向 API 提供者报告新发生的客户端事件，但并不关心服务器端是否会做进一步处理。

客户端可能希望指示提供者启动长时间运行的业务事务(例如订单管理和履行流程)，也可能希望向提供者报告客户端批处理作业(例如对产品目录进行批量重新初始化)的完成情况。收到客户端的请求后，提供者把数据写入自己的内部状态。

提供者可以立即向客户端返回一个简单的响应，确认已经收到请求。

▼

　　API 提供者如何指示 API 客户端报告自己需要了解的事件，以便及时处理或稍后处理？

▲

- **耦合方面的权衡(准确性和表达性与信息简约性)**：为了简化提供者端的处理过程，客户端向提供者发送的事件报告应该包含所有必要的信息，而不必依赖其他报告。为了简化客户端的报告构建过程、减少需要传输的数据量并隐藏实现细节，事件报告应该只包含提供者必须了解的基本信息。

- **时间方面的考虑**：客户端事件的发生时间可能与事件的报告时间有所不同，提供者最终收到事件报告的时间可能晚于事件发生的时间。对于发生在不同客户端的事件，可能无法确定这些事件的顺序/序列化[1]。
- **一致性方面的影响**：在调用 API 时，有时无法读取提供者端状态，有时应该尽量减少读取次数。如果遇到这些情况，那么当提供者收到的请求触发提供者端处理时，就更难验证系统中的不变式和其他一致性属性是否不会受到影响。
- **可靠性方面的考虑**：提供者无法保证始终按照客户端创建和发送报告的顺序来处理报告。事件报告可能在传输过程中丢失，也可能出现客户端重复发送、提供者重复接收同一份报告的情况。对于导致状态发生变化的报告，最好能够确认报告已得到妥善处理。

可以考虑在端点中加入另一项 API 操作，而不明确指定该操作是否会改变端点的状态。如果按照这样处理，那么 API 文档和使用示例中仍然需要描述原先关于集成的特定需求和问题，以免开发人员根据过时的隐含假设而做出错误的设计。一旦客户端开发人员和 API 维护人员发现自己针对 API 操作对状态的影响、操作前置条件/后置条件所做的假设不再正确，就需要花费更多时间来修改这种非正式、临时性的 API 设计和文档方法，从而增加不必要的工作量。此外，端点内的内聚性可能遭到破坏。如果同一个端点中同时存在有状态操作和无状态操作，那么负载均衡会变得更加复杂。运维人员必须猜测端点实现在特定环境(例如云环境和容器管理器)中的部署位置和部署方法。

运行机制

在 API 端点(可能是 Processing Resource 或 Information Holder Resource)中加入只能写入数据的 State Creation Operation: sco: in -> (out,S').

设置这种 State Creation Operation 代表单个业务事件，该事件不需要提供者端的端点在业务层面进行响应。State Creation Operation 可以简单地存储数据，也可以在 API 实现或底层后端做进一步处理。进行设置以便提供者向客户端回复简单的确认消息或标识符(用于今后查询状态，并在传输出现问题时重新发送事件报告)。

State Creation Operation 可能需要读取某些状态(例如在执行状态创建操作之前检查现有数据中是否存在重复的键)，但是其主要目的应该是创建状态。State Creation Operation 的作用如图 5-20 所示。

对于 API 提供者收到的状态创建消息(即事件报告)和 API 客户端可能收到的确认消息，API Description 应该给出它们的抽象语法、具体语法以及语义。采用前置条件和后置条件来描述操作行为。

1　几乎所有分布式系统都面临时间同步相关的理论限制和挑战。为解决这个问题，人们发明了逻辑时钟。

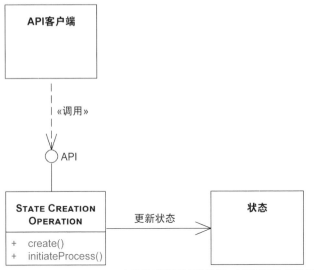

图 5-20　STATE CREATION OPERATION 向提供者端存储写入数据，但不从提供者端读取数据

STATE CREATION OPERATION 可能支持也可能不支持"发射后不管"(fire-and-forget)语义。如果不支持这种语义，那么对于调用 STATE CREATION OPERATION 的实例所产生的每个状态项，都要分配一个唯一的标识符(用于检测和删除重复项)。在记录事件的发生时间时，应该加入(根据客户端时钟确定的)时间戳。

除非将数据写入仅追加事件存储(append-only event store)，否则在执行必要的写入/插入操作时，应该将数据置于单独的系统事务中，该事务的边界与 API 操作的边界保持一致(但是 API 客户端无法观察到系统事务的执行情况)。确保 STATE CREATION OPERATION 的处理过程具有幂等性。

适用于 STATE CREATION OPERATION 的请求消息包含用于描述已发生事件所需的完整数据集，通常采用 PARAMETER TREE 的形式组织，有时还会包括用于注释其他 DATA ELEMENT 的 METADATA ELEMENT。响应消息往往只包含一个简单而基本的元素，用来指示已收到事件报告。可以选择将 ATOMIC PARAMETER 作为确认元素，因为它包含明确的确认标志(布尔类型)。某些情况下会使用包含错误代码和错误消息的 ATOMIC PARAMETER LIST，然后将它们组合在一起形成 ERROR REPORT。

变体 EVENT NOTIFICATION OPERATION 是 STATE CREATION OPERATION 模式的常见变体，其作用是向端点报告外部事件，但不会假设提供者端执行任何可见的操作，这样一来就能实现事件溯源[Fowler 2006]。EVENT NOTIFICATION OPERATION 可以报告数据在其他位置发生的变化情况，包括数据创建、数据更新(全部或部分)或数据删除。命名事件时一般采用过去式，例如"客户实体已创建"(customer entity created)这样的事件名称。与大多数有状态处理的实现不同，传入事件仅按原始形式存储，但不会立即影响提供者端应用程序状态。如果今后需要获取最新状态，那么系统会重放所有存储的事件(或创建快照那一刻之前发生的所有事件)，并在 API 实现中计算应用程序状态。这样进行处理可以加快事件报告的速度，但是会导致后续状态查找的速度变慢。由于事件日志提供了完整的数据操纵历史，因此可以执行基于时间的查询，这是事件溯源具有的另一个优点。如今，Apache Kafka 等基于事件的系统支持在事件日志和分布式事务日志中进行这种重放操作。

事件报告有两种形式：一种是完整报告，其中包含全新的值；另一种是增量报告，通报自上一个事件出现以来发生的变化(这些变化既可以通过"关联标识符"[Hohpe 2003]直接确定，也可以通过时间戳和实体标识符间接确定)。

EVENT NOTIFICATION OPERATION 和事件溯源是构成事件驱动架构(Event Driven Architecture，EDA)的基石。其他模式语言也提供了 EDA 设计方面的建议[Richardson 2016]。

STATE CREATION OPERATION 模式的另一个变体是 BULK REPORT。客户端将多个相关事件合并为一份报告，并以 REQUEST BUNDLE 的形式发送出去。BULK REPORT 中的条目有时都与同一实体有关，有时则涉及不同的实体。例如，可以根据 BULK REPORT 中报告的各个事件创建快照或审计日志，或将事件日志(记录某段时间内发生的事件)传递给数据仓库或数据湖。

示例

以在线购物为例，无论是产品管理系统发送的"新产品 XYZ 已创建"消息，还是网上商城发送的"客户已支付 123 号订单"消息，都属于事件通知。

Lakeside Mutual 示例应用程序的一个示例如图 5-21 所示。STATE CREATION OPERATION 收到的事件报告指出，有人(例如销售代理)已经联系过某位客户。

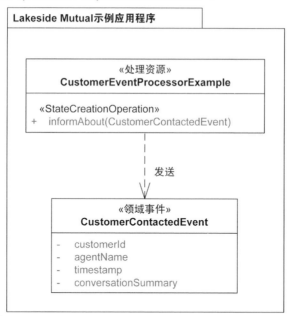

图 5-21　STATE CREATION OPERATION 示例：EVENT NOTIFICATION OPERATION

运行机制

API 客户端和 API 提供者不会共享任何应用程序状态，客户端仅向提供者通报自身发生的事件，从而能够促进松耦合。实现提供者端一致性检查的难度很大，这是因为 STATE CREATION OPERATION 应该避免进行状态读取(例如为了扩展 API 及其端点)。因此，如果把 STATE CREATION OPERATION 定义为只能写入数据，就不一定能充分保证一致性。举例来说，当两个或多个事件提供的信息相互矛盾时，应该如何处理？同样，时间管理的设计殊为不易。如果 API 提供者不返回确认消息或状态标识符，则可能影响可靠性；如果 API 提供者返回确认消息或状态标识符，则 API 客户端需要具备正确解释其含义的能力(以避免反复多次发送消息，或在条件不成熟时就重新发送消息)。

具有业务语义、只能写入数据的 API 操作主要用于报告外部事件，公开这种操作是事件驱动架构的一项重要原则，前文在讨论 EVENT NOTIFICATION OPERATION 时有所提及。在复制过程中，事件代表状态变化，需要在副本之间进行传输。

实现 STATE CREATION OPERATION 模式时有一定的灵活性，可以根据具体情况进行解释。

- 如何处理提供者收到的报告：只是存储在本地，还是做进一步处理，或者传输给其他组件？是否一定要访问提供者端状态(有时是不得已而为之，例如为了确保键具有唯一性)？
- 今后在调用同一端点的其他操作时，报告处理是否会改变这些操作的行为？
- 操作调用是否具有幂等性？受到网络连接不稳定、服务器暂时中断等因素的影响，事件可能在传输过程中丢失。客户端也可能因为没有收到确认消息而认为传输失败，并重新发送实际上已经传输成功的事件。遇到这些问题时，如何保证一致性？不妨考虑采用严格一致性和最终一致性[Fehling 2014]。

PUBLIC API 中有时会公开 STATE CREATION OPERATION。这种情况下，必须通过 API KEY、RATE LIMIT 等方式保护 STATE CREATION OPERATION 的安全。

API 客户端通过 STATE CREATION OPERATION 模式向已知的 API 提供者发送事件通知，API 提供者则通过回调和发布–订阅机制向 API 客户端发送事件通知，相关讨论参见其他探讨模式语言和中间件/分布式系统的图书[Hohpe 2003; Voelter 2004; Hanmer 2007]。

相关模式

一般来说，PROCESSING RESOURCE 和 INFORMATION HOLDER RESOURCE 至少包括一项 STATE CREATION OPERATION(除非这两种端点角色模式仅仅充当计算资源或视图提供者)。其他操作职责包括 STATE TRANSITION OPERATION、COMPUTATION FUNCTION 和 RETRIEVAL OPERATION。STATE TRANSITION OPERATION 的请求消息通常包含提供者端状态元素(例如订单号或员工编号)，而 STATE CREATION OPERATION 的请求消息通常不包含提供者端状态元素(但也可能包含)。

《企业集成模式》[Hohpe 2003]一书讨论的"事件驱动型消费者"(EVENT-DRIVEN CONSUMER)和"服务激励器"模式致力于描述如何在异步情况下触发消息接收和操作调用(我们介绍的所有四种操作职责都能与这两种模式结合使用)。*Process-Driven SOA* [Hentrich 2011]一书的第 10 章介绍了一些模式，用于将事件集成到流程驱动型 SOA 中。

《实现领域驱动设计》(*Implementing Domain-Driven Design*)[Vernon 2013]一书讨论的"领域事件"(DOMAIN EVENT)模式有助于识别 STATE CREATION OPERATION，特别是其变体 EVENT NOTIFICATION OPERATION(以及其他类型的 STATE CREATION OPERATION 变体)。

延伸阅读

STATE CREATION OPERATION 模式的实例可能触发长时间运行的有状态对话[Hohpe 2007; Pautasso 2016]，STATE TRANSITION OPERATION 模式设计用于处理这种应用场景。

Martin Fowler 讨论了"命令查询职责分离"(Command Query Responsibility Segregation,

CQRS)[Fowler 2011]和事件溯源[Fowler 2006]。Context Mapper DSL 及其工具支持多种功能，包括领域驱动设计和事件建模、模型重构，以及图表和服务契约生成[Kapferer 2021]。

Design Practice Reference [Zimmermann 2021b]一书介绍的七步服务设计法用于确定 API 端点及其操作。

5.3.2　Retrieval Operation 模式

应用场景

已确定需要一个 Processing Resource 或 Information Holder Resource 端点，并已明确相应的功能性要求和质量要求。对这些资源的操作还不足以满足所有需求——API 使用者还要求以只读方式访问数据(特别是大量重复的数据)。相较于领域模型中底层 API 实现采用的领域模型结构，这些数据的结构有所不同，它们可能与特定的时间段或领域概念(例如产品类别或客户配置文件组)有关。信息需求不是临时产生，就是定期出现——例如出现在某个时间段(一周、一个月、一个季度或一年)结束之际。

> 如何检索远程参与者(即 API 提供者)提供的信息，以满足最终用户的信息需求或支持在客户端对信息做进一步处理？

在上下文中处理数据可将其转换为信息，而在上下文中解释数据会产生知识。相关的设计问题如下：

- 如何克服数据模型之间存在的差异？不同来源的数据如何实现聚合，并与其他信息进行结合？
- 客户端对检索结果的范围和选择标准会产生哪些影响？
- 如何指定报告涵盖的时间范围？

真实性、多样性、高速性、规模性(大数据的"4V"特征)：数据的形式多种多样，客户端对数据的兴趣因数量、所需的准确性、处理速度而异。变化性维度包括数据访问的频率、广度和深度。随着时间的推移，提供者端产生的数据和客户端使用的数据也会发生变化。

工作负荷管理：数据处理需要时间，当数据量很大且处理能力有限时需要花费更长的时间。客户端是否应该下载整个数据库，以便能随时在本地环境中处理数据库中包含的内容？是否应该把一部分数据处理工作交给提供者端，以便多个客户端可以共享和检索处理结果？

网络效率与数据简约性(消息大小)：消息越短，为实现特定目标而需要交换的消息就越多。尽管只传输少量较长的消息可以减少网络流量，但不利于通信参与者准备和处理单条请求消息和响应消息。

分布式系统或多或少都需要具备某种形式的检索和查询功能。一种方案是在用户不知情的情况下定期将所有数据复制给用户，但是这样处理会对一致性、可管理性和数据新鲜度造成严重的负面影响，甚至导致所有客户端被迫依赖于完全复制、只允许读取的数据库模式。

运行机制

在 API 端点(通常是 INFORMATION HOLDER RESOURCE)中加入只读操作 `ro:(in,S) -> out` 以请求生成结果报告，报告中包含所请求信息的机器可读表示。在操作签名中加入搜索、过滤和格式化功能。

以只读模式访问提供者端状态。如图 5-22 所示，确保模式实现不会导致应用程序状态/会话状态发生变化(访问日志和其他基础设施级别的数据除外)。在 API DESCRIPTION 中记录这一行为。

对于简单的检索操作，可以使用 ATOMIC PARAMETER LIST 来定义报告的查询参数，并以 PARAMETER TREE 或 PARAMETER FOREST 的形式返回报告。对于更复杂的情况，可以考虑采用表达性更强的查询语言(例如，具有分层调用解析器的 GraphQL [GraphQL 2021]或用于大数据湖的 SPARQL [W3C 2013])。这样，查询就能以声明式的方法(例如在查询语言中构建的表达式)描述所需的输出，并作为 ATOMIC PARAMETER 字符串进行传输。这种表达性强、高度声明式的方法支持前文提到的多样性(大数据的"4V"特征之一)。

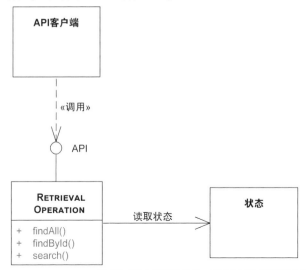

图 5-22　RETRIEVAL OPERATION 从提供者端存储读取数据，但不向提供者端存储写入数据。该操作可能支持搜索(和过滤)功能

如果结果集合的规模庞大(大数据的"4V"特征之一)，那么应该考虑加入对 PAGINATION 的支持，这种做法很常见。在发送检索请求时，客户端可以通过使用 WISH LIST 或 WISH TEMPLATE 提供的实例来定制和简化期望收到的响应。

为了控制 API 客户端可以请求的内容，也许有必要实施访问控制。可能需要在操作实现中配置数据访问参数(包括事务边界和隔离级别)。

示例

以在线购物为例，某分析型 RETRIEVAL OPERATION 的目的是"显示客户 ABC 在过去 12 个月内所下的全部订单"。

　　在 Lakeside Mutual 示例应用程序中，我们可以定义多项操作来查找客户并检索客户的相关信息。如图 5-23 所示，allData 参数是一个 WISH LIST，其值是简单的 true 或 false。当 allData 设置为 true 时，响应中将直接包含用于记录所有客户数据的 EMBEDDED ENTITY；而当 allData 设置为 false 时，响应中将包含指向客户数据的 LINKED INFORMATION HOLDER。

图 5-23　RETRIEVAL OPERATION 示例：搜索、过滤、直接访问

　　Lakeside Mutual 示例应用程序的实现包括许多基于 Web 的检索操作(HTTP GET 请求)，可以通过键入命令行工具 curl 进行调用。例如，以下命令用于调用 listClaims 操作：

```
curl ¨CX GET http://localhost:8080/claims?limit=10&offset=0
```

命令发送到使用 Spring 框架实现的 listClaims 这一 API 端点操作：

```
@GET
public ClaimsDTO listClaims(
  @QueryParam("limit") @DefaultValue("3") Integer limit,
  @QueryParam("offset")@DefaultValue("0") Integer offset,
  @QueryParam("orderBy") String orderBy
) {
  List<ClaimDTO> result = [¡-]
  return new ClaimsDTO(
    limit, offset, claims.getSize(), orderBy, result);
}
```

　　变体　RETRIEVAL OPERATION 模式包括几种变体，例如 STATUS CHECK(又称进度查询、轮询操作)、TIME-BOUND REPORT 和 BUSINESS RULE VALIDATOR。

　　STATUS CHECK 的输入和输出参数(例如两个 ATOMIC PARAMETER 实例)并不复杂：传入一个 ID(例如进程标识符或活动标识符)，并返回一个数值状态码或状态名称(由枚举类型定义)。

　　TIME-BOUND REPORT 通常指定时间间隔作为附加的查询参数(或参数集)。对于每个时间间隔，TIME-BOUND REPORT 会返回一个 PARAMETER TREE。

　　BUSINESS RULE VALIDATOR 类似于 COMPUTATION FUNCTION 的 VALIDATION SERVICE 变体。区别在于，BUSINESS RULE VALIDATOR 不会验证所传递的数据，而是在提供者端应用程序状态中检

索这些数据。请求中可能包含用于验证的实体标识符列表，这些实体标识符已经存在于 API 实现中。在 API 提供者与 API 客户端当前的对话状态下，可以利用 BUSINESS RULE VALIDATOR 来检查提供者是否有能力处理特定的业务对象。在调用 STATE TRANSITION OPERATION(主要用于处理传入的业务对象)之前，可以调用 BUSINESS RULE VALIDATOR。提供者端应用程序状态也可能被纳入检查流程。以在线购物为例，"检查所有订单项是否指向当前有库存的现有产品"就是 BUSINESS RULE VALIDATOR 的一种应用。BUSINESS RULE VALIDATOR 有助于及早发现错误，从而减轻工作负荷。

讨论

可以通过复制数据对 RETRIEVAL OPERATION 进行横向扩展，以便更好地管理工作负荷。这种操作具有只读属性，因此实现起来更容易。请注意，RETRIEVAL OPERATION 也可能成为性能瓶颈。举例来说，如果查询能力无法满足具有用户的信息需求，或需要进行大量复杂的计算来匹配信息需求和信息供给，那么 RETRIEVAL OPERATION 的性能就会受到影响，从而降低网络效率。

PAGINATION 通常用于解决规模性(大数据的"4V"特征之一)方面的问题并减小消息大小。标准的请求-应答检索操作难以满足高速性(大数据的"4V"特征之一)方面的需求，为此可以考虑引入流式 API 和流处理(本书不会讨论这方面的内容)。

就安全性而言，对聚合数据进行检索时，请求消息的保护需求通常不是特别高(中低等水平)。然而，如果请求消息包含安全凭据(用于授权对敏感信息的访问)，则必须确保请求消息的安全性，并防止其成为拒绝服务攻击的目标。由于返回的数据报告可能包含业务绩效数据或敏感的个人信息，因此响应消息的保护需求可能更严格[1]。

PUBLIC API 通常会公开 RETRIEVAL OPERATION 实例，用于开放数据[Wikipedia 2022h]和开放政府数据的 API 就是如此。一般采用 API KEY 和 RATE LIMIT 来保护这些 API 的安全。

TIME-BOUND REPORT 服务可以使用反规范化的数据副本，并采用数据仓库中常用的提取-转换-加载(Extract-Transform-Load，ETL)过程。这类服务在 COMMUNITY API 和 SOLUTION-INTERNAL API(例如支持数据分析解决方案的 API)中很常见。

相关模式

端点模式 PROCESSING RESOURCE 和所有类型的 INFORMATION HOLDER RESOURCE 都可能公开 RETRIEVAL OPERATION。PAGINATION 模式经常应用于 RETRIEVAL OPERATION。

如果查询响应不具有自解释性，则可以考虑引入 METADATA ELEMENT，以降低使用者端产生误解的可能性。

RETRIEVAL OPERATION 的同类模式包括 STATE TRANSITION OPERATION、STATE CREATION OPERATION 和 COMPUTATION FUNCTION。在 STATE CREATION OPERATION 中，客户端向提供者推送数据；而在 RETRIEVAL OPERATION 中，客户端从提供者拉取数据。COMPUTATION FUNCTION 和 STATE TRANSITION OPERATION 既支持单向数据流，也支持双向数据流。

1　所有 API 都应该遵守开放式 Web 应用程序安全项目(Open Web Application Security Project，OWASP)在《API 十大安全风险》(API Security Top 10)[Yalon 2019]中提出的预防措施，尤其是涉及敏感信息或机密数据的 API。

延伸阅读

《RESTful Web Services Cookbook 中文版》[Allamaraju 2010]一书的第 8 章(以 HTTP API 为背景)讨论了查询。有关数据库设计和信息集成(包括数据仓库)的文献资料比比皆是,《数据仓库工具箱(第 2 版)》(*The Data Warehouse Toolkit, Second Edition*)[Kimball 2002]就是其中之一。

《实现领域驱动设计》(*Implementing Domain-Driven Design*)[Vernon 2013]一书的第 4 章在讨论 CQRS 时提到过查询模型。只公开 RETRIEVAL OPERATION 的端点构成了 CQRS 中采用的查询模型。

5.3.3　STATE TRANSITION OPERATION 模式

应用场景

API 中存在 PROCESSING RESOURCE 或 INFORMATION HOLDER RESOURCE。API 应该将它们的功能拆分为多个活动和多项与实体相关的操作,并支持客户端查看这些活动和操作的执行状态,以便采取下一步的行动。

▼

客户端如何触发导致提供者端应用程序状态发生变化的处理动作?

◢

以长时间运行的业务流程为例,某些功能可能需要对实体进行增量更新并协调应用程序状态转换,通过分散、逐步的方式将流程实例从初始状态推进到终止状态。流程行为和交互动态可能已经通过用例模型或一组相关的用户故事指定,分析级别的业务流程模型或以实体为中心的状态机也可能已经指定。

▼

采用分布式业务流程管理方法时,API 客户端和 API 提供者如何分担执行和控制业务流程及其活动所需的职责?

◢

就这种流程管理而言,可以区分前端业务流程管理(Business Process Management,BPM)和BPM 服务:

- API 客户端如何请求 API 提供者承担某些代表了不同粒度的业务活动(可能是原子活动、子流程或整个流程)的功能,同时仍然负责管理流程状态?
- 对于 API 提供者公开和拥有的远程业务流程(包括子流程和活动),API 客户端如何启动、控制并跟踪这些以异步方式执行的流程?

流程实例和状态所有权既可以属于 API 客户端(前端 BPM)或 API 提供者(BPM 服务),也可以归双方共有。

保险行业的理赔处理流程很能说明问题,整个流程包括对收到的理赔表单进行初步验证、审查是否存在欺诈行为、与客户进一步沟通、决定是否批准理赔申请、支付或结算理赔金额、将相关信息存档等活动。理赔处理流程的实例可能持续几天、几个月甚至几年。对流程实例状态进行管理必不可少。有些活动或步骤可以同时进行(并行执行)，有些活动或步骤则必须逐个进行(顺序执行)。在处理这类复杂的领域语义时，控制和数据流取决于许多因素。整个流程可能涉及多个系统和服务，每个系统和服务都会公开一个或多个 API。其他服务和应用程序前端可能充当 API 客户端。

将业务流程及其活动映射为 API 操作时——从更广泛的意义上讲，更新提供者端应用程序状态时——需要解决以下问题：服务粒度、一致性和可审计性、依赖于事先进行的状态更改(可能与其他状态更改相互抵触)、工作负荷管理、网络效率与数据简约性。时间管理和可靠性也是影响 STATE TRANSITION OPERATION 模式设计的因素，有关二者的讨论参见 5.3.1 节。

- **服务粒度**：大型业务服务可能包含复杂而丰富的状态信息，但是这些信息仅在进行少数状态转换时更新；小型业务服务的状态转换可能很简单，但是会频繁进行。整个业务流程、各个子流程或个别活动是否应该作为 PROCESSING RESOURCE 的操作对外公开，目前还没有明确的结论。INFORMATION HOLDER RESOURCE 用于提供面向数据的服务。从查找简单的属性到进行复杂的查询，从更新单一属性到批量上传丰富、完整的数据集，这些服务的粒度各不相同。

- **一致性和可审计性**：流程实例经常需要接受审计。并非所有活动都能执行，具体取决于当前的流程实例状态。有些活动使用的资源需要提前预订然后分配，所以这些活动必须在特定的时间窗口内执行完毕。如果出现问题，那么可能需要撤销一些活动才能使流程实例和后端资源(例如业务对象和数据库实体)恢复到一致的状态。

- **依赖于事先进行的状态更改**：API 的状态更改操作可能与其他系统部件已经引发的状态更改(例如由其他 API 客户端、下游系统中的外部事件、提供者内部批处理作业触发的系统事务)相互抵触，因此可能需要进行协调和处理。

- **工作负荷管理**：有些处理操作和业务流程活动要么需要消耗大量计算资源或存储资源，要么需要很长时间才能完成，要么需要与其他系统进行交互。高工作负荷可能影响提供者的可伸缩性，也会增加管理的难度。

- **网络效率与数据简约性**：可以考虑减小消息大小(或消息有效载荷的大小)，只发送相对于前一个状态的差异(增量方法)。也可以始终发送完整和一致的消息，但是消息大小会相应增加。如果将多条更新信息合并为一条消息，则可以减少消息交换的数量。

可以考虑完全禁止提供者端应用程序状态，但是这种方案只适用于袖珍计算器(不必存储任何数据)、简单的转换服务(处理静态数据)等不太复杂的应用场景。另一种方案是公开无状态操作，每次与端点进行通信时都传输状态信息。"客户端会话状态"(Client Session State)模式[Fowler 2002]描述了这种方案的优缺点(HATEOAS 的 REST 原则也提倡这样处理)。这种方案具有良好的扩展性，缺点是与不受信任的客户端进行通信时可能存在安全风险，而且当状态信息量很大时会消耗大量带宽。客户端的编程、测试和维护工作变得更加灵活，但是复杂性和风险也会增加。可审计性受到影响，例如无法确定所有执行流是否有效。在前文讨论的取消订单示例中，"下单→付款→发货→退货→退款"是有效的执行流，而"下单→发货→退款"是无效、可能存在欺诈行为的执行流。

运行机制

在 API 端点中加入 `sto: (in,S) -> (out,S')` 操作，该操作通过结合客户端输入和当前状态来触发提供者端的状态更改。对端点(可能是 PROCESSING RESOURCE 或 INFORMATION HOLDER RESOURCE)内的有效状态转换进行建模，并在运行时检查端点收到的更改请求和业务活动请求是否有效。

结合使用《企业集成模式》[Hohpe 2003]一书讨论的"命令消息"和"文档消息"，以描述输入和期望的动作/活动，并接收确认或结果。在理赔处理、订单管理等类似的业务流程中，STATE TRANSITION OPERATION 可以实现流程中的单个业务活动，甚至还能控制提供者端整个流程实例的执行。

STATE TRANSITION OPERATION 的基本原理如图 5-24 所示。`update()` 和 `replace()` 操作以实体为中心，通常适用于以数据为中心的 INFORMATION HOLDER RESOURCE，而 `process Activity()` 操作更适合在面向动作的 PROCESSING RESOURCE 中使用。调用这种 STATE TRANSITION OPERATION 会触发"业务事务"(BUSINESS TRANSACTION)模式的一个或多个实例，该模式在《企业应用架构模式》(*Patterns of Enterprise Application Architecture*)[Fowler 2002]一书中有所描述。当 PROCESSING RESOURCE 提供多个 STATE TRANSITION OPERATION 时，API 允许客户端直接控制内部处理状态，以便客户端取消执行过程、跟踪执行进度并影响执行结果。

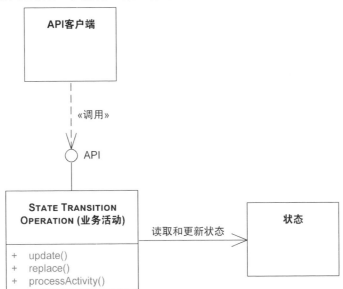

图 5-24　STATE TRANSITION OPERATION 属于有状态操作，既从提供者端存储读取数据，也向提供者端存储写入数据

完全覆写(或状态替换)和部分更改(或增量更新)是两种截然不同的更新类型。完全覆写通常可以在不需要访问当前状态的情况下进行，因此可以将其视为 STATE CREATION OPERATION 的实例。部分更改一般需要对状态进行读取访问(通过 STATE TRANSITION OPERATION 模式描述)。更新

插入(由"更新"和"插入"这两个语素构成)将完全覆写和部分更改合二为一：如果尝试替换一个不存在的实体，则会创建一个新的实体(使用请求消息中提供的标识符)[Higginbotham 2019]。基于 HTTP 的 API 往往使用 PUT 方法实现完全覆写，同时使用 PATCH 方法实现部分更改。

从消息表示结构的角度来看，STATE TRANSITION OPERATION 实例的请求消息和响应消息可以有不同的粒度。在最简单的情况下，请求消息和响应消息只包含一个 ATOMIC PARAMETER(细粒度)；而在复杂的情况下，它们可能包含相互嵌套的 PARAMETER TREE(粗粒度)。换句话说，请求消息和响应消息表示的复杂程度相去甚远。

许多 STATE TRANSITION OPERATION 在内部具有事务性。操作执行的事务边界应该与 API 操作的边界保持一致，以确保对数据所做的任何更改都能受到控制和保护。虽然客户端无须了解这些技术细节，但是为了帮助客户端更好地理解 API 的组合方式，不妨在 API 文档中予以公开。事务既可以是遵循 ACID(原子性、一致性、隔离性、持久性)范式的系统事务[Zimmermann 2007]，也可以采用 Saga 模式[Richardson 2018]，大致相当于基于补偿的业务事务[Wikipedia 2022g]。如果 ACID 范式无法满足需要，则可以考虑采用 BASE(基本可用、软状态、最终一致性)原则或 TCC(尝试-取消-确认)范式[Pardon 2011]。开发人员需要认真考虑选择严格一致性还是最终一致性[Fehling 2014]，并决定采用哪种锁策略。选择事务边界时务必仔细推敲。一般来说，长时间运行的业务事务不适用于遵循 ACID 范式的单个数据库事务。

STATE TRANSITION OPERATION 的处理过程应该具有幂等性，为此，最好优先考虑使用绝对更新而不是增量更新。举例来说，与"将 x 的值增加 y"(增量更新)相比，"将 x 的值设置为 y"(绝对更新)更容易处理并获得一致的结果；如果重复发送或重新发送动作请求，那么"将 x 的值增加 y"可能导致数据损坏。《企业集成模式》[Hohpe 2003]一书在讨论幂等接收者时给出了详细建议。

应该考虑在整个 API 端点或各个 STATE TRANSITION OPERATION 中实施合规控制以及其他安全措施，例如基于属性的访问控制、API KEY 或安全性更高的身份验证令牌。但是请注意，这些安全机制可能增加计算量和数据传输量，从而导致性能下降。

变体　如图 5-25 所示，BUSINESS ACTIVITY PROCESSOR 是 STATE TRANSITION OPERATION 模式的一种变体，不仅支持前端 BPM 场景，而且可以实现 BPM 服务。请注意，我们在讨论时使用的"活动"一词涵盖了各种类型的活动。这些活动既可能包含相当丰富的细节并与其他活动构成规模更大的流程(例如批准/拒绝理赔申请或继续结账)，也可能包含相对较少的细节(例如理赔处理或在线购物)。

单个活动可以执行准备、启动、挂起/恢复、完成、失败、取消、撤销、重启、清理等细粒度的动作原语，它们是流程控制具有的基本操作。考虑到业务活动执行过程中呈现的异步性和前端 BPM 场景中包含的客户端流程所有权，还应该通过 STATE TRANSITION OPERATION 接收以下两类事件：一是活动完成/活动失败/活动中止，二是状态转换发生。

如图 5-26 所示，动作原语和各种状态构成一个通用状态机，用于对 PROCESSING RESOURCE 及其 STATE TRANSITION OPERATION 在 BUSINESS ACTIVITY PROCESSOR 中的行为进行建模。根据行为的复杂程度，INFORMATION HOLDER RESOURCE 的实例也可以通过类似的方式指定、实现、测试和记录。

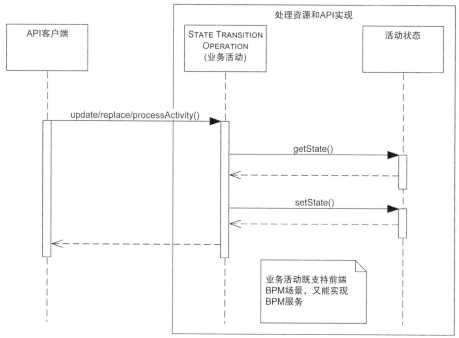

图 5-25　PROCESSING RESOURCE 中的 STATE TRANSITION OPERATION(BUSINESS ACTIVITY PROCESSOR 变体)

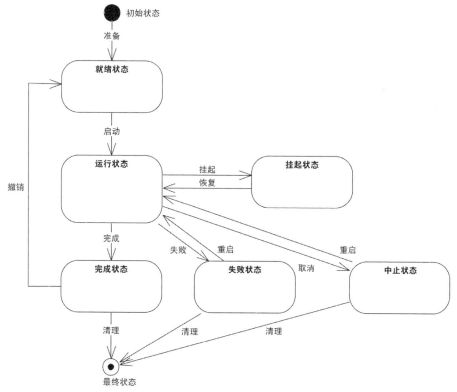

图 5-26　状态机：采用常见的动作原语来表示状态之间的转换

领域专属的 API 端点及其 STATE TRANSITION OPERATION 应该针对特定的业务场景和 API 用例,对图 5-26 所示的通用状态机进行完善和定制。每个必要的原语映射到一项 API 操作,或更粗粒度操作的某个选项(请求消息表示中的 ID ELEMENT 负责指定执行哪个选项)。根据由此产生的 API 专属的状态机(记录在 API DESCRIPTION 中),可以对 API 实现、API 文档中的前置条件和后置条件、测试用例进行组织。

在图 5-26 中,状态和状态转换的语义如下。

- **准备(或初始化)**:该原语指示客户端在执行状态更改活动之前传输输入,以便为正式执行活动做准备(例如验证输入是否有效)。初始化既可能只需要一次调用就能完成,也可能需要进行更复杂的对话,具体取决于所需信息的复杂程度。在提供所有信息之后,活动进入就绪状态,活动标识符也分配完毕。准备原语相当于 STATE TRANSITION OPERATION 的同级模式 STATE CREATION OPERATION 对应的实例。

- **启动**:该原语指示客户端明确开始执行经过初始化且处于就绪状态的活动。活动进入运行状态。

- **挂起/恢复**:这两个原语指示客户端暂停执行处于运行状态的活动,稍后再继续执行。通过挂起处于运行状态的活动可以释放 API 端点所包含的执行资源。

- **完成**:该原语指示处于运行状态的活动进入完成状态,表示活动成功执行完毕。

- **失败**:该原语指示处于运行状态的活动进入失败状态,ERROR REPORT 可能会解释失败的原因。

- **取消**:该原语指示客户端中断处于运行状态的活动,并在客户端不再关心活动的执行结果时指示活动进入中止状态。

- **撤销**:该原语会执行一系列补偿性操作以消除活动执行的动作,并能够有效地将 API 端点的状态恢复到活动启动之前的初始状态。然而,并非在所有情况下都能撤销活动。一旦活动产生的影响扩散到 API 提供者之外,想撤销就难上加难——已经发送且无法撤回的电子邮件便是一例。请注意,我们假设在撤销活动的同时完成补偿性操作。但是在某些情况下,可能需要创建一个单独的活动(并为其设置独立的状态机)来执行补偿性操作。

- **重启**:该原语指示客户端重新执行处于失败状态或中止状态的活动。活动返回到运行状态。

- **清理**:该原语会移除与处于完成状态、失败状态或中止状态的活动相关联的所有状态。活动标识符不再有效,活动进入最终状态。

在前端 BPM 中,API 客户端拥有流程实例状态,它们可以向 API 提供者通报以下两类事件(在公开 BPM 服务时,这类事件通知可能由服务提供者发送给客户端,而不是由客户端发送给服务提供者)。

- **活动完成/活动失败/活动中止**:活动执行完毕后,应该将执行结果(成功还是失败)告知相关方,以便它们检索活动产生的输出。为此,可以考虑调用 STATE CREATION OPERATION

模式(EVENT NOTIFICATION OPERATION 变体)，或通过服务器发送事件(Server Sent Event,
SSE)、回调等其他方式来实现。

- **状态转换发生**：为了监控和跟踪活动的进展，相关方可能希望了解活动的当前状态和
变化情况，并在发生状态转换时接到通知。服务提供者可以向相关方推送状态变化的
信息(推送模型)，例如采用事件流、服务器发送事件、回调等方式；相关方也可以从服
务提供者拉取状态变化的信息(拉取模型)，例如通过 RETRIEVAL OPERATION 模式的实例
实现状态查找。

同一个 API 端点往往支持多项 STATE TRANSITION OPERATION，它们可以组合在一起，以覆
盖子流程或整个业务流程。务必仔细推敲组合的位置：前端 BPM 通常使用 Web 前端作为 API
客户端；BPM 服务提供各种类型的 PROCESSING RESOURCE，这些服务对外公开粗粒度的 STATE
TRANSITION OPERATION，能够有效地实现《企业集成模式》[Hohpe 2003]一书提到的"过程管理
器"(PROCESS MANAGER)模式。还可以采用其他方案，一种是引入 API 网关(API
Gateway)[Richardson 2018]，负责处理所有集成和编排协调工作；另一种是通过采用点对点调用
或事件传输机制，以完全分散的方式编排服务。

执行这些活动时，STATE TRANSITION OPERATION 会改变 API 端点中的业务活动状态，其前
置条件、后置条件和不变式的复杂性因当前的业务和集成场景而异。在许多应用领域和场景中，
前置条件、后置条件和不变式通常具有中高级别的复杂度。API DESCRIPTION 中必须指定这些规
则，并明确描述转换原语和状态转换。

采用 HTTP 实现 STATE TRANSITION OPERATION 模式及其 BUSINESS ACTIVITY PROCESSOR 变体
时，应该根据 REST 接口的标准选项来选择合适的动词(POST、PUT、PATCH 或 DELETE)。在
URI 中，流程实例和活动标识符通常采用 ID ELEMENT 的形式，这样就不难通过使用 HTTP GET
方法来检索状态信息。每个动作原语既可以对应于一项单独的 STATE TRANSITION OPERATION，
也可以作为输入参数传递给通用性更强的流程管理操作。在 HTTP 资源 API 中，流程标识符、
原语名称和活动标识符一般作为路径参数进行传输。使用 LINK ELEMENT 和 URI 可以推进活动
状态，并将后续活动、替代活动、补偿性操作等信息通知相关方。

示例

以在线购物的订单管理流程为例，"继续结账并付款"活动是 STATE TRANSITION OPERATION
模式的体现，"将商品加入购物车"活动则属于"产品目录浏览"子流程的一部分。这些操作确
实会改变提供者端状态，确实传递出了业务语义，也确实具有较为复杂的前置条件、后置条件
和不变式(例如，"在客户结账并确认订单之前，请勿发货和开具发票")。有些操作可能持续很
长时间，因此需要进行细粒度的活动状态控制和传输。

我们以图 5-27 所示的 Lakeside Mutual 示例应用程序为例，讨论活动粒度的两种极端情况。
一种情况是通过单步操作来创建报价(粗粒度活动)，另一种情况是逐步进行理赔管理(细粒度活
动)，这会导致提供者端发生增量状态转换。图 5-26 所示的部分原语可以分配给本例中的 STATE
TRANSITION OPERATION。举例来说，`createClaim()` 操作对应于启动原语，而 `closeClaim()`
操作表示理赔审核的业务活动执行完毕。鉴于欺诈审查可能持续很长时间，因此 API 应该在

PROCESSING RESOURCE 对应的 STATE TRANSITION OPERATION 中支持使用挂起原语和恢复原语，以便进行理赔管理。

图 5-27　STATE TRANSITION OPERATION 的两个示例：粗粒度的 BPM 服务和细粒度的前端 BPM 流程执行

讨论

STATE TRANSITION OPERATION 模式从以下几个方面解决影响设计的不同要素。

- **服务粒度**：PROCESSING RESOURCE 及其 STATE TRANSITION OPERATION 可以适应不同规模的"服务切分"(service cut)[Gysel 2016]，因此能够提高敏捷性和灵活性。INFORMATION HOLDER RESOURCE 的规模也各有不同。关于调整端点大小的决策对耦合以及其他质量指标会产生哪些影响，前文在讨论这两种模式时已有提及。通过在 API DESCRIPTION 中明确描述这些状态，可以更好地跟踪它们的变化。

- **一致性和可审计性**：STATE TRANSITION OPERATION 可以在 API 实现的内部处理业务并管理系统事务，它也必须具备这样的能力。模式实例能否解决前文提到的各种设计因素并满足其需求，取决于之前选择的设计方案及其实现。同样，API 实现内部的日志记录和监控能够支持可审计性。

- **依赖于事先进行的状态更改**：状态更改可能相互抵触。API 提供者应该检查所请求的状态转换是否有效；而 API 客户端在发送状态转换请求时应该做好准备，因为这些请求可能由于当前状态与预期状态不符而遭到拒绝。

- **工作负荷管理**：有状态 STATE TRANSITION OPERATION 不容易扩展，而且执行这种操作的端点无法平滑迁移到其他计算结点(托管服务器)。这个问题在将应用程序部署到云端时显得尤为突出，原因在于只有当所部署的应用程序设计为支持弹性、弹性伸缩(autoscaling)等云功能时，才能充分利用这些功能。流程实例状态的管理本身就很复杂，而云环境中可能涉及更多因素，因此管理流程实例状态可能更加困难[1]。

---

1 例如，无服务器云函数似乎更适合其他使用场景。

- **网络效率与数据简约性**：对前端 BPM 和 BPM 服务来说，采用符合 REST 风格的 API 设计可以利用从客户端到提供者的状态转移和资源设计，以求在表达性与效率之间取得适当的平衡。选择增量更新(长度较短、不具有幂等性的消息)还是替换更新(长度较长、具有幂等性的消息)，会影响消息大小和交换频率。

如前所述，幂等性有利于提高故障恢复能力和可伸缩性。虽然这个概念在理论上很容易理解，但是开发人员往往不清楚如何在更复杂的实际场景中实现幂等性，并且在此过程中可能面临一些挑战和困难。举例来说，比起发送"x 的值增加了 1"的消息，发送"新值为 n"的消息更容易理解和接受。但是在订单管理、支付处理等高级业务场景中，调用一次 API 就会修改多个相关的实现级别的实体，从而使情况变得更加复杂。*Cloud Computing Patterns* [Fehling 2014] 和《企业集成模式》[Hohpe 2003]这两本书对幂等性进行了深入探讨。

在 PUBLIC API 或 COMMUNITY API 中公开 STATE TRANSITION OPERATION 时，保护其安全性往往至关重要。例如，某些动作和活动可能需要授权，因此需要确保只有经过身份验证的特定客户端才能触发状态转换。此外，状态转换的有效性可能还取决于消息内容。受篇幅所限，本书不会深入讨论安全要求和相应的设计。

API 操作的技术复杂性会直接影响性能和可伸缩性。在实践中，API 实现需要进行的各种后端处理、对共享数据的并发访问以及由此产生的 IT 基础设施工作负荷(远程连接、计算任务、磁盘输入/输出、CPU 能耗)截然不同。出于可靠性方面的考虑，应该避免出现单点故障，而在 API 实现中采用集中式流程管理方法可能会引发单点故障。

相关模式

STATE TRANSITION OPERATION 与几种同级模式的区别如下：COMPUTATION FUNCTION 既不读取也不写入提供者端应用程序状态，STATE CREATION OPERATION 只写入但不读取提供者端应用程序状态(追加模式)，RETRIEVAL OPERATION 只读取但不写入提供者端应用程序状态，STATE TRANSITION OPERATION 既读取又写入提供者端应用程序状态。RETRIEVAL OPERATION 从提供者拉取信息，STATE CREATION OPERATION 向提供者推送信息，STATE TRANSITION OPERATION 既能拉取也能推送信息。STATE TRANSITION OPERATION 可能在请求消息中引用提供者端状态元素(例如订单号或员工编号)，而 STATE CREATION OPERATION 一般不会这样处理(除非出于技术方面的原因，例如防止使用重复的键或更新审计日志)，这两种操作通常会返回 ID ELEMENT 供日后访问使用。

STATE TRANSITION OPERATION 相当于用于触发或实现"业务事务" [Fowler 2002]的操作。这种模式的实例可能涉及持续一段时间的有状态对话[Hohpe 2007]。倘若如此，则往往需要传输日志记录和调试所需的上下文信息(例如借助明确的 CONTEXT REPRESENTATION 来传输上下文信息)。"A Pattern Language for RESTful Conversations"[Pautasso 2016]一文讨论了符合 REST 风格的对话模式，STATE TRANSITION OPERATION 可以使用一种或多种这样的模式。

举例来说，可以考虑将流程活动的状态管理功能和计算功能拆分为不同的服务，以便对话模式、协调模式或编排模式定义这些服务的有效组合和执行顺序。

COMMUNITY API 通常会公开 STATE TRANSITION OPERATION，第 10 章将深入分析这样一个案例。基于服务的系统也会在 SOLUTION-INTERNAL API 中公开 STATE TRANSITION OPERATION。对于

写入提供者端状态的 STATE TRANSITION OPERATION，通常使用 API KEY 来控制外部系统对这种操作的访问。STATE TRANSITION OPERATION 的使用可能受到 SERVICE LEVEL AGREEMENT 的约束和规范。

延伸阅读

有关 BPM(业务流程管理)/BPMN(业务流程模型和表示法)和工作流管理的文献资料非常丰富，它们介绍了用于实现有状态服务组件(特别是 STATE TRANSITION OPERATION)相关的概念和技术(参见[Leymann 2000; Leymann 2002; Bellido 2013; Gambi 2013])。

STATE TRANSITION OPERATION 对应于职责驱动设计[Wirfs-Brock 2002]中封装为"服务提供者"的"协调器"和"控制器"，并通过"接口器"实现远程访问。在《发布！软件的设计与部署》(*Release It!: Design and Deploy Production-Ready Software*)[Nygard 2018a]一书中，Michael Nygard 介绍了许多用于提高可靠性的模式和技巧。

根据 *Design Practice Reference* [Zimmermann 2021b]一书提出的七步服务设计法，在编制候选端点列表并加以完善时，建议调用端点角色和操作职责(例如 STATE TRANSITION OPERATION)。

5.3.4　COMPUTATION FUNCTION 模式

应用场景

应用程序的要求表明必须计算某些内容，并且计算结果完全取决于计算过程对应的输入数据。虽然提供输入数据的位置也是需要得出计算结果的位置，但考虑到成本、效率、工作负荷、信任、专业知识等因素，计算任务最好放在其他地方进行。

举例来说，API 客户端可能希望向 API 提供者求证某些数据是否满足某些条件，或是将数据从一种格式转换为另一种格式。

客户端如何在不会产生副作用的情况下远程调用提供者端进行处理，并根据输入数据来计算结果？

- **再现性和信任**：将工作移交给远程方会丧失控制权，从而难以保证结果的有效性。客户端是否相信提供者可以正确执行计算任务？是否在需要时始终处于可用状态？今后是否有可能撤回？记录并重新生成本地调用并不困难。尽管远程执行过程也能记录和重现，但是需要进行更多协调，而且在调试和重现远程执行过程时可能会出现其他类型的故障[1]。
- **性能**：程序内部的本地调用很快就能完成。系统部件之间的远程调用会因为网络延迟、消息序列化/反序列化以及输入数据和输出数据的传输时间(取决于消息大小和可用的网络带宽)而出现延迟。

---

[1] 无论是将计算任务从 API 客户端转移到 PROCESSING RESOURCE 中的 API 提供者，还是将数据管理移交给 INFORMATION HOLDER RESOURCE，都会出现上述情况。

- **工作负荷管理**：某些计算任务可能需要消耗大量资源(例如 CPU 时间和 RAM)，而客户端不一定有足够的资源。由于存在计算复杂性或需要处理的输入数据较多，因此某些计算任务可能耗时很久，从而影响提供者的可伸缩性及其履行 SERVICE LEVEL AGREEMENT 的能力。

可以考虑在本地环境中执行所需的计算任务，但是可能需要处理大量数据。如果客户端缺乏必要的 CPU/RAM 资源，则可能降低客户端的运行速度。最终，这种非分布式方法会催生出单体架构，以至于每次需要更新计算时都要重新安装客户端软件。

运行机制

在 API 端点(通常是 PROCESSING RESOURCE)中加入名为 cf 的 API 操作，其格式为 cf: in -> out。设置这一 COMPUTATION FUNCTION 来验证收到的请求消息，执行所需的 cf 函数，并通过响应消息返回计算结果。

如图 5-28 所示，COMPUTATION FUNCTION 既不会访问也不会更改服务器端应用程序状态。

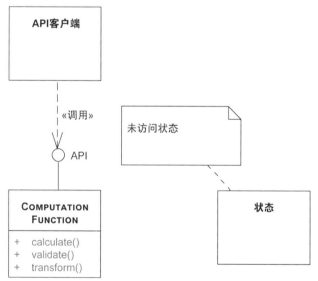

图 5-28　COMPUTATION FUNCTION 属于无状态操作，既不从提供者端存储读取数据，
也不向提供者端存储写入数据

设计请求消息和响应消息的结构，这些结构应该符合 COMPUTATION FUNCTION 的目的。在 API DESCRIPTION 中描述 COMPUTATION FUNCTION(包括 COMPUTATION FUNCTION 与特定端点的联系、对该端点产生的影响等)。至少定义一个明确的前置条件，用于引用请求消息中包含的元素；定义一个或多个后置条件，用于指定响应消息中包含的内容。描述这些数据的解释方式。

根据定义，单纯的 COMPUTATION FUNCTION 属于无状态操作，因此 API 实现中不需要引入事务管理。

变体 常见的 COMPUTATION FUNCTION 模式相当简单，包括 TRANSFORMATION SERVICE、VALIDATION SERVICE、LONG RUNNING COMPUTATION(技术上比其他两种变体更复杂)等三种变体。这些变体的请求消息/响应消息表示各不相同。

TRANSFORMATION SERVICE 通过网络进行访问，可以实现《企业集成模式》[Hohpe 2003]一书讨论的一种或多种消息转换模式。进行数据处理时，TRANSFORMATION SERVICE 不会改变数据的含义，但是会改变数据的表示结构。数据可能从一种格式转换为另一种格式(例如两个不同的子系统使用不同的客户记录模式)，也可能从一种表示法转换为另一种表示法(例如从 XML 转换为 JSON，或是从 JSON 转换为 CSV)。TRANSFORMATION SERVICE 通常处理并返回 PARAMETER TREE，这些 PARAMETER TREE 的复杂度有所不同。

VALIDATION SERVICE 又称(前置)条件检查器。API 提供者应该在处理输入数据之前始终验证数据是否有效，并把不符合要求的数据拒之门外，这一点应该明确写入 API 契约。如果 API 客户端能够在调用 COMPUTATION FUNCTION 之前明确而独立地测试输入数据的有效性，则会有很大帮助。根据以上思路，API 可以拆分为两项操作：

1. VALIDATION SERVICE 用于验证输入数据的有效性，但不执行计算任务；

2. COMPUTATION FUNCTION 用于执行计算任务(为了避免无效地输入数据导致计算任务失败，需要提前对输入数据进行有效性测试)。

VALIDATION SERVICE 致力于解决以下问题：

API 提供者如何检查传入的数据传输表示(参数)和提供者端资源(以及提供者端状态)是否正确或准确？

解决方案是引入一项 API 操作，这项操作接收具有任意结构和任意复杂性的 DATA ELEMENT，并返回用于指示验证结果的 ATOMIC PARAMETER(例如布尔值或整数)。验证对象主要针对请求消息中包含的有效载荷。如图 5-29 所示，如果 API 实现在验证过程中查询当前的内部状态，那么 VALIDATION SERVICE 就相当于 RETRIEVAL OPERATION 的一个变体(例如查找某些值和计算规则)。

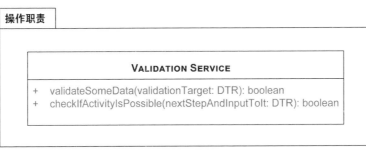

图 5-29 VALIDATION SERVICE：接收各类请求数据，并返回用于指示验证结果的
布尔值(DTR 是"数据传输表示"的缩写)

前文讨论的示例场景中包括两个请求，分别是"保险理赔是否有效？"和"你能否接受这份订单？"在调用 STATE TRANSITION OPERATION 之前先调用这两个请求。当采用这种"活动前验证"的方式时，参数类型可能很复杂(取决于要进行预验证的活动)。如果验证过程中发现任

何错误，那么响应中可能包含有关如何更正错误的建议。

其他许多类型的条件和项目也应该进行验证，包括：分类和归类，例如确认订单是否有效(isValidOrder(orderDTR))；状态检查，例如确认订单是否关闭(isOrderClosed(orderId))；复杂的合规性检查，例如确认是否已应用"四眼原则"(has4EyesPrincipleBeenApplied(...))。此类验证返回的结果往往相当简单(例如用于指示验证成功的指示符，可能还会附加一些解释)。VALIDATION SERVICE 属于无状态操作，只对收到的请求数据进行验证，因此很容易扩展，也很容易从一个部署结点迁移到另一个部署结点。

COMPUTATION FUNCTION 模式的第三种变体是 LONG RUNNING COMPUTATION。如果满足以下几个假设条件，那么简单的函数运算也许完全可以满足需要。

- 输入数据的表示结构符合要求；
- 函数执行时间不会很长；
- 服务器的 CPU 处理能力足以应对预期的峰值工作负荷。

然而，有时处理过程会持续很长时间，有时无法保证计算任务可以在足够短的时间内处理完毕(原因有很多，例如 API 提供者端的工作负荷或资源可用性难以预测，或客户端发送的输入数据大小不一)。遇到这些情况时，客户端应该能以异步、非阻塞的方式调用处理函数。由于 LONG RUNNING COMPUTATION 可能收到无效的输入数据，也可能需要消耗大量 CPU 时间来执行计算任务，因此需要对其进行更细致的设计。

可以采用不同的方式来实现 LONG RUNNING COMPUTATION。

1. 通过异步消息传递进行调用。API 客户端通过请求消息队列发送输入数据，API 提供者通过响应消息队列发送输出数据[Hohpe 2003]。

2. 先调用再回调：客户端首先通过调用发送输入数据，提供者再通过回调发送结果(前提是客户端支持回调)[Voelter 2004]。

3. 长时间运行的请求。发布输入数据，并使用 LINK ELEMENT 来指定可以通过 RETRIEVAL OPERATION 进行轮询以获取处理进度。最终的处理结果会发布到独立的 INFORMATION HOLDER RESOURCE 中——当不再需要处理结果时，可以使用 LINK ELEMENT 来取消请求并清理结果(关于这种有状态请求处理的详细讨论，请参见 STATE TRANSITION OPERATION 模式的 BUSINESS ACTIVITY PROCESSOR 变体)。Web API 一般会选择这种实现方式[Pautasso 2016]。

示例

图 5-30 展示了一项简单且很容易理解的 TRANSFORMATION SERVICE 示例。

心跳机制用于检测服务的运行状况。这种测试消息是一条简单的命令，可以通过 PROCESSING RESOURCE 端点远程调用(参见图 5-31)。

存活检测(I'm Alive)操作有时称为"应用程序级别的 ping 命令"，用于接收和响应测试消息。任务关键型 API 实现往往支持这种操作，并将其作为系统管理策略的一部分(用于故障处理和性能管理)。存活检测操作的前置条件和后置条件并不复杂，其 API 契约参见前文给出的 UML 片段。

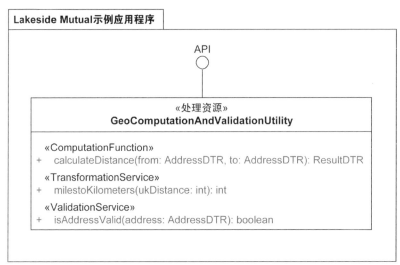

图 5-30　提供 Transformation Service 的 Processing Resource

在 Computation Function 模式及其变体的这些简单示例中，既不需要用到系统事务，也不需要执行业务级别的补偿性操作(撤销操作)。

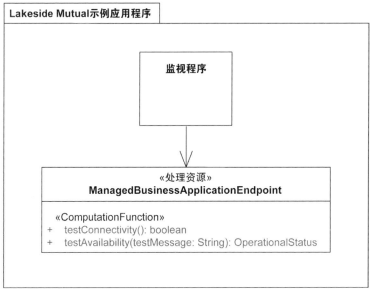

图 5-31　Validation Service 示例：心跳机制

讨论

引入客户端无法控制的外部依赖项会影响再现性和信任度。客户端必须相信，无论进行多少次调用，提供者都能够以一致的方式进行响应。如果决定将功能委托给第三方进行处理，那么这一决定必须符合法律规定和内部策略(例如数据保护和软件许可方面的策略)。

网络延迟会对性能产生负面影响。无状态服务器无法从自身的数据存储中检索任何中间结果，所以消息大小可能增加。尽管如此，对于给定的计算任务来说，如果提供者端的计算速度更快，则有望抵消由于网络原因而引起的性能下降，因此将计算任务从客户端转移到提供者端是一种明智的做法。转换操作或验证操作可以作为远程服务对外公开，但如果这样处理的成本过高，那么可以考虑改用成本较低、基于本地库的 API。

只有在特定的条件下使用缓存才有意义。对客户端来说，多个客户端需要使用相同的输入数据来执行相同的计算任务，而且计算结果必须具有确定性；对提供者来说，保证足够的存储容量至关重要。只有当这些条件得到满足时，才值得考虑将计算结果进行缓存，以供多个客户端使用。

从安全的角度来看，请求消息和响应消息的保护需求取决于消息内容的敏感程度。以 VALIDATION SERVICE 的响应消息为例，如果必须调用上下文才能很好地解释内容，那么响应消息的保护需求可能比较低。所有远程 API 操作都会受到拒绝服务攻击的威胁，因此需要采取适当的对策和风险管理措施。

由于无状态操作不受特定位置的限制，因此工作负荷管理得以简化。根据定义，COMPUTATION FUNCTION 模式的实现不会改变提供者端应用程序状态(个别情况除外，例如为了满足抗抵赖性等安全要求，可能需要访问日志和临时性/永久性存储验证结果，从而导致提供者端应用程序状态发生变化)，因此易于将其扩展和移动，而且很适合部署到云端。

只要 COMPUTATION FUNCTION 不发生变化，那么 COMPUTATION FUNCTION 实现的维护就可以独立于客户端的更新进行。如果决定将 API 实现部署到云端，那么切勿忽视租用云服务产品的成本。

如果计算任务需要消耗大量资源(CPU 和 RAM)，则可能需要重新思考算法和分布设计，以免出现性能瓶颈和单点故障。"A Pattern Language for RESTful Conversations"[Pautasso 2016]一文讨论了名为"长期请求"(LONG-RUNNING REQUEST)的对话模式，旨在处理需要消耗大量资源的计算任务。尽管功能性 API 契约未作明确规定，但是这种计算任务可能会导致 API 无法满足 SERVICE LEVEL AGREEMENT 规定的指标要求，因此进行 API 设计时一定要慎重考虑。CPU 和 RAM 具有的负荷也会影响用来实现 API 的组件。负荷越高，扩展 COMPUTATION FUNCTION 的实现就越困难。可以采用两种策略来优化性能并管理工作负荷，一是将计算结果进行缓存，二是在客户端提出请求之前预先计算某些结果(根据客户端之前的请求预测客户端需要得到哪些结果)。

相关模式

领域驱动设计中的"服务"(SERVICE)模式具有类似的语义(但范围更广，而且主要针对应用程序的业务逻辑层)，有助于在端点识别过程中确定候选的 COMPUTATION FUNCTION [Vernon 2013]。

可以将部署到亚马逊云服务、Azure 等公有云的无服务器计算 lambda 函数视为无状态的 COMPUTATION FUNCTION，但如果这些 lambda 函数依赖于云存储产品，则它们会从无状态变为有状态。

延伸阅读

《Enterprise SOA 中文版——面向服务架构的最佳实战》[Krafzig 2004]、《SOA 实践指南：

分布式系统设计的艺术》[Josuttis 2007]等 21 世纪头十年出版的 SOA 图书探讨了服务类型。虽然这些书中介绍的服务类型分类更注重整体架构，但有些基本服务和实用服务不需要读取或写入提供者/服务器状态，因此也可以将它们视为 COMPUTATION FUNCTION 模式及其变体的实例。

作为一门面向对象程序设计方法和语言，Eiffel [Meyer 1997]采用契约式设计，在编写有关业务命令和领域方法的代码时会加入验证机制，并自动执行前置条件和后置条件检查。这种在程序内部进行验证的方法可以作为外部 VALIDATION SERVICE 的替代方案(也是对外部 VALIDATION SERVICE 的一种高级运用)。

网上有大量关于无服务器计算的资料，Jeremy Daly 的网站和博客"Serverless"[Daly 2021]就是其中之一。

5.4   本章小结

本章介绍的模式致力于解决 API 架构的相关问题。针对 API 设计的早期阶段(例如 ADDR 过程的定义阶段)，我们确定了端点角色和操作职责。

这些角色和职责有助于明确 API 设计要素在架构中的重要性，并将其作为后续阶段的输入。第 3 章探讨了以角色驱动和职责驱动的方式设计端点和操作时需要考虑的问题、选项和标准，本章则提供了完整的模式文本作为补充。

我们沿用第 4 章介绍的模式模板，围绕面向数据的 API 端点角色展开讨论。

- DATA TRANSFER RESOURCE 是一种特殊的 INFORMATION HOLDER RESOURCE。如果多个客户端希望共享信息，但又不希望彼此之间的耦合过于紧密，那么 DATA TRANSFER RESOURCE 就能派上用场。
- 其他类型的 INFORMATION HOLDER RESOURCE 包括 MASTER DATA HOLDER、OPERATIONAL DATA HOLDER 和 REFERENCE DATA HOLDER，它们的生命周期、关系和可变性有所不同。主数据的存在时间长，具有可变性，而且被其他数据频繁引用；操作型数据的存在时间短，同样具有可变性；参考数据的存在时间也很长，但具有不可变性。
- 在请求消息和响应消息有效载荷中，当涉及端点引用时，LINK LOOKUP RESOURCE 可以进一步减少 API 客户端与 API 提供者之间的耦合。

面向活动的 API 端点既可以建模为无状态的 PROCESSING RESOURCE，也可以建模为有状态的 PROCESSING RESOURCE。BUSINESS ACTIVITY PROCESSOR 是 PROCESSING RESOURCE 的一个重要变体，支持前端 BPM 和 BPM 服务两种场景。

INFORMATION HOLDER RESOURCE 和 PROCESSING RESOURCE 的运行时关注点有所不同，并且简单的查找操作与数据传输在架构中的重要性往往也不一样。考虑到这些因素，我们有充分的理由明确定义这些端点角色和操作职责，并可能通过引入多个端点来分别处理端点角色和操作职责。这些角色驱动型端点的设计方式和运行时的处理方式各不相同。例如，PROCESSING RESOURCE 采用的数据管理规则只针对短暂存在的临时数据有效，而专用 MASTER DATA HOLDER 采用的管理策略更注重数据的长期保留和保护。

我们采用了职责驱动设计[Wirfs-Brock 2002]中提出的角色构造型：信息持有者(针对面向数据的端点)和控制者/协调者(PROCESSING RESOURCE 使用的角色)。这两种端点模式还具备接口器和服务提供者的特征。

在语义、结构、质量、演进等方面，面向数据的 INFORMATION HOLDER RESOURCE 和面向活动的 PROCESSING RESOURCE 也具有不同的特征。举例来说，虽然 API 可能支持分别访问多个单独的数据存储，但是客户端也许希望只发送一次请求就能执行涉及多个后端/实现资源的活动。因此，API 可能会包括一个专用的 PROCESSING RESOURCE(类似于职责驱动设计中的控制者)，负责处理多个细粒度的 INFORMATION HOLDER RESOURCE(或这些 INFORMATION HOLDER RESOURCE 中包含的数据)[1]。

我们为端点资源定义了四种类型的操作职责。如表 5-1 所示，这些操作职责在读写提供者端应用程序状态时所用的方式各不相同。

表5-1 四种职责模式对提供者端应用程序状态的影响

	不读取	读取
不写入	COMPUTATION FUNCTION	RETRIEVAL OPERATION
写入	STATE CREATION OPERATION	STATE TRANSITION OPERATION

这四种模式的区别如下。

- RETRIEVAL OPERATION 和 COMPUTATION FUNCTION 都不会改变提供者端应用程序状态，但是会向客户端发送重要数据。COMPUTATION FUNCTION 从客户端接收所有必要的输入数据，而 RETRIEVAL OPERATION(在只读模式下)查询提供者端应用程序状态。
- STATE CREATION OPERATION 和 COMPUTATION FUNCTION 都从客户端接收所有必要的数据。STATE CREATION OPERATION 会改变提供者端应用程序状态(写入)，而 COMPUTATION FUNCTION 不会改变提供者端应用程序状态(既不读取也不写入)。
- STATE TRANSITION OPERATION 不仅会返回重要数据(与 RETRIEVAL OPERATION 和 COMPUTATION FUNCTION 一样)，而且会改变提供者端应用程序状态。输入数据既来自客户端，也来自提供者端应用程序状态(既读取又写入)。

许多情况下，可以将 COMPUTATION FUNCTION 和 STATE CREATION OPERATION 设计为支持幂等性。这样处理也适用于大多数 RETRIEVAL OPERATION，但是那些使用高级缓存技术或利用"服务器会话状态"(Server Session State)[Fowler 2002]来实现 PAGINATION 模式的 RETRIEVAL OPERATION 可能不太容易实现幂等性。考虑到这一点，通常不建议这样处理。某些类型的 STATE TRANSITION OPERATION 会改变固有状态(例如调用这些操作有助于管理业务流程实例)，从而导致不一定总能实现幂等性。举例来说，如果每次发起启动请求时都可能创建一个新的并发活动实例，那么启动活动就不具有幂等性。相反，取消某个已启动的活动实例则具有幂等性。

无论操作能否实现本章讨论的任何模式，它们都通过请求消息和响应消息进行通信，这些消息往往采用 PARAMETER TREE 对应的结构(PARAMETER TREE 模式的相关讨论参见第 4 章)。可以借助第 6 章和第 7 章介绍的模式来设计请求消息和响应消息的标头和有效载荷，然后逐步改

---

1 这类控制者资源在《RESTful Web Services Cookbook 中文版》[Allamaraju 2010]一书中有明确讨论。

进以满足特定的质量指标要求。端点和整个 API 通常都会实施版本控制，而且客户端希望提供者对 API 的生命周期和支持做出承诺(相关讨论参见第 8 章)。端点角色不同，这些承诺和版本控制策略可能也不同。例如，与 OPERATIONAL DATA HOLDER 实例相比，MASTER DATA HOLDER 实例的存在时间更长，变化频率也更低(这种差异不仅体现在内容和状态方面，还体现在 API 和数据定义方面)。

应该把端点及其操作的角色和职责记录在案。它们会影响 API 的业务方面(参见第 9 章介绍的模式)：API DESCRIPTION 应该明确规定何时可以调用 API，以及客户端应该收到哪些内容(假设已向客户端返回响应消息)。

Software Systems Architecture: *Working with Stakeholders Using Viewpoints and Perspectives* [Rozanski 2005]一书主要关注信息方面的问题。"Data on the Outside versus Data on the Inside" [Helland 2005]一文解释了 API 和应用程序内部数据涉及的设计要素和约束条件。虽然《发布！软件的设计与部署》[Nygard 2018a]一书并未专门讨论 API 和面向服务的系统，但书中提到了许多有助于提高稳定性(包括可靠性和可管理性)的模式，包括"断路器"(CIRCUIT BREAKER)和"隔板"(BULKHEAD)。《SRE：Google 运维解密》(*Site Reliability Engineering*)[Beyer 2016]一书披露了 Google 如何实现生产系统的运维。

第 6 章将讨论消息表示元素的职责和结构。

第6章

设计请求消息和响应消息表示

第5章定义了 API 端点及其操作,本章将围绕 API 客户端与 API 提供者之间交换的请求消息和响应消息展开讨论。这些消息是 API 契约的重要组成部分,并且对互操作性有直接影响。结构复杂、数据丰富的消息可能包含大量信息,但是也会增加运行时开销;结构简单、数据有限的消息也许有利于传输,但是不一定容易理解,客户端可能要发送额外的请求才能得到所有需要的信息。

我们首先讨论设计请求消息和响应消息时会遇到哪些挑战(6.1 节),然后介绍为应对这些挑战而提出的模式(6.2 节和 6.3 节)。

第 II 部分引言讨论了对齐-定义-设计-完善(Align-Define-Design-Refine,ADDR)过程,本章内容对应于 ADDR 过程的设计阶段。

6.1 消息表示设计简介

API 客户端与 API 提供者之间通过交换消息进行通信,这些消息一般表示为文本格式(例如 JSON 或 XML)。从第 1 章介绍的领域模型可知,这些消息可能包含相当复杂的内容表示。第 4 章讨论了四种基本结构模式(Atomic Parameter、Parameter Tree、Atomic Parameter List 和 Parameter Forest),它们有助于定义请求消息元素和响应消息元素的名称、类型和嵌套结构。大多数通信协议不仅支持通过消息有效载荷(消息体)传输数据,还提供了其他数据传输方式。例如,HTTP 既支持通过标头传输键值对,也支持通过路径参数、查询参数或 cookie 参数传输键值对。

有人可能认为,只要了解这些不同的信息交换方式,就足以设计出请求消息和响应消息。但是如果仔细观察消息表示元素,会发现其中存在一些反复出现的使用模式。这些模式引出了以下问题:

消息元素的含义是什么?能否将它们归纳为某种具有普遍性的模式?
某些消息元素在对话中承担哪些职责?它们有助于实现哪些质量目标?

本章从两方面入手来解答这些问题。我们首先讨论各个表示元素,然后分析它们在特定使用场景中的整体表现。

6.1.1　消息表示设计面临的挑战

消息大小和对话冗长性会直接影响 API 端点、网络、客户端中的资源消耗，本章主要围绕处理这两个因素的模式展开讨论。安全性属于横切关注点(cross-cutting concern)，同样受到消息大小和对话冗长性的影响。进行架构决策时，开发人员还要考虑以下因素：

- 协议和消息内容(格式)层面的互操作性，与使用者和提供者实现所用的通信平台和编程语言有关(参数编组和解组就是一例)。
- 从 API 使用者/客户端角度来看，延迟既取决于网络基础设施的性能(尤其是带宽和底层硬件的延迟)，也取决于终端处理的工作量(将有效载荷进行编组/解组并传输给 API 实现)。
- 吞吐量和可伸缩性是 API 提供者关心的主要问题。哪怕使用 API 的客户端数量增加(或现有客户端导致负载增加)，提供者端的响应时间也应该保持稳定。
- 可维护性(特别是现有消息的可扩展性)以及独立部署并演进 API 客户端和提供者的能力。可修改性是可维护性的一个次要指标(例如，保持向后兼容性能够促进并行开发和部署灵活性)。
- 使用者和提供者的开发者便利性和开发者体验，以功能、稳定性、易用性、清晰度为定义标准(包括学习曲线和编程难度)。双方的愿望和需求经常相互抵触。例如，易于创建和填充的数据结构可能难以阅读；又如，紧凑格式在传输中占用的带宽较少，但是不一定容易记录、准备、理解或解析。

有些关注点对消息表示的影响显而易见，有些关注点的影响则需要进行深入分析。在介绍各种模式时，本章将讨论这些关注点对消息表示的具体影响。

6.1.2　本章讨论的模式

当客户端与提供者交换数据时，DATA ELEMENT 扮演着至关重要的角色，它是通信过程的基本要素，用来表示请求消息和响应消息中包含的领域模型概念。通过显式模式(explicit schema)公开 API 的 PUBLISHED LANGUAGE [Evans 2003]，既不会暴露提供者内部的数据定义，也可以最大限度减少通信参与者之间的依赖。

部分 DATA ELEMENT 肩负着特殊的使命，因为有些通信参与者需要或期望获得额外的数据，而这些数据不属于核心领域模型。为此，我们引入了 METADATA ELEMENT。常用的元数据包括控制元数据、溯源元数据和聚合元数据。

API 的不同部分涉及身份识别问题：为了防止因为解耦而导致客户端与提供者之间产生误解，端点、操作和消息元素可能需要进行身份识别。ID ELEMENT 可用于区分通信参与者和 API 的各个部分。ID ELEMENT 既可以具有全局唯一性，也可以只在某个受限的上下文中有效。如果 ID ELEMENT 能够通过网络访问，则成为 LINK ELEMENT。LINK ELEMENT 的形式一般为符合 Web 标准的超链接。例如，HTTP 资源 API 中使用的超链接就是一种 LINK ELEMENT。

许多 API 提供者希望确定消息发送者的身份。身份信息有助于提供者判断消息是由已经注册的有效客户端发送，还是由某个未知的客户端发送。一种简单的方法是要求客户端在每条请求消息中加入 API Key，然后提供者通过评估该 API Key 来识别和验证客户端。

　　将基本的 Data Element 组合在一起会形成更复杂的结构。Error Report 就是这样一种常见的消息结构，它包括 Data Element、Metadata Element 和 Id Element，用于报告通信错误和处理故障。Error Report 致力于描述何时何地发生了何种情况，同时也必须确保不会暴露提供者端实现的详细信息。

　　一般来说，不同的应用层协议或传输层协议会指定不同的位置来传输上下文信息。某些情况下，将 Metadata Element 组合成 Context Representation 并置于有效载荷中很有帮助。这样的 Context Representation 可能包含 Id Element，以帮助确定当前请求与当前响应的对应关系，或当前请求与后续请求的对应关系。

　　本章讨论的七种模式以及它们之间的关系如图 6-1 所示。

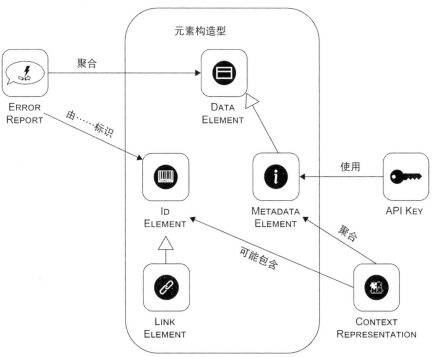

图6-1　本章讨论的模式一览：元素构造型及其与其他模式的关系

6.2　元素构造型

　　Data Element、Metadata Element、Id Element 和 Link Element 是用于表达数据职责的四种模式。这些元素构造型定义了请求消息和响应消息表示中各个部分的作用。

6.2.1   DATA ELEMENT 模式

应用场景

已在高度抽象和细化的基础上确定了 API 端点及其操作。以正向工程为例，已提取出需要公开的关键领域概念及其关系。在系统演进和系统现代化的过程中，已决定通过 API 端点及其操作向外界开放系统，或允许外界获取数据库或后台系统的内容。

已创建 API"目标画布"(goals canvas)[Lauret 2019]、API"行动计划"(action plan)[Sturgeon 2016b]或其他类型的候选端点列表[Zimmermann 2021b]，而且至少已完成了操作签名的初步定义，但是尚未最终确定请求消息和响应消息的设计。

▼

在不公开 API 提供者内部数据定义的情况下，API 客户端与 API 提供者之间如何交换领域级别或应用程序级别的信息？

▲

在 API 实现中，交换数据既可能涉及，也可能不涉及读写提供者端应用程序状态。无论是否涉及，都应该避免向客户端透露这些交换数据与提供者端应用程序状态之间的关系。

▼

从数据管理的角度来看，怎样减少 API 客户端与 API 提供者之间的依赖？

▲

除了希望促进松耦合设计之外，还要考虑以下相互抵触的因素，它们涉及数据元素应该隐藏在 API 后面还是(部分或全部)对外公开。

*   **丰富的功能性与易处理性和性能**：在 API 及其底层领域模型中建模并公开的数据和行为越多，可供通信参与者使用的数据处理方式就越多，但是准确一致地读写领域模型元素的实例也会变得越来越复杂。互操作性可能受到影响，编制 API 文档所需的工作量也会增加。就编写代码和工具支持而言，远程对象引用和过程调用存根也许很方便，但它们很快会使无状态通信变成有状态通信，而有状态通信违反了 SOA 原则和微服务原则。
*   **安全性和数据隐私与易配置性**：向通信参与者透露应用程序及其数据的大量详细信息会带来安全方面的风险(例如数据遭到篡改)。此外，为了更好地保护数据，需要进行更多配置和处理操作，从而导致工作量增加。某些情况下，安全相关信息必须与请求消息和响应消息的有效载荷一起传输，因此 API DESCRIPTION 需要说明这些信息的传输方式。
*   **可维护性与灵活性**：数据契约及其实现应该具有灵活性，以适应不断变化的需求。然而，无论是增加新功能还是调整现有功能，都必须进行兼容性分析。如果决定增加新功能或调整现有功能，那么只要客户端还在使用这些功能，就要一直提供维护服务。为了满足不同客户端的信息需求，API 操作有时允许客户端根据自身情况选择使用不同的数据表示。必须设计、实现和记录定制化方法，并提供必要的指导。随着 API

的演进，必须测试所有可能的功能组合并提供支持。因此，灵活性可能导致维护工作量增加[1]。

可以考虑发送简单、非结构化的字符串，并由使用者自行解释这些字符串的含义，但是这种临时性的 API 设计方法在许多情况下无法满足需要。以企业应用程序的集成为例，这样处理会增加 API 客户端与 API 提供者之间的耦合，从而在一定程度上影响性能和可审计性。

还可以考虑使用基于对象的远程处理概念，例如通用对象请求代理体系结构(Common Object Request Broker Architecture，CORBA)和 Java 远程方法调用(Java Remote Method Invocation，Java RMI)。但是有观点认为，从长期来看，基于分布式对象的远程处理范式会导致集成解决方案难以测试、操作和维护[Hohpe 2003][2]。

运行机制

为请求消息和响应消息定义专用的 DATA ELEMENT 词汇表，并将相关数据包装或映射到 API 实现的业务逻辑中。

在领域驱动设计中，这种专用词汇表称为 PUBLISHED LANGUAGE [Evans 2003]，旨在保护领域层的 AGGREGATE、ENTITY 和 VALUE OBJECT。根据领域模型的概念(相关讨论参见第 1 章)，DATA ELEMENT 用于描述消息表示元素(也就是参数)具有的一般角色。

DATA ELEMENT 可以是扁平、非结构化的 ATOMIC PARAMETER 或 ATOMIC PARAMETER LIST。基本的 DATA ELEMENT 可以构成 PARAMETER TREE 的树叶；更复杂的 DATA ELEMENT 通常包含 ID ELEMENT，还具有许多领域特定属性，并将其作为额外的结构化值或非结构化值。这些数据元素的单个或多个实例共同构成了应用程序状态，可能会对外公开。如果统一管理并传输多个实例，那么它们会形成一个元素集合[Allamaraju 2010; Serbout 2021]，也称为元素集。

API DESCRIPTION 应该为消息表示元素定义显式模式，并确保 API 客户端了解定义的内容[3]。这些数据契约通常使用 JSON、XML 等得到工具支持的开放格式。建议提供一些有代表性、已通过模式验证的数据实例。模式既可以是强类型，有助于实现验证；也可以是弱类型，具有更好的通用性。`<ID, key1, value1, key 2, value 2, ... keyn, valuen>`这样的键值列表通常用于表示通用接口。

图 6-2 展示了两种 DATA ELEMENT(以及包含在消息表示中的示例属性)，一种是类型化结构化数据元素，另一种是通用键值元素。

Rebecca Wirfs-Brock 在题为"Cultivating Your Design Heuristics"的演讲中表示，可以将 DATA ELEMENT 的属性划分为"描述性属性""时间相关属性""生命周期状态属性"和"操作状态属性"等不同的角色构造型[Wirfs-Brock 2019, p. 39]。

1　另见第 7~9 章中关于 SEMANTIC VERSIONING、API DESCRIPTION(包括技术服务契约)、WISH LIST、SERVICE LEVEL AGREEMENT 等模式的讨论。

2　分布对象和其他形式的远程引用是集成方式"远程过程调用"的核心概念[Hohpe 2003]。

3　从第 1 章讨论的 API 领域模型可知，这些数据传输表示(Data Transfer Representation，DTR)相当于程序级别的数据传输对象(Data Transfer Object，DTO)在网络传输中的对应形式[Fowler 2002; Daigneau 2011]。

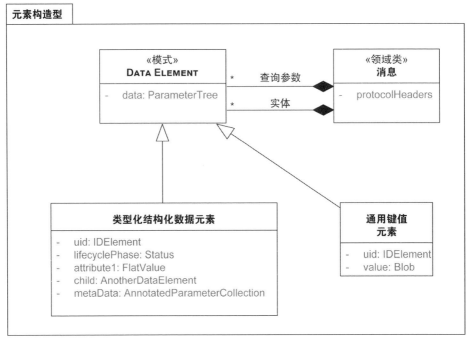

图6-2 DATA ELEMENT 包括通用键值元素和类型化结构化数据元素，可以提供补充信息(但不作强制要求)

API 操作可以纳入 EMBEDDED ENTITY，以支持实体的嵌套和结构化。以在线购物为例，EMBEDDED ENTITY 可用于跟踪订单中所购产品和下单客户之间的关系。另一种方案是通过 LINKED INFORMATION HOLDER 引用单独的 API 端点。EMBEDDED ENTITY 包含一个或多个嵌套的 DATA ELEMENT，而 LINKED INFORMATION HOLDER 包含指向 API 端点的 LINK ELEMENT，这些端点用于提供关系目标(例如 INFORMATION HOLDER RESOURCE)的相关信息。

变体 DATA ELEMENT 模式有两种值得关注的变体。ENTITY ELEMENT 包含一个标识符，在 PUBLISHED LANGUAGE 的实现过程中，可以根据标识符推断出对象的生命周期(我们把这种变体称为 ENTITY ELEMENT，与《领域驱动设计》(*Domain-Driven Design*)[Evans 2003]一书讨论的 ENTITY 模式保持一致)。

另一种变体是 QUERY PARAMETER，它不代表 API 实现拥有和管理的一个或多个实体，而是代表一个表达式。在端点(例如 INFORMATION HOLDER RESOURCE)中公开 RETRIEVAL OPERATION 时，QUERY PARAMETER 可用于选择这些实体对应的子集。

示例

以下代码摘自客户关系管理(Customer Relationship Management，CRM)系统的解决方案内部 API，包括两个强类型 DATA ELEMENT：一个是 name(结构化的 DATA ELEMENT)，另一个是 phoneNumber(扁平、文本化的 DATA ELEMENT)。示例所用的契约表示法为微服务领域特定语言(Microservice Domain Specific Language，MDSL)，MDSL 的相关介绍参见附录 C：

```
data type Customer {
  "customerId": ID,
```

```
    "name": ("first":D<string>, "last":D<string>),
    "phoneNumber":D<string>
}

endpoint type CustomerRelationshipManagementService
  exposes
    operation getCustomer
      expecting payload "customerId": ID
      delivering payload Customer
```

如上所示，Customer 是 PARAMETER TREE，它将两个数据元素结合在一起；customerId 既是 ATOMIC PARAMETER，也是 ID ELEMENT。请注意，领域模型中可能已经定义了这些数据表示。换句话说，在进行包装或映射之前，不应该直接公开 API 实现所用的领域模型元素。我们希望客户端、API、实现之间保持较低的耦合性。

讨论

丰富、深度结构化的 PUBLISHED LANGUAGE 具有较强的表达性，但是难以保护和维护；简单的 PUBLISHED LANGUAGE 容易学习和理解，但是不一定能够充分描述领域的具体情况。各种权衡因素会增加 API 设计的难度，选择合适的数据契约粒度也颇费思量。

在处理这些相互矛盾的因素时，需要采用迭代和增量方法来选择和采用模式，以便做出合理的妥协。进行服务设计时，建议遵循《实现领域驱动设计》(Implementing Domain-Driven Design)[Vernon 2013]一书提出的最佳实践。本书附录 A 总结了其中一些最佳实践，并加入我们自己的见解。使用大量领域驱动型 DATA ELEMENT 有助于增强 API 的表达性，从而帮助客户端轻松查找并使用所需的内容。

为了增强安全性和数据隐私，非必要时不要公开 DATA ELEMENT。此外，精益 API 有助于提高可维护性和易配置性(即提供者端具有灵活性)。在定义 API 的安全数据契约时，建议遵循"少即是多"和"若无把握，弃之不用"(if in doubt, leave it out)的经验法则。虽然"少即是多"的理念也许会限制表达性，但其优点在于能够提高可理解性。所有安全分析和设计活动(例如威胁建模、安全与合规设计、渗透测试、合规审计)都必须把实体数据纳入考虑[Julisch 2011]。这一点至关重要，否则可能导致敏感信息泄露。

通过在整个 API 或一系列内部服务中使用相同的 DATA ELEMENT 结构，可以更容易地实现服务组合。《企业集成模式》(Enterprise Integration Patterns)[Hohpe 2003]一书将这种方法称为"规范数据模型"(Canonical Data Model)，但是建议谨慎使用。在进行这样的标准化工作时，不妨考虑采用微模式(microformat)[Microformats 2022]。

如果定义了大量相关或嵌套的 DATA ELEMENT(某些 DATA ELEMENT 其实可以省略)，那么处理过程会变得很复杂，性能和可测试性也会受到影响。虽然客户端在初始阶段具有很强的灵活性，但是当功能丰富的 API 随着时间的推移开始发生变化时，客户端的灵活性可能会下降。

无论是"非我所创"综合症，还是"封地主义"或"权力游戏"，组织结构模式(和反模式)往往会催生出过度设计和不必要的复杂抽象。从长远来看，直接通过一个新的 API 公开这些抽象(而没有设置 ANTICORRUPTION LAYER [Evans 2003]来隐藏复杂性)注定要失败。这种情况会导致项目进度出现延误，预算也可能超支。

相关模式

在领域驱动设计[Evans 2003]中，Value Object 模式的实例可以纳入 Data Element，Entity 模式可以表示为 Data Element 模式的一种变体：Entity Element。尽管如此，建议不要将领域驱动设计模式的实例原封不动地应用到 API 设计中。在 API 的上下游关系中，虽然 Anticorruption Layer 可以保护下游参与者(API 客户端)，但是上游参与者(API 提供者)在设计 Published Language 时应该尽量减少不必要的耦合[Vernon 2013]。

在不同的上下文中使用时，同一实体可能有不同的表示。例如，"客户"是一个广泛应用的业务概念，在许多领域模型中将其建模为实体，客户的许多属性往往只与某些用例相关(例如支付领域的账户信息)。这种情况下，客户端可以借助 Wish List 来确定需要获取哪些信息。在 HTTP 资源 API 中，通过内容协商机制和自定义媒体类型能够灵活地选择如何实现多用途表示。相关模式是《服务设计模式》(Service Design Patterns)[Daigneau 2011]一书讨论的"媒体类型协商"(Media Type Negotiation)模式。

《J2EE 核心模式(原书第 2 版)》(Core J2EE Patterns, 2nd Edition)[Alur 2013]一书介绍了一种在应用程序边界内使用的"数据传输对象"(Data Transfer Object)模式(可用于在各层之间传输数据)。《企业应用架构模式》(Patterns of Enterprise Application Architecture)[Fowler 2002]一书探讨了远程 API 设计的方方面面，包括远程外观和数据传输对象。同样，针对 Bounded Context、Aggregate 等领域驱动设计模式，Eric Evans 分析了与功能性 API 相关的问题[Evans 2003]。这些模式的实例包含多个实体，因此可用于将 Data Element(细粒度)组合成更大的业务单元(粗粒度)。

Data Modeling Patternsing [Hay 1996]一书介绍了数据建模采用的一般模式。这些模式涉及数据表示的相关问题，但侧重于数据存储和数据展示，而不是数据传输(因此该书的侧重点与本书有所不同)。关于面向特定领域的企业信息系统建模原型，Enterprise Patterns and MDA [Arlow 2004]一书值得一读。

此外，"Cloud Adoption Patterns"网站[Brown 2021]讨论了实体模式和聚合模式的识别问题。

延伸阅读

针对如何在 HTTP 环境中设计表示，《RESTful Web Services Cookbook 中文版》(RESTful Web Services Cookbook)[Allamaraju 2010]一书的第 3 章给出了建议。例如，3.4 节围绕如何选择表示格式和媒体类型展开讨论(可以考虑使用 Atom)。

Design Practice Reference [Zimmermann 2021b]一书介绍了领域驱动设计以及相关的敏捷实践，这些实践适用于 API 和数据契约设计。

Context Mapper DSL 及其工具解释了战略性领域驱动设计模式之间有哪些关系[Kapferer 2021]。

6.2.2 Metadata Element 模式

应用场景

API 操作的请求消息和响应消息表示已通过一种或多种基本结构模式(Atomic Parameter、

ATOMIC PARAMETER LIST、PARAMETER TREE、PARAMETER FOREST)进行定义。为了确保处理的准确高效,消息接收者不仅需要获取这些表示的名称和类型,也需要尽可能多地了解它们的含义和内容。

　　如何为消息添加额外的信息,以便接收者能够正确地解释消息内容,而不必将有关数据语义的假设"写死"在代码中?

　　开发人员既要考虑本章开头提到的质量问题,也要考虑消息表示对互操作性、耦合性、易用性与运行时效率会产生哪些影响。

- **互操作性**:如果数据包含相应的类型、版本和作者信息,那么接收者就可以利用这些附加信息来消除语法和语义方面存在的歧义。举例来说,可以使用一个表示元素代表货币值,使用另一个元素代表该值对应的货币单位。就算可选元素不存在或强制性元素没有设置为有意义的值,接收者也能通过额外的信息掌握相应的情况。
- **耦合性**:运行时数据包含额外的解释性数据有助于解释和处理。使用者与提供者之间的共享知识变得明确,并从设计时 API 契约转移到运行时消息内容。这种转移可能增加通信参与方之间的耦合性,但是在某些情况下也可能减少耦合性。低耦合性便于长期维护。
- **易用性与运行时效率**:如果有效载荷中包含额外的表示元素,那么消息接收者就更容易理解消息内容,处理效率也更高。但是,这些元素不仅会增加消息大小,而且需要用到更多处理资源和传输带宽,还会增加系统的复杂性。必须针对 API 的创建和使用进行测试。尽管将有关数据语义的假设(包括数据的含义以及任何可能适用的限制)"写死"在客户端的代码中很容易,但是随着需求的变化和 API 的演进,维护工作会变得越来越困难。

　　一种方案是只通过 API DESCRIPTION 描述用于解释其他数据的额外数据。这种静态和明确的元数据文档通常足以满足需要,缺点是消息接收者难以在运行时根据实际情况做出基于元数据的决策。

　　另一种方案是引入第二个 API 端点来单独查询元数据。但是这样处理会导致 API 变得更加复杂,也会增加文档编制、培训、测试和维护的工作量。

运行机制

　　引入一个或多个 METADATA ELEMENT,用于解释并增强请求消息和响应消息中包含的其他表示元素。对 METADATA ELEMENT 进行全面赋值,并保持这些值的唯一性。在 METADATA ELEMENT 的帮助下,实现具备互操作性、高效的消息使用和处理。

　　在计算机科学的许多领域,元数据和元数据建模的概念已经发展成熟并得到广泛应用。例如，数据库和编程语言中的运行时类型信息、反射、内省等术语都体现出元数据的概念。在现实世界中，图书馆和文献档案馆大量采用元数据来管理信息资源。

METADATA ELEMENT 模式的许多实例很简单，只是包含了名称和类型(例如布尔值、整数或字符串)的标量 ATOMIC PARAMETER。但是元数据也可以进行聚合，并构成具有层次结构的 PARAMETER TREE。另一种方案是将 METADATA ELEMENT 表示为键值字符串对，然后由消息接收者进行解析和类型转换。尽管这样处理比较灵活，却容易出错。

METADATA ELEMENT 模式在上下文中的应用如图 6-3 所示，它成为 API DESCRIPTION 的一部分。无论在规范(模式)层面还是在内容(实例)层面，METADATA ELEMENT 都需要随着 API 的演进而及时更新。建议指定元数据当前性(或新鲜度)，以做到既能满足客户端的需求，又不会显著增加计算和更新的工作量。有些元数据(例如文档的原始创建者)可能不会发生变化。有些元数据(例如列表计数器)可能需要定义过期日期，以免影响互操作性，或防止没有检测到语义不匹配的情况。

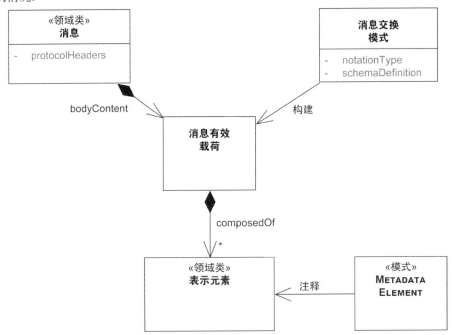

图 6-3 METADATA ELEMENT (关于数据的数据)在上下文中的应用

变体 METADATA ELEMENT 包括三种变体，对应于 API 中不同类型的元数据和不同的使用场景。

- CONTROL METADATA ELEMENT 用于引导处理过程。标识符、标志、过滤器、超媒体控件、链接、安全信息(包括 API KEY、访问控制列表、角色凭据、校验和以及消息摘要)都属于 CONTROL METADATA ELEMENT。在提供者端，查询参数相当于一种特殊的控制元数据，可以直接影响查询引擎的行为方式。用于控制元数据的形式通常为布尔值、字符串或数字参数。

- AGGREGATED METADATA ELEMENT 用于描述其他表示元素的语义分析或摘要。某些计算任务(例如,对 PAGINATION 单位进行计数)相当于 AGGREGATED METADATA ELEMENT 的实例。在 PUBLISHED LANGUAGE 中,实体元素的统计信息(例如客户提出的保险理赔或每季度的产品销售额)也属于聚合元数据。

- PROVENANCE METADATA ELEMENT 用于揭示数据的来源。在进行 API 设计时,我们将所有者、消息 ID/请求 ID、创建日期和其他时间戳、位置信息、版本号以及其他上下文信息定义为 PROVENANCE METADATA ELEMENT。

METADATA ELEMENT 的几种变体如图 6-4 所示。后续章节会介绍其他形式的 METADATA ELEMENT。

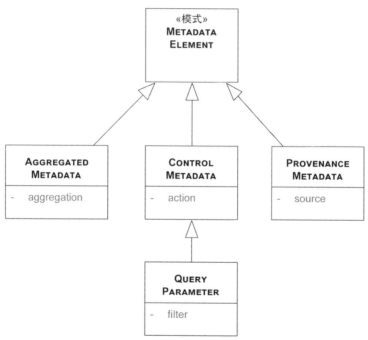

图 6-4 METADATA ELEMENT 的变体

每个 METADATA ELEMENT 可以实现多种变体。举例来说,区域代码可能用于提供溯源信息,也可用于控制数据处理。这种具有多种用途的 METADATA ELEMENT 适用于不同的应用场景,例如在数字版权管理中充当过滤器,或在企业应用程序集成中用作“基于上下文的路由器”[Hohpe 2003]。

信息管理领域主要采用以下三类元数据来描述各种资源(例如书籍或多媒体内容)[Zeng 2015]:描述性元数据旨在描述资源的特征,包括标题、摘要、作者、关键字等元素;结构性元数据用于描述复合信息元素的组合方式,例如页面(或小节)如何进行排序以形成章节;管理性元数据提供有助于管理资源的信息,包括资源的创建时间、创建方式、文件类型、技术属性、访问权限等。管理性元数据的两个常见子集是权限管理元数据(处理知识产权)和保存元数据(包括用于资源存档的信息)。

示例

Lakeside Mutual 示例应用程序使用了前文讨论的所有三种元数据类型：Content-Type 和 Date 属于溯源元数据，标头中的 b318ad736c6c844b(API KEY)属于控制元数据，size 属于聚合元数据。

```
curl -X GET --header 'Authorization: Bearer b318ad736c6c844b' \
--verbose http://localhost:8110/customers\?limit\=1
> GET /customers?limit=1 HTTP/1.1
> Host: localhost:8110
> User-Agent: curl/7.77.0
> Accept: */*
> Authorization: Bearer b318ad736c6c844b
>
< HTTP/1.1 200
< ETag: "0fcf9424c411d523774dc45cc974190ff"
< X-Content-Type-Options: nosniff
< X-XSS-Protection: 1; mode=block
< Content-Type: application/hal+json
< Content-Length: 877
< Date: Fri, 19 Nov 2021 15:10:41 GMT
<
{
  "filter": "",
  "limit": 1,
  "offset": 0,
  "size": 50,
  "customers": [ {
    ;-
  } ],
  "_links": {
    "self": {
      "href": "/customers?filter=&limit=1&offset=0"
    },
    "next": {
      "href": "/customers?filter=&limit=1&offset=1"
    }
  }
}
```

在本例中，大多数 METADATA ELEMENT 属于 ATOMIC PARAMETER。_links(JSON 对象)构成一个简单的 PARAMETER TREE，其中包含两个作为 LINK ELEMENT 的 ATOMIC PARAMETER。

讨论

采用 METADATA ELEMENT 模式会产生以下影响：准确性通常有所提高(前提是 METADATA ELEMENT 的实现正确无误且前后一致)；数据层面的耦合性降低，但是元数据层面的耦合性依然存在；易用性得到改善。

引入 METADATA ELEMENT 会增加消息大小，从而在一定程度上影响处理效率。可维护性、安全性和互操作性既可能提高，也可能降低，具体取决于元数据的数量、结构和含义。过度使用 METADATA ELEMENT 会增加 API 的复杂性，导致维护和演进更加困难(例如，METADATA ELEMENT 过多不利于 SEMANTIC VERSIONING 的管理)。

如果能够明确定义、填充、交换和解释 METADATA ELEMENT，则不仅可以简化接收端处理(通过省略不必要的工作步骤)，而且能够改进计算结果及其显示(通过引导应用程序前端和人类用户)，还有助于建立端到端安全模型，从而保护通信参与者免受外部威胁和内部威胁。安全元数据的用途很多，例如作为加密/解密算法的输入数据，或帮助验证数据完整性。

《企业应用架构模式》[Fowler 2002]一书定义了多个逻辑层，这些逻辑层既可以使用元数据，也可以定义元数据。例如，PAGINATION 和缓存先前的响应是表示层或服务层关心的对象，而提供者端 API 实现的业务逻辑层通常不需要处理这两方面的问题。一般来说，表示层或服务层也会创建和使用具有访问类型或访问控制类型的元数据。业务逻辑层既负责处理数据溯源和有效性信息(例如媒体流 API 中的音视频所有者和知识产权)，也负责处理某些类型的控制元数据，而信息查询统计和聚合往往与数据访问层(或持久层)有关。在 API 设计中，如果较低层次的元数据已经存在，那么开发人员必须决定如何处理这些元数据：是直接传递出去，还是进行转换和包装？换句话说，开发人员需要在工作量与耦合性之间进行权衡。

除非确有必要(例如为了满足强制性的功能性和非功能性需求)，否则客户端不应该依赖元数据。在非必要情况下，可用的元数据应该只是一项"锦上添花"的功能，由客户端决定是否使用元数据来提高 API 的使用效率。即使没有元数据，也不应该影响 API 及其客户端的正常运行。举例来说，一旦引入控制元数据(例如 PAGINATION 链接和相关的页面计数)，就会使客户端产生依赖性。某些聚合元数据(例如嵌入实体集合的大小)的计算可以放在消息接收者端进行，不必放在提供者端进行。

除了直接在请求消息或响应消息中加入元数据，还可以预先设计一种形式为 RETRIEVAL OPERATION 的专用操作，用于返回关于特定 API 元素的元数据。如果采用这种方案，那么可以通过 ID ELEMENT 或 LINK ELEMENT 标识附加有元数据的数据，然后通过 RETRIEVAL OPERATION 获取这些数据及其元数据。更高级的解决方案如下：将专用的元数据信息持有者定义为特殊类型的 MASTER DATA HOLDER(如果元数据信息持有者具有不可变性，则将其定义为 REFERENCE DATA HOLDER)，并通过 LINK LOOKUP RESOURCE 实现间接引用。

RFC 7232 规范[Fielding 2014a]定义的实体标签(ETag)是 HTTP 消息的一部分，可以将其视为控制元数据和溯源元数据。此外，一次性密码的过期日期也属于元数据。第 7 章介绍的 CONDITIONAL REQUEST 模式将深入剖析 ETag。

相关模式

DATA ELEMENT 是一个抽象的概念，而 METADATA ELEMENT 是 DATA ELEMENT 的一种具体表现形式。如前所述，并非所有元数据都会影响 API 实现中的业务逻辑和领域模型。某些情况下，ID ELEMENT 包含其他 METADATA ELEMENT(以便对标识符/链接进行分类或定义过期时间)。元数据的语法形式通常是 ATOMIC PARAMETER。METADATA ELEMENT 模式的几个相关实例既可以作为 ATOMIC PARAMETER LIST 进行传输，也可以包含在 PARAMETER TREE 中。

客户端借助 PAGINATION 模式了解当前页、上一页、下一页的结果，以及总页数或总结果数量等元数据信息。超媒体控件(例如类型化链接关系)也包含元数据(相关讨论参见 6.2.4 节)。

多种模式语言(包括 *Remoting Patterns* [Voelter 2004]一书介绍的模式语言)提到一种可供"拦截器"添加信息的"上下文对象"。我们采用的 CONTEXT REPRESENTATION 模式致力于在整个 API 范围内定义一个与技术无关的标准位置和结构，用于处理元数据(尤其是控制元数据)。

《企业集成模式》[Hohpe 2003]一书介绍的 "格式指示符" 和 "消息到期" 信息都要依靠元数据。在 Jakarta 消息传递(前身为 Java 消息服务)等消息传递 API 中，元数据也是控制信息和溯源信息(例如 "消息 ID" 和 "消息日期")的重要组成部分。"关联标识符" 和 "路由表" 等其他企业集成模式相当于特殊的 METADATA ELEMENT。关联标识符主要用于存储控制元数据，但也可以存储共享溯源元数据(因为关联标识符能够识别之前发送的请求消息)。同样，"返回地址" 既包含控制元数据，也包含溯源元数据(因为返回地址指向端点或通道)。"消息过滤器""消息选择器" 和 "聚合器" 通常利用控制元数据和溯源元数据来执行操作。

延伸阅读

有关元数据类型以及适用标准的概括介绍，请参考以下资料：

- 维基百科的元数据页面[Wikipedia 2022c]。维基百科还列出了许多针对特定领域的元数据标准，例如数字对象唯一标识符(Digital Object Identifier，DOI)和安全断言置标语言(Security Assertion Markup Language，SAML)[Wikipedia 2022d]。
- 美国国家信息标准组织发布的入门读物《理解元数据》(*Understanding Metadata: What is Metadata, and What is it For?*)[Riley 2017]。
- 都柏林核心(Dublin Core)[DCMI 2020]是一种广泛采用的元数据标准，适用于图书、数字多媒体内容等网络资源。

信息管理方面的文献资料对元数据进行了深入探讨，例如 Jeff Good 撰写的文章 "A Gentle Introduction to Metadata" [Good 2002]和 Murtha Baca 撰写的图书 *Introduction to Metadata* [Baca 2016]。Baca 将元数据划分为以下五种类型[Baca 2016]。

- **管理性元数据**：用于管理收藏品和信息资源。
- **描述性元数据**：用于识别、验证和描述收藏品以及相关的可信信息资源。
- **保存元数据**：用于收藏品和信息资源的保存管理。
- **技术元数据**：用于描述系统功能或元数据行为。
- **使用元数据**：用于描述收藏品和信息资源的使用级别和类型。

Metadata Basics 网站[Zeng 2015]也总结了上述五种元数据类型。

在 METADATA ELEMENT 的三种变体中，CONTROL METADATA ELEMENT 对应于技术元数据，AGGREGATED METADATA ELEMENT 通常对应于使用元数据，PROVENANCE METADATA ELEMENT 一般对应于管理性元数据、描述性元数据或保存元数据。

Zalando 公司发布的"RESTful API and Event Scheme Guidelines"[Zalando 2021]解释了 OpenAPI 元数据的重要性。Steve Klabnik 在"Nobody understands REST or HTTP"[Klabnik 2011] 一文中讨论了资源表示中所用的元数据。

6.2.3　ID ELEMENT 模式

应用场景

已完成领域模型的设计和实现，该模型代表应用程序、软件密集型系统或软件生态系统的核心概念。目前正在开发远程访问领域模型的方法(包括 HTTP 资源、Web 服务操作、gRPC 服务和方法等)。可能已确立松耦合、独立部署性、(系统部件和数据的)隔离等架构原则。

领域模型由多个相关元素构成，这些元素的生命周期和语义各不相同。目前的处理方法是将领域模型拆分为可以远程访问的 API 端点(例如通过一系列微服务对外公开)。这种方案表明，相关实体应该划分为多个 API 端点和操作——可以考虑使用 HTTP 资源(公开统一的 POST-GET-PUT-PATCH-DELETE 接口)、Web 服务端口类型及其操作、gRPC 服务和方法等。API 客户端希望在 API 边界内部和跨 API 边界跟踪资源之间的关系，以满足自身的信息和集成需求。为此，设计时工件和这些工件的运行时实例必须准确地指向资源，避免出现名称方面的歧义或错误。

如何在设计时和运行时区分 API 元素？

需要进行标识的 API 元素包括端点、操作以及请求消息和响应消息中的表示元素。某些 API 元素可能已经遵循领域驱动设计的原则进行设计。

如何在进行领域驱动设计时标识 PUBLISHED LANGUAGE 对应的元素？

在处理这些标识问题时，必须满足以下非功能性要求。

- **工作量与稳定性**：许多 API 采用纯字符串作为逻辑名称。这种本地标识符很容易创建，但是在最初定义的作用域之外使用时也许会产生歧义(当客户端使用多个 API 时就会出现这种情况)，因此可能需要修改名称以避免混淆。全局标识符的作用域比本地标识符更大，但是需要采取一些措施来协调和维护地址空间。无论使用本地标识符还是全局标识符，命名空间的设计都应该仔细斟酌并做到目标明确。一旦需求发生变化，则可能需要重新命名元素，API 版本的向后兼容性也可能遭到破坏。倘若如此，某些名称也许不再具有唯一性，从而引起命名冲突。

- **机器可读性和人类可读性**：使用标识符的人类用户包括开发人员、系统管理员以及系统和流程保证审计员。对人类用户来说，逻辑结构清晰或具有自解释性的长标识符比经过加密或编码的短标识符更容易理解。但是，人类用户往往不愿意阅读整个标识符。例如，查询参数和会话标识符主要面向 API 实现和支持性基础设施，而不是 Web 应用程序的最终用户。
- **安全性(保密性)**：在许多应用程序上下文中，应该根本无法猜测实例标识符(至少猜测难度极大)。但是必须有充分的理由证明，确实有必要创建无法伪造的唯一标识符。即使标识符属于需要受到保护的敏感信息，API DESCRIPTION 的测试人员、支持人员以及其他利益相关方也可能希望理解甚至记住它们。

可以将所有相关的有效载荷数据作为 EMBEDDED ENTITY 嵌入主要数据实体，不再使用标识符来引用这些数据。但如果所传输的信息并不是接收者想要的信息，那么就算这种解决方案很简单，也会浪费处理资源和通信资源。此外，在构建复杂、部分冗余的有效载荷时可能也会出现错误。

运行机制

▼

引入具有唯一性的 ID ELEMENT，利用这种特殊类型的 DATA ELEMENT 来标识需要相互区分的 API 端点、操作和消息表示元素。在整个 API DESCRIPTION 和实现过程中，始终以相同的方式使用这些 ID ELEMENT。确定 ID ELEMENT 是全局唯一，还是仅在特定 API 的上下文中有效。

▲

确定在 API 中使用的命名方案，并将其写入 API DESCRIPTION。以下是一些常用的唯一标识方法：

- 许多分布式系统采用数字通用唯一标识符(Universally Unique Identifier，UUID)[Leach 2005]作为 ID ELEMENT。UUID 往往使用 128 位二进制数字。许多编程语言的标准库支持生成UUID。有些资料也把 UUID 称为全局唯一标识符(Globally Unique Identifier，GUID)。
有些云服务提供商通过生成方便人类用户理解的字符串来唯一地标识服务实例(稍后讨论)，请求消息和响应消息也可以使用这些字符串作为 ID ELEMENT。
- 在整体架构中，由较低层(例如操作系统、数据库或消息传递系统)分配的代理键标识符也能起到识别作用。数据库分配的主键就是一种代理键。

ID ELEMENT 模式的实例通常作为 ATOMIC PARAMETER 传输，这些实例也可能成为 ATOMIC PARAMETER LIST 的元素或 PARAMETER TREE 的树叶。API DESCRIPTION 不仅会定义 ID ELEMENT 的范围(本地唯一还是全局唯一)，还会指定 ID ELEMENT 保持唯一性的持续时间。如图 6-5 所示，ID ELEMENT 是一种特殊的 DATA ELEMENT，统一资源标识符(Uniform Resource Identifier，URI)和统一资源名称(Uniform Resource Name，URN)是两种方便人类用户理解的字符串。

请注意，标识符可以既方便人类用户理解，又便于机器处理。如果需要用户输入标识符，那么最好选择一种方案来生成简短且容易发音的标识符。举例来说，不妨借鉴云服务提供商 Heroku 创建的应用程序名称(例如 `peaceful-reaches-47689`)。如果不需要用户输入标识符，则可以考虑使用数字 UUID。举例来说，博客发布平台 Medium 使用混合 URI 作为页面标识符(例如某篇文章的 URI 是 `https://medium.com/olzzio/seven-microservices-tenets-e97d6b0990a4`)。

　　根据安全要求的规定，所有公开的 Id Element(无论是 UUID、方便人类用户理解的字符串还是来自 API 实现的代理键)必须具备随机性和不可预测性。根据开放式 Web 应用程序安全项目(Open Web Application Security Project，OWASP)的建议，应该采用适当的授权机制来保护对已识别元素的访问，以免对象层面的授权遭到破坏[Yalon 2019]。

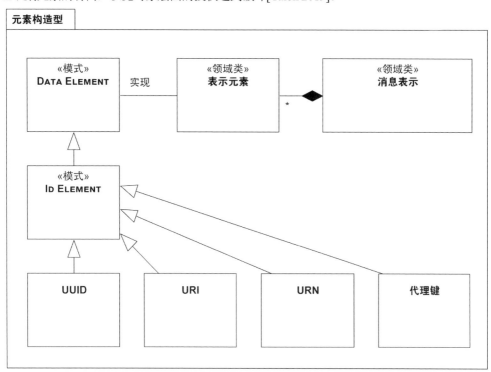

图 6-5　Id Element 包括 UUID、URI、URN、代理键等多种形式

　　举例来说，虽然 URI 具备全局唯一性，但是它可以随着时间的推移而重新分配，然后指向不同的资源或目标(因此，当旧版本的客户端使用这些重新分配的 URI 或处理恢复的备份数据时，可能得到意外的结果)。与使用 URI 相比，使用 URN 有时能收到更好的效果。根据 RFC 2141 规范[Moats 1997]的规定，URN 的语法形式为 `prefix:firstname:lastname`，例如：

```
<URN> ::= "urn:" <NID> ":" <NSS>
```

　　其中<NID>是命名空间标识符，<NSS>是命名空间特定的字符串。URN 的其他示例参见维基百科[Wikipedia 2022e]。

示例

Twitter REST API [Twitter 2022]的 Pagination 游标使用 Id Element，例如 next_cursor：

```
{
    "data": [...],
    "next_cursor": "c-3yvu1pzhd3i7",
    "request": {...}
}
```

如上所示，API 实现在 next_cursor 中加入一个自动生成的标识符：c-3yvu1pzhd3i7。至少在用户会话过期之前，一定要保证这个标识符具有唯一性。此外，务必将 c-3yvu1pzhd3i7 与该用户会话中的下一个游标位置进行关联，并存储关联信息，以确保当用户通过 HTTP GET 方法请求标识符为 c-3yvu1pzhd3i7 的 next_cursor 时能够获得正确的结果。本例还表明，既可以通过空间限制标识符的作用范围，也可以通过时间限制标识符的作用范围。

讨论

Id Element(例如 UUID 和 URN)不仅简短、易于处理，而且具有足够的表达性来标识大型实体集合的成员，还能确保在分布式系统中具有安全性、可靠性和唯一性(前提是采用正确的构建和管理方法)。Id Element 的准确性取决于 ID 生成算法的实现。

创建本地标识符并非难事。对人类用户来说，纯字符串标识符容易处理和比较(例如便于调试)。UUID 难以记忆，也很难手动进行处理，但是仍然比经过哈希算法或生成算法处理的内容(例如可能包含长达数百个字符的访问令牌)更容易处理。系统和系统集成会随着时间的推移而不断发生变化，使用基本的纯字符串字面量作为标识符往往无法满足今后的需要。如果标识符的表达性不够强，那么其他位置就可能出现类似或相同的标识符。

构建标识符的一种简单方法是使用自动递增的数字(例如 sid001、sid002 等)，但是这样处理可能导致信息泄露，而且在分布式环境中保持这些数字的唯一性也很困难，会带来安全方面的风险(稍后讨论)。

在分布式系统中，同一种类型的所有标识符理论上应该采用相同的结构或命名方案。这样一来，就可以简化在事件管理中进行根本原因分析时产生的端到端监控和事件关联。但是在某些情况下，最好针对不同的实体调整命名方案，这种调整有时不可避免(例如受到遗留系统的限制)。换句话说，开发人员在设计标识符时经常需要平衡灵活性与简单性之间的关系。

仅仅使用 UUID 不一定能满足所有需要。UUID 的生成与实现有关，不同的库和编程语言可能采用不同的算法，因此生成的 UUID 也不同。虽然 UUID 的长度一般为 128 位(根据 RFC 4122 规范[Leach 2005]的规定)，但是有些实现遵循一定的规律，因此可能通过蛮力攻击的方式猜测 UUID。这种"可猜测性"是否会对安全构成威胁，取决于项目的背景和要求。所有安全分析和设计活动(例如威胁建模、安全与合规设计、渗透测试、合规审计)都必须把 Id Element 纳入考虑[Julisch 2011]。

当多个系统和组件集成在一起以实现 API 时，如果选择来自较低逻辑层(例如数据库)的代理键作为 API 层面的 ID ELEMENT，则很难保证这些代理键具有唯一性，而且还会带来安全方面的问题。此外，由于实现层面的代理键会使各个使用者与数据库形成紧密耦合的关系，因此即使从备份中恢复数据库，也不能更改相应实体的数据库键。

相关模式

ID ELEMENT 可以作为 ATOMIC PARAMETER 传输，也可以是 PARAMETER TREE 的一部分。API KEY 和 VERSION IDENTIFIER 相当于特殊类型的标识符。MASTER DATA HOLDER 的生命周期较长，因此往往需要采用稳定可靠的识别方案。一般来说，OPERATIONAL DATA HOLDER 也有独特的识别方式。REFERENCE DATA HOLDER 返回的数据元素可以作为 ID ELEMENT，例如用于标识城市(或城市不同区域)的邮政编码。LINK LOOKUP RESOURCE 可能收到包含 ID ELEMENT 的请求消息，并返回包含 LINK ELEMENT 的响应消息。DATA TRANSFER RESOURCE 通过使用本地唯一或全局唯一的 ID ELEMENT 来定义传输单元或存储位置，云存储产品就采取了这种设计方案。例如，Amazon S3 使用 URI 来标识存储桶(bucket)。

本地标识符难以完全实现成熟度达到三级的 REST。如果发现普通或结构化的全局标识符无法满足需要，那么可以像 LINK ELEMENT 那样改用绝对 URI。LINK ELEMENT 不仅支持通过网络远程引用 API 元素，而且能够确保这些引用具备全局唯一性。LINK ELEMENT 通常用于实现 LINKED INFORMATION HOLDER。

相关模式包括"关联标识符"、"返回地址"、"声明标签"(Claim Check)中使用的键以及"格式标识符"模式[Hohpe 2003]。在应用这些模式(它们的使用上下文不同)时，也需要创建唯一标识符。

延伸阅读

"Quick Guide to GUIDs"[GUID 2022]一文深入讨论了 GUID 及其优缺点。

《分布式系统原理与范型》(*Distributed Systems: Principles and Paradigms*)[Tanenbaum 2007]一书概括介绍了命名、识别和寻址方法。RFC 4122 规范[Leach 2005]定义了随机数生成采用的基本算法。XML 命名空间和 Java 包名起到标识作用，二者具有分层结构和全局唯一性[Zimmermann 2003]。

6.2.4　LINK ELEMENT 模式

应用场景

领域模型由多个相关元素构成，这些元素的生命周期和语义各不相同。根据当前的 API 设计，领域模型中的各个实体应该单独进行包装和映射，而不是作为一个整体对外公开。

API 客户端希望了解元素之间的关系，并调用其他 API 操作，以满足自身的整体信息和集成需求。例如，按照元素关系进行操作可以定义由 PROCESSING RESOURCE 提供的下一个处理步骤，也有助于提供在集合报告或概览报告中出现的关于 INFORMATION HOLDER RESOURCE 内容的更多详情。为了执行下一个处理步骤，仅仅提供 ID ELEMENT 还不够，必须明确指定该步骤的调用地址[1]。

▼

如何在请求消息和响应消息的有效载荷中引用 API 端点和操作，以便远程调用这些端点和操作？

▲

更具体来说：

▼

请求消息和响应消息如何包含全局唯一、可通过网络访问的 API 端点指针及其操作？客户端如何利用这些指针来控制提供者端的状态转换和操作调用排序？

▲

LINK ELEMENT 的要求与同级模式 ID ELEMENT 的要求类似。端点和操作识别应该具备唯一性、容易创建和阅读、稳定性、安全性等特点。使用 LINK ELEMENT 模式时涉及远程访问，因此必须处理失效链接和网络故障问题。

可以使用简单的 ID ELEMENT 来标识相关的远程资源或实体，但是需要进行额外的处理才能将这些标识符转换为网络地址。API 端点既负责分配 ID ELEMENT，也负责管理 ID ELEMENT。如果希望使用本地 ID ELEMENT 作为指针来指向其他 API 端点，则必须将 ID ELEMENT 与目标端点的唯一网络地址组合起来。

运行机制

▼

在请求消息或响应消息中加入 LINK ELEMENT，作为指向其他端点和操作的指针。LINK ELEMENT 是一种特殊类型的 ID ELEMENT，既具备人类可读性和机器可读性，又能通过网络进行访问。根据具体情况，还可以考虑在请求消息或响应消息中加入 METADATA ELEMENT，用来注释和解释关系的性质。

▲

在实现 REST 成熟度达到三级的 HTTP 资源 API 时，根据需要添加元数据以支持超媒体控件。例如，可以添加链接目标资源所支持(并期望)的 HTTP 动词和 MIME 类型。

LINK ELEMENT 模式的实例可作为 ATOMIC PARAMETER 传输，这些实例也可能成为 ATOMIC PARAMETER LIST 的元素或 PARAMETER TREE 的树叶。LINK ELEMENT 在概念层面的实现如图 6-6 所示，其中 HTTP URI 是技术层面的重要组成部分。

---

1 为了通过"超媒体控件"[Webber 2010; Amundsen 2011]实现媒体即应用程序状态引擎(Hypertext as the Engine of Applicantion State, HATEOAS)的 REST 原则[Allamaraju 2010]，就需要使用这样的指针。RETRIEVAL OPERATION 返回的用于查询响应结果的 PAGINATION 也需要包含类似的控制链接。

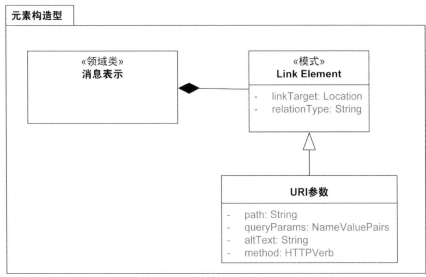

图 6-6　LINK ELEMENT 解决方案

链接既要包含地址(例如 RESTful HTTP 中的 URL)，也要包含在后续 API 调用中使用链接的语义以及会产生哪些后果的信息。

- LINK ELEMENT 是否表示下一个可能或必要的处理步骤(例如长时间运行的业务流程中的处理步骤)？
- LINK ELEMENT 是否支持撤销或补偿之前执行的动作？
- 链接是否指向结果集的下一个片段(例如 PAGINATION 中的页面)？
- 链接是否指向特定项有关的详细信息？
- 能否通过链接跳转到"前所未有的内容"[1]？

在回答这些问题时，通常涉及以下几种语义链接类型。

1. 下一步(next)：使用增量服务类型(例如 PROCESSING RESOURCE)时的下一个处理步骤。
2. 撤销(undo)：在当前上下文中执行的撤销或补偿性操作。
3. 更多(more)：检索更多结果的地址。相当于在结果数据中进行水平移动。
4. 细节(details)：关于链接源的更多信息。相当于在结果数据中进行垂直移动。

有些链接类型已经注册，因此已在一定程度上实现了标准化。例如，请查看互联网编号分配机构(Internet Assigned Numbers Authority，IANA)发布的链接关系类型集合[IANA 2020]，或参考 Mike Amundsen 撰写的 *Design and Build Great Web APIs：Robust，Reliable，and Resilient* [Amundsen 2020]一书。

应用程序级配置文件语义(Application-Level Profile Semantic，ALPS) [Amundsen 2021]可用于定义 Web 连接。Siren [Swiber 2017]是另一种用于表示实体的超媒体规范，采用 JSON 来实现 LINK ELEMENT 模式。以下示例来自 Siren 存储库：

1　https://en.wikipedia.org/wiki/And_Now_for_Something_Completely_Different.

```
{
  "links":[
    {
      "rel":[
        "self"
      ],
      "href":"http://api.x.io/orders/42"
    }
  ]
}
```

当使用 WSDL/SOAP 时，可以利用 Web 服务寻址(WS-Addressing)[W3C 2004]来定义链接；如果数据格式是 XML 而非 JSON，那么 XML 链接语言(XLink)[W3C 2010]可以作为针对特定平台的链接定义方案。

示例

以 Lakeside Mutual 示例应用程序的客户核心 API 为例，分页响应包含大量 LINK ELEMENT，如下代码清单所示：

```
curl -X GET --header 'Authorization: Bearer b318ad736c6c844b' \
http://localhost:8110/customers\?limit\=1
{
  "filter": "",
  "limit": 1,
  "offset": 0,
  "size": 50,
  "customers": [{
    ¡-
    "_links": {
      "self": {
        "href": "/customers/bunlo9vk5f"
      },
      "address.change": {
        "href": "/customers/bunlo9vk5f/address"
      }
    }
  }],
  "_links": {
    "self": {
      "href": "/customers?filter=&limit=1&offset=0"
    },
    "next": {
      "href": "/customers?filter=&limit=1&offset=1"
    }
  }
}
```

在 customers 中，self 链接可用于获取 ID 为 bunlo9vk5f 的客户的更多信息，通过 address.change 可以更改客户的地址信息。在 _links 中，self 和 next 链接分别指向当前分页块和下一个分页块，偏移量分别为 0 和 1。

讨论

像 URI 这样的 LINK ELEMENT 能够准确指向特定的资源。结构合理的 URI 不仅方便人类用户理解，也便于机器进行处理，复杂的 URI 方案则难以维护。如果 URI 方案适用于整个解决方案或整个组织，则可以提高一致性和易用性。使用标准化链接类型(例如 IANA 定义的链接类型)能够增强可维护性，遵循 RFC 8288 规范(定义 Web 链接的规范)[Nottingham 2017]来构建 LINK ELEMENT 同样有助于增强可维护性。仅使用 URI 来标识资源是 REST 的原则之一。通过使用分散式命名解决方案，可以实现全局范围内的可寻址性。

LINK ELEMENT 模式可以为资源提供"全局性、永久、绝对"的标识，代价是导致客户端编程模型更加复杂(但是复杂性增加的同时也能带来很大的灵活性)。从风险和工作量的角度来看，稳定性好、安全性高的 URI 并不容易设计。像 URI 这样的 LINK ELEMENT 可能存在安全方面的威胁，因此必须将 URI 纳入安全设计和测试工作中，以确保无效的 URI 不会导致服务器崩溃，也不会成为攻击者的跳板。

REST 风格本身并不区分 ID ELEMENT 和 LINK ELEMENT。这样处理既有优点(增加易用性并保证可寻址性)，也有缺点(很难更改 URL)。如果在 LINK ELEMENT 中使用 URI，那么更改 URI 方案就会面临很大风险，成本也会显著上升(LOOKUP RESOURCE 模式和 HTTP 重定向也许有助于解决这个问题)。在浏览网页时，普通用户可以通过查看当前显示的 HTML 页面来获取链接信息，也可以根据自己对所提供服务的直觉(或查阅服务文档)来获取链接信息。相比之下，API 客户端程序及其开发人员不太容易做到这一点。

如果希望与远程端点(例如 RESTful HTTP 中的资源或 SOAP 操作)进行交互，那么仅仅了解 LINK ELEMENT 并不够，还需要掌握端点的详细信息。以 RESTful HTTP 为例，HTTP 动词、请求参数和响应体的结构对于通信成功与否至关重要。为了简化传输这些详细信息的过程，如果 LINK ELEMENT 指向某项服务，那么应该在该服务的 API DESCRIPTION 中定义这些详细信息；此外，也可以在运行时将它们加入 METADATA ELEMENT。

相关模式

ID ELEMENT 是 LINK ELEMENT 的一种相关模式，可以确保在 API 内部引用的元素具有唯一性。ID ELEMENT 不包含可以通过网络访问的地址(因此这些地址并非全局唯一)。通常情况下，ID ELEMENT 也不包含 LINK ELEMENT 提供的语义类型信息。LINK ELEMENT 和 ID ELEMENT 都能与 METADATA ELEMENT 一起使用。

LINK ELEMENT 经常用于实现 PAGINATION，还可用于组织基于超媒体的状态传输。STATE CREATION OPERATION 和 STATE TRANSITION OPERATION 既可能返回本地有效的 ID ELEMENT，也可能返回全局有效的 LINK ELEMENT。在实现分布式业务流程时，使用 LINK ELEMENT 也许有所帮助(或不可或缺)，原因在于 LINK ELEMENT 可以协调由一个或多个 PROCESSING RESOURCE 公开的一组 STATE TRANSITION OPERATION(这种高级用法在第 5 章讨论前端 BPM 和 BPM 服务时有所提及)。

《服务设计模式》[Daigneau 2011]一书介绍的"关联服务"涵盖一个相关的概念，即 LINK ELEMENT 的目标。"A Pattern Language for RESTful Conversations"[Pautasso 2016]一文致力于探讨 RESTful 集成采用的相关模式，包括"通过超链接实现客户端导航""长时间运行的请求"和"资源集合遍历"。

延伸阅读

建议从 Mike Amundsen 在 2013 年 QCon 全球软件开发大会上发表的演讲"Designing & Implementing Hypermedia APIs"[Amundsen 2013]入手研究链接。API Academy 的 GitHub 存储库[API Academy 2022]提供了大量示例。

《RESTful Web Services Cookbook 中文版》[Allamaraju 2010]一书的第 5 章介绍了使用 Web 链接的八个诀窍(例如，5.4 节围绕如何分配链接关系类型展开讨论)，第 4 章提供的建议有助于设计 URI。针对成熟度达到三级的 HTTP 资源 API，*Build APIs You Won't Hate* [Sturgeon 2016b]一书的第 12 章讨论了 LINK ELEMENT。

ALPS 规范还涉及链接表示，相关讨论参见 *Design and Build Great Web APIs* [Amundsen 2020]一书。RFC 6906 规范[Wilde 2013]定义了名为"配置文件"(profile)的链接关系类型，另一份名为"JSON 超文本应用语言"的 RFC 草案提出了一种用于实现链接关系的媒体类型。此外，Level 3 REST 网站[Bishop 2021]提出的配置文件和模式可用于实现 HTTP LINK ELEMENT。

超文本应用语言(Hypertext Applicantion Language，HAL)、Hydra [Lanthaler 2021]、JSON-LD、Collection+JSON、Siren 等库和表示法都能用于实现链接元素的概念。相关讨论可参考 Kai Tödter 发表的演讲"RESTful Hypermedia APIs"[Tödter 2018]和 Kevin Sookocheff 撰写的文章[Sookocheff 2014]。

6.3　特殊用途的表示元素

在 API 设计中，有些元素构造型十分常见或非常复杂，因此需要使用专门的模式进行处理。例如，从消息表示的角度来看，API KEY 只是一种基本的 METADATA ELEMENT，但是在将其用于安全环境时会带来一些独特的问题，需要采取措施加以解决。此外，ERROR REPORT 和 CONTEXT REPRESENTATION 都包括一个或多个表示元素。本节讨论的这三种模式(API KEY、ERROR REPORT、CONTEXT REPRESENTATION)还有一个共同点，那就是注重提高 API 的质量(第 7 章将继续深入讨论这方面的话题)。

有人可能会问，既然本章致力于讨论消息表示的设计，为什么还要介绍安全方面的考虑因素呢？虽然安全问题不是本章的核心内容，但我们之所以要介绍 API KEY，是因为它在各种 API 中得到了广泛应用。安全性是一个包罗万象、十分重要的话题，通常需要采用更复杂的安全设计方案，API KEY 只是其中之一。本章末尾会提供相关信息的链接供读者参考。

6.3.1　API KEY 模式

应用场景

API 提供者仅向已经注册的订阅用户提供服务。一个或多个 API 客户端已完成注册，并希望使用这些服务。在实施 RATE LIMIT 或 PRICING PLAN 之前，需要确定客户端的身份。

▼

API 提供者如何识别并验证 API 客户端及其请求？

◄

在 API 提供者端进行客户端的识别和验证时，会遇到许多问题：

- 如果既不存储也不传输用户账户凭据，那么客户端程序怎样向 API 端点证明自己的身份？
- 如何确保客户端可以独立地进行身份验证，而不受所属组织和程序用户的影响？
- 如何根据不同的安全重要性实现不同级别的 API 身份验证？

安全要求与其他质量属性相互抵触：

- API 端点如何识别和验证客户端的身份，同时不会降低 API 的易用性？
- 如何在保护端点安全的同时尽量减少对性能的影响？

例如，Twitter API 提供了一个用于更新用户状态(发送推文)的 API 端点，只有经过识别并通过身份验证的用户才能执行更新操作，而且操作对象仅限于自己的账户。

- **建立基本安全性**：为订阅客户端提供服务的 API 需要将自己收到的请求与相应的客户端关联起来，但不是所有 API 端点和操作都有相同的安全要求。举例来说，API 提供者可能只是希望限制客户端请求 API 的次数(RATE LIMIT)，这需要进行某种身份验证，但不需要引入复杂的高级安全功能。
- **访问控制**：由客户控制哪些 API 客户端可以访问服务。不一定需要为所有 API 客户端分配相同的权限，因此应该针对各个客户端实行细粒度的权限控制。
- **避免存储或传输用户账户凭据**：API 客户端可以在每次发送请求时附上用户账户凭据(例如用户标识符和密码)来证明自己的身份，这种验证可以通过基本 HTTP 身份验证完成[1]。问题在于，用户账户凭据不仅用于 API 访问，还用于账户管理(例如更改付款详情)。无论是通过非加密通道传输这些敏感的凭据，还是将它们作为 API 配置的一部分存储在服务器中，都会带来严重的安全隐患。如果攻击者成功获得客户端账户的访问权限，从而可以访问计费记录或其他用户相关信息，那么攻击造成的后果将更加严重。
- **使客户端与所属的组织脱钩**：外部攻击可能造成严重威胁。如果把用户账户凭据作为 API 安全手段，那么内部员工(例如系统管理员和 API 开发人员)就会获得全部账户访问权限，但是没有必要给予他们这样的权限，以免带来安全风险。解决方案需要区分两

---

[1] RFC 7617 规范[Reschke 2015]定义的"基本"(Basic)方案是一种"身份验证方案，它将用户标识和密码作为一对凭据进行传输，并使用 Base64 进行编码"。

类用户，一类是负责管理和支付账户的团队，另一类是负责配置客户端程序的开发和
运维团队。

- **安全性与易用性**：通过采取各种措施，API 提供者希望客户能够迅速、顺利地开始使用
  自己提供的服务。如果强制客户端使用复杂且可能烦琐的身份验证方案，则可能降低
  客户端使用 API 的积极性。例如，SAML[1]提供强大的认证功能，但是配置相对复杂。
  采用哪种方案更合适，很大程度上取决于 API 的安全需求。
- **性能**：在保护 API 的同时，基础设施的性能可能受到影响：加密请求需要消耗计算资
  源，传输用于身份验证和授权的其他有效载荷也会导致数据量增加。

为了满足信息安全三要素(保密性、完整性、可用性)，有许多应用程序级别的安全解决方
案可供选择。但是对免费的 PUBLIC API 来说，这些解决方案可能增加管理成本并对性能产生负
面影响，因此并不划算。对 SOLUTION-INTERNAL API 或 COMMUNITY API 来说，可以通过在网络
层面使用虚拟专用网(Virtual Private Network，VPN)或双向安全套接层(Secure Sockets Layer，SSL)
来实现安全性，但缺点是应用程序级别的使用场景(例如强制实施 RATE LIMIT)会变得更加复杂。

应用场景

API 提供者为每个 API 客户端分配具备唯一性的令牌(API KEY)，并由客户端提交给
API 端点进行验证。

将 API KEY 编码为 ATOMIC PARAMETER，即单个纯字符串。借助这种具备互操作性的表示，
很容易将密钥添加到请求标头、请求体或 URL 查询字符串中[2]。API KEY 的长度很短，因此在
每个请求中加入 API KEY 所产生的开销几乎可以忽略不计。如图 6-7 所示，API 客户端请求一
个受保护的 API，其中 HTTP 的 `Authorization` 标头包含 API KEY(`b318ad736c6c844b`)。

图 6-7 API KEY 示例：使用持有者认证的 HTTP GET 请求

---

1 SAML [OASIS 2005]是一种由结构化信息标准促进组织(Organization for the Advancement of Structured Information Standards，
   OASIS)制定的标准，用于各方交换身份验证和授权信息。实现单点登录是 SAML 的应用之一。
2 为了安全起见，除非万不得已，否则不建议通过 URL 查询字符串来发送密钥。这是因为日志文件或分析工具通常会显示查询
   字符串的内容，从而影响 API KEY 的安全性。

在实现自定义解决方案之前，开发人员需要检查所用的框架或第三方扩展是否已经提供处理 API KEY 的功能。务必进行自动化集成或端到端测试，以确保只有使用有效的 API KEY 才能访问端点。

API 提供者需要确保生成的 API KEY 唯一且难以猜测。为此，可以使用随机数据来填充序列号(目的是保证唯一性)，并利用私钥进行签名或加密(目的是防止猜测)。另一种方案是根据 UUID [Leach 2005]来生成密钥。由于不需要跨系统同步序列号，因此在分布式环境中使用 UUID 更方便。但是 UUID 不一定具有随机性[1]，因此还需要像序列号方案那样做进一步的混淆处理。

为了确保请求的完整性，API KEY 还可以配合另一把密钥使用。这把密钥由客户端和服务器共享，但是任何情况下都不会通过 API 请求传输。客户端使用该密钥对请求消息进行签名，并将生成的哈希值连同 API KEY 一起发送。提供者根据收到的 API KEY 来验证客户端的身份，并使用共享密钥来计算签名哈希值，然后进行比较。如果二者相同，则证明请求消息没有遭到篡改。例如，Amazon 采用这种非对称加密技术来保护弹性计算云服务(Elastic Compute Cloud，EC2)的访问安全。

示例

如下所示，通过调用 CloudConvert API 提供的 PROCESSING RESOURCE，可以将 Microsoft Word 中的.docx 文件转换为 PDF 文件。首先，客户端执行 STATE CREATION OPERATION 以创建新的转换过程，然后向提供者通报所需的输入格式和输出格式，这些格式作为请求体包含的两个 ATOMIC PARAMETER 进行传输。接下来，客户端再次执行同一个 API 中的 STATE TRANSITION OPERATION 以提供输入文件：

```
curl -X POST https://api.cloudconvert.com/process \
--header 'Authorization: Bearer gqmbwwB74tToo4YOPEsev5' \
--header 'Content-Type: application/json' \
--data '
{
    "inputformat": "docx",
    "outputformat": "pdf"
}'
```

为了实现计费功能，根据 RFC 7235 规范(定义 HTTP/1.1 身份验证的规范)[Fielding 2014b]，客户端通过将 API KEY(gqmbwwB74tToo4YOPEsev5)加入请求消息的 Authorization 标头中进行传输来证明自己的身份。HTTP 支持各种类型的身份验证方式，本例采用 RFC 6750 规范[Jones 2012]定义的 Bearer 类型。因此，API 提供者可以验证客户端的身份，并从客户端的账户扣款。响应消息包含一个表示了特定流程的 ID ELEMENT，可用于检索转换后的文件。

讨论

API KEY 是一种轻量级的认证方式，某些情况下可以替代完整的身份验证协议。在满足基本安全要求的同时，API KEY 能够最大限度减少管理和通信方面的开销。

---

1 UUID 包括 5 个版本，版本 1 的 UUID 是根据时间戳和硬件地址而生成。RFC 4122 规范[Leach 2005]的"安全注意事项"一节提出警告："不要认为 UUID 很难猜测；例如，UUID 不应该作为安全凭据(只要拥有某种标识符就可以访问某些资源或服务)。"

如果使用 API KEY 作为 API 端点与 API 客户端之间的共享密钥，那么端点就可以识别发送请求的客户端，并利用这些信息进一步对客户端进行身份验证和授权。通过使用单独的 API KEY 代替用户账户凭据，可以区分管理、业务管理、API 使用等不同的客户角色。这样一来，客户端就能创建和管理多个 API KEY(例如，将其用于不同的客户端实现或位置)，并为它们分配不同的权限。如果出现安全漏洞或 API KEY 泄露，那么也可以撤销受影响的 API KEY 并生成新的 API KEY。生成过程独立于客户端账户，不会干扰其他操作。此外，提供者可以提供具有不同权限的多个 API KEY 供客户端选择，或者针对每个 API KEY 提供分析功能(例如执行的 API 调用次数)并设置 RATE LIMIT。API KEY 的长度很短，所以在每个请求中加入 API KEY 不会对性能产生太大影响。

API KEY 属于共享密钥。由于每个请求都包含 API KEY，因此应该仅通过安全连接(例如 HTTPS)进行传输。如果无法做到这一点，则必须采取 VPN、公钥加密等额外的安全措施来保护 API KEY，并满足保密性、不可抵赖性等整体安全要求。配置和使用安全协议以及其他安全措施会产生额外的配置管理开销，对性能也有一定程度的影响。

API KEY 只是一个简单的标识符，不能用于传输附加数据或元数据元素(例如过期时间或授权令牌)。

即使与密钥配合使用，完全依靠 API KEY 进行身份验证和授权也可能无法满足需要或不切实际。此外，API KEY 的主要目的不是用来验证和授权应用程序的用户。考虑一个涉及三方对话的情况，三方分别是用户、服务提供者、希望代表用户与服务提供者进行交互的第三方。用户可能希望将移动应用程序的数据存储在自己的 Dropbox 账户中，但如果用户拒绝与第三方共享 API KEY，则无法使用 API KEY。遇到这种(以及其他许多)情况时，应该考虑改用开放授权 2.0(OAuth 2.0)[Hardt 2012]和开放身份认证连接(OpenID Connect)[OpenID 2021]。

与使用 API KEY 相比，安全性更高的解决方案是使用完整的身份验证或授权协议，其中授权协议提供身份验证功能。Kerberos [Neuman 2005]是一种身份验证协议，通常用于在网络内部提供单点登录功能。如果搭配轻量目录访问协议(Lightweight Directory Access Protocol，LDAP)[Sermersheim 2006]，那么 Kerberos 还可以提供授权功能。LDAP 本身支持授权和身份验证功能。挑战握手身份认证协议(Challenge Handshake Authentication Protocol，CHAP)[Simpson 1996]和可扩展认证协议(Extensible Authentication Protocol，EAP)[Vollbrecht 2004]都属于点对点认证协议。本章末尾将继续讨论这方面的问题。

相关模式

许多 Web 服务器使用会话标识符[Fowler 2002]在多个请求中维护和跟踪用户会话。会话标识符类似于 API KEY，不同之处在于，会话标识符只在单次会话期间使用，会话结束后就被丢弃。

Security Patterns [Schumacher 2006]一书给出了满足信息安全三要素等安全要求的解决方案，并详细分析了它们的优缺点。作为 API KEY 以及其他身份验证方式的补充，可以考虑使用基于角色的访问控制(Role-based Access Control，RBAC)或基于属性的访问控制(Attribute-based Access Control，ABAC)。在使用这些访问控制机制之前，先要实施前文讨论的某种身份验证机制。

延伸阅读

在设计 HTTP 资源 API 的安全解决方案时，建议参考 OWASP API 安全项目[Yalon 2019]和"REST 安全备忘单" [OWASP 2021]。这份备忘单不仅包括 API KEY 方面的内容，而且针对其他安全问题提供了宝贵的信息。

《Web API 设计原则》(*Principles of Web API Design*)[Higginbotham 2021]一书的第 15 章介绍了保护 API 所用的方法。《RESTful Web Services Cookbook 中文版》[Allamaraju 2010]一书的第 12 章专门分析了安全问题，并围绕六个方面展开讨论。"A Pattern Language for RESTful Conversations"[Pautasso 2016]一文介绍了"基本资源身份验证"和"基于表单的资源身份验证"，这两种相关模式适用于 RESTful 环境，可以作为身份验证机制的替代方案。

6.3.2　ERROR REPORT 模式

应用场景

通信参与者必须能够可靠地处理运行时发生的意外情况。如果 API 客户端发起调用 API 的请求，但是 API 提供者无法成功处理该请求就属于意外情况。故障既可能由请求数据有误、应用程序状态无效、访问权限缺失造成，也可能源于客户端、提供者及其后端实现，还可能是因为底层通信基础设施(包括网络和中介)出现问题。

▼

API 提供者如何向 API 客户端通报通信错误和处理故障？如何确保这些信息不依赖于底层通信技术和平台(例如用于表示状态代码的协议级别的标头)？

▲

- **表达性和目标受众的期望**：错误消息的目标受众包括开发团队、运维团队、技术支持团队以及其他支持团队(也包括可能受到影响的中间件、工具和应用程序)。详细的错误消息可以提高可维护性和可演进性。这些消息对错误的描述越详细，开发人员就容易确认问题产生的根本原因，从而减少故障排除所需的时间。但是考虑到目标受众的多样性，设计错误消息时不应该假设使用者端具备特定的上下文、使用场景或技术技能。错误消息既要清楚地传递信息(表达性强)，又不能过于冗长(言简意赅)。如果冗长的解释包含不熟悉的术语，则可能令某些消息接收者感到困惑，并出现"太长不看"的反应。
- **稳健性和可靠性**：无论采用哪种错误报告机制和处理方式，影响决策的主要因素都是希望提高稳健性和可靠性。错误报告必须涵盖各种不同的情况(包括在错误处理和错误报告期间发生的错误)，以协助系统管理和错误修复。
- **安全和性能**：为了便于故障排除，错误代码或错误消息应该提供清晰的信息和有意义的内容，但是绝不能透露提供者端的实现细节，以免危及安全性和数据隐私[1]。如果攻击者能够获得提供者端的实现细节，则可以通过故意制造错误来发起拒绝服务攻击。API 提供者在报告错误时必须考虑性能预算，其中一个原因是确保安全性。提供者端的日志记录和监控也会增加性能(和存储)方面的成本。

1　读者是否还记得，上一次在网页中看到服务器端栈追踪的完整 SQL 异常信息是什么时候？

- **互操作性和可移植性**：需要考虑采用哪种底层技术来传输错误消息。举例来说，如果采用 HTTP，那么合适的响应状态代码有助于其他人或其他系统(例如监控工具)理解错误消息的具体含义。但是不应该把响应状态代码作为传递错误消息的唯一手段，以免出现不必要的紧密耦合。为了实现松耦合，应该保持协议自主性、格式自主性、平台自主性或技术自主性[Fehling 2014]。
- **国际化**：大多数英语国家的开发人员习惯阅读采用英语编写的错误消息。如果最终用户和管理员有阅读这些消息的需求，则需要将它们翻译成其他语言，以实现自然语言支持(Natural Language Support，NLS)和国际化。

运行机制

▼

在响应消息中使用错误代码，以一种简单且便于机器处理的方式指示故障并进行分类。此外，添加错误消息对应的文本描述，供 API 客户端的利益相关方(包括开发人员或管理员等人类用户)使用。

▲

ERROR REPORT 信息的结构类似于 ATOMIC PARAMETER LIST，这个二元组由错误代码(可以采用 ID ELEMENT 的形式)和文本描述构成。ERROR REPORT 的错误代码可以与协议层/传输层的错误代码相同，例如"HTTP 4xx"状态代码。

ERROR REPORT 还可以包含一个相关的 ID ELEMENT，供提供者在内部分析导致请求失败的原因。CONTEXT REPRESENTATION 模式以一种与平台无关的方式实现了这样的设计。时间戳也是 ERROR REPORT 中常见的信息元素之一。

ERROR REPORT 模式对应的解决方案如图 6-8 所示。

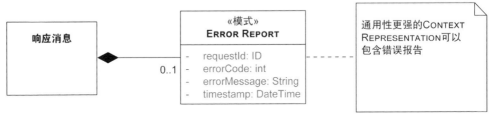

图6-8　ERROR REPORT 模式提供既便于机器处理，又方便人类用户理解的信息(包括溯源元数据)

示例

Lakeside Mutual 的客户在登录自己的账户时需要提供用户名和密码，如下所示：

```
curl -i -X POST \
  --header 'Content-Type: application/json' \
  --data '{"username":"xyz","password":"wrong"}' \
  http://localhost:8080/auth
```

如果用户名或密码不正确，那么 Spring 框架在返回 HTTP 401 错误的同时，还会返回以 JSON

对象表示的详细响应信息。观察以下代码可以看到，状态代码出现了两次，并使用两段文本进行解释：

```
HTTP/1.1 401
Content-Type: application/json;charset=UTF-8
Date: Wed, 20 Jun 2018 08:25:10 GMT

{
  "timestamp": "2018-06-20T08:25:10.212+0000",
  "status": 401,
  "error": "Unauthorized",
  "message": "Access Denied",
  "path": "/auth"
}
```

那么，如果客户端没有指定请求体的内容类型，会出现什么情况呢？

```
curl -i -X POST --data '{"username":"xyz","password":"wrong"}' \
http://localhost:8080/auth
```

遇到这种情况时，提供者将返回相应的错误消息(仍然使用 Spring 框架的默认设置)，如下所示：

```
HTTP/1.1 415
EHDate: Wed, 20 Jun 2018 08:29:09 GMT

{
  "timestamp": "2018-06-20T08:29:09.452+0000",
  "status": 415,
  "error": "Unsupported Media Type",
  "message": "Content type
     'application/x-www-form-urlencoded;
      charset=UTF-8' not supported",
  "path": "/auth"
}
```

从 `message` 给出的信息可知，该端点不支持(默认的)内容类型：`application/x-www-form-urlencoded`。开发人员可以根据需要调整 Spring 框架提供的默认错误报告机制。

讨论

如果 ERROR REPORT 包含错误代码，那么 API 使用者就可以编写代码来处理发生的错误，并为最终用户提供易于阅读的错误消息。比起协议级别或传输级别的错误代码，以文本形式呈现的错误消息可以更详细地解释错误原因。详尽的 ERROR REPORT 还可以提供解决问题的线索，这些线索类似于求助者在拨打紧急求救电话时提供的信息：姓名、位置、时间以及事件描述。

与简单的数字错误代码相比，详细的文本错误消息更容易意外暴露提供者端的实现细节或其他敏感数据。例如，报告用户登录失败的错误消息不应该透露所用的用户 ID(例如电子邮件)是否对应于某个有效的账户，以减少蛮力攻击的影响。如果人类用户需要阅读文本错误消息，那么可能还要对其进行国际化处理。

明确的错误报告机制有助于提高可维护性和可演进性。ERROR REPORT 对错误的描述越详细，开发人员就越容易确认问题出在哪里，故障排除的效率也越高。就这一点而言，比起简单的协议级别的错误代码，使用 ERROR REPORT 模式的效果更好。ERROR REPORT 还能促进协议自主性、格式自主性和平台自主性，因此具备更好的互操作性和可移植性。然而，更详细的错误消息可能泄露安全方面的敏感信息。一旦这些与系统内部有关的详细信息泄露，就可能成为心怀恶意者实施攻击的跳板。

除了使用与传输协议无关的有效载荷 ERROR REPORT 之外，依然可以继续使用传输级别的错误代码。与预定义的传输级别的错误类别集合相比，有效载荷 ERROR REPORT 能够提供更详细、更具体的错误描述。建议遵循基本的关注点分离原则，即使用传输级别的代码来报告通信方面存在的问题，而使用有效载荷来报告应用程序/端点处理方面存在的问题。

如果 API 支持多语言(国际化)，那么人类用户可能认为，根据错误消息就能理解导致错误产生的原因，不再需要使用错误代码。但如果没有错误代码，那么非人类用户就必须解析错误消息以找出问题所在。因此，错误报告仍然应该提供便于机器处理的错误代码，这样处理还能确保客户端开发人员可以修改向人类用户显示的消息。

如果在处理 REQUEST BUNDLE 时发生错误，那么最好同时报告每个条目以及整个 REQUEST BUNDLE 的错误状态或成功情况。有多种方案可供选择，其中一种方案是将整个请求批次的错误报告与由各个错误报告(可通过请求 ID 访问)构成的关联数组组合在一起。

相关模式

在响应消息中，ERROR REPORT 可以作为 CONTEXT REPRESENTATION 的一部分。ERROR REPORT 可能包含 METADATA ELEMENT，这些 METADATA ELEMENT 指示了接下来可能采取的措施(规避所报告的问题还是直接解决问题)。

Remoting Patterns [Voelter 2004]一书提出的 REMOTING ERROR 模式是对 ERROR REPORT 模式的扩展，提供了更底层的错误报告机制，侧重于处理分布式系统中间件所涉及的错误。

为了提高 API 实现的稳健性和弹性，错误报告机制至关重要，但是完整的解决方案还需要其他模式予以配合。举例来说，《发布！软件的设计与部署》[Nygard 2018a]一书首次提出"断路器"模式，《企业集成模式》[Hohpe 2003]一书讨论的系统管理类别包括"死信通道"(DEADLETTER CHANNEL)等相关模式。

延伸阅读

Build APIs You Won't Hate [Sturgeon 2016b]一书的第 4 章详细介绍了 RESTful HTTP 环境中使用的错误报告机制。

关于生产就绪性的基本原则，请参阅 *Production-Ready Microservices:Building Standardized Systems across an Engineering organization* [Fowler 2016]一书。

6.3.3 CONTEXT REPRESENTATION 模式

应用场景

已定义 API 端点及其操作。API 客户端与 API 提供者之间需要交换上下文信息，包括客户端位置、其他 API 用户配置文件数据、构建 WISH LIST 的偏好等。此外，用于对客户端身份验证、授权和计费的凭据进行的服务质量控制，它们也属于上下文信息。这些凭据既可以是 API KEY，也可以是 JSON Web 令牌(JSON Web Token,JWT)。

在不依赖任何特定远程协议的情况下，API 使用者和提供者怎样交换上下文信息?

应用层协议(例如 HTTP)和传输层协议(例如 TCP)都是重要的远程协议。在讨论 CONTEXT REPRESENTATION 模式时，我们假设尚未决定采用哪种具体的协议，但是已经明确需要提供某种程度的服务质量保证。

API 客户端与 API 提供者之间的交互可能是对话的一部分，并由多个相关的操作调用组成。提供者也可以充当客户端，(在其实现中)使用其他 API 提供的服务来创建操作调用序列。上下文信息中包含的某些内容可能仅适用于单个操作，有些内容则可能属于共享信息，并在对话过程中从一个操作调用移交给另一个操作调用。

在对话过程中，如何确保后续请求能够处理并使用先前请求中包含的身份信息和质量属性?

- **互操作性和可修改性**：无论是客户端向提供者发送的请求消息，还是提供者向客户端返回的响应消息，都可能经过多个计算结点，并在传输过程中使用不同的通信协议。在分布式系统中，很难保证使用者与提供者之间交换的控制信息能够顺利通过各种中介(包括网关和服务总线)。进行底层协议切换时，确保控制信息不被修改并不容易。随着协议的发展，预定义协议标头的结构和语义可能发生变化。可修改性属于可维护性方面的问题，不仅与业务领域有关，而且与平台技术有关。我们尤其关心可升级性，对上下文信息进行集中管理还是分散管理的决策可能会影响可升级性。
- **对不断发展的协议的依赖性**：分布式系统和软件工程的历史表明，协议和格式一直在变化(也有少数例外，例如 TCP 自诞生之日起就保持相对稳定)。以物联网为例，除了使用 HTTP，物联网也会使用消息队列遥测传输(Message Queuing Telemetry Transport, MQTT)等轻量级的消息传递协议。通过使用特定于协议的标头，API 客户端和提供者的开发人员能够完全控制传输过程中发生的情况，而且不必自行编写代码来管理服务质量属性的传输和使用，但代价是产生更多依赖性，相关的学习成本也会增加。在 API 的演进过程中，如果一种协议被另一种协议所取代，则需要增加额外的维护工作来移植 API 实现。

为了促进协议独立性和平台无关设计，某些情况下最好不要使用底层通信协议提供的默认标头和标头扩展功能。

- **开发者生产力(控制 VS 便利性)**：并非所有 API 客户端和提供者都有相同的集成要求，也不能指望所有程序员都是协议、网络或远程通信方面的专家[1]。因此，在定义和传输服务质量信息以及其他形式的控制元数据时，需要在控制与便利性之间找到平衡：使用协议标头很方便，可以利用特定于协议的框架、中间件和基础设施(例如负载均衡器和缓存)，但是该方法会把控制权交给协议的设计人员和实现人员；自定义方法可以最大限度增强控制力，但是会导致开发和测试的工作量增加。

- **客户端及其需求的多样性**：当不同的客户端在不同的场合(可能在不同的情况和不同的时间)使用 API 提供的服务时，需要将需求抽象为一般性的概念，并引入一些变化性因素。这种情况下，可能需要用到应用程序级别和基础设施级别的客户端上下文信息，以便根据客户端的具体要求来路由和处理请求、系统性地记录活动以进行离线分析或传输安全凭据。举例来说，根据银行业的规定，银行可能只能在客户所在的国家存储和访问客户数据，所以跨国银行需要确保按照规定来保护数据。为此，可以将客户的国家信息作为上下文，并根据这一信息将所有请求路由到对应的国家客户管理系统实例。

- **端到端安全(跨服务和协议)**：要实现端到端安全，必须在多个结点之间传输令牌和数字签名，这些安全凭据是使用者和提供者需要直接交换的典型元数据。如果安全凭据在传输过程中经过中介和协议端点，则可能破坏所需的端到端安全。

- **在业务领域层面进行(跨调用)的日志记录和审计**：当用户请求到达大型分布式系统(例如多层企业应用程序)的第一个接触点时，通常会生成一个业务事务标识符，所有发送给后端系统的后续请求都会包含这个 ID ELEMENT，从而形成对用户请求的完整审计跟踪。例如，Cisco 发布的 API 设计指南提出了一种自定义的 HTTP 标头：`TrackingID` [Cisco Systems 2015]。如果所有消息交换都采用 HTTP，那么使用 `TrackingID` 能够很好地跟踪用户请求；但如果调用层次结构中发生了协议切换，则需要考虑如何确保 `TrackingID` 在不同协议之间的有效性。

运行机制

在请求消息或响应消息中，将携带所需信息的全部 METADATA ELEMENT 进行合并和分组，形成一个自定义的表示元素，然后将这个单一的 CONTEXT REPRESENTATION 置于消息负载(而不是协议标头)中进行传输。

通过相应地构建 CONTEXT REPRESENTATION，将对话中的全局上下文和本地上下文区分开来。将整合后的 CONTEXT REPRESENTATION 元素置于某个位置并进行标记，以方便对其进行查找并与其他 DATA ELEMENT 区分开来。

---

1 尽管如今经常能听到"全栈开发人员"的概念。

CONTEXT REPRESENTATION 模式可以通过定义 PARAMETER TREE 来实现，该 PARAMETER TREE 封装有构成自定义 CONTEXT REPRESENTATION 的 METADATA ELEMENT。解决方案如图 6-9 所示 (UML 类图)。就所定义的 PARAMETER TREE 结构而言，(嵌套层级和元素基数的)复杂性保持在中低等水平。虽然很多情况下会选择 PARAMETER TREE 来实现 CONTEXT REPRESENTATION 模式，但如果只需要处理数字或枚举类型的输入(例如商城 API 中提供的关键字分类器或产品代码)，那么也可以考虑使用简单的 ATOMIC PARAMETER LIST。

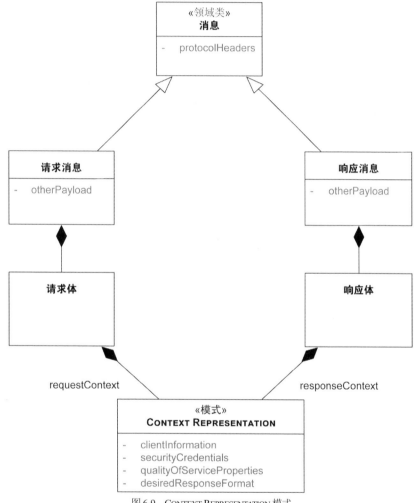

图 6-9　CONTEXT REPRESENTATION 模式

在请求消息和响应消息中，无论是优先级分类器、会话标识符、关联标识符，还是用于协调和关联的逻辑时钟值和定时器，都属于 METADATA ELEMENT。位置数据、本地设置、客户端版本、操作系统要求(以及其他指标)也属于请求的上下文信息。

为了方便查找、理解和处理 CONTEXT REPRESENTATION,API 的所有操作应该使用相同的结构和位置。如果不同端点操作对应的上下文信息存在显著差异,那么可以通过使用抽象–精化层次结构来模拟共性和变化。另一种方案是使用可选字段和默认值(但是会增加开发和测试的工作量)。

变体 某些情况下,API 提供者只在内部处理一部分上下文信息,而将其他上下文信息传递到后端系统(此时 API 提供者扮演客户端的角色)。有些上下文信息可能仅与当前调用相关,而有些上下文信息则用于协调对同一 API 端点进行后续调用。

因此,CONTEXT REPRESENTATION 模式包括两种变体:一种是(在对话过程中使用的)GLOBAL CONTEXT REPRESENTATION,另一种是 LOCAL CONTEXT REPRESENTATION。API 设计人员通常会努力减少 API 的通信次数,但是某些情况下仍然需要调用多项操作。为此,可以采用嵌套调用的方式,例如微服务 A 调用微服务 B,而微服务 B 又调用微服务 C。如果层次结构很深,则难以实现端到端的可靠性、可理解性和性能——当进行同步调用时,情况会更加糟糕。有时候,可能需要按照特定的顺序来调用服务。举例来说,为了实现复杂的业务流程或登录过程,先要获取授权令牌,然后再调用业务操作。无论是哪种情况,都有必要将上下文信息传递给后续的 API 调用,例如在创建用户凭证(或令牌)后将其传递给后续的 API 调用。为了确保请求授权的正确性,可能需要将业务流程标识符(ID)或原始事务委托给在调用层次结构中处于更深层次的服务。借助这种上下文的传递,整个对话过程中进行的跟踪和日志记录都能受益。

操作调用嵌套如图 6-10 所示。

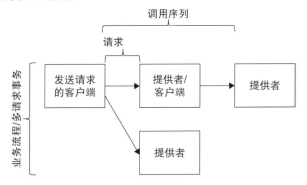

图 6-10 API 提供者也能充当 API 客户端来请求上下文信息

当根据需要共享上下文信息时,上下文具有不同的范围,可以分为本地上下文和全局上下文。本地上下文包括消息 ID、用户名、消息存活时间等信息,仅在当前请求的范围内有效;全局上下文包括在嵌套操作调用或长期业务流程中需要共享的信息,其有效时间超过单个请求的有效时间。如前所述,无论是跨多个调用授权的身份验证令牌、全局事务还是业务流程标识符,都属于全局上下文中包含的典型上下文信息。相关示例参见图 6-11。

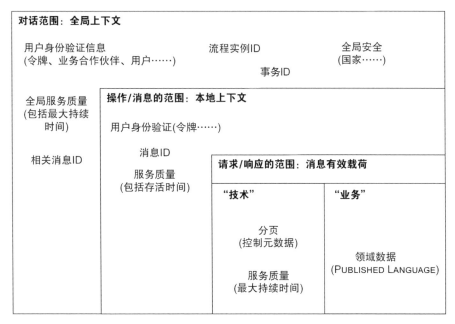

图6-11 上下文范围：全局上下文(在整个对话过程中有效)和本地上下文(仅在操作或请求/响应的范围内有效)

这种将分布式通信参与者共享的上下文划分为本地上下文(仅在特定的操作或消息中有效)和全局上下文的做法，对于推断利益相关方和上下文信息的生命周期大有裨益。由于全局上下文采用标准化结构，加之信息处理具有重复性，因此一般通过应用程序级别的中介(例如负责验证、转换或路由请求的 API 网关)进行处理。此外，库和框架组件(例如应用程序服务器提供的注解处理器)也能处理全局上下文。与全局上下文不同，先由库或框架在 API 实现级别处理本地上下文中包含的信息(例如，服务器端对 HTTP 的支持和像 Spring 这样的容器框架)，再由 API 提供者实现来分析和处理消息有效载荷。

示例

观察以下服务契约对应的代码片段可以看到，getCustomerAttributes 操作的请求消息有效载荷中有一个名为RequestContext 的自定义 CONTEXT REPRESENTATION。RequestContext 使用构造型<<Context_Representation>>进行修饰，因此在请求有效载荷中十分显眼。本例采用的 API 契约表示法为微服务领域特定语言(Microservice Domain Specific Language，MDSL)，MDSL 的简单介绍和参考资料参见附录C：

```
API description ContextRepresentationExample

data type KeyValuePair P // not specified further
data type CustomerDTO P // not specified further

data type RequestContext {
    "apiKey":ID<string>,
```

```
    "sessionId":D<int>?,
    "qosPropertiesThatShouldNotGoToProtocolHeader":KeyValuePair*}

endpoint type CustomerInformationHolderService
  exposes
    operation getCustomerAttributes
      expecting payload {
       <<Context_Representation>> {
          "requestContextSharedByAllOperations": RequestContext,
          <<Wish_List>>"desiredCustomerAttributes":ID<string>+
       },
       <<Data_Element>> "searchParameters":D<string>*
      }
      delivering payload {
       <<Context_Representation>> {
         <<Metadata_Element>> {
           "billingInfo": D<int>,
           "moreAnalytics":D},
         <<Error_Report>> {
           "errorCode":D<int>,
           "errorMessage":D<string>}
       }, {
       <<Pagination>> {
         "thisPageContent":CustomerDTO*,
         "previousPage":ID?,
         "nextPage":ID?}
       }
      }
```

在 RequestContext 中，apiKey 是 API KEY；sessionId 是 ID ELEMENT，由提供者在客户端成功通过身份验证后生成；qosPropertiesThatShouldNotGoToProtocolHeader 支持添加其他能够自由定义格式的标头。getCustomerAttributes 操作的响应消息有效载荷再次使用了 CONTEXT REPRESENTATION 模式。请注意，该示例还涉及其他三种模式，它们是 WISH LIST、ERROR REPORT 和 PAGINATION。

当采用 MDSL 编写的契约转换为 OpenAPI 时，上述示例可以改用 YAML 编写，如下所示：

```
openapi: 3.0.1
info:
  title: ContextRepresentationExample
  version: "1.0"
servers: []
tags:
- name: CustomerInformationHolderService
  externalDocs:
```

```
      description: The role of this endpoint is not specified.
      url: ""
paths:
  /CustomerInformationHolderService:
    post:
      tags:
      - CustomerInformationHolderService
      summary: POST
      description: POST
      operationId: getCustomerAttributes
      requestBody:
        content:
          application/json:
            schema:
              type: object
              properties:
                anonymous1:
                  type: object
                  properties:
                    requestContextSharedByAllOperations:
                      $ref:'#/components/schemas/RequestContext'
                    desiredCustomerAttributes:
                    minItems: 1
                      type: array
                      items:
                        type: string
                searchParameters:
                  type: array
                  items:
                    type: string
      responses:
        "200":
          description: getCustomerAttributes successful execution
          content:
            application/json:
              schema:
                type: object
                properties:
                  anonymous2:
                    type: object
                    properties:
                      anonymous3:
                        type: object
                        properties:
                          billingInfo:
```

```
                                  type: integer
                                  format: int32
                          moreAnalytics:
                                  type: string
                    anonymous4:
                      type: object
                      properties:
                        errorCode:
                            type: integer
                            format: int32
                        errorMessage:
                            type: string
                anonymous5:
                  type: object
                  properties:
                    anonymous6:
                      type: object
                      properties:
                        thisPageContent:
                          type: array
                          items:
                            $ref: "#/components\
                                    /schemas/CustomerDTO"
                        previousPage:
                          type: string
                          format: uuid
                          nullable: true
                        nextPage:
                          type: string
                          format: uuid
                          nullable: true
  components:
    schemas:
      KeyValuePair:
        type: object
      CustomerDTO:
        type: object
      RequestContext:
        type: object
        properties:
          apiKey:
            type: string
          sessionId:
            type: integer
            format: int32
```

```
      nullable: true
    qosPropertiesThatShouldNotGoToProtocolHeader:
      type: array
      items:
        $ref: '#/components/schemas/KeyValuePair'
```

可以看到，根据 MDSL 规范生成的 OpenAPI 规范要长得多。

讨论

通过使用 CONTEXT REPRESENTATION 模式，可以将上下文 METADATA ELEMENT 从协议标头移至有效载荷，并集中放置和管理。CONTEXT REPRESENTATION 可能包含与运行时服务质量(例如优先级分类器)有关的信息，请求消息中的 CONTEXT REPRESENTATION 通常包含控制元数据和溯源元数据。响应消息中也可以包含聚合元数据(例如结果计数)，但是这种情况不太常见。

通过将控制信息和其他元数据以标准形式纳入有效载荷，API 客户端和提供者得以保持独立，并且不会因为底层协议或技术(例如普通 HTTP、AMQP、WebSocket 或 gRPC)的变化而受到影响，从而避免了对单一协议标头格式(及其协议支持)的依赖。如果单个请求在传输过程中通过网关或代理，那么原始协议标头信息可能会由于协议切换而丢失或遭到修改。举例来说，gRPC-Gateway 项目[gRPC-Gateway 2022]生成的反向代理服务器将 RESTful JSON API 转换为 gRPC，并将 HTTP 标头映射到 gRPC 请求标头。即使从一种协议切换到另一种协议，有效载荷中的标头信息也不会发生变化，并最终到达客户端。

通过引入共享或标准化的 CONTEXT REPRESENTATION，可以确保客户端和使用者在整个端点或 API 中获得相似或相同的信息。如果 API 仅使用一种传输协议来传输数据，那么设计和处理自定义的显式 CONTEXT REPRESENTATION 模式需要投入更多精力；相比之下，直接使用传输协议本身提供的上下文传输方式(例如 HTTP 标头)可能更容易。严格遵循协议标准的人士可能认为，在有效载荷中加入自定义标头的做法是一种反模式，表明开发人员对协议及其功能缺乏了解。归根结底，进行 API 设计时，需要在遵循技术建议与控制 API 的发展方向之间进行权衡。

显式 CONTEXT REPRESENTATION 可能导致协议和有效载荷中出现冗余(例如包含重复的状态代码)。某些情况下需要处理由不同原因(无意或有意)造成的差异。举例来说，如果 Web 客户端收到一条 HTTP 状态码为 "200 OK" 的消息，有效载荷却包含了指示请求失败的信息，那么客户端应该如何处理这种矛盾的情况？而如果 HTTP 状态码指示请求失败，有效载荷却包含了指示请求成功的信息，那么客户端又该如何处理？仅仅在有效载荷中直接加入 HTTP 状态代码等标头信息，并没有对底层协议进行任何抽象化处理。为了将这些信息转换为与平台无关、在应用程序层面上有意义的形式，还需要做进一步处理。例如，所有 Web 开发人员都理解 "404" 代码的含义，但是这个状态代码对 Jakarta 消息传递方面的专家来说并没有直接帮助。然而，无论对 HTTP 资源还是对消息队列使用来说，文本消息 "服务端点不可用" 都具有实际的意义。还要注意的是，底层传输协议可能依赖于标头包含的某些信息。但如果在有效载荷中加入这些标头信息然后再传输一次，则会导致产生冗余并增加消息大小。重复传输标头信息可能影响性能，还可能引发不一致性问题。有鉴于此，应该尽量避免出现这种重复的情况。

从短期来看，将上下文信息委托给协议进行处理可能会减轻开发人员的负担；但是从长期来看，由开发人员自己实现 CONTEXT REPRESENTATION 也许有助于提高整体效率。哪种方式更理想，目前尚无定论。大部分工作是(在发送端)收集和存储必要的信息，然后(在接收端)定位和处理这些信息。如果协议库可以提供合适的本地 API，那么开发工作应该不会有太大差别。不是每种协议都支持所有所需的服务质量标头，假如开发人员需要使用这些标头但无法找到相应的协议，他们就必须在 API 中自行实现这些标头。

某些情况下，关注点分离和内聚性(将所有上下文信息集中在一处)这两项原则会相互抵触。建议根据以下问题的答案来做出相关的设计决策：上下文信息的创建者和使用者是谁？创建和使用上下文的时间是什么？数据定义多长时间变化一次？数据量有多大？需要采取哪些措施来保护上下文信息？

相关模式

CONTEXT REPRESENTATION 经常配合其他模式使用。例如，WISH LIST 中的数据请求可以包含在 CONTEXT REPRESENTATION 中(但不作强制要求)。类似地，ERROR REPORT 也可以包含在响应消息上下文中。REQUEST BUNDLE 可能需要用到两种类型的 CONTEXT REPRESENTATION，一种是容器级别的 CONTEXT REPRESENTATION，针对整个 REQUEST BUNDLE；另一种是个体级别的 CONTEXT REPRESENTATION，针对每个单独的请求消息元素或响应消息元素。举例来说，当 REQUEST BUNDLE 中有一个或多个响应发生失败时，可能生成两种类型的 ERROR REPORT：一种是单独的 ERROR REPORT，用于描述每个失败的响应；另一种是汇总的 ERROR REPORT，用于描述整个 REQUEST BUNDLE 中失败的响应。CONTEXT REPRESENTATION 还可以用来传输 VERSION IDENTIFIER。

尽管"前门"(FRONT DOOR)模式[Schumacher 2006]经常用于引入反向代理，但是 API 提供者和客户端不一定愿意由反向代理提供的安全程序对所有标头进行检查。这种情况下，可以考虑使用 CONTEXT REPRESENTATION。"API 网关"(API Gateway)[Richardson 2016]或代理可以充当中介并修改原始请求和响应，但是整体架构会变得更加复杂，管理和演进也更具挑战性。虽然使用 API 网关或代理很方便，但也意味着将控制权拱手让出(或由于依赖性的增加而让出一部分控制权)。

其他几种模式语言使用与 CONTEXT REPRESENTATION 类似的模式。例如，"上下文对象"(CONTEXT OBJECT)模式[Alur 2013]致力于解决如何在 Java 编程环境(而不是远程环境)中存储状态和系统信息，而不受特定协议的限制。又如，"调用上下文"(INVOCATION CONTEXT)模式[Voelter 2004]致力于解决如何在可以根据需要进行扩展的分布式调用中捆绑上下文信息。

每次进行远程调用时，客户端与远程对象之间都会传输调用上下文。"信封包装器"(ENVELOPE WRAPPER)模式[Hohpe 2003]解决了类似的问题，使负责特定传输段的消息基础设施可以处理消息中包含的某些内容。"线路分接器"(WIRE TAP)[Hohpe 2003]是一种系统管理模式，可用于实现所需的审计和日志记录。

延伸阅读

《RESTful Web Services Cookbook 中文版》[Allamaraju 2010]一书的第 3 章给出了两个示例，在 HTTP 的背景下讨论了基于实体标头的替代方案。

针对语言学领域的语境表征，"On the Representation of Context"[Stalnaker 1996]一文进行了概括性介绍。

要想了解更多关于相关模式和其他背景信息的内容，请参见 METADATA ELEMENT 模式。

6.4　本章小结

针对请求消息和响应消息中包含的表示元素，本章分析了它们的结构和含义。元素构造型将表示元素分为数据、元数据、标识符、链接等不同的类型，有些表示元素携带特定类型的信息，有些表示元素则携带常见的信息。

我们重点讨论了 DATA ELEMENT 所代表的数据契约。API 契约公开的数据大多来自 API 实现(例如领域模型实体的实例)。METADATA ELEMENT 是关于数据的数据，旨在提供来源跟踪、统计数据、使用提示等补充信息。ID ELEMENT 是另一种特殊的 DATA ELEMENT，相当于程序设计中的粘合代码，作用是连接、区分和管理 API 的各个部件(例如端点、操作或表示元素)。ID ELEMENT 没有可通过网络访问的地址，通常也不包含语义类型信息。如果需要这些信息，那么可以考虑使用 LINK ELEMENT 模式。所有类型的 DATA ELEMENT 既可以作为 ATOMIC PARAMETER，也可以组合为 ATOMIC PARAMETER LIST，还可以组装成 PARAMETER TREE。INFORMATION HOLDER RESOURCE 端点的读写操作无疑需要用到 DATA ELEMENT，PROCESSING RESOURCE 的输入和输出参数同样需要用到 DATA ELEMENT。METADATA ELEMENT 可以解释 INFORMATION HOLDER RESOURCE 和 PROCESSING RESOURCE 的语义，或便于客户端使用这些资源。API 契约应该定义所有结构方面的考虑因素和 DATA ELEMENT 的属性，并通过 API DESCRIPTION 加以说明。

本章还介绍了三种特殊用途的表示元素。每当需要进行客户端识别时，都可以使用 API KEY。例如，为了实施 RATE LIMIT 或 PRICING PLAN(第 8 章将讨论这两种模式)，确定客户端的身份至关重要。CONTEXT REPRESENTATION 包含并捆绑多个 METADATA ELEMENT 或 ID ELEMENT，通过有效载荷来共享上下文信息是 CONTEXT REPRESENTATION 的特殊用途。ERROR REPORT 可以作为 CONTEXT REPRESENTATION 的一部分。以报告由 REQUEST BUNDLE 引起的错误为例，由于协议级别的标头或状态代码很难模拟所需的摘要-详细结构，因此最好将 ERROR REPORT 纳入 CONTEXT REPRESENTATION。第 7 章将介绍 REQUEST BUNDLE 模式。

安全性是个复杂的问题，涉及众多领域，因此需要采用多种手段加以应对，API KEY 只是其中之一。例如，OAuth 2.0 [Hardt 2012]是一种用于授权的行业标准协议，也是通过 OpenID Connect [OpenID 2021]实现安全身份验证的基础。为了保护 FRONTEND INTEGRATION 的安全，开发人员经常使用 RFC 7519 规范[Jones 2015]定义的 JWT，后者为访问令牌定义了一种简单的消息格式。API 提供者负责创建访问令牌并进行加密签名。提供者有能力验证这种令牌的真实性，并使用它来识别客户端。根据 RFC 7519 规范的规定，JWT 可以包含有效载荷，这一点与 API KEY 有所不同。提供者可在有效载荷中存储供客户端读取的其他信息。除非破坏签名，否则攻击者无法篡改这些信息。

Kerberos [Neuman 2005]是另一项完整的身份验证或授权协议，经常用于在网络内部提供单点登录(身份验证)。如果搭配 LDAP [Sermersheim 2006]，那么 Kerberos 还可以提供授权功能。LDAP 本身也支持身份验证，因此可以用作认证或授权协议。CHAP [Simpson 1996]和 EAP [Vollbrecht 2004]都属于点对点认证协议。SAML [OASIS 2005]也能作为 API KEY 的替代方案，例如在 BACKEND INTEGRATION 中保护后端系统 API 之间的通信。这些替代方案有助于增强安全性，但也意味着实现和运行时的复杂性更高。

《API 安全进阶》(*Advanced API Security*)[Siriwardena 2014]一书深入探讨了如何利用 OAuth 2.0、OpenID Connect、JSON Web 签名(JSON Web Signature，JWS)和 JSON Web 加密(JSON Web Enctyption，JWE)来保护 API 的安全。*Build APIs You Won't Hate* [Sturgeon 2016b]一书的第 9 章围绕身份验证的概念和技术展开讨论，并介绍了 OAuth 2.0 服务器的各种实现方法。OpenID Connect 规范[OpenID 2021]基于 OAuth 2.0 协议，旨在处理用户识别问题。《Web API 设计原则》[Higginbotham 2021]一书的第 15 章给出了为保护 API 而采取的各种措施。

本章讨论的所有模式都适用于任何文本消息交换格式和交换模式。考虑到请求-响应消息交换模式的广泛应用，我们以该模式为例进行讨论。不过就算选择其他消息交换模式，本章讨论的模式也依然适用。虽然这些模式偏重于设计基于服务的系统，但是它们具有一定的通用性，不依赖于任何特定的集成风格或技术。

第 7 章将介绍高级消息结构设计，主要针对如何改善某些质量指标展开讨论。

第 7 章

优化消息设计以改善质量

本章致力于讨论解决 API 质量问题所用的七种模式。可以说，几乎没有 API 设计人员和产品负责人不重视质量问题，他们会思考如何实现直观的可理解性、出色的性能以及平滑的可演进性。然而，任何质量改进都是有代价的——既要付出实际成本(例如开发工作量增加)，又要承担负面后果(例如对其他质量指标产生不利影响)。之所以会出现这种情况，是因为某些期望达到的质量指标相互抵触。改善性能可能会牺牲一部分安全性，提高安全性则可能在一定程度上影响性能，这两方面的权衡几乎人尽皆知。

7.1 节将阐述 API 质量问题的相关性，7.2 节将讨论处理消息粒度采用的两种模式，7.3 节将介绍由客户端决定获取哪些消息内容所用的三种模式，7.4 节将讨论旨在优化消息交换的两种模式。

第 II 部分引言讨论了对齐-定义-设计-完善(Align-Define-Design-Refine，ADDR)过程，本章内容对应于 ADDR 过程的设计阶段和完善阶段。

7.1 API 质量简介

现代软件系统是分布式系统：移动客户端和 Web 客户端与后端 API 服务进行通信，这些服务通常由一个甚至多个云服务提供商进行托管。多个后端也会交换信息，并在彼此之间触发活动。无论采用哪种技术和协议，消息传递都要通过这类系统提供的一个或多个 API 进行。这就对 API 契约及其实现的质量提出了很高要求：API 客户端希望使用可靠性高、响应速度快且具备可伸缩性的 API。

API 提供者必须权衡各种相互抵触的因素，既要提供高质量的服务，又要合理地控制成本。因此，本章介绍的所有模式都有助于解决下面这个主要的设计问题：

如何确保所发布的 API 既能达到一定的质量水平，又能以经济有效的方式利用可用资源？

在 API 开发的早期阶段(尤其是采用敏捷开发方法时)，开发人员可能不会把性能和可伸缩性放在首要位置，甚至完全不考虑这些问题。在这一阶段，开发人员往往无法获得足够的信息来判断客户端如何使用 API，因此很难做出明智的决策。虽然也可以试着猜测客户端的使用场景，但是这种做法既不明智，也有违开发原则(例如 Rebecca Wirfs-Brock 提出的"最负责任时刻"原则[Wirfs-Brock 2011])。

7.1.1　改善 API 质量面临的挑战

API 客户端的使用场景各不相同。对某些客户端有利的变化可能对其他客户端产生负面影响。以移动设备运行的 Web 应用程序为例，如果网络连接不稳定，那么为了在最短时间内完成当前页面的渲染，应用程序也许更愿意使用只提供必要数据的 API。任何经过传输和处理却没有实际使用的数据都会浪费宝贵的电池电量和其他资源。为了生成详细的报告，作为后端服务运行的另一个客户端可能会定期检索大量数据。在客户端与服务器之间的多次交互过程中执行检索操作会增加网络发生故障的概率。一旦网络发生故障，则需要在某个时间点继续生成报告，或重新开始创建报告。如果针对某种用例来设计 API 包含的请求消息或响应消息，那么通过这种方式设计出来的 API 很可能不太适合其他用例。

经过仔细观察，可以发现以下相互抵触的因素和设计问题。

- **消息大小与请求数量**：是交换大量较小的消息好，还是交换少量较大的消息好？有些客户端可能需要发送多条请求消息以获得全部所需的数据，目的是避免其他客户端接收不需要的数据，能否接受这种多次请求数据的处理方式？
- **个体客户端的信息需求**：是否应该优先考虑某些客户端的利益，而不是对所有客户端一视同仁？
- **网络带宽占用与计算资源**：为了节省带宽，是否应该允许 API 端点及其客户端使用更多资源(包括计算结点和数据存储)？
- **实现的复杂性与性能**：是否值得为了减少带宽消耗而牺牲其他方面的性能(例如付出实现更复杂、维护更困难、成本更高的代价)？
- **无状态性与性能**：无状态性可以提高可伸缩性，通过牺牲客户端/提供者的无状态性来改善性能是否值得？
- **易用性与延迟**：是否应该以牺牲 API 的易用性为代价来加快消息交换的速度？

请注意，上面列出的问题并没有涵盖所有可能出现的情况。这些问题的答案取决于 API 利益相关方预期的质量目标以及其他考虑因素。本章讨论的七种模式致力于在特定的场景中提供不同的解决方案。API 不同，其适用的模式也不同。第 3 章的 3.7 节从面向决策的角度概括介绍了这些模式，本章将进行深入探讨。

7.1.2　本章讨论的模式

7.2 节将讨论两种模式：Embedded Entity 和 Linked Information Holder。API 操作提供的 Data Element 经常使用超链接来引用其他元素，客户端可以通过点击这些链接来检索额外的数据。但是这种方式可能单调乏味，因为客户端需要执行更多操作来获取所需的数据，数据获取过程也会变得更慢。而如果提供者直接嵌入引用数据而不仅仅是提供指向这些数据的链接，那么客户端就可以一次性检索所有数据。

7.3 节将讨论三种模式：Pagination、Wish List 和 Wish Template。API 操作有时会返回大量数据元素(例如社交媒体平台的帖子或在线商城的产品)。API 客户端可能对所有数据元素都感兴趣，但不一定需要一次性使用所有数据，也不一定需要一直使用这些数据。Pagination

模式将数据元素划分为若干个组块，每次只发送和接收数据序列的一个子集。这样处理的优点在于，客户端不会因为一次性接收大量数据而不堪重负，性能和资源使用率也能得到改善。API提供者可以通过响应消息返回相对丰富的数据集。如果不是所有客户端一直需要获取全部信息，那么客户端可以通过使用 Wish List 模式精确指定自己对响应数据集中的哪些属性感兴趣。Wish Template 模式同样能够避免获取不必要的信息，但是功能更加强大，因为客户端还可以控制可能包含嵌套结构的响应数据。这三种模式致力于解决信息准确性、数据简约性、响应时间、处理请求所需的计算能力等问题。

7.4 节将讨论两种模式：Conditional Request 和 Request Bundle。本章介绍的其他模式提供了多种用于优化消息内容的方法，目的是避免发送过多的请求或传输未使用的数据。Conditional Request 模式则有所不同，该模式旨在解决重复传输数据的问题，不会发送客户端已经拥有的数据。虽然交换的消息数量保持不变，但是 API 实现可以通过专用的状态代码进行响应，并通知客户端目前没有更新的数据可供使用。请求消息和响应消息的传输数量也会影响 API 的质量。如果客户端需要发送大量较小的请求消息并等待提供者逐一返回响应消息，那么将这些请求消息捆绑为一条较大的消息不仅可以提高吞吐量，还能减少客户端实现的工作量。Request Bundle 模式的作用就在于此。

本章讨论的七种模式以及它们之间的关系如图 7-1 所示。

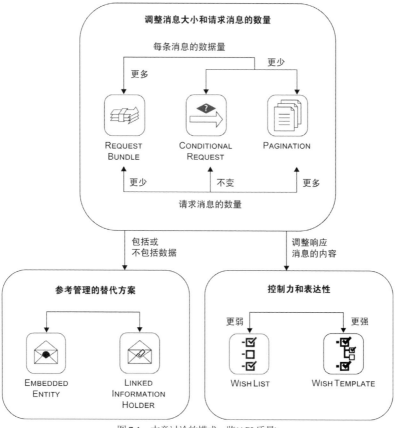

图 7-1　本章讨论的模式一览(API 质量)

7.2 消息粒度

第 1 章在讨论 API 领域模型时曾经介绍过信息元素的概念。请求消息和响应消息表示中的信息元素经常引用其他元素，以表达包含关系、聚合关系或其他关系。举例来说，操作型数据(例如订单和货单)通常与主数据(例如产品和客户记录)关联在一起。定义 API 端点及其操作时，可以通过使用以下两种基本方法公开这些引用。

1. EMBEDDED ENTITY：在消息表示中可能包含嵌套结构的 DATA ELEMENT(参见第 6 章)中嵌入引用数据。

2. LINKED INFORMATION HOLDER：在消息表示中加入 LINK ELEMENT(参见第 6 章)，通过单独调用 INFORMATION HOLDER RESOURCE(参见第 5 章)的 API 来查找引用数据。

调整消息的大小和范围会对 API 质量产生以下影响。

- **性能和可伸缩性**：在整个集成场景中，消息不应该过大，调用次数也不应该过多。携带较多数据的消息便于传输，但是需要时间创建和处理；携带较少数据的消息容易创建，但是传输大量这类消息会加重通信基础设施的负担，接收端也要进行更多协调。

- **可修改性和灵活性**：所有分布式系统都要提供向后兼容性和可扩展性，以支持系统各个部分独立演进。如果信息元素位于独立的结构化消息表示中，那么更改这些信息元素不一定很容易，原因在于任何本地更新都必须与相关的 API 操作以及 API 实现中的相关数据结构进行协调和同步。如果结构化消息表示包含对外部资源的引用，那么往往比自包含数据更难更改，原因在于客户端必须了解这些引用才能正确访问外部资源。

- **数据质量**：结构化主数据(例如客户配置文件和产品详细信息)不同于简单的非结构化参考数据(例如国家代码和货币代码)。第 5 章探讨了如何根据生命周期和可变性对领域数据进行分类。传输的数据越多，就越需要进行治理，以确保数据发挥应有的作用。以在线商城为例，产品数据和客户数据的所有权可能存在差异，这些数据的所有者往往对数据保护、数据验证或更新频率有不同的需求。可能需要增加元数据和数据管理程序。

- **数据隐私**：就数据隐私分类而言，数据关系的来源和目标可能有不同的保护需求。以客户记录为例，需要采取不同程度的保护措施来保护联系地址和信用卡信息。更精确的数据检索有利于应用适当的控制和规则，从而降低嵌入的受限数据发生意外泄露的风险。

- **数据新鲜度和数据一致性**：如果相互竞争的客户端在不同的时间检索数据，那么这些客户端获得的数据快照和数据视图可能不一致。客户端可以借助数据引用(链接)来检索所引用数据的最新版本。但是这些链接指向的目标随后可能发生变化或消失，导致数据引用失效。如果将所有引用数据嵌入同一条消息，那么 API 提供者就能提供内部一致的内容快照，从而避免出现链接目标不可用的情况。过度应用单一职责原则(Single Responsibility Principle，SRP)等软件工程原则有时可能导致数据变得分散和零散，从而不利于保持数据一致性和数据完整性。

本节讨论的两种消息粒度模式是 Embedded Entity 和 Linked Information Holder，二者采用截然不同的方式来解决上述问题。根据具体情况结合使用两种模式，可以获得合适的消息大小，从而在调用次数与数据交换量之间取得平衡，以满足多元化的集成需求。

7.2.1　Embedded Entity 模式

应用场景

通信参与者所需的信息包含结构化数据，这些数据包括以特定方式相互关联的多个元素。举例来说，主数据(例如客户配置文件)可能包含用于提供联系方式(例如地址和电话号码)的其他元素，定期的业务成果报告可能聚合源信息(例如汇总各笔业务交易的月度销售数据)。在创建请求消息或处理响应消息时，API 客户端会使用多个相关的信息元素。

当接收者需要了解多个相关的信息元素时，如何避免进行多次消息交换?

一种简单的方案是为每个基本信息元素(例如应用程序领域模型中定义的实体)定义一个 API 端点。每当 API 客户端需要从某个信息元素获取数据时(例如该信息元素被另一个信息元素引用时)，就会访问相应的端点。但如果 API 客户端在许多情况下使用这些数据，那么在请求引用的数据时，这种解决方案会产生大量后续请求。为了解决这个问题，可能需要引入用于协调请求执行的机制和管理对话状态的机制，从而影响可伸缩性和可用性。相对于本地数据，保持分布式数据的一致性也更加困难。

运行机制

对于接收者希望跟踪的任何数据关系，在请求消息或响应消息中嵌入一个包含了关系对应的目标端数据的 Data Element。这个嵌入的 Data Element 称为 Embedded Entity，将其置于关系源的表示中。

分析新的 Data Element 会引用哪些其他元素，并考虑将这些传出关系中涉及的元素也嵌入消息。重复上述分析过程，直至达到传递闭包，即所有可访问的元素都已包含在内或排除在外(或检测到循环并停止处理)。仔细审查所有源-目标关系，以评估接收端在许多情况下是否确实需要获取目标数据。如果答案是肯定的，那么应该将关系信息作为 Embedded Entity 传输;如果答案是否定的，那么只传输指向 Linked Information Holder 的引用也许就已足够。举例来说，如果订单与产品主数据之间存在使用关系，而且需要借助这些主数据来理解订单，那么在请求消息或响应消息中，订单表示应该包含产品主数据存储的所有相关信息的副本，并作为 Embedded Entity 传输。

Embedded Entity 模式的解决方案如图 7-2 所示。

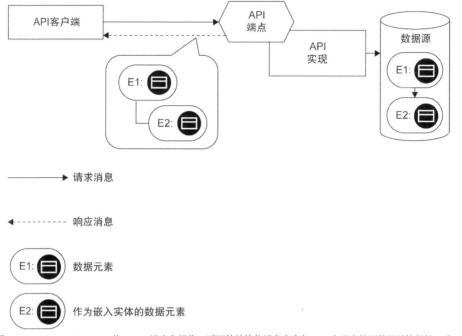

图 7-2 EMBEDDED ENTITY：单一 API 端点和操作，返回的结构化消息内容与 API 实现中的源数据结构保持一致，
以便有效地处理数据关系

在消息中嵌入 EMBEDDED ENTITY 会形成 PARAMETER TREE 结构。这种 PARAMETER TREE 不
仅包含用于表示相关数据的 DATA ELEMENT，还可以包含额外的 METADATA ELEMENT 以表示关
系类型和其他补充信息。根据 PARAMETER TREE 包含的 DATA ELEMENT，可以采用几种方案来构
造树。例如，PARAMETER TREE 既可以是嵌套结构，以表示深层包含关系层次结构；也可以是扁
平结构，只列出一个或多个 ATOMIC PARAMETER。在使用 HTTP 资源 API 时，通过 JSON 对象(可
能包含其他 JSON 对象)可以实现具有嵌套结构或扁平结构的 PARAMETER TREE。一对多关系(例
如引用其他订单项的订单)会导致 EMBEDDED ENTITY 具有集值(set-valued)的属性。JSON 数组可
用于表示这种包含多个值的集合。多对多关系的表示方法与 LINKED INFORMATION HOLDER 模式
类似。例如，PARAMETER TREE 可能包含专门用于表示多对多关系的结点。在希望使用规范化数
据的用户看来，冗余并非完全不能接受，但是也可能令他们感到困惑和不解。尤其要注意双向
关系。可以利用其中一个方向来构建 EMBEDDED ENTITY 层次结构；如果希望在消息表示中明确
表达另一个方向，则可能需要使用 EMBEDDED ENTITY 模式的第二个实例，从而造成数据重复。
为了避免出现这种情况，最好使用嵌入的 ID ELEMENT 或 LINK ELEMENT 来表达第二种关系。

无论哪种情况，API DESCRIPTION 都要明确描述 EMBEDDED ENTITY 实例的存在原因、结构
和含义。

示例

在第 2 章讨论的 Lakeside Mutual 示例应用程序中，客户核心(Customer Core)服务中的操作
签名聚合有多个信息项(指领域驱动设计中的实体和值对象)。API 客户端(例如客户自助服务前

端)可以通过 HTTP 资源 API(包含 EMBEDDED ENTITY 模式的多个实例)来访问这些数据。采用
EMBEDDED ENTITY 模式时，响应消息可能如下所示[1]：

```
curl -X GET http://localhost:8080/customers/gktlipwhjr

{
  "customer": {
    "id": "gktlipwhjr"
  },
  "customerProfile": {
    "firstname": "Robbie",
    "lastname": "Davenhall",
    "birthday": "1961-08-11T23:00:00.000+0000",
    "currentAddress": {
      "streetAddress": "1 Dunning Trail",
      "postalCode": "9511",
      "city": "Banga"
    },
    "email": "rdavenhall0@example.com",
    "phoneNumber": "491 103 8336",
    "moveHistory": [{
      "streetAddress": "15 Briar Crest Center",
      "postalCode": "",
      "city": "Aeteke"
    }]
  },
  "customerInteractionLog": {
    "contactHistory": [],
    "classification": "??"
  }
}
```

响应消息中包含所有引用的信息元素(例如 customerProfile 和 customerInter
actionLog)，不存在指向其他资源的 URI 链接。观察上述示例性数据集可以看到，
customerProfile 实体实际上包括嵌套数据(例如 currentAddress 和 moveHistory)，
customerInteractionLog 实体则不包括嵌套数据(但仍然包括一个空的 EMBEDDED
ENTITY：contactHistory)。

讨论

如果接收者需要获取多个相关的信息元素，那么采用 EMBEDDED ENTITY 模式能够解决进行
多次消息交换的问题。EMBEDDED ENTITY 有助于减少调用次数，这是因为如果 EMBEDDED ENTITY
已经包含客户端需要的信息，那么客户端就不必继续发送请求消息来获取这些信息。由于不需

1　请注意，本例所示的数据是通过 Mockaroo 网站生成的虚构数据。

要使用专门的端点来检索链接信息，因此将实体嵌入消息可以减少端点数量。这样处理的缺点是响应消息会更加臃肿，往往导致传输时间变长、带宽消耗增加。还要注意的是，必须确保EMBEDDED ENTITY 不会包含比源数据更敏感的信息，也没有包含不应该公开的受限数据。

消息接收者(即响应消息对应的 API 客户端)不同，执行任务时需要的信息也不同。由于很难预测接收者的具体需求，因此响应消息中往往包含超出大多数客户端需要的数据，为各种(可能是未知的)客户端提供服务的 PUBLIC API 往往就是这样处理的。

为了确保不漏过任何可能有用的数据，需要遍历信息元素之间的所有关系，这种操作可能导致消息表示变得很复杂，消息大小也会增加。无法保证(或很难保证)所有接收者都需要相同的消息内容。一旦 API DESCRIPTION 描述并对外公开 EMBEDDED ENTITY，就很难在不破坏向后兼容性的情况下将其删除(因为客户端可能已经开始对 EMBEDDED ENTITY 产生依赖性)。

如果接收者确实需要使用大部分或全部数据，那么比起传输一条较大的消息，传输许多条较小的消息可能会消耗更多的带宽(这是因为每条较小的消息都携带协议标头元数据)。如果嵌入实体的变化速度不同，那么重新传输这些实体会增加不必要的开销。因为即使只有部分内容发生变化，整条消息也需要重新缓存。例如，频繁变化的操作型实体可能会引用不可变的主数据。

有时候，消息使用者的数量及其用例的同质性可能成为是否使用 EMBEDDED ENTITY 的决定性因素。举例来说，如果只有一个特定类型的使用者，那么建议直接嵌入所有需要的数据；而如果涉及不同的使用者或用例，那么使用相同的数据不一定很合适。为了尽量给消息"瘦身"，最好不要传输所有数据。如果同一个组织负责开发客户端和提供者，那么可能会采用"服务于前端的后端"(Backends for Frotends，BFF)模式[Newman 2015]。这种情况下，将实体嵌入消息是一种合理的策略，因为能够将请求数量降至最低。也就是说，通过引入统一的规则结构，将实体嵌入消息可以简化开发过程。

在消息中同时使用链接和嵌入数据往往是合理的选择。举例来说，对于需要在用户界面中立即显示的数据，可以将它们直接嵌入界面；而对于其他数据，可以将它们设置为链接，供需要时检索。只有当用户滚动页面或点击相应的用户界面元素时，才会获取链接数据。Atlassian公司曾经讨论过这种混合方案："在 API 设计中使用嵌入的相关对象时，通常会限制这些对象所用的字段数量，以免对象图(object graph)变得过于复杂和难以管理。为了在性能与实用性之间取得平衡，嵌入的相关对象往往不会包含其内部的嵌套对象。"[Atlassian 2022]

在处理不同的信息需求时，"API 网关"(API Gateway)[Richardson 2016]和消息传递中间件[Hohpe 2003]也能派上用场。网关可以提供两个备选的 API，二者使用相同的后端接口。此外，网关也可以从不同的端点和操作收集并聚合信息(从而使其变得有状态)。消息传递系统支持消息转换功能，例如过滤器和扩充器。

相关模式

LINKED INFORMATION HOLDER 模式同样致力于解决引用管理问题，但与 EMBEDDED ENTITY 模式相比具有对立性和互补性。为了改善性能，不妨考虑改用 LINKED INFORMATION HOLDER。举例来说，如果由于网络速度慢或不稳定而难以传输较大的消息，那么使用 LINKED INFORMATION HOLDER 也许是更理想的选择，因为这种模式支持分别对每个实体进行缓存。

如果设计的主要目标是减小消息大小，那么也可以考虑采用 WISH LIST 或表达性更强的

WISH TEMPLATE。这两种模式允许使用者根据情况指定希望获取的数据子集，从而可以最大限度地减少数据传输量。WISH LIST 或 WISH TEMPLATE 有助于精确控制 EMBEDDED ENTITY 中包含的内容。

根据定义，OPERATIONAL DATA HOLDER 通过(直接或间接)引用 MASTER DATA HOLDER 来获取数据，这些引用通常表示为 LINKED INFORMATION HOLDER。对于同类型的数据持有者来说，相互之间的引用往往采用 EMBEDDED ENTITY 模式来表示。无论是 INFORMATION HOLDER RESOURCE 还是 PROCESSING RESOURCE，可能都需要处理链接到其他数据或嵌入其他数据的结构化数据。这一点在 RETRIEVAL OPERATION 中体现得尤其明显：RETRIEVAL OPERATION 要么在返回消息中嵌入相关信息，要么在返回消息中加入指向相关信息的链接。

延伸阅读

Build APIs You Won't Hate [Sturgeon 2016b]一书将 EMBEDDED ENTITY 模式称为"嵌入式文档(嵌套)"。该书第 7 章 7.5 节给出了更多建议和示例。

7.2.2 LINKED INFORMATION HOLDER 模式

应用场景

API 公开结构化数据以满足客户端的信息需求，这些数据包含相互关联的元素。举例来说，产品主数据可能包含用于提供详细信息的其他信息元素，一段时间内的性能报告可能聚合原始数据(例如各个测量值)。在准备请求消息或处理响应消息时，API 客户端会使用多个相关的信息元素。并不是所有信息元素都对客户端有用[1]。

在 API 处理相互引用的多个信息元素时，如何控制消息大小？

分布式系统设计的经验法则指出，所交换的消息不应过大，否则会显著增加网络带宽和端点处理资源的消耗。但是对通信参与者希望共享的信息来说，较小的消息不一定能满足需要。例如，参与者需要获取信息元素中包含的多个关系或全部关系，而较小的消息可能无法容纳所有这些信息。如果关系源和关系目标没有合并为一条消息，那么参与者就需要相互通报如何查找和访问各个元素。开发人员必须考虑如何设计、实现和演进这种分布式信息集，并设法管理通信参与者及其共享的信息之间所产生的依赖性。例如，保单往往涉及客户主数据和产品主数据，每个相关的信息元素又可能包括多个子元素(请参见第 2 章以深入了解本例涉及的数据和领域实体)。

一种方案是在整个 API 的请求消息和响应消息中始终(递归地)包含每个传输元素的所有相关信息元素，类似于 EMBEDDED ENTITY 模式的处理方式。但是这种方案不仅导致消息变得很臃肿(因为包含了某些客户端不需要使用的数据)，而且影响个别 API 调用的性能，还会增加利益相关者之间的耦合。

---

1 LINKED INFORMATION HOLDER 模式的上下文与 EMBEDDED ENTITY 类似，但是更注重客户端需求的多样性。

运行机制

在涉及多个相关信息元素的消息中加入 Link Element，并设置由此产生的 Linked Information Holder 引用另一个公开了链接元素的 API 端点。

所引用的 API 端点通常是代表了链接信息元素的 Information Holder Resource。该元素既可以是领域模型中的实体，通过 API 对外公开(可能经过包装和映射)；也可以是在 API 实现中经过计算得出的结果。

请求消息和响应消息都可能包含 Linked Information Holder，不过响应消息包含 Linked Information Holder 的情况更常见。表示结构一般使用 Parameter Tree。Parameter Tree 包含多个 Link Element，有时也可以包含用于解释链接语义的 Metadata Element(但不作强制性要求)。如果情况不太复杂，那么可能只需要使用一组 Atomic Parameter 或单个 Atomic Parameter 来传递链接所携带的信息。

实现 Linked Information Holder 模式的两步对话如图 7-3 所示。

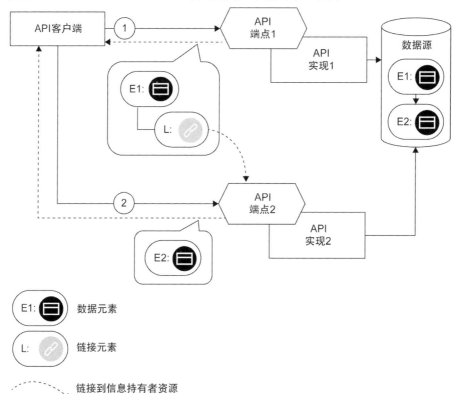

图 7-3 Linked Information Holder：涉及两个 API 端点。第一个端点返回的响应消息中不包含实际数据，而是包含指向数据的链接；为了获取数据，需要向第二个端点发送另一条请求消息

构成 Linked Information Holder 的 Link Element 提供位置信息，例如 URL(在使用基于

TCP/IP 的 HTTP 时，URL 包括域名/主机名和端口号)。Link Element 还有本地名称，用于在消息表示(例如 JSON 对象)中进行识别。如果需要向客户端提供更多关于关系的信息，那么可以对 Link Element 进行注释，将对应关系的详细信息包括在内(例如通过 Metadata Element 指定 Link Element 的类型和语义)。无论如何，API 客户端和 API 提供者必须就链接关系的含义达成一致，并注意由此产生的耦合和副作用。API Description 需要明确描述 Linked Information Holder 的存在和含义(包括关系两端的基数)。

一对多关系可以建模为集合，例如将多个 Link Element 作为 Atomic Parameter List 进行传输。以图书馆管理系统中书籍与读者之间的关系为例，多对多关系可以通过以下方式进行建模(假设消息接收者对两个方向上的关系感兴趣)：将关系拆分为两个一对多关系，一个集合将源数据(书籍)链接到目标数据(读者)，另一个集合将目标数据(读者)链接到源数据(书籍)。这种设计可能需要引入一个额外的 API 端点——关系持有者资源，用来表示关系本身而不是关系源或关系目标。这个 API 端点会公开一些操作以检索源数据和目标数据之间的所有关系，可能也支持客户端查找已知关系的另一端。对于发送给关系持有者资源的消息和从关系持有者资源接收的消息，可以通过使用不同类型的 Link Element 来标识这些端点。与 Embedded Entity 模式相比，使用 Linked Information Holder 模式不会引起太多的数据循环依赖问题(但是仍然应该处理这些问题)，消息接收者(而不是消息发送者)负责确保在处理数据时不会陷入无限循环的情况。

示例

在 Lakeside Mutual 示例应用程序中，客户核心服务 API 聚合有应用程序领域模型中的多个信息元素，这些信息元素表示为领域驱动设计中的实体和值对象。API 客户端可以通过名为 `customers` 的客户信息持有者访问这些数据，`customers` 是采用 Spring Boot 框架实现的 REST 控制器。

Information Holder Resource 模式通过 `customers` 实现。如果 `customerProfile` 和 `moveHistory` 采用 Linked Information Holder 模式，那么响应消息的结构可能如下所示：

```
curl -X GET http://localhost:8080/customers/gktlipwhjr

{
  "customer": {
    "id": "gktlipwhjr"
  },
  "links": [{
    "rel": "customerProfile",
    "href": "/customers/gktlipwhjr/profile"
  }, {
    "rel": "moveHistory",
    "href": "/customers/gktlipwhjr/moveHistory"
  }],
  "email": "rdavenhall0@example.com",
  "phoneNumber": "491 103 8336",
  "customerInteractionLog": {
```

```
    "contactHistory": [],
    "classification": "??"
  }
}
```

profile 和 moveHistory 都实现为客户信息持有者的子资源。客户端可以向 /customers/gktlipwhjr/moveHistory 发送后续的 GET 请求以检索 customer Profile。为了确保客户端在检索信息时使用 GET 方法，可以通过 METADATA ELEMENT 进行指定。不过在本例中，API 设计人员没有使用 METADATA ELEMENT，而是通过 API DESCRIPTION 指定在默认情况下使用 GET 方法来检索信息。

讨论

通过在消息中加入指向相关数据的链接而不是将数据直接嵌入消息，不仅可以给消息"瘦身"，而且在交换单条消息时能够减少对通信基础设施资源的消耗。不过使用链接有利有弊，原因在于为了获取链接指向的信息，需要发送更多请求消息，从而在一定程度上增加了资源使用率。与直接嵌入数据相比，使用链接可能会消耗更多的通信基础设施资源。为了处理链接数据，需要提供额外的 INFORMATION HOLDER RESOURCE 端点，优点是可以通过这些端点实施额外的访问限制，缺点是开发和运维的工作量和成本会增加。

在消息表示中加入 LINKED INFORMATION HOLDER 实际上意味着 API 提供者向接收者承诺可以通过这些链接成功获取数据，但是提供者未必愿意一直保证链接的可用性。就算提供者承诺链接端点会长期存在，但当数据组织或部署位置发生变化时，链接仍然有可能失效。客户端应该考虑到这种情况，并且能够通过重定向或更新后的链接来获取所需的数据。为了最大限度减少失效链接，提供者应该努力维护链接的一致性，可以借助 LINK LOOKUP RESOURCE 模式来实现这一点。

某些情况下，数据分布会减少消息交换的数量。针对变化速度不同的数据，可以定义不同的 LINKED INFORMATION HOLDER。这样一来，客户端就能根据需要随时请求频繁变化的数据，以获取最新的数据快照，而不必重新请求那些与频繁变化的数据紧密耦合、变化较慢的数据。

LINKED INFORMATION HOLDER 模式有助于实现模块化 API 设计，缺点是需要进行管理的依赖关系增加，还可能带来性能下降、工作负荷增加、维护成本上升等一系列负面影响。如果评估表明 EMBEDDED ENTITY 模式可以改善性能，那么不妨用该模式代替 LINKED INFORMATION HOLDER 模式。考虑到网络和端点处理的实际情况，如果执行少量大型调用的效率优于执行大量小型调用，那么使用 EMBEDDED ENTITY 模式就是合理的选择(应该通过实际测量而不是猜测来进行判断)。随着 API 的演进，有时需要在 EMBEDDED ENTITY 与 LINKED INFORMATION HOLDER 之间来回切换。TWO IN PRODUCTION 模式可以同时提供这两种模式，其目的是尝试处理潜在的变化，以评估哪种模式更合适。接口重构目录(Interface Refactoring Catalog)[Stocker 2021b]包括各种 API 重构模式，"内联信息持有者"(INLINE INFORMATION HOLDER)和"提取信息持有者"(EXTRACT INFORMATION HOLDER)为重构提供了具体的指导方针和步骤。

LINKED INFORMATION HOLDER 非常适合引用为多种使用场景提供服务、包含丰富信息的信息持有者：通常情况下，并不是所有消息接收者都需要获取完整的引用数据集。举例来说，如果 OPERATIONAL DATA HOLDER(例如客户查询或订单)需要引用 MASTER DATA HOLDER(例如客户配置文件或产品记录)，那么借助指向 LINKED INFORMATION HOLDER 的链接，消息接收者就可以根据实际情况获取所需的数据子集。

在决定使用 LINKED INFORMATION HOLDER 还是嵌入 EMBEDDED ENTITY 时，需要考虑两个因素，一是 API 客户端的数量及其用例的相似性，二是领域模型及其所代表的应用程序场景的复杂性。举例来说，如果只有一个包含了特定用例的客户端，那么将所有数据直接嵌入消息往往是合理的选择；但如果有多个客户端，那么并不是所有客户端都需要使用相同的数据集合。这种情况下，通过 LINKED INFORMATION HOLDER 能够更精确地引用仅由一小部分客户端使用的数据，从而达到给消息"瘦身"的目的。

相关模式

通常情况下，LINKED INFORMATION HOLDER 引用 INFORMATION HOLDER RESOURCE。作为引用对象的 INFORMATION HOLDER RESOURCE 可以与 LINK LOOKUP RESOURCE 结合使用，以处理可能出现的失效链接。根据定义，OPERATIONAL DATA HOLDER 引用 MASTER DATA HOLDER。可以通过两种方法处理这些引用：一种方法是将引用内容作为 EMBEDDEDENTITIES 直接嵌入 OPERATIONAL DATA HOLDER，使数据结构变得扁平化；另一种方法是将引用内容按照某种方式进行组织，然后通过 LINKED INFORMATION HOLDER 逐步获取这些数据。

也可以选择使用其他有助于减少数据交换量的模式，例如 CONDITIONAL REQUEST、WISH LIST、WISH TEMPLATE 或 PAGINATION。

延伸阅读

"链接服务"模式[Daigneau 2011]与 LINKED INFORMATION HOLDER 模式类似，但是主要关注点不是数据。*Web Service Patterns: Java Edition* [Monday 2003]一书提出了一种名为"部分 DTO(数据传输对象)填充"的模式，致力于解决类似的问题。

更多建议和示例参见 *Build APIs You Won't Hate* [Sturgeon 2016b]一书的第 7 章 7.4 节。

备份、可用性、一致性(Backup Availability Consistency，BAC)定理深入阐述了数据管理问题[Pardon 2018]。

7.3　由客户端决定获取哪些消息内容(响应塑造)

7.2 节讨论的两种模式用于处理消息中数据元素之间的引用。API 提供者既可以将相关数据元素直接嵌入消息，也可以在消息中加入指向相关数据元素的链接，还可以结合使用这两种方法以实现合适的消息大小。根据客户端及其 API 的使用情况，应该不难确定哪种方法更适合。然而客户端的使用场景可能大相径庭，因此更合理的解决方案是由客户端自己决定在运行时需要获取哪些数据。

本节讨论的模式通过使用两种不同的方法来进一步优化 API 质量。这两种方法是响应切片(response slicing)和响应塑造(response shaping)，二者致力于应对以下挑战。

- **性能、可伸缩性、资源使用**：如果每次都向所有客户端(包括信息需求有限或极少的客户端)提供全部数据，那么付出的代价可想而知。因此从性能和工作负荷的角度来看，应该只传输客户端感兴趣的数据集。但是为了优化消息交换而进行的预处理和后处理操作也需要消耗资源，并可能对性能产生负面影响。开发人员需要在减少响应消息大小所产生的成本与底层传输网络的承受能力之间取得平衡。

- **各个客户端的信息需求**：API 提供者可能需要为具有不同信息需求的多个客户端提供服务。一般来说，提供者希望为所有客户端提供一套通用的操作，而不是针对每个客户端实现特定的 API 或操作。但是，如果某些客户端只对 API 提供的部分数据感兴趣，那么通用操作可能就显得不够灵活，其提供的数据要么无法满足客户端的需求，要么超出客户端的需求。一次性接收大量数据可能令有些客户端不堪重负。向客户端返回的数据过少称为获取不足(underfetching)，向客户端返回的数据过多则称为过度获取(overfetching)。

- **松耦合和互操作性**：消息结构是 API 契约的重要组成部分，有助于通信参与者(API 提供者和 API 客户端)共享知识，从而影响松耦合的格式自主性。用于控制数据集大小和排序的元数据也属于共享知识，需要随着有效载荷的发展而进行更新。

- **开发者便利性和开发者体验**：开发者体验(包括学习曲线和编程难度)与可理解性和复杂性密切相关。例如，采用紧凑结构的数据便于传输，但是可能难以记录、理解、准备和处理；采用复杂结构、附带元数据的数据可以简化并优化处理过程，但是会增加构建过程(设计时和运行时)的工作量。

- **安全性和数据隐私**：所有消息设计方案都涉及安全性需求(尤其是数据完整性和保密性)和数据隐私。为了增强消息传输的安全性，可能需要加入额外的消息有效载荷(例如 API KEY 或安全令牌)。进行消息设计时，既要考虑哪些数据可以传输和应该传输，也要考虑如何确保未传输的数据不会遭到篡改(至少在通过网络传输时不会遭到篡改)。为了保护特定数据而采取的具体安全措施也许会催生出不同的消息设计方案。举例来说，开发人员可能会针对处理信用卡信息而设计一个专用的 API 端点，该端点执行特定的安全操作。对大型数据集进行切片和序列化处理时，如果各个部分数据的保护需求没有区别，那么可以采用相似或相同的处理方式。组装和传输大型数据集会显著增加工作负荷，并且可能使提供者面临拒绝服务攻击。

- **测试和维护的工作量**：如果由客户端自己选择接收哪些数据(以及何时接收这些数据)，那么提供者在处理客户请求时就要面对(并接受)由此产生的更多不确定性和复杂性，从而增加测试和维护的工作量。

本节将讨论 PAGINATION、WISH LIST、WISH TEMPLATE 这三种模式，它们以不同的方式来应对上述挑战。

7.3.1　PAGINATION 模式

应用场景

客户端通过查询 API 来获取数据项的集合，这些数据项可以向用户显示或在其他应用程序中进行处理。在至少一个这样的查询中，API 提供者会返回大量数据项，而响应消息的大小可能超出客户端的实际需要或处理能力。

数据集既可能由结构相同的元素组成(例如，从关系数据库中获取的记录或后端企业信息系统执行的批处理作业中的条目)，也可能由不遵循共同模式的异构数据项组成(例如，MongoDB 等面向文档的 NoSQL 数据库中存储的文档)。

API 提供者向 API 客户端返回大量结构化数据时，如何避免客户端的处理负担过重？

除了本节开头提到的那些因素，PAGINATION 模式还会平衡以下因素。

- **会话感知和隔离**：相对而言，对只读数据进行切片处理比较简单。但如果底层数据集在检索过程中发生变化，应该如何处理呢？API 能否保证在客户端检索完第一页后，后续页面(无论是否继续检索)中包含的数据集与最初检索到的数据子集保持一致？如果多个客户端同时请求部分数据，又该如何处理呢？
- **数据集大小和数据访问配置文件**：有些数据集很大且包含重复的数据，而客户端可能只需要访问其中的部分数据。这种情况存在优化的空间，尤其是针对按照时间排序(从新到旧)且按顺序访问的数据项。这些数据项也许与客户端不再相关，因此可以进行优化来改善性能。此外，客户端可能还没有准备好处理具有任意大小的数据集。

可以考虑通过一条响应消息来发送整个大型响应数据集。这种方法虽然简单，但是可能会消耗大量端点和网络资源，也不具备良好的扩展性。发起查询时不一定能够提前预知查询返回的数据量，客户端(或提供者端)也可能因为返回的数据集过大而无法一次性处理完毕。如果没有限制此类查询的机制，则可能发生处理错误(例如内存不足)，客户端或端点实现也存在崩溃的风险。无限制的查询契约有时需要使用大量内存，而开发人员和 API 设计人员经常低估实际的内存需求。这些问题往往在系统面临并发工作负荷或数据集规模增加时才会显现出来。在共享环境中，可能无法对无限制的查询进行有效的并行处理，从而引发类似的性能、可伸缩性和一致性问题。特别是当这些查询与难以调试和分析的并发请求同时出现时，问题也许会更加严重。

运行机制

将大型响应数据集划分为易于管理和传输的组块(又称页面)。每条响应消息发送一个包含部分结果的组块，并将组块的总数或剩余数量告知客户端。提供可选的过滤功能，以便客户端请求只包含特定结果的组块。为了进一步增强便利性，在当前组块或页面中加入指向下一组块或页面的链接。

组块中的数据元素数量既可以是固定的(由 API 契约规定)，也可以由客户端动态指定(作为请求参数)。客户端根据 METADATA ELEMENT 和 LINK ELEMENT 提供的信息来了解之后如何检索额外的组块。

API 客户端根据需要逐步处理提供者返回的部分数据集，可能逐页请求结果数据，也可能一次性处理完毕。因此，之后在请求额外的组块时，可能需要考虑前一次请求的状态。建议制定一项策略，规定客户端如何终止处理返回的数据集以及提供者如何终止准备部分数据集(可能需要进行会话状态管理)。

通过 PAGINATION 模式连续检索三页数据的请求过程如图 7-4 所示。

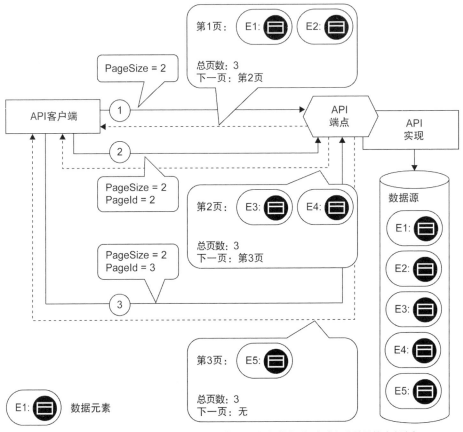

图7-4 PAGINATION：客户端发起查询并请求页面，提供者返回包含部分结果的响应消息

变体 PAGINATION 模式包括 PAGE-BASED PAGINATION、OFFSET-BASED PAGINATION、CURSOR(TOKEN)-BASED PAGINATION、TIME-BASED PAGINATION 等四种变体，它们以不同的方式访问数据集。

PAGE-BASED PAGINATION 和 OFFSET-BASED PAGINATION 以不同的方式引用数据集中包含的元素。采用 PAGE-BASED PAGINATION 时，数据集被划分为大小相等的页面(页面大小由客户端或提供者指定)，客户端通过页面的索引(类似于图书的页码)来请求页面。采用 OFFSET-BASED PAGINATION 时，客户端选择整个数据集产生的偏移量(也就是跳过多少个单独的元素)，并指定下一个组块应该返回的元素数量(通常称为限制)。PAGE-BASED PAGINATION 和 OFFSET-BASED PAGINATION 可以互换使用(偏移量等于页面大小和页面编号的乘积)，二者以类似的方式处理问题并满足需求。就开发者体验和其他质量要求而言，PAGE-BASED PAGINATION 和 OFFSET-BASED PAGINATION 没有太大区别。至于是通过偏移量和限制来请求条目，还是将所有条目划分为特定大小的页面后通过索引来请求页面，这两种方式的区别几乎可以忽略不计。无论哪种情况都需要传入两个整数参数。

如果数据在两次请求之间发生变化，则会导致索引或偏移量计算无效，这种情况下不适合使用 PAGE-BASED PAGINATION 和 OFFSET-BASED PAGINATION。试举一例。给定一个按照创建时间排序(从新到旧)的数据集，假设客户端已经检索完第一页，目前正在请求第二页。在两次请求之间，数据集前面的元素被删除，导致原本位于第二页的某个元素移动到第一页。这样一来，客户端在请求第二页时就会错过这个已经移至第一页的元素。

CURSOR-BASED PAGINATION 不必依赖元素在数据集中的绝对位置来实现分页，因此能够解决数据变化带来的问题。客户端向提供者发送标识符(以便提供者确定数据集中的特定项)和需要检索的元素数量。即使在客户端发送请求消息后又有新元素加入数据集，提供者生成的组块也不会改变。

TIME-BASED PAGINATION 类似于 CURSOR-BASED PAGINATION，只是前者使用时间戳而不是元素 ID。TIME-BASED PAGINATION 在实践中的"出镜率"并不高，不过可以通过向前或向后滚动时间轴来查看较旧或较新的数据点。

示例

在 Lakeside Mutual 示例应用程序中，客户核心后端 API 的 `customers` 端点使用 OFFSET-BASED PAGINATION：

```
curl -X GET http://localhost:8080/customers?limit=2&offset=0
```

上述调用返回两个实体的第一个组块和若干用于控制目的的 METADATA ELEMENT。响应消息不仅包括指向下一个组块的链接关系[Allamaraju 2010]，还包括相应的 `offset`、`limit` 以及整个数据集的 `size`。请注意，虽然在提供者端实现 PAGINATION 时不一定需要用到 `size`，但是 API 客户端可以利用这个参数向最终用户或其他使用者展示还能请求多少个数据元素(或页面)：

```
{
  "offset": 0,
  "limit": 2,
  "size": 50,
  "customers": [
    ...
    ,
    ...
  ],
  "_links": {
    "next": {
      "href": "/customers?limit=2&offset=2"
    }
```

```
    }
}
```

上述示例很容易映射到相应的 SQL 查询: `LIMIT 2 OFFSET 0`。API 也可以不使用偏移量和限制, 而是在请求消息和响应消息中使用分页, 如下所示:

```
curl -X GET http://localhost:8080/customers?page-size=2&page=0
{
  "page": 0,
  "pageSize": 2,
  "totalPages": 25,
  "customers": [
    ...
    ,
    ...
  ],
  "_links": {
    "next": {
      "href": "/customers?page-size=2&page=1"
    }
  }
}
```

采用 CURSOR-BASED PAGINATION 时, 客户端先请求一个大小为 2 的初始页面:

```
curl -X GET http://localhost:8080/customers?page-size=2

{
  "pageSize": 2,
  "customers": [
    ...
    ,
    ...
  ],
  "_links": {
    "next": {
      "href": "/customers?page-size=2&cursor=mfn834fj"
    }
  }
}
```

响应消息包括指向下一个数据块的链接, 该链接由游标值 `mfn834fj` 表示。游标可以是简单的数据库主键, 也可以包含更多信息(例如查询过滤器)。

讨论

通过仅在客户端需要时发送所需的数据并控制数据传输的时机，PAGINATION 模式可以显著减少资源消耗并改善性能。

交换和处理一条大型响应消息的效率可能很低。此时需要特别注意数据集大小和数据访问配置文件(即用户需求)，使其既要满足 API 客户端即时获取数据记录的需求，也要满足它们今后的数据需求。在返回供人类用户使用的数据时，并不是所有数据都需要立即显示或加载，那么采用 PAGINATION 模式的优势就更加明显，有可能大幅缩短数据访问的响应时间。

从安全角度来看，检索和编码大型数据集可能使提供者端付出巨大的精力和成本，从而引发拒绝服务攻击。此外，大多数网络(尤其是蜂窝网络)的可靠性难以保证，因此通过网络传输大型数据集时面临中断的风险。PAGINATION 可以缓解这方面的问题，因为攻击者只能请求包含少量数据的页面，而不是整个数据集(假设页面大小有最大值限制)。需要注意设计糟糕的 API：这样的 API 可能将整个庞大的数据集一次性加载到服务器内存中，然后尝试将数据逐页传输给客户端。这样一来，即使攻击者只请求第一页数据，API 也会加载整个数据集，从而占用大量内存资源，最终导致服务器内存耗尽。

如果所需的响应结构不适合按照面向集合的形式进行设计(从而无法将数据项集合划分为组块)，那么 PAGINATION 模式就没有用武之地。与采用 PARAMETER TREE 模式但没有使用 PAGINATION 的响应消息相比，使用了 PAGINATION 模式的响应消息更加复杂且难以理解，因此可能不太方便使用。之所以如此，是因为 PAGINATION 将本可以通过单一调用完成的操作转换为需要多次请求和响应才能完成的过程。比起一次性交换所有数据，使用 PAGINATION 需要编写更多代码。

与一次性传输所有消息相比，PAGINATION 模式需要引入额外的表示元素来管理将结果数据集切分为组块的过程，这些元素会导致 API 客户端与 API 提供者之间的耦合更加紧密。为了降低耦合增加带来的影响，可以对所需的 METADATA ELEMENT 进行标准化处理。以使用超媒体为例，只要访问 Web 链接就能获取下一页数据。在扫描页面时，为每个客户端建立会话同样会增加客户端与提供者之间的耦合。

如果 API 客户端希望随机访问某一特定页面，则可能需要使用复杂的参数表示(或由客户端自行计算页面索引)。CURSOR-BASED PAGINATION 使用(对客户端不可见的)游标或令牌，通常不支持随机访问。

逐页传输数据不会使 API 客户端不堪重负。通过指定要返回哪一页数据，客户端可以直接在数据集中进行远程浏览。处理单个页面所需的端点内存和网络资源较少，但由于需要进行 PAGINATION 管理，因此会产生一些开销(稍后讨论)。

采用 PAGINATION 模式时还需要考虑其他设计因素：

- 在何处、何时以及如何定义页面大小(每页包含多少个数据元素)。这些因素会影响客户端与提供者通过 API 交换的消息数量(因为检索多个小页面包含的数据需要传输大量消息)。
- 如何对检索结果进行排序，也就是如何将结果分配给各个页面，以及如何安排这些页面显示的部分结果。分页检索开始后，通常不能随意调整排序方式。在 API 的演进过程中，改变数据排序方式可能导致新的 API 版本与之前的版本不兼容。除非进行适当的沟通和充分的测试，否则兼容性问题可能遭到忽视。

- 存储中间结果的位置、方式和时间(包括删除策略和超时设置)。
- 如何处理请求重复的问题？例如，为了避免出现错误和不一致，初始请求和后续请求是否应该具有幂等性？
- 如何关联初始请求消息、前一条请求消息和下一条请求消息对应的页面/组块？

实现 API 时，还需要考虑缓存策略(如果有的话)、结果的活跃性(当前性)、过滤、查询预处理和后处理(例如聚合、计数、求和)等设计问题。典型的数据访问层问题(例如关系数据库中的隔离级别和锁定)同样应该纳入考虑[Fowler 2002]。客户端的类型和用例不同，对一致性的要求也不同：客户端开发人员是否了解 PAGINATION？解决这些问题时需要考虑具体情况。例如，在 Web 应用程序中，搜索结果的前端表示对一致性的要求相对较低；而在企业信息系统的 BACKEND INTEGRATION 中，批量主数据复制对一致性的要求相对较高。

关于可变集合在后台的变更，需要区分和处理两种情况。一是在客户端遍历页面时，可能向集合中添加新的数据项；二是在客户端浏览页面后，数据项可能发生变化(更新或删除)。PAGINATION 模式可以处理新添加的数据项，但是往往无法处理在分页"会话"进行期间发生变化的已下载数据项。

如果页面大小设置得过小，那么 PAGINATION 的结果有时会让用户(特别是使用 API 的开发人员)感到不便。这是因为即使只有几个结果，用户也必须点击"下一页"按钮并等待检索结果。此外，人类用户也许希望客户端进行的搜索可以过滤整个数据集。而在采用 PAGINATION 模式时，匹配的数据项可能位于尚未检索的页面中，从而出现搜索结果为空的错误。

并不是所有需要操作整个记录集的功能(例如搜索)都适合使用 PAGINATION，或是需要经过进一步处理(例如在 API 客户端引入中间数据结构)才能使用 PAGINATION。在执行搜索/过滤操作之后(而不是之前)进行分页处理可以减少工作负荷。

PAGINATION 模式用于处理大型数据集的下载。而在处理上传时，可以采用 REQUEST PAGINATION 模式作为补充。这种模式会逐步上传数据，只有在全部数据上传完毕后才启动处理任务。增量状态构建(INCREMENTAL STATE BUILDUP)是一种对话模式[Hohpe 2017]，性质与 PAGINATION 模式相反，但是解决问题的方式有相似之处：这种模式通过执行多个步骤将数据从客户端传输到提供者。

相关模式

PAGINATION 模式与 REQUEST BUNDLE 模式正好相反：PAGINATION 将一条较大的消息拆分为多条较小的消息，REQUEST BUNDLE 则将多条消息合并为一条较大的消息。

一般来说，经过分页处理的查询会定义包含查询参数的 ATOMIC PARAMETER LIST 作为输入参数，定义 PARAMETER TREE 作为输出参数(即页面)。

在客户端收到的响应消息中，为了正确区分多个查询得到的部分结果，可能需要采用请求-响应关联方案，"关联标识符"模式[Hohpe 2003]也许是一种合适的选择。

如果需要将一个大型数据元素拆分为多个小型数据元素，那么也可以考虑采用"消息序列"模式[Hohpe 2003]。

延伸阅读

Build APIs You Won't Hate [Sturgeon 2016b]一书的第 10 章介绍了 PAGINATION 类型及其实现

方法，并给出了采用 PHP 编写的示例。《RESTful Web Services Cookbook 中文版》(*RESTful Web Services Cookbook*)[Allamaraju 2010]一书的第 8 章围绕如何处理 RESTful HTTP 上下文中的查询展开讨论。*Web API Design: The Missing Link* [Apigee 2018]一书的"More on Representation Design"一节也提到了 PAGINATION 模式。

在用户界面(User Interface，UI)和网页设计领域，PAGINATION 模式不仅用于设计和管理 API，并且在交互设计、信息可视化等其他不同的场景中也得到应用。请参考交互设计基金会网站[Foundation 2021]和 UI 模式网站[UI Patterns 2021]的相关介绍。

《实现领域驱动设计》(*Implementing Domain-Driven Design*)[Vernon 2013]一书的第 8 章致力于讨论如何逐步检索通知日志/存档，这一过程相当于 OFFSET-BASED PAGINATION。RFC 5005 规范[Nottingham 2007]针对使用 Atom 格式的信息流定义了分页和存档机制。

7.3.2　WISH LIST 模式

应用场景

API 提供者需要为调用了相同操作的多个不同客户端提供服务。并不是所有客户端的信息需求都一样：有些客户端可能只需要获取端点及其操作提供的一个数据子集，有些客户端则可能需要获取丰富的数据集。

API 客户端如何在运行时将自己感兴趣的数据告知 API 提供者？

在解决上述问题时，API 设计人员需要在性能方面的因素(例如响应时间和吞吐量)与影响开发者体验的因素(例如学习曲线和可演进性)之间进行平衡。他们努力追求数据简约性(德语称为 *Datensparsamkeit*)。

为此，可以通过引入基础设施组件(例如网络层面和应用程序层面的网关和缓存)来减轻服务器的负载。但是这些组件会导致 API 生态系统的部署模型和网络拓扑变得更加复杂，相关的基础设施测试、运维管理和维护的工作量也会增加。

运行机制

API 客户端在请求消息中加入 WISH LIST，用于列出希望从请求资源中获取的所有数据元素；API 提供者返回的响应消息中只包括 WISH LIST 列出的那些数据元素(这种机制称为"响应塑造")。

指定 WISH LIST 采用 ATOMIC PARAMETER LIST 或扁平 PARAMETER TREE 的形式。在特殊情况下，WISH LIST 可以包含简单的 ATOMIC PARAMETER，用于指示请求消息的详细程度(例如 `minimal`、`medium` 或 `full`)。

WISH LIST 模式使用的请求消息和响应消息如图 7-5 所示。

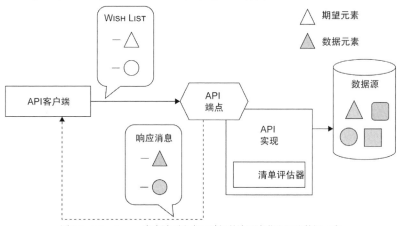

图 7-5 WISH LIST：客户端列出自己希望从资源中获取哪些数据元素

可以通过两种方式实现图 7-5 所示的清单评估器。第一种方式是将清单评估器作为数据源的过滤器，以便只加载相关的数据；第二种方式是指示 API 从数据源获取完整的数据集，然后在组装响应数据时根据客户端的 WISH LIST 筛选出需要的实体。请注意，数据源可以是任何类型的后端系统(可能是远程系统)或数据库。举例来说，如果数据源是关系数据库，那么 WISH LIST 会转换为 SQL 查询所用的 WHERE 子句；如果通过 API 访问远程系统，那么 WISH LIST 可能在通过验证后直接传递(前提是下游 API 也支持 WISH LIST 模式)。

变体 WISH LIST 模式的一种常见变体是在响应消息中提供扩展选项。针对第一条请求消息返回的响应消息只提供简短的结果，并附有可在后续请求消息中扩展的参数列表。客户端在后续请求消息的 WISH LIST 中指定一个或多个参数，从而扩展第一条请求消息返回的结果。

WISH LIST 模式的另一种变体定义和支持通配符机制，类似于 SQL 和其他查询语言使用的通配符。举例来说，星号(*)用于请求特定资源包含的所有数据元素(如果没有指定 WISH LIST，那么请求所有数据元素可能成为默认选项)。甚至可以采用更复杂的级联规范(例如，customer.*用于获取客户的所有数据)。

示例

在 Lakeside Mutual 示例应用程序中，如果请求某个客户的信息，那么客户核心服务会返回该客户的所有可用属性：

```
curl -X GET http://localhost:8080/customers/gktlipwhjr
```

当请求客户 ID 为 gktlipwhjr 的客户时，上述命令返回以下信息：

```
{
  "customerId": "gktlipwhjr",
  "firstname": "Max",
  "lastname": "Mustermann",
  "birthday": "1989-12-31T23:00:00.000+0000",
```

```
    "streetAddress": "Oberseestrasse 10",
    "postalCode": "8640",
    "city": "Rapperswil",
    "email": "admin@example.com",
    "phoneNumber": "055 222 4111",
    "moveHistory": [ ],
    "customerInteractionLog": {
      "contactHistory": [ ],
      "classification": {
        "priority": "gold"
      }
    }
  }
}
```

为了改进上述设计，可以在查询字符串中使用 WISH LIST 以限制返回结果，使其只包含 WISH LIST 列出的字段。在本例中，API 客户端可能只需要获取 customerId、birthday 和 postalCode：

```
curl -X GET http://localhost:8080/customers/gktlipwhjr?\
fields=customerId,birthday,postalCode
```

经过处理后，返回的响应消息中只包含客户端请求的字段：

```
{
  "customerId": "gktlipwhjr",
  "birthday": "1989-12-31T23:00:00.000+0000",
  "postalCode": "8640"
}
```

可以看到，处理后的响应消息要短得多，只有客户端需要的信息被纳入其中。

讨论
WISH LIST 模式有助于管理 API 客户端的不同信息需求。如果网络资源有限，而且有一定的把握确信客户端通常只需要请求一部分可用数据，那么 WISH LIST 就大有用武之地。然而，这种模式可能带来安全风险并增加复杂性，也需要进行更多测试和维护。在决定采用 WISH LIST 之前，需要认真评估这种模式可能带来的弊端。开发人员往往在 API 投入使用后才开始考虑其产生的负面后果，采取应对措施可能会引起维护和演进方面的问题。

通过在 WISH LIST 实例中指定或不指定相应的属性值，API 客户端将自己希望获取的数据告知提供者，从而实现了数据简约性的目标。提供者不必为特定的客户端提供经过专门优化的操作，也不必猜测客户端的用例需要用到哪些数据。客户端可以通过指定自己希望获取的数据来减少数据库和网络的负载，进而改善性能。

提供者必须在服务层中实现更多逻辑，从而在一定程度上影响到其他层(直至数据访问层)。提供者可能将数据模型暴露给客户端，导致二者之间的耦合性增加。客户端需要创建 WISH LIST，并且网络需要传输这些元数据，而提供者需要处理 WISH LIST。

当映射到编程语言元素时，以逗号分隔的属性名称列表可能会产生问题。举例来说，如果客户端通过 WISH LIST 指定希望获取某个属性，但是这个属性的名称被拼错，那么 API 可能忽略客户端的请求，不会返回相应的属性，导致客户端错误地认为该属性不存在。此外，更改 API 有时会带来意想不到的后果。举例来说，如果某个属性已经改名，而客户端没有相应地修改自己的 WISH LIST，则可能无法找到重新命名后的属性。

比起相对简单的 WISH LIST 模式，前文介绍的扩展、通配符、级联规范等变体更加复杂，可能更难理解和构建。某些情况下，可以考虑重复使用提供者内部已有的搜索和筛选功能(例如通配符或正则表达式)。

WISH LIST 模式(或者更广泛地说，任何由客户端决定需要获取哪些消息内容所用的模式和实践)也称为响应塑造。

相关模式

WISH TEMPLATE 模式和 WISH LIST 模式致力于解决同样的问题，只是前者使用可能嵌套的结构(而不是扁平的元素名称列表)来描述希望获取哪些数据。在处理复杂的响应数据结构时，能够给消息"减负"的模式特别有用，因此 WISH TEMPLATE 和 WISH LIST 通常用于处理响应消息中包含的 PARAMETER TREE。

使用 WISH LIST 模式时传输的数据较少，因此更容易实施 RATE LIMIT。为了进一步减少数据传输量，可以将 WISH LIST 与 CONDITIONAL REQUEST 搭配使用。

通过将数据量较大且包含重复信息的响应消息进行拆分，PAGINATION 模式也能达到减小响应消息大小的目的。WISH LIST 模式可以搭配 PAGINATION 模式使用。

延伸阅读

从某种意义上讲，正则表达式语法或查询语言(例如用来处理 XML 有效载荷的 XPath)相当于 WISH LIST 模式的高级形式。GraphQL [GraphQL 2021]是一门声明式查询语言，用于描述根据 API 文档中约定的模式来检索的数据表示。7.3.3 节将详细讨论 GraphQL。

Web API Design: The Missing Link [Apigee 2018] 一书的 "More on Representation Design" 一节推荐使用以逗号分隔的 WISH LIST。James Higginbotham 将 WISH LIST 模式称为 "缩放-嵌入" (ZOOMEMBED)模式[Higginbotham 2018]。

Netflix 技术博客刊登的 "Practical API Design at Netflix, Part 1: Using Protobuf FieldMask" [Borysov 2021]一文提到 GraphQL 字段选择器和 JSON:API 规范[JSON API 2022]定义的稀疏字段集。这篇文章还指出，在设计 gRPC API 时，Netflix 制片工程团队(Netflix Studio Engineering)采用的解决方案是 Protobuf 规范 FieldMask。文章作者建议 API 提供者为最常用的字段组合提供预先构建的 FieldMask，并随客户端库一起发布。如果多个使用者对相同的字段子集感兴趣，那么使用预先构建的 FieldMask 就是合理的选择。

7.3.3 WISH TEMPLATE 模式

应用场景

API 提供者需要为调用相同操作的多个不同客户端提供服务。并不是所有客户端的信息需求都一样：有些客户端可能只需要获取端点提供的一个数据子集，有些客户端则可能需要获取内容丰富、深度结构化的数据集。

▼

　　API 客户端如何将自己感兴趣的嵌套数据告知 API 提供者？如何灵活、动态地描述需要使用哪些嵌套数据[1]？

▲

　　如果多个客户端具有不同的信息需求，那么服务于这些客户端的 API 提供者可能只是公开一个复杂的数据结构，用来代表客户端群体所需的超集(或并集)。该结构既包括主数据的所有属性(例如产品信息或客户信息)，也包括操作型数据实体的集合(例如订单项)。随着 API 的演进，这一结构很可能变得越来越复杂，而且这种一刀切的处理方法会导致性能(响应时间和吞吐量)下降，并造成安全方面的隐患。

　　另一种方案是使用扁平结构的 WISH LIST，只列出客户端希望获取的属性。但是在处理嵌套数据结构时，这种简单的方案不具备很好的表达性。

　　可以通过引入网络层面和应用程序层面的网关和代理来改善性能，例如使用缓存来加快响应速度。然而，这些性能优化措施会导致部署模型和网络拓扑变得更加复杂，设计和配置的工作量也会增加。

运行机制

▼

　　在请求消息中加入一个或多个附加参数，它们的层次结构与响应消息中的参数保持一致。将这些参数设置为可选参数，或使用布尔值作为参数类型(用于指示请求消息中是否应该包含某个参数)。

▲

　　WISH TEMPLATE 一般采用 PARAMETER TREE 的结构来描述希望通过响应消息获取的数据。在发送请求消息时，API 客户端可以使用空值、样本值或虚拟值来填充这一 WISH TEMPLATE 参数的实例。如果 WISH TEMPLATE 参数包含布尔类型的属性，则将其设置为 true 以表示客户端对这些属性感兴趣。API 提供者采用请求消息中定义的 WISH TEMPLATE 结构作为响应消息的模板，并使用实际的响应数据来替换客户端所请求的值。WISH TEMPLATE 的设计如图 7-6 所示。

　　可以通过两种方式实现图 7-6 所示的模板处理器，具体取决于所选的模板格式。如果已经通过网络接收到镜像对象并将其构造为 PARAMETER TREE，那么模板处理器可以遍历这一 PARAMETER TREE，以便在数据源中检索特定的数据(或从结果集中提取相关的内容)。另一种方案是采用声明式查询作为模板的结构，必须先对声明式查询进行评估，再将其转换为数据库查询语句，或转换为用于对所获取的数据进行过滤的条件。这两种方案类似于 WISH LIST 采用的清单评估器(参见图 7-5)。对模板实例进行评估并不复杂，API 实现提供的库或语言概念可以支持评估过程(例如使用 JSONPath 浏览嵌套的 JSON 对象，使用 XPath 浏览 XML 文档，或使用正则表达式进行文本匹配)。

---

1 请注意，这个问题与 WISH LIST 模式致力于解决的问题非常类似，但是还涉及如何处理响应数据嵌套。

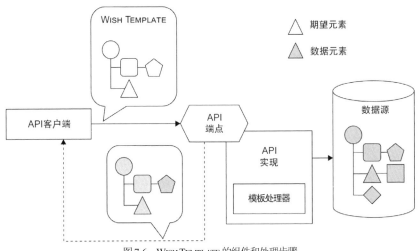

图 7-6　Wish Template 的组件和处理步骤

对于构成特定领域语言的复杂模板语法，可能需要引入编译器方面的概念(例如扫描和解析)。

图 7-7 显示了与两个顶层字段(aValue 和 aString)和一个嵌套子对象(同样包含两个字段 aFlag 和 aSecondString)匹配的输入和输出参数结构。输出参数(或响应消息元素)的类型为整数或字符串，对应于响应消息的请求消息负责指定匹配的布尔值。将布尔值设置为 true 表示客户端对数据感兴趣。

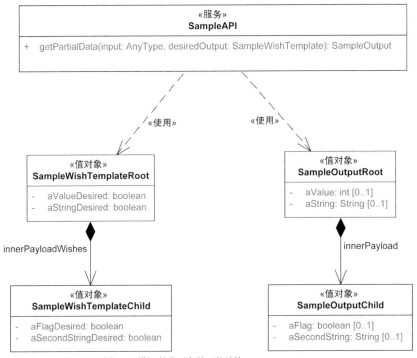

图 7-7　模拟/镜像对象的可能结构(Wish Template)

示例

以下采用 MDSL 编写的服务契约片段引入了一个带有构造型的<<Wish_Template>>:

```
data type PersonalData P // 未指定、占位符
data type Address P // 未指定、占位符
data type CustomerEntity <<Entity>> {PersonalData?, Address?}

endpoint type CustomerInformationHolderService
  exposes
    operation getCustomerAttributes
      expecting payload {
        "customerId":ID, // 客户 ID
        <<Wish_Template>>"mockObject":CustomerEntity
        // 与期望结果集的结构相同
      }
      delivering payload CustomerEntity
```

观察上述 API 可以看到，客户端发送一个 CustomerEntity 镜像(或模拟)对象，其中可能包含 PersonalData 或 Address 属性(这些属性由 CustomerEntity 的 data type 定义)。提供者根据收到的属性(忽略愿望中的虚拟值)填充 PersonalData 或 Address，然后向客户端返回一个完整的 CustomerEntity 实例。

讨论

在设计性能要求和安全性要求极高的分布式系统时，数据简约性是一项重要的通用原则。但是这项原则并非放之四海而皆准：以迭代和增量的方式定义 API 端点时，添加内容(例如信息项或属性)往往比删除内容更容易。换句话说，一旦 API 加入新的内容，许多(甚至可能是未知的)客户端就可能对它们产生依赖，从而很难确定能否在不影响向后兼容性(即不会造成破坏性变更)的情况下安全地删除这些内容。为了向提供者描述自己需要用到哪些属性，使用者利用 WISH TEMPLATE 实例指定所需的属性值，并用标记值或布尔标志进行填充，通过这种方式来满足数据简约性和灵活性的要求。

在实现 WISH TEMPLATE 模式时，开发人员需要决定如何表示和填充模板。WISH TEMPLATE 的同类模式 WISH LIST 采用以逗号分隔的愿望清单，但是构成 WISH TEMPLATE 的 PARAMETER TREE 要复杂得多，因此需要进行编码和语法分析。尽管复杂精巧的模板表示法有时可以显著改善客户端的开发者体验和性能，但它也可能演变为更大、更复杂的 API 实现中间件，从而增加开发、测试和维护 API 的工作量，还会带来技术方面的风险。

此外，如果客户端发送的请求消息中包含无效的参数，那么提供者应该怎样处理这类错误呢？一种方案是悄无声息地忽略无效的参数，但是这样处理可能会掩盖实际存在的问题(举例来说，如果忽略拼写错误或发生变化的参数名，则会影响系统的可靠性)。

WISH TEMPLATE 模式不仅适用于以业务功能为中心来设计 API，也适用于处理与 IT 基础设施相关的领域(例如软件定义网络、虚拟化容器或大数据分析)。这些领域及其软件解决方案通

常存在丰富的领域模型，也支持多种配置选项。为了有效处理由此产生的变化性，需要采用灵活的方法来设计 API 并进行信息检索。

GraphQL [GraphQL 2021]支持类型系统、自省功能、验证功能并使用解析器概念，可将其视为 WISH TEMPLATE 模式的高级实现。GraphQL 的查询和变更模式相当于 WISH TEMPLATE，支持客户端以声明式的方式描述希望获取的数据。请注意，采用 GraphQL 需要实现一个 GraphQL 服务器(其实是实现图 7-6 所示的模板处理器)。该服务器是一种特殊类型的 API 端点，位于实际的 API 端点(即 GraphQL 的解析器)之上。GraphQL 服务器的作用是解析客户端以声明式方式发送的查询和变更请求，然后调用一个或多个解析器。根据数据结构具有的层次结构，这些解析器可能还会调用其他解析器。

相关模式

WISH LIST 模式和 WISH TEMPLATE 模式致力于解决同样的问题，只是前者使用扁平结构的枚举，而不是模拟/模板对象。两种模式都用于处理响应消息中包含的 PARAMETER TREE 实例。在请求消息中，WISH TEMPLATE 成为 PARAMETER TREE 的一部分。

WISH TEMPLATE 与同类模式 WISH LIST 有许多共同特征。举例来说，如果没有在客户端和提供者端进行数据契约验证(例如通过使用 XSD 或 JSON 模式)，那么 WISH TEMPLATE 模式会具有与 WISH LIST 模式描述的简单枚举方法相同的缺点。简单的 WISH LIST 一般不需要使用模式和验证器，相比之下，WISH TEMPLATE 的定义和理解可能更复杂。使用深层嵌套结构的复杂请求可能对通信基础设施造成压力[1]，从而导致处理过程变得更加复杂，API 提供者的开发人员必须考虑到这一点。实现 WISH TEMPLATE 需要投入更多精力，也会引入更复杂的参数数据定义和处理过程。除非 WISH LIST 这样的简单结构确实无法充分描述客户端希望获取的数据，否则应该慎重考虑使用 WISH TEMPLATE。

WISH TEMPLATE 模式能够减少数据传输量和所需的请求数量，因此更容易实施 RATE LIMIT。

延伸阅读

在 "You Might Not Need GraphQL" [Sturgeon 2017]一文中，Phil Sturgeon 讨论了几种用于实现响应塑造的 API，并解释了它们与 GraphQL 概念的对应关系。

7.4   消息交换优化(对话效率)

7.3 节讨论的三种模式支持 API 客户端指定大型数据集的划分方法以及希望获取的具体数据点，这些模式有助于 API 提供者和客户端避免传输和请求不必要的数据。但是，如果客户端已经拥有数据的副本且不希望重复接收相同的数据，应该如何处理呢？如果客户端需要发送大量单独的请求消息，应该怎样减少由此产生的传输和处理开销呢？本节讨论的两种模式致力于解决这两个问题，并试图在以下常见的因素之间取得平衡。

1　Olaf Hartig 和 Jorge Pérez 在分析 GitHub GraphQL API 的性能之后发现，随着查询深度的增加，"查询结果的数量呈指数级增长"。当查询的嵌套层级超过五层时，GitHub GraphQL API 在处理查询时就会出现超时问题[Hartig 2018]。

- **端点、客户端、消息有效载荷的设计复杂性和编程复杂性**：实现和操作能够有效处理数据更新频率的 API 端点很复杂，需要投入大量精力和资源，并且开发人员需要考虑这些投入可以在多大程度上提高端点处理和带宽使用的效率。虽然请求消息的数量减少，但是需要交换的信息并没有减少，这意味着每条消息需要携带更复杂的有效载荷。
- **报告和计费的准确性**：关于 API 使用情况的报告和计费必须准确无误，而且应该体现出公平性。某些解决方案以加重客户端的负担(例如由客户端自行跟踪数据的版本)为代价来减轻提供者的工作负荷，那么提供者也许应该为客户端提供一些激励措施。在客户端与提供者进行交互时，这种额外的复杂性也可能对 API 调用的计费产生影响。

CONDITIONAL REQUEST 和 REQUEST BUNDLE 致力于解决这些问题，接下来将讨论这两种模式。

7.4.1　CONDITIONAL REQUEST 模式

应用场景

某些客户端重复请求相同的服务器端数据，这些数据在请求之间不会发生变化。

在调用 API 操作时，如果返回的数据基本不会发生变化，那么应该如何优化服务器端的处理过程并降低带宽占用率？

除了本节开头提到的因素之外，以下因素也要纳入考虑。

- **消息大小**：如果网络带宽或端点处理能力有限，那么重新传输客户端已经收到的大型响应消息会造成浪费。
- **客户端工作负荷**：为了避免重复处理同一结果并减轻工作负荷，客户端可能希望了解自上一次调用操作以来，操作结果是否有所变化。
- **提供者工作负荷**：有些请求不涉及复杂的处理过程、外部数据库查询或其他后端调用，处理这些请求的成本很低。但如果 API 端点引入其他运行时复杂性(例如为了减少调用次数而采用的决策逻辑)，则可能令处理成本低带来的优势荡然无存。
- **数据当前性与数据正确性**：为了减少 API 调用的次数，API 客户端可能希望将数据存储在本地缓存中。拥有数据副本的客户端必须决定何时刷新缓存，以避免使用过时的数据。同样，客户端需要及时更新元数据以保持其时效性：一方面，在数据发生变化的同时，用于描述数据的元数据也可能发生变化；另一方面，数据本身可能保持不变，只有元数据发生变化。如果希望提高客户端与提供者之间进行交互的效率，则必须考虑这些因素。

为了实现所需的性能，可以考虑在物理部署层面进行纵向扩展或横向扩展，但是这样处理存在局限性，而且成本不低。为了快速响应请求，API 提供者或起到桥梁作用的 API 网关可能将客户端之前请求过的数据缓存起来，从而不必在数据库或后端服务中重新创建或获取数据。这种专用缓存需要保持最新状态并定期清理缓存中的失效数据，而缓存管理会带来一系列复杂的设计问题[1]。

此外，客户端也可以通过先发送"预检"或"事先检查"请求来询问提供者数据是否有任何变化，再发送实际的请求消息。但是这种设计不仅使请求消息的数量翻倍，而且会增加客户端实现的复杂性，当网络延迟较高时还可能降低客户端的性能。

运行机制

▼

在消息表示(或协议标头)中加入 METADATA ELEMENT 以实现条件性请求，并且仅在元数据指定的条件满足时才处理这些请求。

▲

如果条件不满足，那么提供者会返回特殊的状态代码而不是完整的响应消息。客户端可以继续使用之前缓存的数据。在最简单的情况下，由 METADATA ELEMENT 指定的条件可以通过 ATOMIC PARAMETER 进行传输。如果请求消息中已经包含应用程序特定的数据版本号或时间戳，那么也可以使用这些信息。

CONDITIONAL REQUEST 模式包含的各个元素如图 7-8 所示。

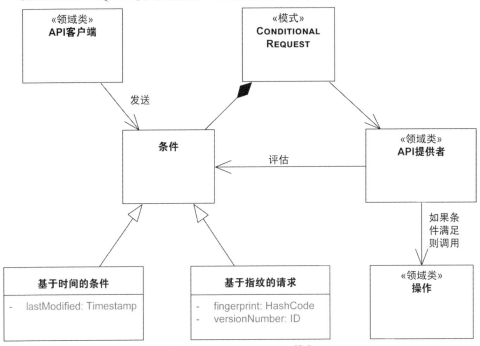

图 7-8　CONDITIONAL REQUEST 模式

此外，可以在通信基础设施中实现 CONDITIONAL REQUEST，它与应用程序特定的内容彼此独立、互为补充。方法是提供者在返回的响应消息中加入数据的哈希值，客户端在后续发送的

1　Phil Karlton 指出，"计算机科学中只有两个难题：缓存失效和命名。" Martin Fowler 曾经引用过这句话[Fowler 2009]，他通过一些诙谐幽默的证据来支持这一说法。

请求消息中包含这一哈希值，以指示自己已经拥有哪个版本的数据，以及希望只接收哪些更新版本的数据。如果条件不满足，那么提供者将返回特殊的 `condition violated` 响应而不是完整的响应数据。这样处理可以实现"虚拟缓存"策略，从而使客户端能够重复使用之前检索到的响应数据(前提是客户端保留有数据副本)。

变体 请求条件有不同的形式，因此 CONDITIONAL REQUEST 模式也有不同的变体。

- TIME-BASED CONDITIONAL REQUEST：资源附带 `last-modified` 日期的时间戳，客户端可以在后续发送的请求消息中加入这一时间戳。只有当服务器的资源表示比客户端已有的副本更新时，服务器才会向客户端返回更新的版本。请注意，客户端与服务器之间需要(也可能不需要)进行时钟同步，以确保时间戳具有准确性。在 HTTP 中，请求标头 `If-Modified-Since` 附带这样的时间戳，状态代码 `304 Not Modified` 表示没有新版本可用。

- FINGERPRINT-BASED CONDITIONAL REQUEST：提供者通过对响应体应用哈希函数、使用版本号等方式为资源创建标签，也就是进行指纹识别。客户端可以在后续发送的请求消息中加入指纹，将自己已经拥有的数据版本通知提供者。在 HTTP 中，RFC 7232 规范[Fielding 2014a]定义的实体标签(ETag)与请求标头 `If-None-Match` 和前文提到的状态代码 `304 Not Modified` 一起用于为资源创建标签。

示例

Spring 等许多 Web 应用程序框架提供对 CONDITIONAL REQUEST 的原生支持。在 Lakeside Mutual 示例应用程序中，客户核心后端服务基于 Spring 构建，所有响应消息都包含 ETag，从而实现了 FINGERPRINT-BASED CONDITIONAL REQUEST。以检索某个客户为例：

```
curl -X GET --include \
http:://localhost:8080/customers/gktlipwhjr
```

响应消息包含 ETag 和其他标头信息：

```
HTTP/1.1 200
ETag: "0c2c09ecd1ed498aa7d07a516a0e56ebc"
Content-Type: application/hal+json;charset=UTF-8
Content-Length: 801
Date: Wed, 20 Jun 2018 05:36:39 GMT
{
  "customerId": "gktlipwhjr",
...
```

客户端可以在后续发送的请求消息中加入提供者之前返回的 ETag，从而实现条件性请求：

```
curl -X GET --include ¨C-header \
'If-None-Match: "0c2c09ecd1ed498aa7d07a516a0e56ebc"' \
http://localhost:8080/customers/gktlipwhjr
```

如果实体没有发生变化,即客户端发送的请求中使用 If-None-Match,那么提供者返回的响应消息中包含 304 Not Modified 和相同的 ETag:

```
HTTP/1.1 304
ETag: "0c2c09ecd1ed498aa7d07a516a0e56ebc"
Date: Wed, 20 Jun 2018 05:47:11 GMT
```

如果客户端检索的客户发生变化,那么提供者将向客户端返回完整的响应消息(其中包括新的 ETag),如图 7-9 所示。

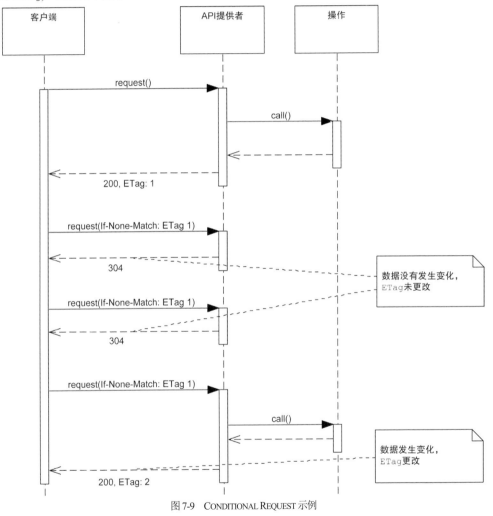

图 7-9 CONDITIONAL REQUEST 示例

请注意,客户核心服务将 CONDITIONAL REQUEST 实现为应用于响应消息的过滤器。换句话说,响应消息会正常计算,但是过滤器在检查条件后将丢弃计算出来的响应消息,并返回状态代码 304 Not Modified。这样处理的优点是端点实现无须进行特殊处理,缺点是计算时间并没有缩短(只是带宽消耗有所减少)。为了缩短计算时间,可以使用服务器端缓存。

讨论

使用 CONDITIONAL REQUEST 模式时，API 提供者不需要了解某个客户端最后一次请求的数据版本，而是由客户端负责通知提供者。客户端会缓存之前收到的响应消息，并记录响应消息中包含的时间戳或指纹，再通过下一条请求消息将这些信息再次传输给提供者。这样处理可以减少不必要的数据传输，从而达到节省带宽的目的。CONDITIONAL REQUEST 模式有助于简化数据当前性间隔(data currentness interval)的配置。时间戳是用于指定数据当前性间隔的一种方法，即使在分布式系统中也很容易实现：只要只有一个分布式系统写入数据，那么该系统的时间就可以作为主时间。

如果像前文讨论的那样将 CONDITIONAL REQUEST 模式实现为过滤器，那么提供者端 API 端点的复杂性就不会增加。为了减轻提供者的工作负荷，可以进一步改进特定的端点，例如缓存额外的响应数据。但是端点需要评估条件、过滤器和异常情况(包括由于进行条件处理或过滤而发生的错误)，从而导致复杂性增加。

此外，提供者必须确定 CONDITIONAL REQUEST 对其他质量指标(例如 RATE LIMIT)会产生哪些影响，以及 PRICING PLAN 是否需要对 CONDITIONAL REQUEST 进行特殊处理。

客户端可以根据两个因素来决定是否使用 CONDITIONAL REQUEST：一是性能方面的需求，二是能否依靠服务器来检测 API 资源的状态变化情况。CONDITIONAL REQUEST 模式不会改变传输的消息数量，但是可以显著减小有效载荷。比起向 API 提供者重新请求数据，客户端从缓存中重新读取之前获取的响应消息要快得多。

相关模式

RATE LIMIT 不仅会限制请求消息的数量，也会限制响应消息的数量，而 CONDITIONAL REQUEST 模式能够减少数据传输量，因此更容易实施 RATE LIMIT。

CONDITIONAL REQUEST 模式可以搭配 WISH LIST 或 WISH TEMPLATE 使用，这种"强强联手"能够控制在条件评估为 `true` 且需要(重新)发送数据时应该返回哪些数据子集。

CONDITIONAL REQUEST 模式还可以搭配 PAGINATION 使用，但是需要考虑一些极端情况。例如，特定页面的数据可能没有发生变化，但是由于添加了更多数据，因此页面总数有所增加。元数据也可能发生类似的变化，进行条件评估时应该考虑到这一点。

延伸阅读

《RESTful Web Services Cookbook 中文版》[Allamaraju 2010]一书的第 10 章专门围绕有条件请求展开讨论，给出的九个示例还涉及如何处理用于修改数据的请求。

7.4.2　REQUEST BUNDLE 模式

应用场景

已指定 API 端点，该端点对外公开一项或多项操作。客户端向 API 提供者发送大量较小、独立的请求消息，提供者会针对每条请求消息返回相应的响应消息。这些频繁的交互序列对可伸缩性和吞吐量造成不利影响。

▼

如何减少请求消息和响应消息的数量以提高通信效率？

◣

除了满足对高效消息传递和数据简约性的普遍需求(如本章引言所述)，REQUEST BUNDLE 模式还致力于改善以下性能。

- **延迟**：减少 API 的调用次数有助于改善客户端和提供者的性能(在网络延迟很高或由于发送多个请求和响应而产生开销的情况下，减少 API 的调用次数有明显的效果)。
- **吞吐量**：通过使用更少的消息来交换相同的信息有助于提高吞吐量，但是客户端需要等待更长时间才能开始处理数据。

开发人员可能考虑通过增加硬件数量或改善硬件质量来满足 API 客户端的性能需求，但是硬件设备存在物理限制，而且需要投入大量资金。

运行机制

▼

将 REQUEST BUNDLE 定义为数据容器，以便把多条独立的请求消息组合成一条请求消息。在请求消息中加入元数据，例如各个请求消息的标识符(捆绑元素)和捆绑元素计数器。

◣

可以采用两种方式来设计响应消息。

1. 一条请求消息对应一条响应消息：具有单一捆绑响应消息的 REQUEST BUNDLE。
2. 一条请求消息对应多条响应消息：具有多条响应消息的 REQUEST BUNDLE。

举例来说，可以将 REQUEST BUNDLE 容器消息组织为 PARAMETER TREE 或 PARAMETER FOREST 的形式。如果使用 PARAMETER TREE，那么需要定义响应容器的消息结构，该结构应该与请求消息的结构保持一致，并对应于捆绑的请求消息；如果使用 PARAMETER FOREST，那么可以借助底层网络协议来实现适当的消息交换和对话模式。以 HTTP 为例，提供者可以选择延迟发送响应消息，直到捆绑项处理完毕后再向客户端返回响应消息。这种技术称为长轮询，详细描述参见 RFC 6202 规范[Saint-Andre 2011]。

错误既要单独处理，也要在容器层面上处理。有不同的方案可供选择。例如，可以为整个捆绑请求生成一份 ERROR REPORT，也可以为通过 ID ELEMENT 访问的每个捆绑元素生成单独的 ERROR REPORT，并通过关联数组的方式将它们关联起来。

图 7-10 所示的 REQUEST BUNDLE 包括 A、B、C 等三条单独的请求消息，将三者组装在一起，并通过一个远程 API 调用发送。API 端点向 API 客户端返回单一捆绑响应消息。

在 API 实现过程中，将提供者需要将客户端发送的多条请求消息从捆绑中拆分出来进行处理，然后将返回给客户端的多条响应消息组装在一起。这个过程既可以像遍历提供者端的端点传递过来的数组一样简单，也可能需要执行一些额外的决策和调度逻辑(例如，根据请求消息携带的控制性 METADATA ELEMENT 来决定将捆绑元素路由到 API 实现的哪个位置)。如果提供者返回的是单一捆绑响应消息，那么客户端必须以类似的方式拆分这一响应消息。

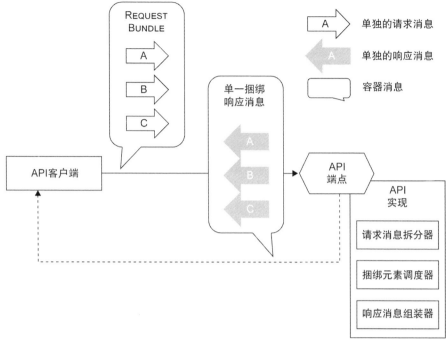

图 7-10　REQUEST BUNDLE：将三条独立的请求消息 A、B、C 组装成一条容器消息。
提供者分别处理各条请求消息，然后向客户端返回单一捆绑响应消息

示例

在 Lakeside Mutual 示例应用程序的客户核心服务中，客户端可以发送一个包含多个客户 ID ELEMENT 的 ATOMIC PARAMETER LIST，以便从客户的 INFORMATION HOLDER RESOURCE 中请求多个客户的信息。其中路径参数用作捆绑容器，捆绑元素之间通过逗号(,)隔开：

```
curl -X GET http://localhost:8080/customers/ce4btlyluu,rgpp0wkpec
```

上述命令将返回了两个请求对应的客户信息作为 DATA ELEMENT，这些 DATA ELEMENT 以 JSON 对象的形式存储在捆绑级别的数组中(采用单一捆绑响应消息的实现方式)：

```
{
  "customers": [
    {
      "customerId": "ce4btlyluu",
      "firstname": "Robbie",
      "lastname": "Davenhall",
      "birthday": "1961-08-11T23:00:00.000+0000",
      ...
      "_links": { ... }
    },
    {
```

```
    "customerId": "rgpp0wkpec",
    "firstname": "Max",
    "lastname": "Mustermann",
    "birthday": "1989-12-31T23:00:00.000+0000",
    ...
    "_links": { ... }
  }
 ],
 "_links": { ... }
}
```

本例采用单一捆绑响应消息的方式来实现 REQUEST BUNDLE。

讨论

如果客户端的使用场景涉及批处理(例如定期更新客户主数据)，那么通过一次性传输捆绑在一起的请求消息就能大幅减少数据传输量。而且由于需要进行的网络通信减少，因此通信速度也会加快。根据实际的使用情况，客户端实现的工作量也可能减少，因为客户端不需要跟踪多条正在传输的请求消息。如果单条响应消息中的捆绑元素在逻辑上相互独立，那么客户端可以逐个处理这些元素。

REQUEST BUNDLE 模式会增加端点处理的工作量和复杂性。提供者必须拆分请求消息，而且在实现包含多条响应消息的 REQUEST BUNDLE 时需要协调各条响应消息。客户端处理的工作量和复杂性也会增加，因为客户端同样需要采用拆分策略来处理 REQUEST BUNDLE 及其包含的各个元素。此外，来自多个数据源的数据需要合并到一条消息中，从而导致消息有效载荷的设计和处理变得更加复杂。

构成 REQUEST BUNDLE 的各条请求消息彼此独立，所以端点可能会并发执行这些请求消息。由于这个原因，客户端不应该假定请求消息会按照某种顺序执行。API 提供者应该在 API DESCRIPTION 中记录这一容器属性。保证捆绑元素按特定顺序处理会增加工作量，例如按照各条请求消息进入 REQUEST BUNDLE 的顺序对单一捆绑响应消息进行排序。

如果底层通信协议无法同时处理多条请求消息，则可以考虑使用 REQUEST BUNDLE 模式。该模式假定数据访问控制的定义已经足够清晰和明确，确保可以处理所有捆绑元素。如果上述假设不成立，那么提供者必须向客户端返回部分响应消息，以说明捆绑中的哪些命令/请求消息未能成功执行，并指导客户端如何修正相应的输入，以便重新尝试调用。在客户端处理这种元素级别的访问控制可能不太容易。

在 REQUEST BUNDLE 中的所有请求消息处理完毕后，客户端才能收到第一条响应消息，整体延迟时间因而有所增加。不过与连续多次发送的调用相比，使用 REQUEST BUNDLE 可以减少网络通信的次数，因此总体通信时间一般有所减少。服务提供者在处理 REQUEST BUNDLE 时需要进行协调，从而可能变得有状态。在微服务和云环境中，有状态性会对可伸缩性产生负面影响。换句话说，当工作负荷增加时，横向扩展变得更加困难。这是因为微服务中间件或云服务提供商基础设施可能使用负载均衡器，而在有状态的情况下，这些负载均衡器需要确保将后续的请求消息路由到合适的实例，并且在发生故障转移时能够以适当的方式重新创建状态。进行扩展时，应该以整个 REQUEST BUNDLE 还是构成 REQUEST BUNDLE 的各个元素作为基本单元，目前尚无定论。

相关模式

REQUEST BUNDLE 包含的请求消息和响应消息会形成 PARAMETER FOREST 或 PARAMETER TREE。可以通过一个或多个 ID ELEMENT 或 METADATA ELEMENT 来描述结构的附加信息和用于标识各条请求消息的信息。这类标识符可实现"关联标识符"模式[Hohpe 2003]，从而将响应消息与请求消息对应起来。

REQUEST BUNDLE 可作为 CONDITIONAL REQUEST 传输。REQUEST BUNDLE 模式既可以单独使用，也可以搭配 WISH LIST 或 WISH TEMPLATE 模式使用，但必须仔细评估结合使用两种甚至三种模式带来的收益是否超过因此而增加的复杂性。如果所请求的实体属于同一类型(例如通讯录中的多个人员)，那么可以改用 PAGINATION 模式及其变体。

REQUEST BUNDLE 模式能够减少交换的消息数量，因此更容易实施根据操作调用次数来进行计算的 RATE LIMIT。REQUEST BUNDLE 模式非常适合搭配显式 ERROR REPORT 使用，因为通常需要单独报告每个捆绑元素的错误状态或成功情况，而不仅仅是报告整个 REQUEST BUNDLE 的执行结果。

《设计模式：可复用面向对象软件的基础》(*Design Patterns: Elements of Reusable Object-Oriented Software*)[Gamma 1995]一书将每条单独的请求消息定义为一条命令，而 REQUEST BUNDLE 模式相当于通用的"命令"设计模式的扩展。"消息序列"模式[Hohpe 2003]解决问题的思路与 REQUEST BUNDLE 模式相反：为了给消息"瘦身"，该模式将较大的消息拆分为较小的消息，每条较小的消息通过序列 ID 进行标记。这样处理的代价是消息数量增加。

延伸阅读

《RESTful Web Services Cookbook 中文版》[Allamaraju 2010]一书的第 11 章给出了多个示例。第 13 个示例指出，使用通用的端点来处理多条单独的请求消息并不可取。

在批处理(又称组块处理)环境中应用 REQUEST BUNDLE 模式时，可以通过使用协程(coroutine)来改善性能。详细讨论可参见"Improving Batch Performance when Migrating to Microservices with Chunking and Coroutines"[Knoche 2019]一文。

7.5　本章小结

本章讨论了与 API 质量相关的模式，特别是如何在 API 设计粒度、运行时性能和支持各类客户端的能力之间找到最佳平衡点。我们分析了应该交换大量较小的消息还是少量较大的消息。

采用 EMBEDDED ENTITY 模式时，API 交换的消息中包含所有必要的数据。采用 LINKED INFORMATION HOLDER 模式可以减小消息大小，因为消息中只包含指向其他 API 端点的链接，但是客户端可能需要进行多次交互以检索相同的信息。

PAGINATION 模式允许客户端根据自己的信息需求逐步检索数据集。如果在设计 API 时无法确定客户端需要获取哪些详细信息,而客户端又希望 API 能够满足自己的所有需求,那么可以考虑采用 WISH LIST 和 WISH TEMPLATE 模式以获得所需的灵活性。

REQUEST BUNDLE 模式支持一次性传输多条消息。为了优化性能,建议在交换消息之前精心选择合适的消息粒度,或通过引入 CONDITIONAL REQUEST 模式来避免向已经拥有相同数据的客户端重复发送这些数据。

请注意,性能预测往往很难,分布式系统的性能预测更是难上加难。性能评估一般在系统布局(system landscape)稳定演进的条件下进行。如果性能监控显示出负面趋势,而且这种趋势有可能违反一个或多个正式指定的 SERVICE LEVEL AGREEMENT 或其他指定的运行时质量策略,则应该重新评估和调整 API 的设计及其实现。所有分布式系统都面临这些重要的问题。而当系统拆分为较小的单元(例如可以独立扩展和演进的微服务)时,这些问题会变得更加严重。即使服务之间的耦合性很低,但为了满足最终用户在执行特定业务功能时对响应时间的要求,也只能将性能预算作为整体进行评估,而且需要全面考虑端到端的性能。目前,市场上存在用于负载/性能测试和监控的商业产品和开源软件。开发人员面临的挑战包括建立一种有意义且可以重复验证结果的环境,以及应对变化(例如需求变更、系统架构调整以及实现方式改变)的能力。对性能进行模拟是另一种选择。学术界围绕软件系统和软件架构的性能预测建模进行了大量研究("The Palladio-Bench for Modeling and Simulating Software Architectures"[Heinrich 2018]一文值得一读)。

第 8 章将讨论 API 演进,包括如何实现版本控制和生命周期管理。

第 8 章

API 演进

本章将讨论适用于 API 演进的模式。大多数成功的 API 会随着时间的推移而演进。在 API 的生命周期中，兼容性和可扩展性也许存在"鱼和熊掌不可兼得"的情况，需要加以平衡。而对于如何在二者之间找到最佳平衡点，客户端和提供者可能存在分歧。为多个 API 版本提供支持的成本很高，如果 API 能够完全向后兼容之前的版本则可以降低成本。但是在实践中，实现这一目标的难度往往超过预期。糟糕的演进决策可能令客户(及其 API 客户端)感到失望，也会给提供者(及其开发人员)带来压力。

本章首先介绍采用演进模式的必要性，然后讨论我们从实践中提炼而来的六种演进模式。其中两种模式用于版本控制和兼容性管理，另外四种模式用于生命周期管理保证。

第 II 部分引言讨论了对齐-定义-设计-完善(Align-Define-Design-Refine，ADDR)过程，本章内容对应于 ADDR 过程的完善阶段。

8.1 API 演进简介

根据定义，API 不是静态、孤立的产品，而是开放、分布式、互联互通的系统的组成部分。API 旨在为构建客户端应用程序提供坚实的基础，但确实会随着时间的推移而发生变化(尤其是不断有新的客户端使用 API)，就像海浪的持续冲击会逐渐塑造出岩石峭壁的形态一样。

为了适应不断变化的环境，API 在演进过程中会增加新的功能，修复错误和缺陷，并淘汰部分过时的功能。我们提出的演进模式不仅有助于以可控的方式引入 API 变更，而且能够处理变更带来的后果，还能管理这些变更对 API 客户端的影响。这些演进模式可以帮助 API 的所有者、设计人员和客户解决以下问题：

在 API 的演进过程中，如何平衡稳定性与兼容性、可维护性与可扩展性之间的关系？

8.1.1 API 演进面临的挑战

我们提出的演进模式以直接或间接的方式影响以下期望的质量指标。

- **自主性**：API 提供者和客户端的生命周期可以不同，提供者可以在不影响现有客户端的情况下发布新的 API 版本。

- **松耦合**：尽可能减少 API 变更对客户端的影响。
- **可扩展性**：提供者可以根据新的需求来改进、扩展或变更 API。
- **兼容性**：确保 API 变更不会给客户端和提供者造成语义方面的"误解"。
- **可持续性**：对于使用旧版本 API 的客户端，最大限度减少为长期支持这些客户端所需付出的成本。

API 提供者和客户端的生命周期、部署频率、时间表各有不同且相互独立，因此需要提前规划并持续管理 API 的演进。由于受到这些因素的影响，提供者不能随意更改已发布的 API。随着越来越多的客户端开始使用和依赖 API，这个问题会变得更加严重。如果有大量客户端使用 API(或提供者不了解哪些客户端会使用 API)，那么提供者对客户端的影响力或管理能力就会减弱。公共 API 的演进面临双重挑战：如果有相互竞争的提供者，那么客户端也许更愿意选择能提供最稳定 API 的提供者；但即使没有相互竞争的提供者，客户端也可能无法完全适应新的 API 版本，因此要依靠提供者采取公平的方式来演进 API。在一个项目中，如果客户端由某位外包的开发人员实现，而这位开发人员已经不再为项目提供服务，那么问题就显得尤为突出。例如，一家小公司聘请一位外部顾问将公司的在线商城与支付提供商进行集成，以便通过支付 API 实现支付功能。但是当 API 升级到新版本时，这位外部顾问可能忙于其他项目，不再为这家公司提供服务了。

兼容性和可扩展性这两个质量要求往往相互抵触。在 API 的演进过程中，兼容性是决策的主导因素。兼容性是描述提供者与客户端之间关系的一种属性。如果双方可以进行信息交换，而且能够根据各自 API 版本的语义正确解释和处理所有消息，则称双方相互兼容。举例来说，使用第 n 版 API 的提供者和使用该版本的客户端显然是相互兼容的(假设客户端已通过互操作性测试)。如果使用第 n 版 API 的客户端与使用第 n−1 版 API 的提供者相互兼容，则说明提供者可以向前兼容客户端；如果使用第 n 版 API 的客户端与使用第 n+1 版 API 的提供者相互兼容，则说明提供者可以向后兼容客户端。

在提供者首次发布 API 并且客户端开始使用该 API 时，很容易实现兼容性(至少人们认为提供者和客户端应该相互兼容)。API DESCRIPTION 会记录 API 的第一个版本，以便 API 客户端和提供者就 API 达成一致并分享相同的知识，然后据此设计和测试互操作性。而随着 API 的演进，客户端和提供者对 API 的共同理解可能逐渐消失，导致双方渐行渐远。原因并不复杂：只有一方真正有权更改 API。

一旦所有 API 提供者和客户端的生命周期无法继续保持同步，兼容性就变得更加重要，也更加难以实现。随着越来越多的应用程序迁移到云计算，远程客户端的数量大幅增加，客户端与提供者之间的关系也在不断变化。微服务等现代架构范式的一个重要特征是具备独立扩展的能力(即能够同时运行多个服务实例)，而且可以实现新版本的零停机部署：同时运行多个服务实例，然后将其逐个升级到新版本，直到所有实例更新完毕。至少在这段过渡期内，新旧版本的 API 会同时存在。换句话说，在设计 API 的演进方式并保证 API 具有兼容性时，必须考虑到这种复杂的情况，即有些客户端已开始使用新版本的API，而有些客户端仍在使用旧版本的API。

可扩展性用于衡量 API 增加新功能的能力。试举一例。在当前版本的 API 中，响应消息包括一个名为"价格"的 DATA ELEMENT(参见第 6 章)。根据 API DESCRIPTION 的描述，这个 DATA

ELEMENT 代表货币金额，单位是美元。随着时间的推移，API 计划从仅支持单一货币过渡到支持多种货币。但由于现有的客户端只能处理以美元计算的价格，因此实现多币种支持很容易破坏这些客户端：如果引入一个名为"货币"的 METADATA ELEMENT，那么现有的客户端在更新之前将无法处理这个新的 METADATA ELEMENT。由此可见，可扩展性和兼容性有时"甘蔗不能两头甜"。

本章讨论的六种演进模式涉及对 API 的承诺水平、生命周期支持的程度以及在不同情况下是否应该保持 API 的兼容性，进行决策时需要经过深思熟虑。这些模式还描述了如何向客户端通报破坏性变更和非破坏性变更。

在实践中，提供者和客户端的生命周期、部署频率、部署日期往往有所不同，这种情况在 PUBLIC API 和 COMMUNITY API 中尤其常见(两种模式的讨论参见第 4 章)。由于很难(有时甚至不可能)随意更改已经发布的 API，因此在发布软件之前务必规划 API 的演进。最好根据 API 提供者和客户端的比例来决定处理方法：如果提供者的数量较多，而客户端的数量较少，那么建议由提供者负责维护旧的 API 版本；如果客户端的数量较多，而提供者的数量较少，那么建议客户端经常迁移到新的 API 版本。政治因素(例如客户的重要性)会影响可供选择的解决方案：如果客户端更强势，那么提供者会投入更多精力来支持旧的 API 版本，以留住有不满意见的客户端；而如果提供者更强势，那么通过缩短 API 或 API 功能的支持期限，提供者可以强制客户端更频繁地迁移到较新的 API 版本。

某些情况下，提供者在发布 API 时并没有给出维护和更新策略。这种临时性举措存在隐患，可能导致客户端无法正常使用 API 或无法向用户提供服务。更糟糕的是，如果没有采取防止客户端误解消息内容的措施，那么开发人员可能无法发现问题。这是因为即使消息的语法结构在新的 API 版本中保持不变或与旧版本相似，其含义也可能发生变化(例如，新版本提供的价格元素可能包含增值税，或增值税的税率在新版本中有所调整)。针对整个 API 及其所有端点、操作和消息实施版本控制是一种较为粗放的策略，会增加(甚至显著增加)发布 API 版本的数量，导致客户端需要投入大量精力来跟踪和适应新的 API 版本。

如果提供者没有做出明确的承诺，那么客户端通常会默认 API 始终保持可用状态(尽管这并非提供者的本意)。某些情况下，客户端期望 API(尤其是可供匿名客户端使用的 PUBLIC API)可以一直提供服务，甚至可能已经与提供者协商延长 API 的使用期限，那么当 API 最终停止服务时，客户端的期望落空可能导致提供者的声誉受损。

提供者有时希望频繁更新 API 的版本，但是频繁更新可能会催生出多个 API 版本，既加重了提供者的负担(需要同时维护多个版本)，也加重了客户端的负担(需要不断根据新版本调整自己的应用程序)。这些版本并没有带来足够的收益，导致客户不愿意投入时间和资源进行升级。因此，避免因版本过多而造成的客户流失很重要。此外，有些 API 必须把客户端开发人员不一定可以"随叫随到"的情况考虑在内。假设客户端开发人员受雇为某必须持续提供服务的小型企业网站开发 API，但是开发人员无法获得额外的资金来升级 API 版本，那么他们通常需要继续为旧版本提供支持。例如，小型企业客户端可能使用 Stripe API [Stripe 2022]来处理在线支付业务，那么开发人员就要考虑如何支持旧版本的 Stripe API。学生在做学期项目时经常使用公共 API。如果这些 API 发生破坏性变更，则会导致项目程序无法继续运行，这种情况往往出现在项目完成之后。

8.1.2 本章讨论的模式

本章讨论的六种模式如图 8-1 所示。

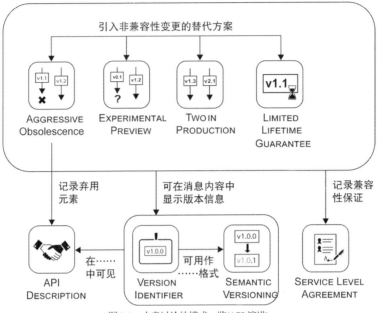

图 8-1 本章讨论的模式一览(API 演进)

引入明确的 VERSION IDENTIFIER 十分重要，这种标识符对消息接收者可见且可以由接收者正确验证，有助于客户端和提供者区分兼容性变更和非兼容性变更。在 API 监控和支持方面，VERSION IDENTIFIER 也有很好的效果。遵循 SEMANTIC VERSIONING 模式的 VERSION IDENTIFIER 由三部分组成，旨在描述变更之间具有的兼容性，因此能够比简单的版本号传递出更丰富的信息。

LIMITED LIFETIME GUARANTEE 模式规定了为 API 提供支持的时间范围。提供者在发布 API 时会公布这一时间范围，以便客户端及时规划必要的迁移工作。采用 TWO IN PRODUCTION 模式时，提供者在生产环境中提供多个 API 版本(每个版本都有各自的 VERSION IDENTIFIER)，以免因向后兼容性或向前兼容性的实现不佳而产生语义误解，并允许客户端自由选择使用哪个版本。作为一种过渡方案，TWO IN PRODUCTION 模式可以使客户端逐步迁移到新的 API 版本。有时候，提供者明确表示不会对 API 做出任何承诺。这种情况可能出现在 API 的开发阶段，此时确切的消息结构和端点设计尚未完全确定。倘若如此，可以考虑采用不提供任何保证的 EXPERIMENTAL PREVIEW 模式，供感兴趣的客户端了解和探索正在开发的 API。采用 AGGRESSIVE OBSOLESCENCE 模式的API 提供者可以随时弃用和逐步淘汰所有(或部分)API，而不需要同时提供多个API 版本。

8.2 版本控制和兼容性管理

本节讨论的两种模式是 VERSION IDENTIFIER 和 SEMANTIC VERSIONING。

8.2.1 VERSION IDENTIFIER 模式

应用场景

部署在生产环境中的 API 会不断演进。随着时间的推移，新的 API 版本会引入经过改进的功能。久而久之，新版本中的变更不再向后兼容之前的版本，导致现有的客户端无法继续使用 API。

API 提供者如何向客户端解释当前支持的功能并提醒可能存在的非兼容性变更，以避免客户端由于未发现的解释错误而无法继续使用 API?

- **准确性和精确识别**：发布新的 API 版本时，应确保新旧版本之间没有语义不匹配或其他差异。即使 API 经过改进、扩展或其他修改，也不应该影响语法和语义的稳定性，以确保客户端能够正常使用。
- **不会意外破坏兼容性**：如果 API 的请求消息和响应消息明确指定版本号，那么通信参与者在遇到未知或不兼容的版本号时就可以拒绝处理请求消息或响应消息，从而避免意外破坏向后兼容性。当 API 在没有事先通知的情况下改变现有表示元素的语义时，就可能出现这种情况。
- **客户端影响**：如果 API 出现破坏性变更，那么客户端也要进行相应的调整，而这些调整通常不会带来任何业务价值。因此，客户端希望 API 保持稳定，可以长期信赖。因为频繁变化的 API 会迫使客户端经常发布维护版本，从而增加隐性成本。
- **追踪正在使用的 API 版本**：API 提供者可以监控客户端使用某个特定 API 版本的情况，并根据监控数据规划进一步的治理措施，例如停用旧版本或确定功能改进的优先级。

有时候，提供者在发布 API 时并没有规划如何管理 API 的生命周期。提供者可能认为，发布之后再进行规划也为时不晚。然而，与某些基于面向服务的体系结构(Service-Oriented Architecture, SOA)有关的计划和项目之所以失败，缺乏治理和版本控制是原因之一[Joachim 2013]。

运行机制

引入明确的版本标识符。可以通过 API DESCRIPTION 描述 VERSION IDENTIFIER，也可以将 VERSION IDENTIFIER 纳入请求消息和响应消息(方法是在端点地址、协议标头或消息有效载荷中加入 METADATA ELEMENT)。

明确的 VERSION IDENTIFIER 通常采用数字来表示 API 的演进进度和成熟度。专用表示元素、属性/元素名称后缀、端点地址(例如 URL、域名、XML 命名空间)或 HTTP 内容类型标头都可以包含 VERSION IDENTIFIER。除非客户端或中间件强烈要求，否则在 API 支持的所有消息交换中，VERSION IDENTIFIER 应该只出现在一个位置，以免引起一致性问题。

一般使用由三部分组成的 SEMANTIC VERSIONING 模式来创建标识符。通信各方可以根据这种结构化的 VERSION IDENTIFIER 来判断自己能否理解并正确解释消息内容，从而明确区分各个版本的非兼容性变更和功能扩展。

使用不同的 VERSION IDENTIFIER 来标识新版本有助于接收者确认能否处理响应消息，如果无法处理则及时中止对消息的解释，以免引起更多问题，并(通过 ERROR REPORT 等方式)报告版本不兼容的错误。API DESCRIPTION 会详细描述特定的功能，这些功能或是在某个时间点(例如某个版本发布时)引入，或是只在特定版本中可用但在后续版本中停用(AGGRESSIVE OBSOLESCENCE 模式就支持快速停用旧版本)。

请注意，也可以针对请求消息和响应消息所采用的模式(例如在 HTTP 资源 API 中定义为自定义媒体类型的模式)实施版本控制，但是这种版本控制不一定与端点/操作的版本控制完全同步。Alexander Dean 和 Frederick Blundun 将针对模式的版本控制方法称为 SchemaVer[Dean 2014]。

还要注意的是，"API 的演进"和"API 实现的演进"是两个不同的概念，因为 API 的演进与 API 实现的演进可以分开进行(而且 API 实现的更新频率更高)，所以可能需要使用多个版本标识符，一个用于标识远程 API，另一个用于标识远程 API 实现。

版本控制概念应该纳入所有实现依赖关系(必须确保依赖关系具有向后兼容性)：如果底层组件(例如支持有状态 API 调用的数据库)的演进速度跟不上 API 本身的演进速度，则可能降低 API 的发布频率。对于部署在生产环境中的两个(或多个)API 版本，必须明确每个 API 版本使用哪个后端系统版本和其他下游依赖项。为此，可以考虑采用"前滚"(roll forward)策略，或通过添加外观将 API 实现的版本控制与 API 本身的版本控制分开。

示例

在 HTTP 资源 API 中，可以通过以下方式标识不同功能对应的版本。HTTP 的内容类型协商标头(例如 Accept 标头)[Fielding 2014c] 会指定客户端支持的特定表示格式及其版本：

```
GET /customers/1234
Accept: text/json+customer; version=1.0
...
```

资源标识符中包含特定端点和操作的版本信息：

```
GET v2/customers/1234
...
```

也可以通过主机域名指定整个 API 的版本信息：

```
GET /customers/1234
Host: v2.api.service.com
...
```

在基于 SOAP/XML 的 API 中，顶级消息元素的命名空间中往往包含版本信息：

```
<soap:Envelope>
  <soap:Body>
```

```
    <ns:MyMessage xmlns:ns="http://www.nnn.org/ns/1.0/">
    ...
    </ns:MyMessage>
  </soap:Body>
</soap:Envelope>
```

如下所示，消息有效载荷中同样可以包含版本信息。在 1.0 版计费 API 中，价格单位是欧元：

```
{
  "version": "1.0",
  "products": [
    {
      "productId": "ABC123",
      "quantity": 5;
      "price": 5.00;
    }
  ]
}
```

新版本加入对多币种的支持，导致数据结构发生变化，版本元素的内容也更新为"version"："2.0"：

```
{
  "version": "2.0",
  "products": [
    {
      "productId": "ABC123",
      "quantity": 5;
      "price": 5.00;
      "currency": "USD"
    }
  ]
}
```

如果没有通过 VERSION IDENTIFIER 或其他机制来标识破坏性变更，那么使用 1.0 版 API 的软件在解释使用 2.0 版 API 的消息时，会误认为产品价格是 5 欧元，而实际价格是 5 美元。之所以出现这种情况，是因为新属性("currency"："USD")改变了现有属性的语义。为了解决这个问题，可以像前文讨论的那样通过 HTTP 内容类型来传递版本信息。另一种方案是直接在消息中加入一个新字段(例如 priceInDollars)来避免出现歧义，但是这样处理会产生技术债务。尤其是在更复杂的场景中，技术债务会随着时间的推移而逐渐累积。

讨论

提供者可以通过使用 VERSION IDENTIFIER 模式向客户端明确传达 API 版本、端点的兼容性和扩展性、操作的兼容性和扩展性、消息的兼容性和扩展性等信息。使用 VERSION IDENTIFIER

有助于避免未检测到的语义变化在无意中破坏 API 版本之间的兼容性，从而降低发生问题的概率。这种模式还能跟踪客户端实际使用的消息有效载荷版本。

如果 API 使用链接标识符(例如 HTTP 资源 API 中的超媒体控件)，那么实施版本控制时需要特别注意。耦合性较高的端点和 API(例如构成 API 产品的端点和 API)应该通过协调一致的方式实施版本控制，而耦合性较低的 API(例如由组织中不同团队拥有和维护的微服务提供的 API)更加难以演进。在 Lakeside Mutual 示例应用程序中，如果第 5 版客户管理后端 API 返回的链接标识符指向保单 INFORMATION HOLDER RESOURCE(位于保单管理后端)，那么客户管理后端会假设收到保单链接(位于客户自助服务前端)的 API 客户端能够处理哪一版保单管理后端 API 呢?(Lakeside Mutual 示例应用程序的各个组件如图 2-6 所示。)

当 VERSION IDENTIFIER 发生变化时，即使客户端依赖的功能保持不变，客户端也可能需要迁移到新的 API 版本。部分客户端的工作量会因此而增加。

引入 VERSION IDENTIFIER 并不意味着提供者能够随意修改 API，也不会减少用于支持旧客户端所需进行的调整，但是这种模式可以作为应用其他模式(例如 TWO IN PRODUCTION)的基础，从而更好地管理 API 演进。VERSION IDENTIFIER 模式本身也无法解耦提供者和客户端的生命周期，不过可以为其他能够实现解耦的模式奠定基础。例如，明确标识 API 的版本信息更容易实现 TWO IN PRODUCTION 和 AGGRESSIVE OBSOLESCENCE 模式。

VERSION IDENTIFIER 模式提供了一种简单而有效的机制来标识破坏性变更，尤其是"宽容阅读器"(TOLERANT READER)[Daigneau 2011]能够成功分解的那些变更但却无法得到正确理解和使用。通过明确指定版本，提供者可以强制客户端拒绝接收较新的消息或拒绝处理过时的请求，从而在确保安全的情况下引入非兼容性变更，但也会迫使客户端迁移到新的 API 版本以获得支持。像 TWO IN PRODUCTION 这样的模式可以提供一段宽限期，以便为客户端留出迁移到新版本的时间。

当采用明确的版本控制时，必须确定版本控制的级别。以 Web 服务描述语言(Web Service Description Language，WSDL)为例，既可以通过更改命名空间等方式对整个契约实施版本控制，也可以通过添加版本后缀等方式对各项操作实施版本控制，还可以针对表示元素(模式)实施版本控制。HTTP 资源 API 同样支持不同的版本控制方式，例如像前文讨论的那样使用内容类型、URL 和有效载荷中的版本元素来标识版本。注意不要混淆版本控制的范围("主题")与版本控制的解决方案("手段")。举例来说，表示元素可以携带用于版本控制的版本信息，但自身也可能成为版本控制的对象。

使用较小的版本控制单元(例如单个操作)有助于减少提供者与客户端之间的耦合，因为客户端可以只使用 API 端点中不会受到变更影响的那些功能。比起为每个客户端提供一个单独的 API 端点，细粒度的版本控制(例如在操作或消息表示元素层面实施的版本控制)可以减少变更带来的影响。然而，需要实施版本控制的元素越多，治理和测试的工作量就越大。无论是提供 API 的组织还是使用 API 的组织，都需要跟踪实施版本控制的元素及其现行版本(数量可能非常多)。这种情况下，为特定的客户端或不同类型的客户端设计专用 API 也许是更合理的选择。

使用 VERSION IDENTIFIER 可能导致软件组件(例如 API 客户端)产生无谓的更改请求:只要 API 版本发生变化，就要相应修改客户端的代码，从而会增加不必要的工作量。举例来说，当更改 XML 命名空间时，需要修改客户端的代码并重新部署。如果使用原始的代码生成工具(例如没有进行自定义设置的 JAXB [Wikipedia 2022f]，则可能带来问题，因为命名空间的变化会导致 Java 包名发生变化，从而影响所有生成的类及其在代码中的引用。为了减少和限制这类技术变更产生的影响，至少应该定制代码生成过程(或使用更健壮、更稳定的数据访问机制)。

不同的集成技术提供不同的版本控制机制，这些机制遵循不同的实践，并得到各自社区的认可。如果采用简单对象访问协议(Simple Object Access Protocol，SOAP)，那么在客户端与提供者之间交换的 SOAP 消息中，可以通过两种方式来传递版本信息，一是使用不同的命名空间，二是在顶层消息元素中加入版本后缀。而在 REST 社区中，有些开发人员反对使用明确的 VERSION IDENTIFIER，有些开发人员则鼓励使用 HTTP 的 Accept 和 Content-Type 标头(参见 "Nobody understands REST or HTTP" [Klabnik 2011]一文)来传递版本信息。但是在实践中，许多应用程序还会在交换的 JSON/XML 数据或 URL 中使用 VERSION IDENTIFIER 来标识版本信息。

相关模式

VERSION IDENTIFIER 相当于一种特殊类型的 METADATA ELEMENT，可以通过使用 SEMANTIC VERSIONING 模式来进一步组织。在四种生命周期治理模式中，TWO IN PRODUCTION 需要实施明确的版本控制，AGGRESSIVE OBSOLESCENCE、EXPERIMENTAL PREVIEW 和 LIMITED LIFETIME GUARANTEE 也可以实施版本控制。

API 的可见性和角色会影响相关的设计决策。以用于 FRONTEND INTEGRATION 的 PUBLIC API 为例，考虑到提供者和客户端在生命周期、部署频率、发布日期等方面具有差异，进行设计决策之前可能需要先规划 API 的演进。提供者一般不能随意更改已发布的 PUBLIC API，以免对客户端造成不利影响(例如停机时间延长、测试和迁移工作量增加)。此外，提供者不一定了解有多少客户端会使用 API。如果稳定的通信参与者遵循相同的发布周期(并且使用同一份路线图)，那么为这些参与者提供 BACKEND INTEGRATION 功能的 COMMUNITY API 就可以采用更为宽松的版本控制策略。最后，用于 FRONTEND INTEGRATION 的 SOLUTION-INTERNAL API 将移动应用程序前端与由同一敏捷团队拥有、开发和运营的单个后端连接起来。SOLUTION-INTERNAL API 可能采用临时性、机会主义的演进方法，它们依赖于在持续集成和交付实践中频繁进行的自动化单元测试和集成测试。

延伸阅读

版本控制是 API 和服务设计的重要组成部分，所以在不同的开发社区中引发了广泛讨论。各种版本控制策略大相径庭，争论不休。有观点认为 API 应该始终保持向后兼容性，因此根本不需要实施明确的版本控制(参见 "Roy Fielding on Versioning, Hypermedia, and REST"[Amundsen 2014]一文); 有观点则认为版本控制必不可少，并比较了不同的版本控制策略(参见 "The Costs of Versioning an API"[Little 2013]一文)。在 "When and How Do You Version Your API?"[Higginbotham 2017a]一文和《Web API 设计原则》(Principles of Web API Design)[Higginbotham 2021]一书中，James Higginbotham 探讨了可用的版本控制策略和方法。

《SOA 实践指南：分布式系统设计的艺术》(SOA in Practice: The Art of Distributed System Design)[Josuttis 2007]一书围绕 SOA 展开讨论，第 11 章介绍了 SOA 设计中的服务生命周期，第 12 章讨论了版本控制。

Build APIs You Won't Hate [Sturgeon 2016b]一书的第 13 章探讨了用于实现版本控制所采用的

七种方法(在 URL 中加入 VERSION IDENTIFIER 是方法之一)及其优缺点，并给出了相应的提示。

《SOA 与 REST: 用 REST 构建企业级 SOA 解决方案》(*SOA with REST: Principles, Patterns & Constraints for Building Enterprise Solutions with REST*)[Erl 2013]一书致力于讨论 REST 采用的版本控制方法。

8.2.2 SEMANTIC VERSIONING 模式

应用场景

无论是在请求消息和响应消息中加入 VERSION IDENTIFIER，还是通过 API DESCRIPTION 公开版本信息，单单一个数字并不能明确反映出不同版本之间的差异有多大。正因为版本标识符很难描述这些变化所带来的影响，所以每个客户端需要通过深入检查 API 文档、运行特殊的兼容性测试等方式进行分析。客户端希望提前了解版本升级带来的影响，以便及时规划迁移，避免投入太多精力或承担不必要的风险。为了履行对客户端做出的承诺，提供者必须管理不同的版本，因此需要公布和披露计划对 API 和 API 实现进行的更改是否兼容现有的 API 和 API 实现，或是否会影响客户端的功能。

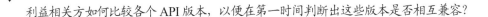

利益相关方如何比较各个 API 版本，以便在第一时间判断出这些版本是否相互兼容?

- **尽量减少检测版本非兼容性的工作量**: 当 API 发生变化时，所有相关方(尤其是客户端)都要了解新版本会带来哪些影响。客户端希望了解新旧版本之间的兼容程度，以决定是直接使用新版本，还是制订迁移计划，并从旧版本迁移到新版本。
- **变更影响的清晰性**: 每次发布新的 API 版本时，API 提供者和客户端的开发人员都应该清楚变更带来的影响和保证(尤其要重视兼容性)。为了规划 API 客户端开发项目，开发人员需要了解升级到新版本所需的工作量和可能面临的风险。
- **明确区分影响程度不同和兼容性不同的变更**: 为了明确区分变更影响并满足不同客户端的需求，通常需要根据变更的向后兼容性程度分别处理。例如，修复实现层面的错误一般不会影响向后兼容性，而修复设计层面的错误或弥合概念方面的差距往往会导致客户端无法继续使用现有的 API。
- **API 版本的可管理性和相关的治理工作**: 管理 API(尤其是管理多个版本的 API)并不容易，而且会消耗资源。提供者向客户端做出的承诺越多、发布的 API 和 API 版本越多，管理这些 API 所需的工作量通常就越大。提供者一般会努力将这些管理任务工作量保持在最低限度。
- **演进时间线的清晰性**: 如果同时存在多个 API 版本(这种情况往往出现在使用 TWO IN PRODUCTION 模式时)，那么需要仔细跟踪各个版本的演进情况。例如，一个版本可能只是修复错误，另一个版本则包含经过重构的消息，而这些消息会破坏 API 的兼容性。当同时存在多个版本时，API 的发布日期就变得毫无意义，因为后续版本的发布时间不同，所以客户端或提供者无法依靠日期信息来跟踪各个版本。

在标识新的 API 版本时(无论是在消息中加入明确的 VERSION IDENTIFIER 还是在其他位置标识版本信息)，最简单的方法是使用一个简单的数字(1、2、3 等)作为版本号。然而，这种版本控制方案无法反映出版本之间具有的兼容关系(例如，版本 1 可能兼容版本 3，而版本 2 是一个新的开发分支，今后发布的版本 4 和版本 5 将以版本 2 为基础进行开发)。由于这个原因，在具有分支结构的 API(这种情况往往出现在使用 TWO IN PRODUCTION 模式时)中，不同版本之间的兼容性关系可能不太明显，而且每个分支的情况各不相同，所以很难使用一个简单的数字作为版本号。这是因为单一版本号只代表发布的时间顺序，并不能提供其他信息。

另一种方法是使用 API 修订版的提交 ID 作为 VERSION IDENTIFIER。请注意，有些源代码控制系统(例如 Git)的提交 ID 不一定是数字。使用提交 ID 的优点是不需要 API 设计人员和开发人员手动分配版本号，缺点是并非每个提交 ID 都会部署到生产环境，而且 API 客户端可能无法了解分支关系和兼容性情况。

运行机制

引入分层结构、由三个数字组成的版本控制方案：x.y.z。API 提供者可以使用由主版本号、次版本号、补丁版本号组成的复合版本号来表示不同级别的变更。

一种常见的编号方案如图 8-2 所示。

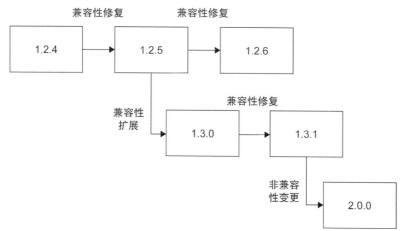

图 8-2　SEMANTIC VERSIONING：版本号反映出变更具有的兼容性

SEMANTIC VERSIONING 通常使用由三个数字组成的编号方案。

1. 主版本号。如果出现不兼容的破坏性变更(例如删除现有的操作)，则主版本号会递增。举例来说，对版本 1.3.1 进行破坏性变更后，新版本号将变为 2.0.0。

2. 次版本号。如果新版本提供的新功能向后兼容旧版本(例如在 API 中加入新的操作，或在现有操作对应的消息中加入新的可选数据元素)，则次版本号会递增。举例来说，对版本 1.2.5 进行兼容性扩展后，新版本号将变为 1.3.0。

3. 补丁版本号(又称修正版本号)。如果出现向后兼容的错误修复(例如修改和澄清 API 契约中的文档，或更改 API 实现以修复逻辑错误)，则补丁版本号会递增。举例来说，对版本 1.2.4 进行兼容性错误修复后，新版本号将变为 1.2.5。

SEMANTIC VERSIONING 只描述如何构建 VERSION IDENTIFIER，而不涉及这些标识符的具体位置和使用方式。这一点既适用于实施版本控制的对象(例如整个 API、各个端点和操作、消息数据类型)，也适用于标识符可见的位置(例如命名空间、属性内容、属性名称)。无论 API 版本是否对客户端公开，都可以应用 SEMANTIC VERSIONING。

注意 API 版本(对客户端公开)与 API 修订版(由提供者内部选择和处理，不对客户端公开)之间的区别，相关解释可参见 James Higginbotham 撰写的"API Versioning: A Guide for When (and How) to Version Your API" [Higginbotham 2017b]一文。《Web API 设计原则》[Higginbotham 2021]一书的第 14 章深入探讨了 API 版本控制。

示例

某初创公司希望确立自己作为股票市场数据提供商的地位。该公司发布的第一个 API 版本(版本 1.0.0)提供搜索操作，能够搜索股票代码的子字符串并返回符合条件的股票(包括股票全名和以美元计价的股票价格)。根据客户的反馈，公司决定增加历史搜索功能。开发人员对现有的搜索操作进行扩展，使其可以根据客户提供的时间范围访问历史价格记录。如果没有指定时间范围，那么操作将执行现有的搜索逻辑，然后返回最近一次已知的股票报价。新版本完全向后兼容旧版本，使用旧版本的客户端可以调用改进后的搜索操作并解释搜索结果。因此，公司将新版本命名为"版本 1.1.0"。

在使用过程中，版本 1.1.0 的搜索功能暴露出一个错误：对于给定的字符串，搜索功能只能找到以该字符串开头的股票，而不是包含这个字符串的所有股票。API 契约不存在问题，但是 API 没有完全实现契约，也没有经过充分的测试。在修复这一错误之后，公司发布了版本 1.1.1。

其他国家的客户慕名而来，希望这家初创公司开发的 API 可以提供世界各地的股票交易数据。为了满足国际客户的需求，公司扩展了 API 的响应范围，在其中加入一个必须提供的货币元素。从客户端的角度来看，这样的变更属于非兼容性变更，因此新版本号变为 2.0.0。

请注意，本例与技术无关。可以通过任何方式(例如 JSON 或 XML 对象)传输所提供的数据，而且可以采用任何集成技术(例如 HTTP 或 gRPC)来实现操作。SEMANTIC VERSIONING 模式旨在处理这样一个概念性问题，即如何根据 API 或 API 实现引入的变更类型来发布版本标识符。

讨论

SEMANTIC VERSIONING 能够相当明确地描述两个 API 版本之间的变更对兼容性会产生哪些影响。但由于有时很难确定某个变更属于主要变更、次要变更还是补丁变更，因此 SEMANTIC VERSIONING 模式会迫使开发人员投入更多精力来分配准确的 VERSION IDENTIFIER。关于兼容性的讨论颇具挑战性，但是可以帮助开发人员深入理解变更带来的影响。然而，如果没有严格遵循 SEMANTIC VERSIONING 模式，则可能使破坏性变更不知不觉地成为次要变更。建议团队在每日站会、代码审查等活动中关注并讨论此类违规行为。

通过对比主版本号的语义与次版本号/补丁版本号的语义，可以明确区分破坏性变更和非破坏性变更。这样一来，API 客户端和提供者就能进一步评估变更带来的影响，因此应用 SEMANTIC VERSIONING 模式有助于提高变更的透明度。

还要注意 API 版本的可管理性和相关的治理工作。SEMANTIC VERSIONING 模式为解决这一相当广泛和跨领域的问题奠定了基础，所提供的方法能够明确表示兼容性程度。在此基础上，开发人员可以引入其他模式和措施。

SEMANTIC VERSIONING 模式支持只使用两个数字作为版本号：n.m。例如，James Higginbotham 建议采用只包括主版本号和次版本号的语义版本控制方案，格式为 major.minor [Higginbotham 2017a]。另一种方案是仍然使用由三个数字组成的版本控制方案，但是只对客户端公开主版本号和次版本号，而将第三个数字保留给内部使用(例如作为内部修订版本号)。不公开补丁版本号的目的是防止客户端误认为响应消息中包含的第三个版本号很重要，而这个版本号实际上与客户端无关。

API(及其契约)可以实施版本控制，API 实现也可能以某种方式实施版本控制。由于 API 的版本号与 API 实现的版本号通常不一样，因此实施版本控制时需要多加小心，并将二者之间的差异明确告知利益相关方。当官方标准的更新速度较慢时，API 的版本与 API 实现的版本往往有所不同。以某诊所管理系统为例，其各个系统版本(版本 6.0、6.1 和 7.0)的实现可能都是基于第 3 版卫生信息交换标准(HL7)[International 2022][1]。

实施版本控制时，尤其要注意支持消息重放的 API(例如由 Apache Kafka 等分布式事务日志系统提供的 API)。如果客户端选择重放消息历史记录，那么分布式日志事务系统必须保持向后兼容性。如果消息的各个版本互不兼容，则会对客户端产生负面影响，因此所有消息版本必须始终保持同步状态，以便客户端处理未来消息和历史消息。在基于微服务的系统中，确保备份和恢复功能的一致性同样重要(如果系统在备份数据时把不兼容的旧版本数据包括在内，然后在恢复这些数据后通过 API 重新对外公开，则要特别注意兼容性问题)[Pardon 2018]。

相关模式

SEMANTIC VERSIONING 使用由三个数字组成的 VERSION IDENTIFIER。VERSION IDENTIFIER 既可以作为单个字符串传输(需要符合特定的格式要求)，也可以作为包含三个条目的 TOMIC PARAMETER LIST 传输(每个条目分别代表主版本号、次版本号和补丁版本号)。API DESCRIPTION 或 SERVICE LEVEL AGREEMENT 可以包含有助于客户端正确理解和使用 API 的版本控制信息。

实施 RATE LIMIT 往往会引入破坏性变更。响应消息需要包含新的 ERROR REPORT，以告知客户端已经触发速率限制。

四种生命周期治理模式(LIMITED LIFETIME GUARANTEE、TWO IN PRODUCTION、AGGRESSIVE OBSOLESCENCE 和 EXPERIMENTAL PREVIEW)的区别在于 API 提供者给出的承诺水平不同，它们都具有相关性。在应用这些模式时，SEMANTIC VERSIONING 有助于区分已经发布、正在使用和准备推出的版本，并明确兼容性保证及其变化情况。

可以通过使用"宽容阅读器"[Daigneau 2011]模式来提高版本(尤其是次版本)之间的兼容性。

---

1 HL7 定义了系统之间交换医疗数据的方式。

延伸阅读

有关实现 SEMANTIC VERSIONING 的详细信息，请浏览 Semantic Versioning 2.0.0 网站[Preston-Werner 2021]。

希望了解如何在 REST 中使用语义版本控制的读者可参考 REST CookBook 网站[Thijssen 2017]的相关介绍。API Stylebook 网站[Lauret 2017]也包括治理和版本控制方面的内容。

Apache Avro 规范[Apache 2021a]定义了数据写入和数据读取时应该使用的模式，并检测这些模式是否匹配。如果不匹配，则表明存在兼容性问题或互操作性问题，需要发布新的主版本加以解决。

Alexander Dean 和 Frederick Blundun 介绍了模式版本控制(schema versioning)[Dean 2014]的结构和语义。与 SEMANTIC VERSIONING 模式类似，模式版本控制也使用由三个部分组成的版本号，但是各部分的含义在数据结构的上下文中有所不同：第一个版本号称为模型(model)，在全部数据读取器都无法处理新版本的数据时递增；第二个版本号称为修订(revision)，在一部分读取器无法处理新版本的数据时递增；第三个数字称为附加(addition)，在所有变更都不会破坏向后兼容性时递增。

关于 LinkedIn 定义的破坏性变更和非破坏性变更，请参见“LinkedIn API 破坏性变更策略”[Microsoft 2021]。

8.3　生命周期管理保证

本节讨论的四种模式是 EXPERIMENTAL PREVIEW、AGGRESSIVE OBSOLESCENCE、LIMITED LIFETIME GUARANTEE 和 TWO IN PRODUCTION，它们涉及 API 版本发布和停用的相关问题(包括时间和方式)。

8.3.1　EXPERIMENTAL PREVIEW 模式

应用场景

提供者正在开发新的 API，或正在开发与已发布版本存在显著差异的新版本。开发目前仍在紧锣密鼓地进行，因此提供者希望能够灵活自由地调整 API，但同时也希望为客户端提供早期访问权限，以便客户端可以开始集成新的 API，并在使用过程中给出反馈。

提供者在推出新的 API(或新的 API 版本)时，如何既能降低给客户端带来的风险，又能获得早期采用者的反馈而不必过早冻结 API 的设计？

- **创新和新功能**：如果客户能够提前接触新功能，则可以增进对这些功能的了解，并有时间思考是否在自己的项目中使用新的 API(或新的版本)。这样处理有助于实现迭代、增量甚至是敏捷的集成开发流程。根据敏捷开发实践，应该尽早发布和经常发布 API。

- **反馈**：提供者希望得到早期采用者或关键客户的反馈，以确保所开发的 API 符合要求、质量较高。许多客户希望提供有关开发者体验的意见和建议，并以此来影响 API 的设计。
- **集中精力**：提供者希望简化 API 原型的文档编写、管理和支持，以便将更多精力和资源投入到正式版本的开发中。
- **早期学习**：使用者希望尽早了解新的 API(或新的 API 版本)，以便提前规划并利用新功能来开发自己的创新型产品。
- **稳定性**：使用者希望 API 保持稳定，以尽量减少为了适应 API 的频繁更新而投入的时间和资源(因为他们暂时无法从这些变更中受益)。

提供者可以选择在开发完成后直接发布功能完整的新 API 版本，但是这也意味着客户端无法在发布日期之前开始开发和测试 API。第一个客户端实现可能需要花费几个月时间进行开发，API 在此期间无法使用会使商业 API 的提供者蒙受经济损失。

为了解决这些问题，可以考虑频繁发布 API 版本。这样处理的优点是客户端有机会提前体验 API，缺点是提供者需要管理的版本数量增加。提供者可能会发布大量影响兼容性的变更，从而加重治理的负担，也使客户端很难密切跟踪最新的 API 版本。

运行机制

提供者尽其所能确保客户端可以访问 API，但不对 API 的功能、稳定性和持久性做出任何承诺。提供者明确表示 API 还不够成熟，以免客户端对 API 抱有不切实际的期望。

EXPERIMENTAL PREVIEW 模式如图 8-3 所示。

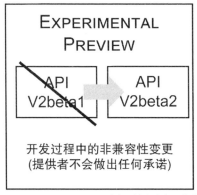

图 8-3　EXPERIMENTAL PREVIEW 沙盒环境和生产环境中的变更

提供者将尚未达到稳定状态的版本作为 EXPERIMENTAL PREVIEW 发布到一个没有严格管理的开发沙盒中，从而使客户端不必通过正常管理流程就能访问 API 版本。例如，预览版可能不受 SERVICE LEVEL AGREEMENT 的约束，但是仍然会有一份初步的 API DESCRIPTION。使用者自愿测试并体验新 API 版本，也清楚新版本的可用性、稳定性或其他质量指标不一定有保证。顾名思义，EXPERIMENTAL PREVIEW API 的可用时间存在不确定性。如果客户端需要将评估预览版所需的工作量集成到最终版本，或希望在 API 的开发过程中尽快启动自己项目的开发，那么提前体验 API 预览版能带来很大好处。

包含预发布保证的 EXPERIMENTAL PREVIEW 通常搭配 TWO IN PRODUCTION 使用，以管理部署在生产环境中的 API 的生命周期。EXPERIMENTAL PREVIEW 既可以向所有已知或未知的客户端开放，也可以只向某个选定的封闭用户组开放(目的是减少需要提供支持和沟通的用户数量)。

示例

为了打入新的市场，某虚构的软件工具公司计划开发一款新产品，其功能超过现有产品提供的功能。公司一直在开发一种持续构建和部署解决方案，目前提供部署在云端的软件服务，并配有基于 Web 的在线用户界面。公司客户的开发人员利用这项服务来编写自己的软件，他们从代码仓库中获取特定的版本，并将构建成果部署到可配置的服务器。除了 Web 界面之外，大客户现在要求这家软件工具公司提供 API，以便更有效地触发和管理构建过程，并及时接收有关构建状态的通知。但是公司还没有为其产品提供过任何 API，因此缺乏相关的知识和经验。为了解决这个问题，公司决定发布 EXPERIMENTAL PREVIEW API，并通过吸收早期采用者的意见和建议来持续改进 API。

讨论

EXPERIMENTAL PREVIEW 使客户能够提前体验 API 的创新，并有机会对 API 的设计施加影响。这样处理符合敏捷开发的价值观和原则，例如欢迎变化并持续响应变化。在宣布 API 稳定之前，提供者可以灵活、自由、快速地调整 API。与编写用于生产环境的应用程序相比，学习新的 API 及其功能并帮助提供者进行改进是一种不同的体验。提供者可以设置一段宽限期，以确保从预览版到正式版的过渡更加平滑。早期采用者执行某种验收测试以验证预览版是否存在不一致和功能缺失的问题，并将问题反馈给提供者。进行调整时，提供者不需要严格遵循完整的治理流程。

EXPERIMENTAL PREVIEW 也存在不足。由于提供者不会对预览版 API 做出长期承诺，因此客户端会认为这种 API 还不够成熟，未必愿意使用。在提供者发布稳定的 API 版本之前，客户端需要不断调整自己的 API 实现。如果提供者从未发布稳定的 API 版本，或预览版在毫无征兆的情况下不再可用，那么客户端的投资很可能"竹篮打水一场空"。

提供者在非生产环境中提供与当前开发版本密切相关的版本，从而使感兴趣的客户端有机会提前体验新的 API 或新的 API 版本。在非生产环境中，不同(往往是非常宽松)的服务级别(例如可用性)都能得到保证。客户既可以选择在相对不稳定的非生产环境中使用新的 API 及其功能，以给出反馈并开始进行自己的项目开发；也可以等待提供者发布用于生产环境的 API 正式版本，或继续使用当前得到正式支持的版本(因为这种版本仍然提供标准的服务级别，因此一般更稳定也更可靠)。

如果掌握好应用 EXPERIMENTAL PREVIEW 的时机和范围，则可以深化提供者与客户端之间的合作，客户端也能更快地推出使用了 API 新功能的软件。然而，提供者组织必须运行额外的运行时环境(例如在同一个或另一个物理/虚拟托管位置提供不同的 API 端点)。设置额外的访问信道可能增加系统管理的工作量，而且需要采取妥善的措施来保护访问信道的安全。此外，新

API 的开发会变得更加透明。即使开发过程中的变更(和错误)不会出现在最终发布的 API 里，提供者也会向外部客户或利益相关方公开这些变更(和错误)。

相关模式

EXPERIMENTAL PREVIEW 模式类似于传统的 Beta(测试)程序，API 提供者只会为该模式提供最低限度的支持(为 AGGRESSIVE OBSOLESCENCE 模式提供次低限度的支持)。API 从测试环境向生产环境过渡时，必须选择另一种生命周期治理模式，例如 TWO IN PRODUCTION 或 LIMITED LIFETIME GUARANTEE。如果应用 TWO IN PRODUCTION 模式的变体 N IN PRODUCTION，那么 EXPERIMENTAL PREVIEW 可以搭配上述任何一种模式使用。

EXPERIMENTAL PREVIEW 模式可以使用也可以不使用 VERSION IDENTIFIER。API DESCRIPTION 应该明确说明哪个版本是带有实验性质的预览版，哪个版本是用于生产环境的正式版。通过分配特定的 API KEY，提供者可以控制哪些客户端能够访问预览版/测试版。

延伸阅读

Vimal Maheedharan 在 "Beta Testing of Your Product: 6 Practical Steps to Follow" [Maheedharan 2018]一文中分享了 Beta 测试的技巧和窍门。

James Higginbotham 建议明确区分 API 提供者支持和不支持的操作，提出应该尽早收集使用者的反馈，并经常听取使用者的意见和建议。他推荐为 API 操作定义以下几种稳定性状态：实验性状态、预发布状态、支持状态、弃用状态、淘汰状态[Higginbotham 2020]。

8.3.2　AGGRESSIVE OBSOLESCENCE 模式

应用场景

API 在发布之后会不断演进，新版本层出不穷，功能有增减删改。为了减少工作量，API 提供者不希望继续为不再经常使用或已被其他版本取代的功能提供支持。

在保证服务质量水平的前提下，提供者如何减少维护整个 API 或 API 部件(例如端点、操作、消息表示)的工作量？

- **将维护工作量降至最低**：如果提供者能够停止支持很少使用的 API 部件或整个 API，则有助于减少维护工作量。为使用旧版本的客户端提供支持尤其具有挑战性。例如，处理旧版本需要的技能和经验(涉及特定版本的表示法、工具和平台)可能不同于开发当前版本需要的技能和经验。
- **减少在给定时间内由于 API 变更而强制要求客户端进行的变更**：一般来说，直接下线旧版本并不可行。客户端和提供者的生命周期通常有所不同：即使在同一组织内部，如果系统归属不同的团队，那么同时升级两个系统往往也不容易(甚至不可能)。而如果系统归属不同的组织，那么问题会变得更加严重，因为 API 提供者甚至不一定熟悉客户端开发人员。因此，一般需要分开管理客户端和提供者的生命周期。为了实现这种解

耦,可以给客户端留出时间来进行必要的更改。此外,可以考虑只删除某些过时的 API
部件(例如请求消息和响应消息中的操作或消息元素),而不是整个 API 版本。比起停止
为整个 API 版本提供支持,只删除部分内容能够减少 API 变更对客户端造成的影响。
如果客户端没有使用已停用的功能,则可能不会受到删除操作的影响。

- **尊重/承认权力动态**:无论是正式或非正式的听证会,还是正式的投票和批准过程,组
织内的各个部门和团队可能通过各种方式相互影响。政治因素会影响设计决策。举例
来说,知名度高的客户具有更强的议价能力,往往可以利用提供者之间的相互竞争为
自己争取更多利益。原因在于这些提供者提供的 API 相似或相同,客户的业务和数据
很容易从一个提供者迁移到另一个提供者。相反,如果占有垄断地位的提供者提供"只
此一家,别无分号"的 API,则可以对数百万客户端使用的 API 进行更改,而不需要
过多考虑客户的意见(因为客户别无选择)。根据 API 提供者和客户端的比例来合理分配
API 实现所需做的工作,要么由提供者承担更多工作,要么由客户端承担更多工作。
- **商业目标和约束条件**:如果存在商业性 PRICING PLAN,那么删除过时的 API 或 API 功
能也许会带来经济方面的损失。如果功能减少但价格保持不变(或上涨),则可能导致
API 产品的价值下降。为了降低老旧产品的维护成本,提供者可能采取各种措施以鼓励
客户端转向使用其他产品(例如新的产品线),包括要求客户端为某些旧功能支付额外的
费用,或是为新功能提供优惠折扣。

提供者可以不做任何承诺,或只提供时间很短的 LIMITED LIFETIME GUARANTEE,但是这种不
够坚定的承诺不一定能最大限度减少变更带来的影响。提供者也可以将 API 标记为 EXPERIMENTAL
PREVIEW,但是这种承诺更加不够坚定,客户端未必愿意接受。

运行机制

尽早公布整个 API 或过时部件的停用日期。声明过时的 API 部件仍然可以使用,但不鼓励
继续使用,以便为依赖这些 API 部件的客户端留出足够的时间升级到更新的版本或替代版本。
截止日期过后,立即删除已弃用的 API 部件并停止支持。

采用 AGGRESSIVE OBSOLESCENCE 模式时,整个(或部分)旧版本的 API 很快会遭到淘汰。例
如,企业应用程序 API 在一年(甚至更短的时间)内就无法继续使用。

发布 API 时,提供者应该明确宣布 API 遵循 AGGRESSIVE OBSOLESCENCE 策略。换句话说,
某项特定功能可能被标记为弃用,且今后随时可能停用(即不再受到支持和维护)。在删除某个
API、操作或表示元素之前,提供者会将其标记为弃用状态,并指定完全删除它们的时间点。
根据自身的市场地位和可供选择的替代方案,客户端可以升级到新的 API 版本,也可以改用其
他提供者的 API。

提供者在发布 API 时会保留弃用并随后删除部分部件的权利。这些部件既可能是整个端点,
也可能是公开了某些功能的操作,还可能是请求消息和响应消息中的特定表示元素(例如特定的
输入参数或输出参数)。因此,停用和删除的规划过程涉及三个步骤,如图 8-4 所示。

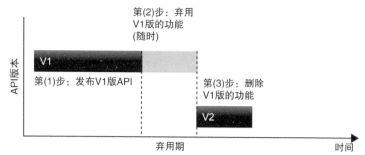

图 8-4　分阶段实现 AGGRESSIVE OBSOLESCENCE：API 提供者发布 v1 版 API；在 v1 版仍然处于可用状态时，
提供者将该版本的功能标记为弃用状态，并在弃用期结束后将其删除

三个步骤如下：

(1) 发布。某个 API 版本(图 8-4 中的"V1")用于生产环境。客户端愿意使用该版本。

(2) 弃用。提供者宣布弃用某个 API 版本或某些 API 部件，并指定删除时间，例如在发布下一个 API 版本(图 8-4 中的"V2")时。收到通知后，客户端可以开始迁移到新的 API 版本，极端情况下也可以改用其他提供者的 API。

(3) 删除/停用。提供者部署新的 API 版本(图 8-4 中的"V2")，不再支持已弃用的部件。由于旧版本已经下线，因此客户端对旧端点的请求要么失败，要么重新定向到新版本。在提供者删除或停用旧版本之后，如果客户端依赖于旧版本的 API 部件(因为客户端没有迁移到新版本)，则无法再使用这些部件。

当提供者的需求超过客户端的需求时，就可以考虑采用 AGGRESSIVE OBSOLESCENCE 策略。通过明确宣布何时弃用并删除旧的 API 版本或 API 部件，提供者可以减少或限制资源投入，避免为不值得支持的 API 部件浪费太多时间：从非技术的角度来看，有些功能很少使用，但维护成本非常高，有些功能则由于法律法规的限制而无法继续使用。举例来说，引入国际银行账户号码(International Bank Account Number，IBAN)来识别银行账户取代了原有的账号格式，因此用于处理账户的 API 需要做出相应的调整；引入欧元货币取代了其他不少欧洲国家使用的货币，因此用于处理货币的 API 同样需要做出相应的调整。

收到弃用通知和停用日期后，客户端可以开始规划必要的工作和时间表，从而在继续使用旧版本 API 的同时寻找其他方式以实现所需的功能。为了标记遭到弃用的实体并指定它们的删除时间，提供者可能需要在协议标头或 METADATA ELEMENT 中加入特殊的"废止期"(sunset)标记。另一种简单的解决方案是向客户端开发人员发送电子邮件，提醒并警告他们仍在使用即将停用的 API 功能。

对于尚未公布采用哪些生命周期策略的 API 提供者来说，AGGRESSIVE OBSOLESCENCE 有时也许是唯一的选择。如果提供者没有做出任何承诺，那么将某些功能标记为弃用状态并宣布(可能较长的)过渡期有助于客户端适应非兼容性变更。

示例
借助某支付提供商开发的 API，客户端从自己的账户向其他账户付款。可以通过传统的银行账号格式(各国标准有所不同)来识别账户，也可以通过 IBAN[1]来识别账户。鉴于传统的银行账号格式很少使用，支付提供商决定不再为其提供支持，而是采用新的 IBAN。这样一来就能删除部分实现内容，从而减少维护工作量。

为了方便使用传统银行账号格式的客户端迁移到 IBAN 方案，支付提供商通过自己的 API 文档网站发布删除通知，在 API 文档中将传统的银行账号格式标记为弃用状态，并提醒已经注册的客户端做好迁移准备。通知指出，支付提供商将在一年后停用原先使用的、基于特定国家的功能。

一年后，支付提供商部署了新的 API 实现，不再为传统的银行账号格式提供支持，并从 API 文档中删除了基于特定国家的属性信息。自此之后，客户端无法再调用已经删除的功能[2]。

讨论

AGGRESSIVE OBSOLESCENCE 模式能够更精确地控制 API 的变更：在最理想的情况下，如果客户端没有使用即将过时的功能，则无须进行任何更改，而且提供者的代码库保持在较小的规模，因此易于维护。AGGRESSIVE OBSOLESCENCE 模式既可用于 API 的开发过程(主动应用)，也可用于 API 的维护过程(被动应用)。

提供者必须公布已弃用的功能及其停用时间。然而，如果客户端依赖于很少使用的功能或充分利用所有 API 功能，则不得不在提供者公布的时间表内进行调整，而这个时间表可能与客户端最初选择使用 API 时所预期的时间表不同。提供者在宣布弃用某些功能而不是在发布 API 时将停用时间告知客户端，这一点与 LIMITED LIFETIME GUARANTEE 模式相反。因此，停用时间可能符合也可能不符合客户端的发布路线图。此外，每个 API 部件的弃用时间和停用期不一定相同。还要注意的是，对使用某些 PUBLIC API 的客户端来说，获取过时部件的信息可能不太容易，这种情况下不妨考虑采用适当、务实的 API 治理方法。

AGGRESSIVE OBSOLESCENCE 模式可以围绕所提供的 API 建立起一致、安全的生态系统。例如，通过更换安全性差的加密算法、过时的标准或效率不高的库，所有相关方就能够获得更好的整体体验。

AGGRESSIVE OBSOLESCENCE 模式旨在减少提供者端的工作量，但是会加重客户端的负担。说到底，客户端需要随着 API 的变化不断进行调整。从旧版本迁移到新版本可以使客户端及时掌握最新的功能和改进，并从中受益。例如，通过被迫改用全新或经过更新(改进)的安全程序，客户端的安全性有所提高。客户端可以根据弃用期规划并跟踪 API 的变化，但是需要保持积极的参与态度。

API 和 API 端点的类型及其版本控制策略(相关讨论参见 VERSION IDENTIFIER 和 SEMANTIC VERSIONING 模式)各不相同，因此确定合适的弃用和停用方法并非易事。例如，比起从消息表示中删除操作型数据，删除主数据的难度往往更大。为了确保 API DESCRIPTION 中关于弃用部件的描述准确无误，需要投入大量精力和资源。此外，规划这些部件的最终删除时间也很重要。

在企业内部场景中，明确哪些系统正在使用 API(或 API 的弃用子集)对于决定是否应该删除功能或 API(以及应该删除哪些功能或 API)大有裨益。跨企业使用的服务往往更加受限。由于

---

1 IBAN 最初是欧洲制定的标准，但是其他国家和地区目前也在使用。IBAN 如今已成为 ISO 标准[ISO 2020]。
2 在本例中，立法机构还规定了迁移到 IBAN 系统的过渡期，实际上是在逐步弃用基于特定国家的账户和银行号码方案。

这些服务旨在确保其他系统能够继续正常运行,因此在最终删除 API 或功能之前必须格外小心。无论是企业内部使用的服务还是跨企业使用的服务,了解系统之间的关系并建立可追踪的依赖关系有助于解决问题。DevOps 实践和配套工具可用于处理此类任务(例如监控和分布式日志分析)。通过企业架构管理可以了解当前处于活跃状态和已经过时的系统关系。

在某些业务背景中,如果外部客户端使用的 API 对提供者来说不是很重要(例如,商品化服务的作用只是验证数据,或是将数据从一种表示法或语言转换为另一种表示法或语言),那么这些客户端就不会受到特别的重视。倘若如此,则不妨通过使用 PRICING PLAN 模式(至少应该考虑采用某些计量机制)来确认准备弃用并最终删除的服务。PRICING PLAN 有助于评估 API 带来的经济效益,并与维护和开发 API 所需的工作量进行对比,以决定是否值得继续为 API 投入资金和资源。

相关模式

在停用 API 部件时可以采用多种策略,相关讨论参见 TWO IN PRODUCTION 和 LIMITED LIFETIME GUARANTEE 模式。AGGRESSIVE OBSOLESCENCE 模式能够精确控制 API 的变更。其他模式的作用范围涵盖整个 API、端点或操作,而 AGGRESSIVE OBSOLESCENCE 模式只是将某些表示元素标记为弃用状态并最终删除,因此有助于减少变更带来的负面影响。

AGGRESSIVE OBSOLESCENCE 与其他模式还有一个区别,那就是始终根据相对时限来删除功能:在 API 的生命周期内,过时的功能会在有效期内被标记为弃用状态,并从这个时间点开始计算弃用期。相比之下,TWO IN PRODUCTION 和 LIMITED LIFETIME GUARANTEE 模式使用基于初始发布日期的绝对时限,即根据 API 发布时设置的固定时间点来计算弃用期。

AGGRESSIVE OBSOLESCENCE 模式可以使用也可以不使用 VERSION IDENTIFIER。如果使用 VERSION IDENTIFIER,则应该通过 API DESCRIPTION 或 SERVICE LEVEL AGREEMENT 说明其用途。

延伸阅读

Managed Evolution [Murer 2010]一书介绍了服务治理和版本控制的基本信息,包括如何定义质量关口(quality gate)以及如何监控流量。该书第 7 章探讨了受控演进(managed evolution)的评估方法。

计划性报废的相关讨论参见 "Microservices in Practice, Part 1" [Pautasso 2017a]一文。

8.3.3 LIMITED LIFETIME GUARANTEE 模式

应用场景

API 已发布,可供至少一个客户端使用。API 提供者要么无法管理或影响客户端的演进路线图,要么认为强迫客户端改变自己的实现会带来很大的经济损失或声誉损失。因此,提供者不愿意对已发布的 API 进行任何破坏性变更,但是仍然希望今后能够改进 API。

API 提供者如何告知客户端可以在多长时间内放心使用已发布的 API 版本?

- **提前规划由 API 变更引起的更改**：如果由于不兼容的 API 变更而导致客户端不得不修改其代码，那么客户端最好在新的 API 版本发布之前就预先做好安排，以便调整开发路线图并合理分配项目资源，从而减少延迟迁移带来的问题。有些客户端无法(或不愿意)在相当长的一段时间内迁移到较新的 API 版本。
- **减少维护旧客户端所需的工作量**：提供者努力降低开发成本和运营成本。重构 API 不仅可以提高 API 的易用性，还能减少开发和维护的工作量[Stocker 2021a]。然而，其他因素会加重提供者的负担(例如为较旧或较少使用的 API 部件提供支持)。

运行机制

API 提供者保证在一段固定的时间范围内不会更改已发布的 API。标注每个 API 版本的到期日期。

LIMITED LIFETIME GUARANTEE 模式的时间线如图 8-5 所示。

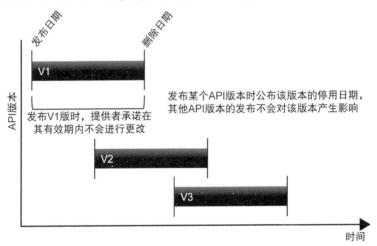

图8-5　使用 LIMITED LIFETIME GUARANTEE 模式时的 API 生命周期。发布某个版本时会公布该版本的删除日期

提供者承诺在一段规定的有限时间内保持 API 的可用性(这段时间相当长)，之后将其停用。这样处理可使客户端免受无谓的负面影响，也能避免出现客户端无法访问 API 的情况。每次发布新版本时，提供者还会设置一个固定的截止日期，以便客户端规划迁移时间。

LIMITED LIFETIME GUARANTEE 模式使用固定的时间窗口来保证 API 的可用性(而不是像 TWO IN PRODUCTION 模式那样限定现行版本的数量)，其优点是提供者与客户端组织之间无须进行进一步的协调。在首次使用某个 API 版本时，客户端就已了解何时需要调整自己的应用程序，并发布与当前 API 版本兼容的程序版本。

LIMITED LIFETIME GUARANTEE 模式通过内置的到期时间来确保客户端具有稳定性。到期时间过后，过时的版本将立即停用。提供者承诺不会在预先公布的时间范围内对 API 进行非兼容性变更，并同意在此期间采取一切合理的措施来保证 API 能够正常运行，且新版本可以向后兼容旧版本。

在实践中，提供者承诺的时间范围通常是 6 个月的倍数(例如 6、12、18 或 24 个月)，这样的时间范围似乎能够很好地平衡提供者和客户端的需求。

示例

欧洲国家引入 IBAN 是 Limited Lifetime Guarantee 的一个例子。2012 年，欧洲议会通过一项决议[EU 2012]，要求各国在 2014 年之前从传统的银行账号格式过渡到 IBAN，在 2014 年之后必须强制使用 IBAN。毫无疑问，需要识别银行账号的软件系统会受到这项监管要求的影响。鉴于原有的 API 操作使用传统的银行账号格式，软件系统提供的服务不得不为这些操作做出 Limited Lifetime Guarantee。由此可见，版本控制和演进策略并非完全由 API 提供者决定，还可能受到立法机构、行业联盟等外部因素的影响，甚至不得不遵循某些强制性规定。

讨论

一般来说，由于 Limited Lifetime Guarantee 模式会给出固定的时间窗口，因此客户端可以提前规划迁移工作。然而，该模式也会导致提供者难以及时响应可能影响兼容性的紧急变更请求。

客户被迫在明确规定的固定时间点升级其 API 客户端，而升级时间可能与客户自己的路线图和生命周期相互抵触。如果提供者不再积极维护仍在使用的客户端，那么强制客户端进行升级可能会引发问题。例如，一旦软件供应商对产品维护丧失主动性，修改现有客户端的代码甚至都可能成为奢望。

如果提供者能够在固定的生命周期保证期间约束 API 的演进，只进行向后兼容旧版本的更改，那么 Limited Lifetime Guarantee 模式就是适用的。随着时间的推移，提供者付出的努力将不断增加。为了确保客户端仍然可以正常使用 API，提供者引入具有向后兼容性的更改，这将导致 API 的技术债务逐渐累积，从而加重提供者端的负担(例如需要进行回归测试和维护以保证 API 具有兼容性)。提供者必须承受这些技术债务带来的额外工作量，直到获准更改或撤销 API 为止。

提供者与客户端之间达成的 Service Level Agreement 通常包括 Limited Lifetime Guarantee，这种保证对提供者的影响很大。担保期越长，提供者开发组织的负担就越重。提供者往往先考虑在向后兼容的情况下进行所有更改，以免影响已发布 API 的稳定性。为了同时支持使用旧版本和新版本 API 的客户端，提供者可能不得不引入一些不够清晰的接口设计和不太合适的接口名称。如果无法(有效地)对现有版本进行更改，那么提供者可能考虑开发新的 API 版本，并确保新旧版本可以同时运行，以履行之前做出的承诺。

此外，担保会使 API 进入冻结状态，导致提供者端难以引入并集成新技术和功能，进而对客户端产生负面影响。

某些情况下，当 API 的生命周期保证到期后，提供者可能不愿意继续为那些仍然没有升级的客户端提供支持。举例来说，如果 API 设计存在错误或密码学领域出现新进展，那么没有迁移到新版本的客户端可能给提供者和其他所有客户端在内的整个生态系统带来安全风险。引入 Limited Lifetime Guarantee 模式能够提供一种制度化的方式，以强制客户端及时升级 API。

相关模式

AGGRESSIVE OBSOLESCENCE 和 TWO IN PRODUCTION 模式更为宽松，允许提供者在发布非兼容性更新方面拥有更多的自由。LIMITED LIFETIME GUARANTEE 模式与 AGGRESSIVE OBSOLESCENCE 模式的共同之处在于，提供者都不得在公布的时间范围内对 API 进行非兼容性变更。在 LIMITED LIFETIME GUARANTEE 模式中，固定的时间段本身就相当于一种弃用通知，担保期结束的那一刻就是停用 API 的时间。担保期过后，提供者可以随意更改 API(包括破坏性变更)，或彻底停用已过期的 API 版本。

LIMITED LIFETIME GUARANTEE 通常会使用明确的 VERSION IDENTIFIER。API DESCRIPTION 应该标注 API 版本的实际到期日期(有 SERVICE LEVEL AGREEMENT 的话也应该进行标注)，以通知 API 客户端在版本到期前需要采取行动并进行升级。

延伸阅读

针对服务版本控制和服务管理流程(包括质量关口)，*Managed Evolution* [Murer 2010]一书给出了大量建议。有关服务停用的讨论参见该书第 3 章的 3.6 节。

8.3.4 TWO IN PRODUCTION 模式

应用场景

API 不断演进，提供者会定期发布包含改进功能的新版本。在某个时间点，新版本的变更不再向后兼容旧版本，导致现有的客户端无法继续使用 API。然而，API 提供者及其客户端(尤其是使用 PUBLIC API 或 COMMUNITY API 的客户端)的演进速度各不相同，有些客户端无法在短时间内升级到最新版本。

> API 提供者如何逐步更新 API，从而既不会影响现有的客户端使用 API，又不必在生产环境中维护大量 API 版本？

- **允许提供者和客户端采取不同的生命周期管理策略**：随着时间的推移，API 变更遇到的一个主要问题是如何(以及在多长时间内)为仍在使用旧版本 API 的客户端提供支持。为了保持旧版本的有效性，往往需要投入额外的运营和维护资源。例如，所有 API 版本都要进行错误修复、安全补丁更新、外部依赖项升级以及相应的回归测试。这些工作既增加成本，又消耗开发人员资源。

API 客户端和提供者的生命周期和演进过程往往并不同步，因此直接下线旧版本不一定总是可行。即使在同一家公司内部，也很难(甚至不可能)同时部署多个相互依赖的系统，当这些系统归属不同的部门时更是如此。而如果多个客户端归属不同的公司，或提供者不了解客户端(例如使用 PUBLIC API 的客户端)的具体情况，那么问题会变得更加严重。为了解决这些问题，通常需要使客户端和提供者的生命周期解耦。允许客户端和提供者自主管理各自的生命周期是微服务架构的核心原则之一[Pautasso 2017a]。

在各自独立的生命周期内，提供者发布和更新 API 的时间与客户端升级 API 的时间不同，所以有必要在 API 设计和开发之初就规划 API 的演进。一旦 API 发布后，就不能随意更改。

- **确保 API 变更不会导致客户端与提供者之间出现没有检测到的向后兼容性问题**：实现能够完全向后兼容旧版本的变更并非易事，当没有自动检测非兼容性变更的工具时更是难上加难。变更可能引起某些不易察觉的问题。例如，如果提供者修改了请求消息和响应消息中现有元素的含义，却没有在消息语法中明确说明，则可能导致客户端无法正确处理这些变更。又如，如果提供者决定在价格中加入增值税，但没有修改参数名称或参数类型，那么消息接收者就很难发现这种语义变化(即使 API 测试也无能为力)。
- **确保在新版本的 API 设计不佳时可以回滚**：在彻底重新设计或重构 API 时，新版本的 API 可能不尽如人意。例如，某些客户端仍然需要使用的功能可能在无意中遭到删除。如果能够执行回滚操作并撤销所做的更改，则有助于暂时避免对客户端产生负面影响。
- **最大限度减少对客户端的更改**：很少有客户端不重视 API 的稳定性。在 API 发布之后，客户端假设 API 会按照预期的方式运行。更新需要投入资源和资金(而这些资源和资金本应产生更多的业务价值)。为了提供稳定性高的 API，提供者端需要进行大量前期准备。如果提供者端不断修改 API，那么客户端也要频繁调整自己的应用程序。这些更改可能不期而至，未必总是受到客户端的欢迎。
- **对于使用旧版本 API 的客户端，将支持这些客户端所需的维护工作量降至最低**：无论采用哪种生命周期管理策略，既要考虑客户端的投入，也要考虑提供者端在维护多个 API 版本时所需的工作量(包括支持不经常使用、因此无法带来收益的功能)，并在二者之间取得平衡。

运行机制

部署并支持 API 端点及其操作的两个版本(TWO IN PRODUCTION)，这两个版本提供功能相同的变体，但彼此之间不必相互兼容。在更新和停用版本时，按照渐进、重叠的原则逐步推进。

可以按照以下步骤实现这种版本渐进、重叠的支持策略：

- 选择版本标识方法(可以考虑使用 VERSION IDENTIFIER 模式)。
- 同时提供 N 个 API 版本(N 通常为 2，这一点可以从 TWO IN PRODUCTION 模式的名称看出来)，并将版本数量告知客户端。
- 发布新的 API 版本时，将仍在生产环境中使用的最旧版本(默认情况下是倒数第二个版本)标记为停用，并通知还在使用该版本的客户端(如果有的话)如何迁移到新版本。继续为前一个版本提供支持。
- 如果客户端调用已停用的版本，则将请求重定向到新版本(可以考虑利用 HTTP 等协议级别的功能)。

这几步执行完毕后，同一时间段内会存在多个现行版本(如图8-6所示)，客户端可以自行选择迁移到新版本的时间。如果提供者发布了新版本，那么客户端可以继续使用之前的版本，稍后再进行迁移。客户端会了解API变更的情况以及自身需要进行哪些调整，不必担心部署在生产环境中的主系统由于API发生变化而变得不稳定。

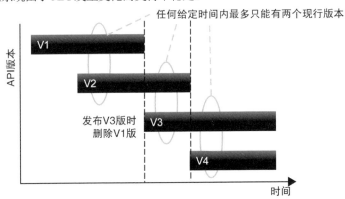

图8-6 使用TWO IN PRODUCTION时的版本生命周期。客户端总是可以从两个版本中选择使用某个版本

变体   TWO IN PRODUCTION 模式一般同时支持两个版本，但是也可以稍作调整以支持更多版本：N IN PRODUCTION。

在 N IN PRODUCTION 中，同时存在的现行版本数增加到 N 个(N 为大于 2 的整数)。这种变体可以为客户端留出更多升级时间和选项，但是无疑会增加提供者端的维护工作量和运营成本。

示例

某商业软件供应商在开发企业资源计划(Enterprise Resource Planning，ERP)系统时发布了工资单 API 的第一个版本，也就是版本 1。随着开发的持续进行，工资单 API 中加入了新的养老金计划管理功能。但是这些功能采用的数据保留策略与之前采用的保留策略并不兼容，导致 API 出现破坏性变更。为了解决这个问题，该供应商随后发布了一个新的主版本，也就是版本 2。由于供应商采用 TWO IN PRODUCTION，因此系统同时支持新旧两个版本的 API：版本 1 不提供养老金计划管理功能，而版本 2 提供养老金计划管理功能。如果客户端不需要该功能，则可以继续使用版本 1 并更新 ERP 系统，然后开始迁移到版本 2；而如果客户端需要该功能，则可以直接使用版本 2。

随着 ERP 系统的更新，软件供应商又发布了一个新的 API 版本，也就是版本 3，同时停止对版本 1 的支持。版本 2 和版本 3 成为生产环境中同时存在的两个版本。仍在使用版本 1 的客户端需要迁移到版本 2 或版本 3(可以通过重定向的方式完成迁移)，才能继续使用服务；使用版本 2 的客户端可以继续使用该版本，直到版本 4 发布为止。而当版本 5 发布后，供应商将停止对版本 3 的支持。以此类推。

讨论

借助 TWO IN PRODUCTION 模式，提供者和客户端的生命周期得以脱钩。即使提供者发布的新版本不向后兼容旧版本，客户端也不必立即迁移到新版本，而是获得一段宽限期，可以在此期间迁移、测试并发布自己的软件更新。然而，客户端不能指望 API 永远保持可用状态，所以最终还是要进行迁移。换句话说，客户端需要规划和分配资源来升级自己的软件，以便与提供者发布的 API 保持兼容。

采用 TWO IN PRODUCTION 模式时，现有的客户端在迁移到新版本的 API 之前会继续使用旧版本，因此提供者可以在新版本中放心大胆地进行更改。借助于该模式，提供者能够更加灵活自由地逐步完善 API。

TWO IN PRODUCTION 模式有助于平衡提供者和客户端的工作量：客户可以在一段规定的时间内将其客户端迁移到新的 API 版本，提供者则不必担心在没有明确规定且可能过长的时间内维护数不胜数的 API 版本。因此，这种模式也明确了双方在规划各自的生命周期时需要承担哪些责任：提供者可以发布不一定兼容旧版本的新版本，但必须为多个版本的 API 提供支持；客户端必须在有限的时间内迁移到新版本的 API，但可以相当灵活自由地决定何时发布自己的软件。

然而，客户端不见得清楚何时需要进行开发活动：与 LIMITED LIFETIME GUARANTEE 模式不同，在 TWO IN PRODUCTION 模式中，API 版本的删除会视具体情况而定，并与其他 API 版本有关，因此不太容易规划(除非两种模式搭配使用)。

相关模式

TWO IN PRODUCTION 模式一般需要使用 VERSION IDENTIFIER，以区分当前处于活跃状态且同时得到支持的 API 版本。例如，用完全兼容的版本(只有 SEMANTIC VERSIONING 中补丁版本号发生变化的版本)替换现行版本并不会违反 TWO IN PRODUCTION 的约束，因为 TWO IN PRODUCTION 可以同时支持两个主版本。API DESCRIPTION 或 SERVICE LEVEL AGREEMENT 应该明确描述版本控制策略。

AGGRESSIVE OBSOLESCENCE 可应用于 TWO IN PRODUCTION 中的某个模式，以强制客户端停止使用较旧的 API 版本并迁移到较新的版本，从而方便提供者发布更新的 API 版本。如果客户端需要提供者对旧版本的到期日期做出更多保证，那么最好将 TWO IN PRODUCTION 和 LIMITED LIFETIME GUARANTEE 结合在一起使用。

实施 TWO IN PRODUCTION 模式时，EXPERIMENTAL PREVIEW 可作为在生产环境中同时运行的两个(或 N 个)版本之一。

延伸阅读

Managed Evolution [Murer 2010]一书介绍了生命周期管理的总体概念，并深入探讨了 API 版本控制。SEMANTIC VERSIONING 搭配 TWO IN PRODUCTION 使用的相关讨论参见该书第 3 章 3.5.4 节。作者指出，实践已经证明，同时支持三个版本既不会显著增加提供者的复杂性，又能使客户端快速适应新版本的变化。

IBM 开发者门户刊登的"Challenges and Benefits of the Microservice Architectural Style" [Fachat 2019]一文推荐使用 TWO IN PRODUCTION 模式。

8.4 本章小结

本章介绍了与 API 演进有关的六种模式。VERSION IDENTIFIER 和 SEMANTIC VERSIONING 模式涉及版本控制和兼容性管理。如果能够正确标识每个 API 修订版，那么检测变更的存在及其影响就会更容易。VERSION IDENTIFIER 应该明确描述新版本是否兼容之前的版本。注意区分主版本、次版本和补丁版本。

另外四种模式涉及 API 生命周期管理，旨在满足客户端对稳定性的要求，同时尽量减少提供者的维护工作量。感兴趣的客户端可以通过 EXPERIMENTAL PREVIEW 模式了解预览版的变化情况并给出反馈，而提供者不需要像正式版本那样承诺预览版的稳定性。TWO IN PRODUCTION 模式同时向客户端提供两个或多个 API 版本，从而使客户端的迁移过程更加平稳。AGGRESSIVE OBSOLESCENCE 和 LIMITED LIFETIME GUARANTEE 模式明确指出，没有任何 API 能"永葆青春"。客户端应该明白，其所依赖的 API 总有一天会停止运行(至少会停用部分功能)。提供者可以随时宣布弃用某个 API 版本，并给予一段宽限期(称为弃用期)供客户端迁移到新版本。根据定义，终身保证的有效期从 API 发布之日起开始计算。

API 提供者可以在生产环境中进行实验性预览，这种相当极端的解决方案也称为"使用最新版本"(live at head)或"跟随最新趋势"(surf the latest wave)。提供者不会做出任何兼容性承诺，打算长期使用这种版本的客户端必须及时更新到正式发布的最新 API 版本。但是保持与最新版本的同步需要投入时间和资源，而且往往不太可行。

与本书讨论的大多数其他模式不同，只有少数演进模式会直接影响请求消息和响应消息的语法结构：可以在消息中加入 VERSION IDENTIFIER，无论 VERSION IDENTIFIER 是否遵循 SEMANTIC VERSIONING 格式，都可以使用 ATOMIC PARAMETER 作为 METADATA ELEMENT 进行传输。

实施版本控制的对象涉及不同的抽象层面，例如整个 API、端点、单个操作、请求消息和响应消息使用的数据类型等。AGGRESSIVE OBSOLESCENCE 策略给出的生命周期保证也是如此。REQUEST BUNDLE 模式将多条请求消息打包在一起发送，所以应用这种模式的操作是一个特例，需要考虑以下问题：请求容器中包含的所有请求消息是否必须使用同一个版本？虽然使用不同的版本在某些情况下是可行的，但也会导致提供者端的请求分发变得更加复杂。

参与测试 EXPERIMENTAL PREVIEW API 的客户端和早期采用者往往会接触到实现了任务关键型、具有创新功能的 OPERATIONAL DATA HOLDER。这些 OPERATIONAL DATA HOLDER 也可能采用 AGGRESSIVE OBSOLESCENCE，并频繁更新其 API 和 API 实现。与其他类型的信息持有者相比，MASTER DATA HOLDER 往往会做出时间更长的 LIMITED LIFETIME GUARANTEE，其客户端尤其能够从 TWO IN PRODUCTION 策略中受益。一般来说，REFERENCE DATA HOLDER 很少会发生变化，就算发生变化，也可以采用 TWO IN PRODUCTION。持续运行的 PROCESSING RESOURCE 通过 STATE TRANSITION OPERATION 来表示业务活动。当 VERSION IDENTIFIER 升级到新的主版本时，PROCESSING RESOURCE 可能不仅需要迁移 API 和 API 实现(包括数据库定义)，也需要升级所有流程实例。

API DESCRIPTION 和 SERVICE LEVEL AGREEMENT 应该把所采用的演进策略记录在案。当 API

发生变化时，RATE LIMIT 和 PRICING PLAN 也要相应调整；而当 RATE LIMIT 和 PRICING PLAN 发生变化时，API 版本也可能需要升级。

《服务设计模式》(*Service Design Patterns*)[Daigneau 2011]一书的第 7 章介绍了六种模式：其中破坏性变更和版本控制是实体书专享内容，电子版没有介绍；宽容阅读器和消费者驱动契约涉及演进；单消息参数和数据集修正侧重于处理消息的构建和表示，但是对演进也有影响。IBM API Connect 是 IBM 开发的一种 API 管理解决方案，它采用特定的生命周期模式，相关介绍参见 IBM 红皮书 *Getting Started with IBM API Connect: Scenarios Guide* [Seriy 2016]。

《RESTful Web Services Cookbook 中文版》(*RESTful Web Services Cookbook*)[Allamaraju 2010]一书的第 13 章围绕 RESTful HTPP 环境中的可扩展性和版本控制展开讨论，并给出七个相关示例，包括如何维护 URI 兼容性以及如何实现客户端以支持可扩展性。在接受技术媒体平台 InfoQ 的采访时，Roy Fielding 就版本控制、超媒体、REST 等问题表达了自己的看法[Amundsen 2014]。"When and How Do You Version Your API?"[Higginbotham 2017a]一文探讨了是否需要实施以及如何实施 API 版本控制。在生命周期管理和演进方面，微服务运动倡导采用非传统的方法，相关讨论参见"Microservices in Practice: Part 2"[Pautasso 2017b]一文。

第 9 章将从技术层面和业务层面讨论 API 契约及其描述。

第 9 章
编写和传达 API 契约

本章是第 II 部分的最后一章，致力于讨论用来编写技术性 API 规范的模式，以及客户端开发人员和其他利益相关方如何共享这些规范。我们还将介绍 API 产品负责人关心的业务问题，包括定价计划和使用限制。并非每个人都愿意为软件工程制品编写文档，但是文档对于促进 API 互操作性和可理解性至关重要。通过对 API 的使用收费并限制可供使用的资源，可以使当前和今后的 API 保持健康状态。如果不采取这些措施，那么短期内也许不会出现太大问题(取决于 API 的状态和重要性)，但是会增加业务和技术方面的风险，从长远来看可能不利于 API 取得成功。

与前几章不同，本章内容并不对应于对齐-定义-设计-完善(Align-Define-Design-Refine，ADDR)过程的某个阶段。API 规范和补充文档制品具有交叉性，可以随时引入并逐步完善。考虑到这一点，ADDR 过程专门设计了一个文档步骤用于处理相关的活动[Higginbotham 2021]。本章讨论的模式适用于这一额外的文档步骤。

9.1　API 文档简介

第 4～8 章介绍了 API 端点和操作的角色和职责，深入探讨了有助于实现特定质量目标的消息结构，并分析了 API 版本控制和长期演进策略。在有些人看来，通过精心选择并应用所选的模式，API 取得成功可谓十拿九稳。然而，认为只要开发出像样的技术产品就能大卖只是一厢情愿。API 提供者还必须向现有客户和潜在客户介绍 API 能够提供哪些服务，以便这些客户评估某项服务能否满足自身的技术需求和商业需求。在 API 演进的所有阶段中(包括开发期间和运行时)，各方都要对 API 功能形成共同的理解，否则开发者体验和软件互操作性就会受到影响。为了应对这些挑战，本章讨论的模式可以帮助 API 产品负责人解答以下问题：

如何记录 API 的功能、质量特性以及与业务相关的因素？如何将这些信息传达给利益相关方，并确保它们得到有效实施？

9.1.1　编写 API 文档时面临的挑战

代码层面的文档需求量往往是开发人员之间激烈讨论的话题。例如，强调优先交付“可以运行的软件而非详尽的文档”是敏捷开发的价值观之一[Beck 2001]。然而 API 的情况有所不同：

如果客户端无法访问 API 的实现代码，那么提供详尽、准确的文档就显得至关重要。介绍性内容有助于客户端快速上手，避免遇到障碍[1]。文档需求量取决于客户端与提供者之间的关系。如果同一位开发人员或同一支敏捷团队既开发 API 客户端，又开发 API 提供者，那么在一段时间内依赖隐性知识也许没有问题。而如果客户端开发人员属于其他团队或组织，甚至完全不为人知，那么就有必要提供详细、全面的文档，也值得为此投入资源和时间。

文档主要供人类用户阅读。如果文档还具备机器可读性，那么可以利用工具将其转换为其他格式(例如转换为网页展示)，并生成用于不同编程语言的测试数据和客户端代码。

编写 API 的文档时会遇到以下问题。

- **互操作性**：API 客户端和 API 提供者如何明确就服务调用的功能性要素达成一致？例如，预期收发的数据传输表示是什么？实际收发的数据传输表示又是什么？在成功调用 API 之前，客户端是否需要满足特定的条件？API 调用的功能性信息如何与其他技术性规范要素(例如协议标头、安全策略、故障记录)和业务级别的文档(例如操作语义、API 负责人、计费信息、支持流程、版本控制)进行整合？文档应该与平台无关，还是提供协议级别的精确信息？
- **合规性**：客户端如何了解提供者是否遵守政府法规、安全和隐私规则并承担其他法律义务？
- **信息隐藏**：如何确定服务质量规范的详细程度，做到既不会出现欠规范 (underspecification)，以免加剧客户端与提供者之间的紧张关系；又不会出现过规范 (overspecification)，以免加重开发、运营和维护的负担？

API 文档还要阐述以下问题。

- **经济因素**：API 提供者如何选择定价模型，以便在考虑自身经济利益的同时也能平衡客户端和竞争对手的经济利益？
- **性能和可靠性**：提供者在为所有客户端提供高性能服务的同时，如何确保资源得到合理利用？如何做到既能提供可靠、经济高效的服务，又不会过度限制客户端使用这些服务？
- **计量粒度**：API 使用的计量应该达到何种准确性和细粒度，才能既满足客户端的信息需求，又能避免出现不必要的性能损失或可靠性问题？
- **对客户的吸引力**：提供者如何向客户端解释 API 服务的吸引力、可用性和性能目标(假设有多个提供者提供某项功能)，又不会做出不切实际的承诺，以免使客户端产生不满或蒙受经济损失？

API 客户端可能希望服务的正常运行时间达到100%、资源使用不受限制、性能一流、成本极低甚至完全免费。当然，这种想法不切实际。API 提供者必须在有效利用现有资源的同时考虑盈利问题，或是将成本降至最低(例如，提供开放政府服务时就要尽量压低成本)。

---

1 从第1章的讨论可知，开发者体验的四大支柱是功能、稳定性、易用性、清晰性。

9.1.2　本章讨论的模式

编写 API DESCRIPTION 的目的是在初始开发阶段规范 API。API DESCRIPTION 不仅会定义 API 的语法结构，也会描述组织管理方面的内容(包括所有权、支持、演进策略等)，其详细程度视情况而定，既可以很简单，也可以很复杂。

提供者可以根据 API 的使用情况制定相应的 PRICING PLAN，以便向客户端或其他利益相关方收取费用。常见的 PRICING PLAN 包括简单的 SUBSCRIPTION-BASED PRICING(基于订阅的定价)和更复杂的 USAGE-BASED PRICING(基于使用量的定价)。

如果 API 客户端使用的资源过多，则会对其他客户端产生负面影响。为了防止 API 遭到滥用，提供者可以通过设置 RATE LIMIT 来限制特定客户端访问 API 的频率，客户端则可以通过减少不必要的 API 调用来避免超过 RATE LIMIT。

客户端必须知道提供者能够实现可接受的服务质量目标，提供者则希望在实现高质量服务的同时有效利用现有资源。SERVICE LEVEL AGREEMENT 规定了提供者与客户端之间就服务级别目标(Service-Level Objective，SLO)达成的共识，以及违反 SLO 后采取的处罚措施。一般来说，服务级别协议(Service Level Agreement，SLA)主要涵盖可用性方面的内容，但是也可以包括其他非功能性质量属性。

本章讨论的四种模式以及它们之间的关系如图 9-1 所示。

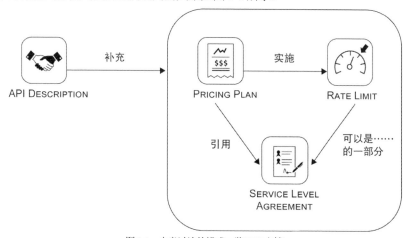

图 9-1　本章讨论的模式一览(API 文档)

9.2　文档模式

在我们提出的 44 种模式中，API DESCRIPTION、PRICING PLAN、RATE LIMIT 和 SERVICE LEVEL AGREEMENT 是最后四种模式，它们的作用是制定 API 契约，并传达或执行提供者与客户端商定的 API 使用条款。

9.2.1 API DESCRIPTION 模式

应用场景

API 提供者决定公开 API 端点的一项或多项操作。客户端开发人员(例如实现 FRONTEND INTEGRATION 的 Web 应用程序/移动应用程序开发人员, 或是为 BACKEND INTEGRATION 编写适配器的系统集成商)还无法编写操作调用代码, 也不清楚在调用 API 操作后会收到什么样的响应数据。此外, 缺少补充性接口描述, 包括对 API 操作的含义(例如消息表示中的参数、在 API 实现过程中对应用程序状态造成的影响)和相关质量指标(包括幂等性和事务性)的非正式解释。

▼

API 提供者与 API 客户端之间应该共享哪些知识? 这些知识应该如何实现文档化?

▲

在定义分布式系统中的共享知识时, 需要解决和平衡以下高级因素:

- **互操作性**: 平台自主性是松耦合的多个维度之一, 而松耦合是 SOA 的重要原则和微服务的基本信条[Zimmermann 2017]。客户端和提供者采用的编程语言不一定相同, 运行的操作系统也可能存在差异, 因此双方需要商定一种不依赖于编程语言的通用方法, 以便对运行时交换的消息进行编码和序列化。此外, 双方需要就 API 描述本身采用的通用表示格式达成一致, 从而确保构建 API 及其客户端所用的开发工具具备互操作性。这是格式自主性的一种表现, 而格式自主性是松耦合的另一个维度[Fehling 2014]。

- **可消费性(包括可理解性、易学性和简单性)**: 如果在使用 API 时需要进行推测, 那么理解和有效使用 API 的工作量和成本就会增加。编写第一个能够与提供者端的 API 实现成功交换消息的客户端应该可以"分分钟搞定", 不需要花费几小时甚至几天。比起长时间令人沮丧的反复摸索, 开发人员更喜欢速战速决和持续获得的成就感。相较于阅读包含了参数及其效果和含义的冗长表格并根据示例响应来逆向分析数据结构, 直接复制/粘贴代码示例或理解明确定义、能够验证的接口描述(可用于生成代码和测试用例)往往会节省时间。不过, 部分开发人员认为直接复制/粘贴代码示例是一种反模式。一般来说, 工具及其文档应该如实地反映情况。API 描述和支持工具不应该隐瞒远程网络通信的事实, 也不应该剥夺客户端和提供者开发人员的控制权(以及他们应该承担的责任)。API 及其描述越能如实地反映情况, 就越容易获得使用者的青睐, 因为"诚实"可以避免测试和维护过程出现令人不快的意外。通常情况下, 简单的描述及其实现比复杂的描述及其实现更容易理解。

- **信息隐藏**: 对于客户端如何使用 API, 提供者抱有一定的期望。对于如何正确调用 API 操作, 客户端会做出一些假设, 包括设置参数的必要性及其允许的取值范围、调用顺序、调用频率等。如果客户端的假设与提供者的期望相符, 那么二者之间就能成功进行交互。但是, 提供者应该确保 API 不会泄露秘密实现的细节, 客户端最好也不要依靠猜测应该做出哪些假设来实现成功的交互。

- **可扩展性和可演进性**: 客户端和提供者的演进速度各不相同。一个提供者可能服务于使用场景和技术选型存在差异的多个客户端, 以满足它们当前和今后的需求。为了保持兼容性，提供者可能会引入可选的功能和表示元素，但是这些功能和表示元素也可能破坏兼容性。修复错误的速度和改进功能的能力很重要，详细讨论参见第 8 章。随着 API 的演进，相应的文档也要更新，以反映 API 发生的变化。但是更新文档可能带来风险，也会增加成本。

API 可以只透露基本信息(例如网络地址、API 调用和响应的示例)，许多公共 API 就是如此。但是这样处理容易产生歧义，还可能导致出现互操作性问题。尽管提供者端开发人员的工作量有所减少(因为在服务演进和维护期间需要更新的信息较少)，却增加了客户端开发人员在学习、试验、开发、测试 API 时需要付出的努力和成本。

运行机制

▼

创建 API DESCRIPTION，用于定义请求消息和响应消息的结构、错误报告机制以及其他需要在提供者与客户端之间共享的相关技术信息。

除了静态信息和结构化信息之外，API DESCRIPTION 还应该包括动态方面或行为方面的内容，例如调用顺序、前置条件和后置条件、不变式等。

在编写 API DESCRIPTION 时，不仅需要从语法层面描述 API，还应该补充质量管理策略、语义规范和组织信息。

▲

API DESCRIPTION 应该做到既方便人类用户理解，又便于机器处理。根据 API 支持的使用场景、团队的开发文化、开发实践的成熟度等因素，可以采用纯文本的形式或更加标准化的语言来编写 API DESCRIPTION。

确保语义规范不仅符合业务要求，而且在技术方面准确无误。务必使用领域术语来描述 API 支持的业务功能，以方便业务分析师(又称领域行业专家)理解。此外，语义规范应该涵盖一致性、新鲜度、幂等性等数据管理方面的问题。语义规范需要包括许可和条款方面的信息，或是将这些信息单独提取出来，并制定一份 SERVICE LEVEL AGREEMENT(例如，可以为业务关键型 API 和任务关键型 API 制定相应的 SERVICE LEVEL AGREEMENT)。

推荐采用得到广泛认可的功能性契约描述语言来编写 HTTP 资源 API 的技术性契约，例如之前称为 Swagger 的 OpenAPI 规范[OpenAPI 2022]。请注意，OpenAPI 规范 3.0 包括一个用于共享许可信息的属性。

变体　在实践中，两种常见的变体是 MINIMAL API DESCRIPTION 和 ELABORATE API DESCRIPTION，二者代表 API 描述的两种极端情况。此外，实践中也存在介于二者之间的混合形式。

- MINIMAL API DESCRIPTION。客户端至少需要了解 API 端点地址、操作名称、请求消息和响应消息表示的结构和含义等基本要素，相关定义参见第 1 章讨论的领域模型。这种最基本的描述是技术性 API 契约的组成部分。在 HTTP 资源 API 中，操作名称需要遵循 HTTP 动词/方法的约束(这些动词的用法要么是隐式定义的，要么是约定俗成的)。此外，数据契约也需要明确规定操作名称。MINIMAL API DESCRIPTION 如图 9-2 所示。

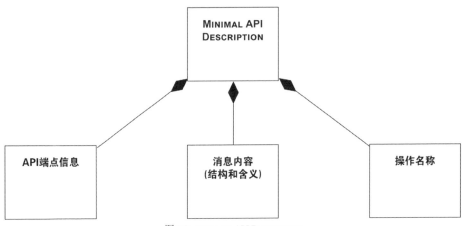

图 9-2 MINIMAL API DESCRIPTION

- ELABORATE API DESCRIPTION。更详尽的 API DESCRIPTION 可以包括以下内容：用法示例；用于解释参数含义、数据类型和约束条件的详细表格；响应消息中的错误代码和错误结构；甚至用于验证提供者是否合规的测试用例。ELABORATE API DESCRIPTION 如图 9-3 所示。《RESTful Web Services Cookbook 中文版》(*RESTful Web Services Cookbook*) [Allamaraju 2010]一书的第 1 章、第 3 章 3.14 节、第 14 章 14.1 节给出了相关建议。

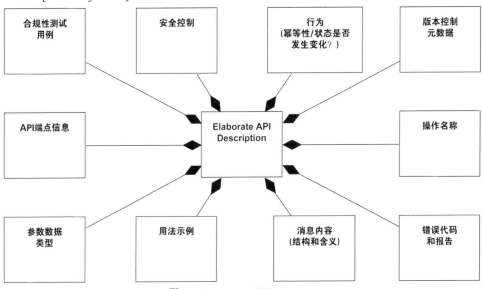

图 9-3 ELABORATE API DESCRIPTION

示例

图 9-4 列出了业务信息以及 API 设计中需要注意的功能性和技术性问题。

服务契约：【契约名称】

业务领域(场景视角、功能性领域)：　　　用户故事和质量属性(设计要素)：
- …　　　　　　　　　　　　　　　　　　　- …

服务快速参考(为使用者提供的服务概要)：
- …

调用语法(功能性契约)：接口描述语言(Interface Description Language，IDL)规范、安全策略；请求数据和响应数据的示例；端点地址(测试部署、生产实例)；示例服务使用者程序(源代码)；错误处理信息(错误代码、异常)
- …

调用语义(行为契约)：前置条件、后置条件、不变式、参数含义的非正式描述；有限状态机(Finite State Machine，FSM)；服务组合示例；集成测试用例
- …

包含服务级别目标(Service Level Objective，SLO)的服务级别协议(Service Level Agreement，SLA)；服务质量策略
- …

会计信息(服务定价)；外部依赖/资源需求
- …

生命周期信息：当前版本和先前版本；限制条件；未来路线图；服务负责人的联系方式、支持页面的链接和缺陷跟踪系统
- …

图9-4　ELABORATE API DESCRIPTION(又称服务契约)的模板

在实践中，一般可以通过开发者门户、项目维基或服务文档网站获取关于 API 的描述。微服务领域特定语言(Microservice Domain Specific Language，MDSL)原生支持 API DESCRIPTION 模式，相关介绍参见附录 C。

讨论

MINIMAL API DESCRIPTION 结构紧凑且易于演进和维护，ELABORATE API DESCRIPTION 则具有较强的表达性。二者都能促进互操作性。

使用 MINIMAL API DESCRIPTION 的缺点在于，客户端开发人员也许会猜测或逆向分析提供者端的行为。这些隐含的假设有违信息隐藏原则，而且随着时间的推移可能不再适用。此外，含糊不清的描述可能影响互操作性。如果新的 API 版本不向后兼容旧版本，而又没有明确进行标注，则会增加测试和维护的工作量。ELABORATE API DESCRIPTION 在规范中不同的位置重复提到相同的元素，这种固有的冗余性可能会引发一致性问题。如果 ELABORATE API DESCRIPTION 将提供者端的实现细节(例如下游/出站依赖关系)公之于众，则同样有违信息隐藏原则。随着 API 的演进，维护工作量也会增加，主要是因为需要系统性地更新 ELABORATE API DESCRIPTION(并确保 API 文档与实际的实现保持一致)。

为了满足客户端的信息需求，编写 API DESCRIPTION 所需的工作量取决于所选的规范深度和详细程度，原则是确保 API DESCRIPTION 能够传递出有意义和准确的信息。如果 API 契约存在过规范的问题，则会变得难以使用和维护(有观点认为太过详细的契约并无必要，因为它与精益生产的理念相悖，因此属于应该消除的浪费)。而如果 API 契约存在欠规范的问题，则虽然易于阅读和更新，但可能导致客户端与服务器无法在运行时有效、准确地进行交互，并产生预期

的结果。客户端不得不通过猜测、假设或简单的逆向工程来获取缺少的信息。例如，客户端可能需要推测调用 API 会对服务器端产生哪些影响(包括状态变更、数据的准确性和一致性)、处理错误输入的方式、安全执行策略等。而客户端的这些假设是否正确，提供者不会做出任何保证。可以考虑通过使用明确的 SERVICE LEVEL AGREEMENT 来解释服务质量策略(例如与可用性有关的策略)。

在实践中，非正式的 API 描述比比皆是。而对于具备机器可读性的技术性 API 契约(可用于生成代理代码和存根代码)，其价值一直存在争议。一些表示法(例如 API Blueprint [API Blueprint 2022]、JSON:API [JSON API 2022]、OpenAPI 规范[OpenAPI 2022])和工具(例如 Apigee 控制台、API 管理网关)取得的成功表明，大多数(甚至所有)集成场景中都存在对具备机器可读性的技术性 API 契约的需求。不少探讨 REST 的图书和文章承认，契约始终存在，有时称为统一契约[Erl 2013]。这种契约可以表现为不同的形式，由不同的利益相关方制定和维护。

在实践中，API 契约是由双方通过协商达成，还是由 API 提供者单方面决定，仍然有待商榷。业务背景和 API 使用场景各不相同：小型初创公司或论文项目团队的话语权较弱，在使用某云服务提供商巨头提供的云 API 时，很难要求对方添加功能或协商条款和条件；而大型软件供应商和企业用户的影响力较大，当涉及战略性外包交易和云合作伙伴关系(例如部署多租户、业务关键型应用程序)时，大客户可以通过签订企业级许可协议(Enterprise Level Agreement，ELA)与云服务提供商讨价还价。编写 API DESCRIPTION 时需要考虑市场动态和开发文化，这些因素将决定开发人员投入多少资源。选择 API 及其提供者时，客户端开发人员可以(也应该)考虑 API 描述的准确性和可用性，因为它们是决策过程的主导因素。

相关模式

本书讨论的所有其他模式都与 API DESCRIPTION 存在某种联系。根据任务关键性和市场动态，在编写 API DESCRIPTION 的同时也可以制定 SERVICE LEVEL AGREEMENT，以规定质量目标并说明没有达到这些目标会产生哪些后果。API DESCRIPTION 还可以包括版本信息和演进策略(参见第 8 章关于 VERSION IDENTIFIER 和 TWO IN PRODUCTION 模式的讨论)。

SERVICE DESCRIPTOR 模式[Daigneau 2011]和 INTERFACE DESCRIPTION 模式[Voelter 2004]涵盖 API DESCRIPTION 的技术性内容。

延伸阅读

API Stylebook 网站[Lauret 2017]设有专门的"Design Topics"栏目，用于收集和引用相关的文档建议。《RESTful Web Services Cookbook 中文版》[Allamaraju 2010]一书的第 14 章 14.1 节围绕如何编写 RESTful Web 服务的文档展开讨论。《Web 服务展望》 [Zimmermann 2003]一书的第 6 章收集了关于 Web 服务描述语言(和简单对象访问协议)的最佳实践，其中许多建议也适用于其他 API 契约语法。《Web API 设计原则》(*Principles of Web API Design*)[Higginbotham 2021]一书的第 13 章不仅涵盖不同的 API 描述格式，而且针对编写有效 API 文档所需的其他要素做了介绍。

Chris Richardson 在"Documenting a Service Using the Microservice Canvas"[Richardson 2019]一文中提出名为"微服务画布"(microservices canvas)的模板，完整填写该模板后会生成 ELABORATE API DESCRIPTION。微服务画布包括实现信息、服务调用关系以及产生事件/订阅事件。

Bertrand Meyer 提出的契约式设计[Meyer 1997]是面向对象软件工程的核心概念之一，定义远程 API 契约时也可以采用契约式设计。在"Data on the Outside versus Data on the Inside"[Helland 2005]一文中，Pat Helland 解释了数据在接口契约中扮演的具体角色。

《设计实践参考》[Zimmermann 2021b]一书收录了各种实践，涵盖渐进式服务设计活动和 API DESCRIPTION 的成果。Olaf Zimmermann 指出，MDSL 能够实现 API DESCRIPTION 模式[Zimmermann 2022]。

9.2.2　PRICING PLAN 模式

应用场景

API 是一种资产，属于创建 API 的组织或个人。从商业机构的角度来看，API 既有经济价值，也有无形价值。开发和运营这种资产需要一定的资金支持。API 提供者可以向使用 API 的客户端收取费用，也可以通过销售广告或其他方式来筹集资金。

API 提供者如何计量 API 服务的使用情况并收取费用？

进行计量和计费时，很难找到一种 API 客户端和 API 提供者都能接受的方式来解决双方的关切。

- **经济因素**：在设计定价模型时，既要考虑组织的知名度、定价的感知公平性、品牌形象、市场对公司的认知、变现方式、获客策略(例如免费试用、追加销售等)、竞争对手、客户满意度等组织层面的因素，也要考虑计量和计费过程所需的工作量和成本，以确保资源投入与预期收益成正比。
- **准确性**：API 用户只愿意为实际使用的服务付费，甚至可能希望能够控制使用 API 时的支出。提供详细的计量报告和账单有助于增加用户的信任，但是为了避免对性能造成负面影响，不需要对每一次 API 调用都进行详细的会计核算。
- **计量粒度**：计量的执行和报告既可以很详细，也可以很简单。例如，一个 API 提供者可能提供持续的计量和实时报告，而另一个提供者可能只报告每日汇总数字。如果计量功能出现故障，那么提供者会因为无法准确计费而蒙受损失。
- **安全**：计量和计费数据可能包含用户的敏感信息，必须加以保护(例如符合数据隐私条例的要求)。提供者还要确保收费对象的身份正确无误，防止出现冒用他人身份或使用他人的 API KEY 的情况。在多租户系统(例如云服务)中，提供者不应该向租户透露其他租户的信息(即使是为了收集数据以编写详细的 ERROR REPORT，也要保护其他租户的隐私)。其他租户可能包括竞争对手或业务合作伙伴，而它们也许与提供者签有保密协议。虽然某些租户对其他租户的性能数据感兴趣，但无论有意还是无意，提供者泄露这些数据都是不道德(甚至违法)的。

可以向客户收取一次性注册费用，也就是对业余爱好者和高频企业用户一视同仁，不考虑二者之间可能存在的差异。某些情况下，这不失为一种有效的解决方案，但也可能使问题过于简单化，导致有些用户群体觉得价格过低，而有些用户群体则觉得价格过高。

运行机制

根据 API 使用情况制定相应的 PRICING PLAN，以便向 API 客户、广告商或其他利益相关方收取费用。在 API DESCRIPTION 中记录这一 PRICING PLAN。

定义并监控用于衡量 API 使用情况的各种指标，例如每项 API 操作的统计数据。

变体 PRICING PLAN 模式有多种变体。最常见的变体是 SUBSCRIPTION-BASED PRICING(基于订阅的定价)和 USAGE-BASED PRICING(基于使用量的定价)，MARKET-BASED PRICING(基于市场的定价，又称拍卖式资源分配)则比较少见。这些定价计划都可以搭配免费增值模式使用。在免费增值模式中，如果客户使用的服务没有超过限额或客户的身份是业余爱好者，则无须付费；如果客户使用的服务超过限额或初始试用期结束，则需要付费。不同的定价计划也可以进行组合。举例来说，对于基本套餐，按月向客户收取固定的费用，即执行 SUBSCRIPTION-BASED PRICING；对于基本套餐之外的服务，按实际使用量向客户收取额外的费用，即执行 USAGE-BASED PRICING。

- SUBSCRIPTION-BASED PRICING(参见图 9-5)。执行基于订阅的定价计划或固定费率的定价计划时，无论服务资源的实际使用情况如何，客户都要定期(例如每月或每年)支付费用。为了确保服务得到公平合理的使用，提供者有时还会设置 RATE LIMIT。只要不超出订阅或固定费率所涵盖的范围，客户使用服务通常就不会受到限制。与 USAGE-BASED PRICING 相比，SUBSCRIPTION-BASED PRICING 不需要详细记录服务的使用情况，因此能够简化会计核算流程。另一种方案是提供不同的计费级别，客户可以根据预期的使用情况选择最适合自身情况的级别。如果客户使用的服务超过限额，那么提供者会推荐客户升级到更高的计费级别。如果客户不愿意升级，那么提供者将拒绝处理超过限额的调用(或降低服务水平)。

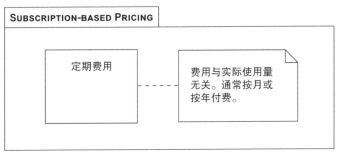

图 9-5 SUBSCRIPTION-BASED PRICING 变体

- USAGE-BASED PRICING(参见图 9-6)。执行基于使用量的定价策略时，提供者完全根据服务资源的实际使用情况(例如 API 调用次数或数据传输量)进行计费，并定期向客户发送账单。不同的 API 操作可能有不同的定价策略。例如，读取资源的操作可能比创建资源的操作更便宜。另一种方案是要求客户购买预付费套餐(手机合同有时就采用这种形式)，然后通过消耗信用积分来使用服务[1]。

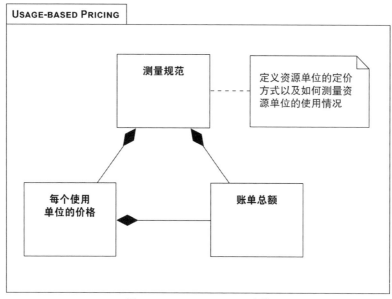

图 9-6　USAGE-BASED PRICING 变体

- MARKET-BASED PRICING(参见图 9-7)。这是一种弹性的定价计划。为了培育市场，资源价格会根据服务需求的变化而调整。客户以自己愿意支付的某个最高价格竞标使用服务，当市场价格跌至或低于竞标价格时，客户将获得服务的使用权；当市场价格再次高于竞标价格时，客户将失去服务的使用权。

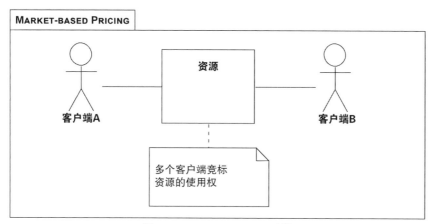

图 9-7　MARKET-BASED PRICING 变体

---

1 例如，CloudConvert 是一种提供文档转换功能的软件即服务(Software as a Service，SaaS)，客户可以先购买一定数量的转换积分，然后在一段时间内使用这些积分来转换文档。

PRICING PLAN 的各个变体不同，制定和调整价格时需要付出的努力也不同。这些变体会影响客户的选择和忠诚度，在实现可持续盈利方面也不一样。此外，它们的作用范围可能存在差异：有些针对整个 API 端点，有些则针对单个操作；有些针对 API 访问，有些则针对后端服务(例如实际计算/数据检索/通信)。

在决定使用某项服务之前，建议客户端开发人员和应用程序负责人认真阅读细则并试用一段时间，以熟悉计费粒度和操作流程。如有必要，不妨进行一些试验，以找到既能满足技术要求，又有较高性价比的 API 使用模式。

示例

某虚构的 API 提供商开发了一款通过编程方式收发电子邮件的 API，从而使客户端不必直接使用 SMTP 和 POP/IMAP 协议。如表 9-1 所示，该提供商决定执行 USAGE-BASED PRICING：如果客户每月发送的邮件数量没有超过限额，则可以享受免费的基础服务；如果客户每月发送的邮件数量超过限额，则需要支付相应的费用。

表9-1　API 提供商执行的 USAGE-BASED PRICING (具有不同的计费级别)

套餐包含的邮件数量(最多)	月费
100 封	免费
1 万封	20 美元
10 万封	150 美元
100 万封	1000 美元

这家 API 提供商的竞争对手试图 "不走寻常路" 并尽量减少流量监控，于是决定收取每月 50 美元的固定订阅费，为客户提供数量没有限制的邮件收发服务。

讨论

通过执行 PRICING PLAN，客户和提供者就产生的费用以及彼此的义务(例如发票和付款结算)明确达成一致。PRICING PLAN 有时也称为费率计划。

制定并发布切合实际的 PRICING PLAN 并不容易，要求 API 提供者和 API 客户端对彼此的利益和商业模式有深入了解。API 产品负责人和开发人员必须密切合作，选择一种能够在投入与收益之间取得平衡的 PRICING PLAN。客户端需要通过 API KEY 或其他身份验证方式证明自己的身份。执行 USAGE-BASED PRICING 时，提供者需要详细监控并测量客户使用 API 的情况。为了避免产生纠纷，客户希望获得详细的报告，以便跟踪和监控 API 的使用，而提供者端的工作量也会相应增加。可以考虑设置限制条件，一旦客户的 API 使用量超过限制，提供者就会向客户发送通知。

在 PRICING PLAN 的实施过程中，如何处理计量功能的故障也要纳入考虑：如果不能进行计量，那么今后就无法根据 API 的使用情况向客户收费。因此，在计量功能出现故障的这段时间内，API 服务要么暂停使用，要么免费使用。

与 USAGE-BASED PRICING 相比，SUBSCRIPTION-BASED PRICING 的实现更容易。开发人员应该告知非技术利益相关方(例如产品负责人)，选择价格更高的定价计划会产生哪些后果。如有可能，初期可以先实施 SUBSCRIPTION-BASED PRICING，而后再实施 USAGE-BASED PRICING。

底层 API 的实现和支持 API 运行的基础设施必须满足安全要求。

相关模式

可以在 PRICING PLAN 中使用 RATE LIMIT 来执行不同的计费级别。如果使用 RATE LIMIT，那么 PRICING PLAN 应该引用 SERVICE LEVEL AGREEMENT 中对应的条款。

对于请求使用 API 的客户端，可以通过 API KEY(或其他认证协议)验证其身份。如果数据传输量是 PRICING PLAN 的一个计费指标，那么可以通过 WISH LIST 或 WISH TEMPLATE 降低使用成本。

延伸阅读

"API 网关"(API Gateway)[Richardson 2016]和《企业集成模式》(*Enterprise Integration Patterns*)[Hohpe 2003]一书介绍的系统管理模式可用于实现计量并充当执行点。一种方案是在消息源与消息目标之间插入"线路分接器"(Wire Tap)，将收到的消息复制到副通道；另一种方案是使用"消息存储库"(Message Store)来统计每个客户端发送的请求数量，而不必在 API 端点实现计数逻辑。

9.2.3　RATE LIMIT 模式

应用场景

API 端点和 API 契约(对外公开操作、消息和数据表示)已经建立，规定了消息交换模式和协议的 API DESCRIPTION 也已编写完毕。API 客户端已经与提供者签约，对用于规范端点使用和操作的条款和条件也表示同意。但是并非所有 API 都需要签约，例如使用作为开放数据服务提供的 API 或在试用期内提供的 API 就不必签约。

API 提供者可以采取哪些措施以避免 API 客户端过度使用 API[1]？

过度使用 API 可能会影响提供者操作或损害其他客户端的利益。为了避免出现这个问题，需要解决以下设计问题。

- **经济因素**：为了防止客户端过度使用 API，提供者需要投入资源来设置限制措施并进行维护。这些措施会加重客户端的负担(例如需要时刻注意是否超过限额)，因此可能适得其反，导致客户端转投提供者的竞争对手。有鉴于此，只有当过度使用 API 造成的影响和严重性足够大，值得承担限制措施带来的成本和业务风险时，提供者才应该采取措施。
- **性能**：API 提供者通常希望为所有 API 客户端提供高质量的服务，这可能是出于提供者自身的意愿，也可能是基于合同或法规的要求。相应的 SERVICE LEVEL AGREEMENT 可能会规定具体的细节。

1　API 提供者会规定"过度使用"的确切含义。一般来说，付费固定费率订阅计划与免费计划的使用限制有所不同。关于不同订阅模式的利弊权衡，详细讨论请参见 PRICING PLAN 模式。

- **可靠性**：无论客户端过度使用 API 服务出于有意还是无意，提供者都必须采取措施以免其他客户端受到影响，例如拒绝客户端的个别请求或撤销客户端对 API 的访问权限。如果处理措施过于严格，则可能令潜在的使用者感到不满；如果处理措施过于宽松，则可能导致服务质量下降，其他使用者(例如付费客户)的响应时间变长，那么这些使用者也许会考虑寻找替代方案或其他 API 提供者。
- **过度使用 API 造成的影响和严重程度**：提供者需要分析和评估客户端过度使用 API 服务(无论有意还是无意)可能带来哪些负面后果，并将这些后果与采取预防措施的成本进行权衡。举例来说，可预见的使用模式可能表明，滥用行为不一定会带来负面后果(例如经济损失或声誉受损)，或是负面后果的影响较小。如果客户端过度使用 API 的风险能够降低或接受，那么提供者可能选择不采取任何预防措施。
- **客户端意识**：负责任的客户端希望自我管理请求配额。它们监控 API 服务的使用情况，以免因为超过限制而遭到锁定。

为了防止过度使用 API 的客户端影响其他客户端的体验，一种简单的方案是增加处理能力、存储空间和网络带宽。但是这些措施的成本很高，往往并不划算。

运行机制

引入并实施 RATE LIMIT，以防止客户端过度使用 API。

将 RATE LIMIT 定义为客户端在每个时间窗口内可以发送的请求数量。如果请求数量超过这一限制，那么提供者可以采取以下几种措施：拒绝处理额外的请求；将请求推迟到下一个时间段再处理；承诺以尽力而为的方式处理请求，但是减少分配的资源。这种基于间隔、定期进行重置的 RATE LIMIT 如图 9-8 所示。

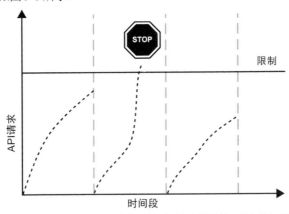

图 9-8　RATE LIMIT：一旦客户端发送的请求数量超过每个时间段的限制，那么所有后续请求都不予处理

设置 RATE LIMIT 的作用范围：可以是整个 API，也可以是单个端点；可以是一组操作，也可以是单个操作。不需要采用相同的方式来处理所有请求。各个端点的运营成本不一定相同，

因此令牌的使用方式也可能存在差异[1]。

为每项 API 操作或每组 API 操作定义一个合适的时间段(例如每天或每月)，时间段结束后即重置 RATE LIMIT。这个时间段不必固定，而是可以随着时间的推移而滚动。在规定的时间段内，通过监控和日志记录来跟踪客户端调用 API 的情况。

RATE LIMIT 还能限制并发数量，即客户端可以同时发起的请求数量。例如，执行免费的计费计划时，客户端也许只能同时发起一个请求。当客户端的请求数超过 RATE LIMIT 后，提供者可以完全停止为客户端提供服务，也可以放慢服务的速度(对于商业产品，可以推荐客户端升级到价格更高的计划)。放慢服务的速度有时也称为限流。请注意，不同提供者可能使用不同的术语来表示这个概念，不过"速率限制"和"限流"一般是同义词。

如果客户端的请求数在短时间内多次超过 RATE LIMIT，那么客户端的账户或相应的 API KEY 可能会被暂时冻结并加入"拒绝列表"[2]。

示例

GitHub 采用 RATE LIMIT 模式来控制客户端对 RESTful HTTP API 的访问：一旦请求数量超过 RATE LIMIT，GitHub 将向后续请求返回 HTTP 状态代码 429 Too Many Requests。为了使客户端了解每个 RATE LIMIT 的当前状态，也为了协助客户端管理其令牌配额，在响应所有超过速率限制的请求时，GitHub 会加入自定义 HTTP 标头。

实施速率限制后，GitHub API 返回的一部分响应消息如下所示。可以看到，GitHub API 允许客户端每小时发送 60 个请求，目前还可以发送 59 个请求：

```
curl -X GET --include https://api.github.com/users/misto
HTTP/1.1 200 OK
...
X-RateLimit-Limit: 60
X-RateLimit-Remaining: 59
X-RateLimit-Reset: 1498811560
```

X-RateLimit-Reset 是一个 UNIX 时间戳[3]，用来表示速率限制的重置时间。

讨论

通过实施 RATE LIMIT，API 提供者不仅可以控制客户端对 API 的使用，而且可以保护服务免受恶意客户端(例如不受欢迎的机器人)的侵害，还能保持服务质量不会下降。由于设置了使用量上限，因此提供者可以更合理地调配资源，从而提高服务的性能和可靠性，使所有客户端受益。

确定合适的速率限制并不容易。如果 RATE LIMIT 设置得过高，则达不到预期的效果；如果 RATE LIMIT 设置得过低，则会令 API 用户心生不满。为了找到合适的速率限制，需要进行一些试验和调整。举例来说，某提供商制定的 PRICING PLAN 允许客户端每月发送 3 万个请求，如果

1　以 YouTube API 为例，检索简单的 ID 只需要消耗一个令牌(单位)，视频上传则需要消耗大约 1600 个令牌。
2　拒绝列表(或拦截列表)列出禁止通过的元素，所有没有列出的元素都可以通过；而允许列表(或欢迎列表)列出允许通过的元素，所有没有列出的元素都不能通过。拒绝列表和访问列表都属于访问控制机制。
3　UNIX 时间戳是从 1970 年 1 月 1 日开始所经过的秒数。

没有额外的限制措施，那么客户端很可能在短时间内就用完所有配额，进而导致提供商不堪重负。为了缓解这个问题造成的影响，提供商可以施加额外的限制，只允许客户端每秒发送一个请求。客户端需要控制使用量，并采取措施(例如跟踪 API 的使用情况或将请求加入处理队列)以避免超过 RATE LIMIT。常见的方法包括将 API 返回的数据缓存起来，并根据实际情况优先处理某些 API 调用。RATE LIMIT 会导致 API 实现具有状态性，进行扩展时需要考虑到这一点。

付费服务提供多个订阅级别，每个级别设置不同的速率限制，从而能够更有效地管理 RATE LIMIT。某些情况下，过度使用 API 甚至能起到积极的作用(因为提供者的收入会因此而增加)。需要注意的是，免费服务也不必为所有客户端设置相同的 RATE LIMIT，而是可以通过采用其他指标来满足不同规模、不同阶段的客户需求。例如，Facebook 根据安装客户端应用程序的用户数量来分配 API 调用次数。

提供者必须确认客户端或用户的身份，以便测量和实施 RATE LIMIT 所提供的指标。为此，API 客户端需要在端点(更准确地说，在 API 内的安全策略执行点[1])执行某种自我识别的机制，例如使用 API KEY 或身份验证协议。如果客户端在使用 API 时不需要注册(免费服务就不必注册)，那么端点必须通过其他方式来识别客户端，不妨考虑使用 IP 地址作为识别手段。

相关模式

SERVICE LEVEL AGREEMENT 可以详细描述 RATE LIMIT 所提供的指标。客户选择的订阅级别不同，相应的 RATE LIMIT 也不同，详细讨论参见 PRICING PLAN 模式。采用 PRICING PLAN 时，RATE LIMIT 用于执行不同的计费级别。

对于绑定了数据的 RATE LIMIT，WISH LIST 或 WISH TEMPLATE 有助于确保客户端不会超出限制。为了将 RATE LIMIT 的当前状态(例如当前计费期内剩余的请求数量)告知客户端，可以在消息有效载荷中使用显式 CONTEXT REPRESENTATION。

延伸阅读

"漏桶计数器"(Leaky Bucket Counter)[Hanmer 2007]是实现 RATE LIMIT 的一种可能方式。《SRE：Google 运维解密》(*Site Reliability Engineering*)[Beyer 2016]一书的第 21 章介绍了过载的处理策略。

《企业集成模式》[Hohpe 2003]一书介绍的系统管理模式有助于实现计量，因此也可以充当执行点。例如，"控制总线"(Control Bus)可以在运行时根据情况增加或减少某些限制，而"消息存储库"有助于实现持续监控资源的使用情况。

"Rate-Limiting Strategies and Techniques"[Google 2019]一文介绍了实现 RATE LIMIT 所用的不同策略和技术。

9.2.4 SERVICE LEVEL AGREEMENT 模式

应用场景

API DESCRIPTION 定义了一个或多个 API 端点,包括操作的功能性接口及其请求消息和响应

---

1 以可扩展访问控制标记语言(eXtensible Access Control Markup Language，XACML)[OASIS 2021]为例，策略执行点可以确保只有经过授权的用户才能访问资源。为此，策略执行点会在后台咨询策略决策点。

消息。但是，目前尚未明确描述这些操作的动态调用行为涉及哪些定性和定量的服务质量特征，也没有具体说明提供者在 API 服务的生命周期内会提供哪些支持(包括承诺的服务有效期和平均维修时间)。

API 客户端如何获取 API 及其端点操作的具体服务质量特征？

如何采用可量化的方式定义并传达服务质量特征，以及没有达到这些特征会产生哪些后果？

客户端和提供者有不同的需求和考虑因素，因此很难以一种双方都能接受的方式来定义服务质量特征。具体而言，需要解决以下问题。

- **业务敏捷性和活力**：API 客户端的业务模型不仅可能依赖于特定 API 服务的可用性，也可能依赖于前文讨论的可伸缩性或隐私。这些质量指标是业务敏捷性和活力的基础，如果它们得不到保证，就会对客户端产生负面影响。
- **对客户的吸引力**：如果多个 API 都能提供客户需要的功能，那么对服务质量特征做出承诺可以体现出提供者对自身能力(包括 API 实现和下游系统)的信心。举例来说，在面对两个功能相似但可用性保证不同的 API 时，客户更有可能选择可用性保证较高的 API，除非其他因素(例如价格)的优先级更高，才会促使客户端选择可用性保证较低的 API。
- **可用性**：API 客户端通常希望 API 提供者的服务能够长时间正常运行。正常运行时间在许多领域都很重要，可以使客户端为自己的用户提供服务质量保证。
- **性能和可伸缩性**：客户端往往希望 API 的延迟较低，提供者端则希望吞吐量较高。
- **安全和隐私**：如果 API 涉及机密数据或专用数据，那么客户端希望提供者采取手段和措施以确保数据的安全和隐私。
- **政府法规和法律义务**：提供者必须遵守政府法规，例如与个人数据保护[1]有关的法规或禁止数据出境的规定[2]。除非外国提供商遵守当地的法律法规，否则本地公司可能无法使用它们的服务。举例来说，美国的提供商只有同意遵守《瑞士-美国隐私盾协议》(Swiss-US Privacy Shield Framework)，才能为瑞士的初创公司提供服务。API 提供者的担保可以作为记录合规性的一种方式。
- **提供者的成本效益和业务风险**：提供者希望有效利用现有的资源，通常也力求盈利(或将成本降至最低，例如提供开放政府服务时就要尽量压低成本)。在做出不切实际的高服务级别承诺或同意接受惩罚性罚款之前务必三思，而且这些承诺必须与提供者端的风险管理策略保持一致。如果承诺没有明确的价值，则不建议做出任何形式的承诺，因为实现这些承诺和解决违反承诺的风险和成本非常高。

许多情况下(尤其是使用公共 API 和解决方案内部 API 时)，客户可能选择完全信任提供者，期望提供者在商业和技术方面采取合理的措施，以提供令人满意的 API 使用体验。然而，如果 API 对客户的业务至关重要，那么把希望寄托在提供者身上可能带来难以接受的风险。许多公

1　欧盟的《通用数据保护条例》(GDPR)[EU 2016]规定了公司在处理个人数据时必须采取的安全措施。
2　例如，巴西和俄罗斯的法律要求提供商将数据存储在本国境内[The Economist 2015]。

共 API 会提供自由格式的非结构化文档,仅以非正式的形式描述 API 使用的商业性和技术性条款条件。客户可能依赖于这些文档提供的信息。但是,这种自然语言文档(类似于口头临时约定)不够明确,容易产生误解,从而严重影响项目进展。一旦竞争压力增加,自然语言文档就不一定能满足需要。如果没有其他 API 可供选择或无法与提供者协商定制化协议,那么客户只能根据对提供者的信任来决定是否使用 API,或根据历史数据和过往经验来推测 API 今后所提供的服务质量特征。

运行机制

▼

API 产品负责人制定以质量为导向的 SERVICE LEVEL AGREEMENT,其中会定义具备可测试性的服务级别目标。

▲

所有 SERVICE LEVEL AGREEMENT 至少要定义一个 SLO,还要规定 SLA 违约的处罚措施、补偿积分/补偿措施、报告程序等。SLA 及其 SLO 必须明确说明适用于哪些 API 操作。在决定使用特定的 API 端点及其操作之前,API 客户端开发人员需要仔细阅读 SLA 及其 SLO 的内容。SLA 的结构应该具备可识别性,理想情况下,不同服务的 SLA 最好使用相似的格式和术语。SLA 的写作风格应该直接明确,不会产生歧义。SLA 及其 SLO 的结构如图 9-9 所示。

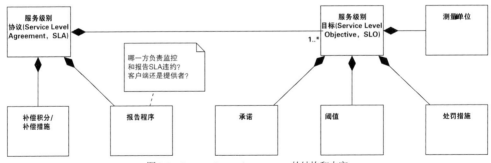

图 9-9   SERVICE LEVEL AGREEMENT 的结构和内容

应该从与 API 相关、具体且可测量的质量属性出发为每项受控服务定义 SLO,而且最好在分析和设计阶段就已指定这些质量属性[Cervantes 2016]。SLO 也可能源于监管方面的要求。例如,根据《通用数据保护条例》[EU 2016]等个人数据保护法规的要求,一旦不再需要数据,就必须将其删除。SLO 可以大致分为几类。举例来说,欧盟委员会制定的《云服务级别协议标准化指南》(Cloud Service Level Agreement Standardisation Guidelines)[C-SIG 2014]将 SLO 分为性能 SLO、安全 SLO、数据管理 SLO、个人数据保护 SLO 等四大类。

在每个与特定质量属性对应的 SLO 中,指定阈值和测量单位。承诺特定质量属性达到该阈值的最小时间比例(即最低百分比),并说明未能达到目标时的处罚措施。例如,某 SLO 可能做出以下规定:以 30 天为一个周期,99%的客户请求应该在 500 毫秒内处理完毕,否则客户将在下个账单周期获得 10%的折扣("99%"是承诺,"500"是阈值,"毫秒"是测量单位,"10%的折扣"是处罚措施)。

制定 SLO 时务必明确说明测量方法和解释方式,以免出现混淆和不切实际的期望。仍以上一段给出的 SLO 为例,"99%的客户请求在 500 毫秒内处理完毕"是以 30 天为一个周期做出的承诺,这一点必须明确说明。

所有内部利益相关方和外部利益相关方(例如 C 级高管、法务部门、安全官等)都要参与 SLA 的制定工作,而且越早参与越好。API 提供者应该请多个明确指定的利益相关方(例如法务部门)对 SLA 规范进行审批。审批过程往往需要经过多次迭代,可能会因为利益相关方的日程繁忙而耗时良久。在确定 SLA 的内容和措辞时,各方需要通过协商达成一致。这个过程可能相当激烈,在很大程度上会受到人为因素的影响[1]。

示例

Lakeside Mutual 开发了自助服务应用程序,供客户索取各个险种的报价信息。作为公司新增长战略的一部分,Lakeside Mutual 开始提供白标保险产品(white-label insurance product)。第三方将这些产品作为自有品牌并通过自己的网站进行销售,Lakeside Mutual 则从保险费中抽取少量佣金。为了增强客户对白标产品的信心,Lakeside Mutual 特制定以下 SLA:

White-Label Insurance API 服务的响应时间最长为 0.5 秒。

响应时间的定义可能需要进一步澄清:

响应时间的计算从 API 端点收到请求消息的那一刻开始,到 API 端点发出响应消息的那一刻结束。

请注意,响应时间不包括请求消息和响应消息从 API 提供者通过网络传输到 API 客户端所需的时间。此外,提供者承诺:

以 30 天为一个周期,白标保险 SLO 将满足 99%的客户请求,否则客户将在当前账单周期获得 10%的折扣积分。要获得折扣积分,客户必须向客服中心提交索赔申请,包括事件发生的日期和时间。

讨论

SERVICE LEVEL AGREEMENT 模式的主要受众是提供者端的 API 产品负责人,而不是 API 端点和操作的开发人员。SLA 通常是(服务)条款和条件或主服务协议的一部分,也与其他策略(例如可接受使用策略或隐私策略)共同存在。

客户端与提供者就预期的服务水平和质量水平达成一致。SLA 可以涵盖所有提供的服务,也可以专门针对特定 API 端点所公开的一组特定操作。例如,整体 SLA 通常会规定涉及个人数据保护法规的 SLO,而每个端点或操作的数据管理目标(例如数据备份频率)可能有所不同。精心制定的 SLA 包含可测量的 SLO,体现出服务的成熟度和透明度。值得注意的是,许多公共 API 和云服务要么没有公开任何 SLA,要么只是公开质量不高的 SLA。这是市场竞争压力和缺乏监管措施带来的结果。

如果提供者未能提供服务,则可以追究其责任。某些情况下,组织不希望为自己的失误担

---

[1] 日常生活中的采购和决策同样如此。

责，因此明确界定义务(例如制定 SERVICE LEVEL AGREEMENT)可能使组织内部产生抵触情绪，这种抵触情绪源于对承担责任的忧虑。

　　除非客户提出要求(并支付费用)，或是提供者认为能够带来业务方面的利益，否则没有必要制定 SLA 和具体的 SLO 并向客户公开。这是因为 SLA 通常具有法律约束力，可能给提供者带来不必要的业务风险。始终履行 SLA 和 SLO 做出的承诺也许很困难；如果客户没有提出要求，为什么要提供强有力的保证呢？制定、实现和监控 SLA 耗时费力，处理 SLA 违规行为也会增加工作量。为了确保能够及时处理 SLA 违规行为，需要投入大量成本来维持运营团队。通过限制 API 提供者的责任可以降低与 SLA 相关的业务风险，例如规定提供服务积分是 SLA 违约的唯一处罚措施。

　　除了制定包含可测量 SLO 的 SLA(这是 SERVICE LEVEL AGREEMENT 模式采用的方案)之外，也可以选择不制定 SLA，或是在 SLA 中以宽泛的方式设定质量目标(即非正式地规定 SLO)。在 SLA 中，有些质量指标可以通过 SLO 进行明确的测量，有些质量指标则只能通过非正式的方式进行规定。举例来说，安全方面的内容很难正式定义，否则会变得过于复杂、不切实际或难以验证。因此，提供者可能承诺"尽商业上合理的努力"以保护 API 的安全。

　　即使 API 提供者只在内部使用 SLA，也仍然能够从中受益。内部 SLA 是 SLA 的一种形式，提供者可以通过内部 SLA 定义和评估自身在相关质量指标方面的表现，但不会向组织外部的客户端公开这些信息。相关讨论请参见《SRE：Google 运维解密》[Beyer 2016]一书。

相关模式

SERVICE LEVEL AGREEMENT 通常附于 API 契约或 API DESCRIPTION 之后，API DESCRIPTION 中会提到 SERVICE LEVEL AGREEMENT。在我们所用的模式语言中，SLA 可能会规定许多模式实例的应用，例如表示类别和质量类别中对应的那些模式实例。

　　SERVICE LEVEL AGREEMENT 可能会规定 RATE LIMIT 和 PRICING PLAN 的详细内容。

延伸阅读

《SRE：Google 运维解密》[Beyer 2016]一书用一整章(第 4 章)的篇幅专门讨论 SLO，包括如何通过"服务级别指标"(Service Level Indicator，SLI)来评估 SLO。

　　在 Google 云平台博客的一篇文章[Judkowitz 2018]中，Jay Judkowitz 和 Mark Carter 探讨了 SLA、SLO 和 SLI 管理的相关内容。

9.3　本章小结

　　本章讨论了四种与 API 文档相关的模式，涵盖技术和业务两个方面：API DESCRIPTION、PRICING PLAN、RATE LIMIT 和 SERVICE LEVEL AGREEMENT。

　　API DESCRIPTION 侧重于阐述 API 功能；作为 API DESCRIPTION 的补充，SERVICE LEVEL AGREEMENT 明确规定了客户可以期待的 API 质量标准；PRICING PLAN 将 API DESCRIPTION 和 SERVICE LEVEL AGREEMENT 结合起来，针对具有不同质量水平的不同 API 功能制定收费标准，

供客户在访问 API 时参考；通过设置 RATE LIMIT，提供者可以防止客户端过度使用 API，从而确保资源不会遭到滥用。

毫无疑问，本章讨论的四种模式与第 5～7 章讨论的许多模式有密切的关系。API DESCRIPTION 应该明确规定 API 端点的角色：INFORMATION HOLDER RESOURCE 以数据为导向，这些数据在用途、生命周期和关联方面有所不同；PROCESSING RESOURCE 以活动为导向，粒度级别既可以是简单的操作，也可以是复杂的业务流程。这些端点类型的操作职责也不一样，它们访问提供者端应用程序状态的方式各不相同：STATE CREATION OPERATION 只写不读、RETRIEVAL OPERATION 只读不写、STATE TRANSITION OPERATION 既写又读、COMPUTATION FUNCTION 不写不读。这些端点角色和操作职责会影响 PRICING PLAN、RATE LIMIT 以及 SERVICE LEVEL AGREEMENT 的需求和内容。举例来说，INFORMATION HOLDER RESOURCE 可能根据数据的传输量和存储量制订收费计划，而 PROCESSING RESOURCE 可能考虑限制客户端可以同时发起的活动请求数量以及这些请求消耗的计算资源。在 API 文档中，端点及其操作的命名约定应该做到一目了然，从而有助于用户迅速理解它们的角色和职责。

PRICING PLAN 和 RATE LIMIT 一般通过利用 API KEY 来识别客户端。某些模式会改变消息大小和消息交换频率(例如 REQUEST BUNDLE)，从而对 RATE LIMIT 产生影响。如果存在 PRICING PLAN，那么客户会期望提供者对某些服务质量指标(例如性能、可用性和 API 稳定性)做出承诺。

最后要指出的是，第 8 章讨论的版本控制方法和生命周期保证也会写入 API DESCRIPTION 或 SERVICE LEVEL AGREEMENT。比起将 PRICING PLAN 与 EXPERIMENTAL PREVIEW 结合起来，对使用 TWO IN PRODUCTION 或 LIMITED LIFETIME GUARANTEE 的 API 收取费用也许更合理。

至此，全部 44 种模式都已介绍完毕。第 10 章将讨论如何在规模更大的实际场景中应用这些模式。

第Ⅲ部分
实 践 应 用

第Ⅲ部分将重新审视 API 设计和演进的总体情况。

前 9 章详细介绍并讨论了我们提出的 44 种模式。为了展示如何在规模更大的 API 设计中综合运用这些模式，第 10 章将围绕两个实际案例展开讨论。对于 API 今后如何发展，第 11 章将给出我们的反思和展望。

第 10 章
实际的模式案例

本章致力于探讨实际业务领域和应用类型中的 API 设计和演进。我们将介绍两种以 API 为中心的现有系统，分析它们的背景、需求以及设计方面面临的挑战，以展示如何在规模更大的特定领域中应用各种模式。这两种系统均已投入使用，并运行了很长时间。

第 3 章讨论过关于模式选择的问题、选项和标准，本章将重新审视这些内容。为此，我们综合运用第 4～9 章介绍的模式，侧重于探讨：

- 何时应用某种模式，以及选择这种模式的原因；
- 何时应用某些替代模式，以及选择这些替代模式的原因。

本章介绍的第一个模式案例涉及一种现有的电子政务和业务流程数字化解决方案，第二个模式案例涉及一个支持建筑行业(实际的建筑施工)业务流程的 Web API。

读完本章后，开发人员应该能够综合运用前几章讨论的模式，采用针对具体业务上下文、以质量属性为导向的方法来设计 API。两个案例旨在展示如何在实际环境中运用模式，并解释背后的原因。

10.1 瑞士抵押贷款业务的大规模流程集成

本节以 Terravis 为例，介绍该平台使用的各种模式。

10.1.1 业务背景和领域

Terravis [Lübke 2016]是瑞士开发的大型流程集成平台，旨在连接并集成土地登记机构、公证人、银行以及其他相关方使用的系统，通过完全电子化的方式处理土地登记和抵押贷款业务流程。该项目于 2009 年启动，成果得到外界的认可[Möckli 2017]。

虽然土地登记、地块、抵押贷款以及(地块)所有者等领域已有几百年的历史，但是长期以来仍然依赖于纸质处理方式。瑞士是一个联邦制国家，因此各个州在管理土地登记业务时采用不同的流程、数据模型和法律。2009 年，瑞士联邦出台的一项法律为实现土地登记业务的数字化奠定了基础。法律首次提出一种包含两个标识符的通用数据模型，一个是称为 EGRID 的电子地块标识符，用于唯一标识全瑞士范围内的地块；另一个是称为 EREID 的电子权利标识符，用于唯一标识与地块相关的权利。为了访问这些数据，法律还定义了一个称为 GBDBS [Meldewesen 2014][1]的土地登记 API(Land Register API)，并要求强制使用。瑞士的所有土地登记机构都必须提供这个 API 和通用数据模型。

根据 Philippe Kruchten 提出的八个上下文维度[Kruchten 2013]，Terravis 的特征如下。

1. **系统规模**：从业务角度来看，Terravis 为机构客户和州政府部门提供三项服务：一是查询(Query)，提供统一访问瑞士土地登记系统(Swiss Land Register)的数据(用户需要具备访问权限，而且数据访问可能会受到审计)；二是流程自动化(Process Automation)，支持不同合作伙伴之间的端到端流程实现完全数字化；三是代理(Nominee)，允许银行将抵押贷款管理的职责外包给第三方。从技术角度来看，Terravis 包括大约 100 项(微)服务，负责执行文档生成、业务规则实施等不同的任务。Terravis 已经与合作伙伴使用的数百个系统实现集成，一旦所有合作伙伴连接到 Terravis，系统数量预计将达到 1000 个左右。

2. **系统关键性**：外界认为 Terravis 对瑞士的金融基础设施至关重要。

3. **系统存在时间**：Terravis 于 2009 年首次发布，此后一直在开发和更新。

4. **团队分布**：开发工作在瑞士苏黎世进行。

5. **变化速度**：项目团队仍在为流程自动化组件和代理组件添加更多的流程，并持续改善查询组件的数据集成。迭代周期为一个月。近年来的分析结果表明，采用业务流程执行语言(Business Process Execution Language，BPEL)建模的流程处于不断演进之中[Lübke 2015]。

6. **既有的稳定架构**：Terravis 是一种前所未有的创新应用。尽管该平台必须符合某些既有的内部架构约束(例如使用母公司 SIX 集团的专有内部框架)，但总体而言，Terravis 是一个从零开始开发的新项目。

7. **治理**：Terravis 是 SIX 集团的公私合作项目，其治理主体代表瑞士联邦、各个州(作为土地登记机构的代表)、银行以及公证人。因此，Terravis 的治理结构体现出系统中所有利益相关方的利益，其复杂程度与技术环境不相上下。

8. **业务模型**：Terravis 是一款付费的软件即服务产品，可供机构合作伙伴和行政合作伙伴使用。

Terravis 项目最初只计划开发查询组件，以便土地登记业务流程中的重要参与者能够访问相关的联邦主数据(federated master data)。但是项目团队很快发现，实现整个业务流程的数字化可以提供更多价值，于是开发了 Terravis 自有的 API，供银行、公证人等相关方与平台进行对接。而土地登记 API 由瑞士联邦所有。Terravis 的 API 和土地登记 API 在命名约定和发布周期方面有所不同，也体现出多样性。为了尊重联邦和各个州对主数据的所有权，Terravis 不得在查询组件中存储或缓存瑞士土地登记系统的数据。

10.1.2　技术方面的挑战

Terravis 所处的业务环境很复杂，给技术实现带来了挑战[Berli 2014]。不同的合作伙伴使用不同的软件系统，通过 API 连接到 Terravis，从而催生出技术集成问题。加之合作伙伴系统的

---

1 德语是 Grundbuchdatenbezugsschnittstelle.

生命周期各不相同，使得本就复杂的技术集成问题更加复杂。各个系统无法进行同步部署，而且系统的实现和更新频率以月和年(而不是周)为单位，因此确保合适的 API 演进并不容易。

技术集成也因为土地登记 API 而变得更加复杂：这种 API 的通用性较强，与公共的瑞士土地登记系统数据模型关系密切，因此要求客户对该模型有深入了解。研讨会的参与者发现，一对多关系和一对一关系之间的差异很明显。有鉴于此，Terravis 决定以更容易使用的全新数据模型为基础来开发 API，以获得用户的认可。

最初的集成方案仅限于合作伙伴之间或机器之间的集成，但是项目团队很快意识到，并非所有合作伙伴都能调整它们的系统以实现 Terravis 的 API，而且有些合作伙伴的系统更新频率也低于 Terravis。考虑到这些问题，项目团队决定再开发一个称为门户(Portal)的 Web 用户界面，每个合作伙伴可以通过门户或自己的集成系统同时处理业务流程实例。这样一来，即使合作伙伴的系统仅支持旧版本 API 的有限功能，却仍然可以在需要时通过门户使用新功能。

信任对于 Terravis 的成功至关重要。Terravis 不仅开发出一个构建难度很大的平台，而且保持较快的更新速度，还提供既安全又可靠的服务，从而成为银行、公证人、土地登记机构以及其他相关方之间值得信赖的桥梁。

尽管 Terravis 致力于提供透明的数据访问，而不受瑞士土地登记系统的限制，但是为了与代表土地登记机构的各个州建立信任，Terravis 不能成为控制瑞士所有土地登记数据的枢纽。换句话说，该平台既不能缓存也不能存储土地登记数据，因此每次进行数据查询时可能都要联系瑞士的所有土地登记机构才能得到结果，从而导致响应时间变长。

许多重要的要求不仅涉及长期可维护性(如前所述，合作伙伴系统的生命周期各不相同，因此 Terravis 需要具备良好的适应性)，而且涉及安全性。安全性既包括保护 Terravis 与所有合作伙伴之间交换数据的传输安全，也包括全面审计交易和业务流程步骤的执行情况，以及确保通过 Terravis 发出的指令不可篡改。作为第一个提供集中式签名服务器的平台，Terravis 能够满足瑞士关于具有法律效力的电子签名的所有要求。在这些签名服务器的支持下，各方可以通过电子方式签署文件，从而实现了业务流程的完全数字化。

截至本书出版时，Terravis 每年处理的端到端土地登记业务流程超过 50 万个，处理的地块查询更多。

10.1.3　API 的角色和状态

Terravis 高度重视合作伙伴的业务和技术集成以实现业务流程的数字化，所以 API 是极其重要的工件。API 起到连接器的作用(相关讨论参见第 1 章)，因此是实现集成的关键所在。API 的设计越合理，Terravis 的服务质量就越高。

查询组件的 API 相对稳定，流程自动化组件的 API 则经常发生变化。随着时间的推移，流程自动化组件加入了越来越多的业务流程和业务流程的不同变体。

每当业务流程出现重大变更或新的业务流程实现数字化时，API 定义和业务流程文档化是文档中最重要的两个环节。因此，API 契约的表达性以及 API 操作的明确含义和语义对 Terravis 的 API 来说极其重要，也关系到整个产品的成败。

10.1.4   模式使用和实现

Terravis 使用了本书讨论的多种模式。本节首先介绍所有组件应用的模式，然后分别介绍各个组件应用的模式。

所有组件应用的模式

如图 10-1 所示，Terravis 的 API 分为 COMMUNITY API 和 SOLUTION-INTERNAL API。请注意，由于只有机构合作伙伴才能合法使用 Terravis 提供的服务，因此 Terravis 不提供 PUBLIC API。银行、公证人等机构必须进行注册，证明自己有权使用服务，并与 Terravis 签署合同。完成这些程序后，机构就可以使用可用的 COMMUNITY API。此外，之所以使用 SOLUTION-INTERNAL API，是因为 Terravis 将许多大型组件拆分为规模较小、在内部进行通信的微服务。项目团队没有向合作伙伴透露相关的决策，而是将其视为实现细节，而且可能根据需要随时调整。因此 SOLUTION-INTERNAL API 既不对外公开，也不提供给合作伙伴，以免出现不必要的耦合。

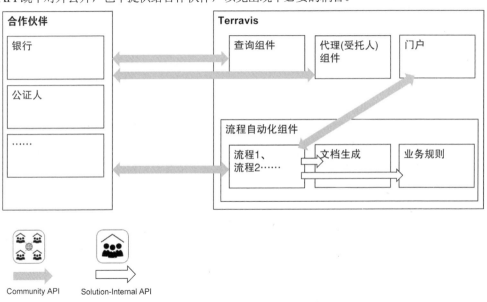

图 10-1   Terravis 提供的 API 一览

Terravis 的服务针对特定功能(例如文档生成和抵押贷款创建流程)，但通常不会直接提供任何用户界面。Terravis 的设计目标是成为一种完全自动化的流程集成平台，因此并非所有合作伙伴都需要用到用户界面。举例来说，土地登记机构通过其软件供应商提供的 API 集成来使用 Terravis 的服务，而不是直接通过用户界面进行操作。将用户界面(门户)与后端和流程逻辑(流程自动化)分开还有一个原因，那就是门户仅通过 COMMUNITY API 连接到后端服务(参见图 10-1)。Terravis 的门户可以取代合作伙伴的系统，并支持平台的所有功能。虽然人类用户能够通过门户使用该系统，但是这种方式的效率无法与直接进行系统集成相比。如前所述，Terravis 需要采取相应的措施，以确保无法快速进行系统集成的合作伙伴能够使用自己的服务。对于 Terravis 的 API 来说，门户还能充当参考实现，这项附加功能十分重要，有助于在开发阶段验证 API 的设计。从后端服务的角度来看，门户与其他合作伙伴的系统并无区别。

API DESCRIPTION 会记录所有 API，包括 Web 服务描述语言(Web Service Description Language，WSDL)和相应的 XML 模式，必要时也可以加入包含数据类型示例和图形模型的文档。但是为了集中管理所有与 API 相关的信息，建议将文档嵌入 WSDL 和 XML 模式中。除了 API DESCRIPTION 之外，合作伙伴合同中还包括 SERVICE LEVEL AGREEMENT，合作伙伴需要签署合同才能访问 Terravis 提供的 COMMUNITY API。这类 SERVICE LEVEL AGREEMENT 规定了 Terravis 在可用性、安全性、保密性等方面所做出的承诺。根据 API 契约的规定，所有各方必须根据各自采用的 XML 模式来验证接收和发送的简单对象访问协议(Simple Object Access Protocol，SOAP)消息。由于数据的准确性直接影响到涉及法律效力的活动，因此确保数据能够正确解释至关重要。实施全面的 XML 验证不仅可以避免语法方面出现互操作性问题，而且能够降低系统之间出现语义误解的风险。在 Spring 等常用的框架中，启用验证非常简单。在 Terravis 中，验证是质量保证和互操作性执行的环节之一。

Terravis 不使用 API KEY 模式来传输请求消息中包含的身份验证信息，而是完全依赖安全套接层(Secure Socket Layer，SSL)双向认证机制，通过客户端提供的证书对 API 请求进行认证。

如前所述，确保合作伙伴的系统与 Terravis 提供的服务能够共同演进是成功的关键因素之一。为此，Terravis 大量采用演进模式。举例来说，项目团队承诺为所开发的每一个 API 提供 TWO IN PRODUCTION，但是在发布第三个 API 版本后不会立即停止支持旧版本，而是采用经过修改的 LIMITED LIFETIME GUARANTEE：从第三个版本的发布之日算起，最老的版本将在一年内停用。通过实施这种 API 版本控制策略，一方面可以减少维护旧版本的工作量，另一方面也允许使用旧版本的合作伙伴能够逐步迁移到新版本。

SEMANTIC VERSIONING 方案的版本号格式为 n.m.o(主版本号.次版本号.补丁版本号)。在分配 API 的版本号时，Terravis 采用经过调整的格式：次版本号(第二个数字)的语义被拓展，使得主版本号相同但次版本号不同的两个 API 版本在业务意义上具有兼容的语义，这两个版本的消息可以相互转换而不会损失信息。在语义不发生任何变化的情况下，这种经过拓展的定义支持对 API 的结构进行重构。只要不破坏兼容性，那么补丁版本号(第三个数字)也可用于表示 API 新增的次要功能。

Terravis 采用 VERSION IDENTIFIER 模式来传递版本信息，包括两种方式：一是在 XML 命名空间中加入版本号，二是在消息标头中添加用于存储版本号的元素。命名空间只包含主版本号和次版本号，因此能够保证补丁版本号具有兼容性。项目团队最初认为，可以传输完整的版本信息作为诊断用途，而不是用于业务逻辑，因此使用一个单独的标头元素来存储完整的版本号。但是正如海勒姆定律(Hyrum's law)[Zdun 2020]所言，合作伙伴最终还是会像依赖 API 的其他部分那样依赖完整的版本号，并根据传输的信息来实现业务逻辑。

全部 API 和组件均采用 ERROR REPORT 模式。Terravis 开发的所有 API 都使用一种通用的数据结构，以便于机器处理的方式来传递错误信息(例如 MORTGAGE_NOT_FOUND 这样的错误代码)。该数据结构有两项主要功能：一是提供上下文信息(例如没有找到的抵押贷款的详情)，二是在需要向用户或操作人员直接展示错误信息时提供默认为英文的错误描述(例如"未找到编号为 CH12345678 的抵押贷款")。

查询组件

如图 10-2 所示，Terravis 开发的第一个组件是查询组件，后来开发的流程自动化组件需要查询组件的支持。

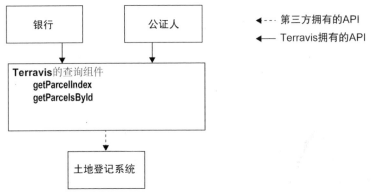

图10-2   Terravis 的查询组件及其相应的 API 一览

查询 API 主要包括两项操作：getParcelIndex 和 getParcelsById，供银行、公证人等相关方调用。这两项 RETRIEVAL OPERATION 的请求消息有效载荷中包含 CONTEXT REPRESENTATION，而 CONTEXT REPRESENTATION 中包含一个消息 ID。在分析问题时，这个消息 ID 充当"关联标识符" [Hohpe 2003]，用于关联传入请求(合作伙伴向 Terravis 发送的请求)和传出请求(Terravis 向土地登记机构发送的请求)。getParcelIndex 用于根据有限数量的查询条件来查找地块标识符(EGRID)，用户可以输入社区名称、某个州的旧地块编号或电子权利标识符(EREID)进行搜索。执行 getParcelIndex 操作会返回一个 EGRID 列表，而执行 getParcelsById 操作可以获取这些 EGRID 对应的地块主数据。

getParcelIndex 和 getParcelsById 作为外观模式使用，因为二者不涉及业务逻辑，而是作为技术性路由组件将收到的请求转发给土地登记系统(类似于"消息路由器"模式[Hohpe 2003])。由于 Terravis 不得缓存瑞士土地登记系统的数据，因此只能依靠有限的映射来确定相关数据存储在哪个土地登记系统中。这些映射包括哪个土地登记系统服务于哪个社区，或哪个土地登记系统负责托管哪些 EGRID/EREID。如果在这些映射中没有找到相关数据，那么 Terravis 需要向所有土地登记系统发送查询请求，然后在全瑞士范围内进行搜索。查询 API 的主要优点是集中路由：合作伙伴不需要处理法律和技术方面的问题，也不需要逐一设置土地登记系统的访问权限。由于瑞士有 100 多个不同的土地登记系统，因此这项工作非常繁琐。Terravis 充当接入点，负责接收合作伙伴的请求，然后转发给相应的土地登记系统。

getParcelsById 操作还使用 MASTER DATA HOLDER 和 WISH LIST 模式，支持以只读方式访问土地登记系统存储的主数据。枚举类型定义了三种返回数据的大小，合作伙伴可以根据当前的需求和权限选择相应的尺寸。举例来说，并非所有合作伙伴都能访问土地登记系统的历史数据。由于每次最多只能查询 10 个地块，因此不需要采取额外的保护措施(例如 PAGINATION 机制)来防止合作伙伴过度使用资源。作为一种外观模式，getParcelsById 可以在处理全瑞士范围内的请求时实施全局性 RATE LIMIT，以管理 Terravis 系统的负载。这些请求被置于专用的队列中，队列上限为可以同时处理的请求数量。如果在进行搜索之前可以将范围缩小到只查询某个特定的土地登记系统，则不需要实施 RATE LIMIT。

通过 Terravis 访问瑞士土地登记系统的数据是一项商业服务，项目团队为此制定了 PRICING PLAN。合作伙伴每次使用 Terravis 的 API 时，产生的费用信息都会记录在数据库的专用收费表中，以便生成月度账单。除了收取 API 的服务费用之外，Terravis 还会收取土地登记费用，然后将其转交给相应的土地登记系统。

查询组件属于只读服务。项目团队将所有更改瑞士土地登记系统数据的操作划入流程自动化组件(稍后介绍)，与查询操作明确分开。因此，Terravis 的设计符合命令查询职责分离(Command Query Responsibility Separation，CQRS)原则[MJ13]。

流程自动化组件

Terravis 开发的流程自动化组件提供超过 20 个涉及多个相关方或合作伙伴的长期业务流程，这些流程最终会更改瑞士土地登记系统的数据。在流程自动化组件中，最复杂、最有价值的 API 是对应于业务流程的技术实现：PROCESSING RESOURCE，它负责封装与土地登记相关的整个流程逻辑。流程自动化组件的简化架构如图 10-3 所示。合作伙伴通过 SOAP 和 SSL 双向认证机制访问系统。反向代理对请求进行身份验证和授权，其他基础设施服务负责消息的路由和转换。Terravis 还通过企业服务总线(Enterprise Service Bus，ESB)等类似的基础设施组件发送传出请求，这些基础设施组件的作用一是封装到合作伙伴端点的路由，二是转换为合作伙伴系统使用的 API 版本(图 10-3 中的双向箭头)。所有业务流程都能使用基础设施组件提供的路由和转换逻辑。每个业务流程采用 BPEL 建模，并作为单独的流程工件进行部署。

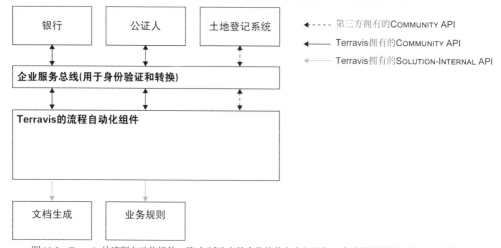

图 10-3　Terravis 的流程自动化组件一览(包括选定的合作伙伴和内部服务)。每个箭头指向一个 API 提供者。
可以看到，银行既是 API 客户端，又是回调操作的提供者

所有与流程自动化有关的 API 请求消息都包含一个特殊的标头，该标头实现了 CONTEXT REPRESENTATION 模式，包括以下信息：

- 由 Terravis 生成的唯一业务流程 ID(ID ELEMENT 模式的实例)
- 客户端生成的消息 ID

- 合作伙伴 ID
- 关联用户(用于审计目的)
- 客户端实现的 API 的完整版本(用于支持目的)

STATE CREATION OPERATION 用于启动业务流程,这类操作的名称以"start"开头。例如,startNewMortgage 表示创建新的抵押贷款业务流程。图 10-4 显示了与合作伙伴银行相关的业务流程的基本框架。对于触发业务活动的操作(这些操作实现了 STATE TRANSITION OPERATION 模式的变体 BUSINESS ACTIVITY PROCESSOR)来说,其名称以"request"开头,并且总是有相应的回调操作。举例来说,如果 Terravis 请求银行执行某个动作,那么银行将通过回调操作向 Terravis 返回结果(反之亦然)。回调操作的名称以"confirm"或"reject"开头,取决于业务活动的结果。名称以"do"开头的操作表示请求一项 Terravis 无法监督的操作。发送文档就是这类操作的一个例子:Terravis 执行文档发送操作,但是无法确认这些文档是否已成功发送。类似地,还有一些名称以"notify"开头的操作(图中未显示),用于传递业务流程的部分结果。名称以"do"和"notify"开头的操作也可能实现为 STATE TRANSITION OPERATION,但是这些操作不需要向发起请求的客户端返回结果,因此最终的实现设计由 API 提供者决定。最后,名称以"end"开头的操作用于指示业务流程的结束。这类操作会发送给所有参与方,一方面是结束参与方的业务案例,另一方面是通报业务流程的结果。因此,Terravis 将业务流程实现为 BPM 服务变体中的 PROCESSING RESOURCE。

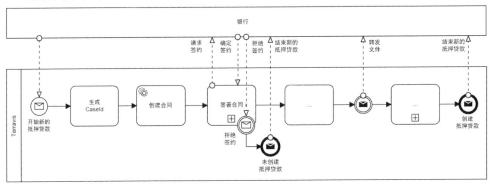

图 10-4 与合作伙伴银行相关的业务流程的基本框架

根据定义,业务流程服务是有状态的,设计目标是将所有状态集中到业务流程中进行管理。不过为了支持这些流程,也存在一些共享的无状态服务。例如,许多流程生成的电子文档稍后需要通过数字方式签名,这些操作实现为 COMPUTATION FUNCTION,通过 SOLUTION-INTERNAL API 提供。

业务流程的 METADATA ELEMENT(例如当前的流程状态或待处理的付款)通过 API 对外公开,该 API 采用 PAGINATION 模式将返回的数据划分为适当大小的组块。由于需要显示符合查询条件的结果总数,因此使用 Microsoft SQL Server 的专有 SQL 扩展,以便通过单个查询同时获取所请求的页面和结果总数。这种设计能够大大加快 API 的响应速度。

Terravis 的门户是一个 Web 界面，用户可以通过门户访问流程自动化组件的功能。除了外部 API，门户还提供 SOLUTION-INTERNAL API，它包括一个同样使用 PAGINATION 来管理待处理任务的 API。

代理组件

截至本书出版时，Terravis 开发的最新组件是代理服务。代理服务属于 Terravis 向银行提供的信托服务，作用是处理所有基于登记的抵押贷款(而不是传统的纸质抵押贷款)。代理组件需要使用记账服务，实现的模式包括 OPERATIONAL DATA HOLDER、STATE CREATION OPERATION(用于向系统添加登记抵押贷款)、STATE TRANSITION OPERATION(用于更改登记抵押贷款的相关信息)以及其他 STATE TRANSITION OPERATION(用于标记登记抵押贷款以待批准)。

如果通过 API 进行的查询可能返回海量数据，那么代理组件也会应用 PAGINATION 模式来处理查询。由于不同的所有者之间转移的抵押贷款涉及大量数据，因此代理组件通过使用 REQUEST BUNDLE 模式的一种变体来处理这类转移操作：只要执行一次 API 操作调用，就能将数十万笔抵押贷款从一个所有者转移到另一个所有者。

模式实现技术

Terravis 的 API 基于 Web 服务规范(WS-*)技术：API 设计采用 WSDL 和 XML 模式。在同一台主机的容器之间进行服务调用时，可以使用 HTTP 来传输数据；而当进行跨主机通信时，则使用 HTTPS 来保护传输数据的安全。SSL 双向认证机制(客户端证书)为 API 调用提供了另一层保障。例如，合作伙伴的系统与反向代理进行通信时，需要提供有效的客户端机器证书；反向代理与实际的服务进行通信时，也要提供相应的证书。

可以采用多种技术来实现 SOAP 客户端和提供者。Terravis 最初使用基于 XML Web 服务的 Java API(JAX-WS)来实现能够提供业务逻辑的服务，后来迁移到使用 Spring Web 服务(Spring-WS)。

为了有效地提取和处理消息中包含的信息(尤其是 CONTEXT REPRESENTATION)，Terravis 定义了拦截器。这些拦截器用于填充日志记录和请求上下文，从而使授权和日志记录逻辑得以简化，也能减少出错的概率。所有通过 Java 实现的服务都使用拦截器。

基础设施组件(尤其是企业服务总线中的转换组件)采用通用性更强的技术实现，例如 XML 文档对象模型(XML DOM)、可扩展样式表语言转换(Extensible Stylesheet Language Transformation，XSLT)[W3C 2007]或 XML 查询(XQuery) [W3C 2017]。在实现基础设施组件时，这些 XML 特定语言能够提高开发效率。

10.1.5 回顾与展望

Terravis 之所以能取得成功，部分原因在于其有效的业务流程和清晰的 API 设计。环境和技术方面的问题很复杂，处理起来有一定难度。而如果 API 的定义简单直接、语义明确，则有助于减少复杂性带来的挑战。API 设计深受业务需求和技术限制的影响，与众多合作伙伴协调 API 设计可能耗时费力。然而，随着各方(包括技术人员和业务利益相关方)对彼此的需求和底层设计原则越来越了解，协调工作也随着时间的推移而变得更加顺畅。

最初的 API 较大，并根据合作伙伴的类型进行划分。举例来说，流程自动化组件为每种类型的合作伙伴(银行、公证人)提供一个大型 API，每个 API 包括所有业务流程所需的全部操作。因此，API 不仅涉及不同的技术组件，更重要的是还涉及不同的领域：这种粗粒度、面向利益相关方群体的 API 设计催生出不应该出现的耦合问题。为了解决这一问题，项目团队采用接口隔离原则[Martin 2002]。而新定义的 API 不再根据合作伙伴的类型进行划分，而是根据合作伙伴的角色和业务流程进行划分。API 的数量虽然因此而增加，但是每个 API 更小、更专注于任务，所以更容易讨论和沟通。这样的 API 也更容易演进：如果某个 API 发生变化，那么只有使用该 API 的客户端会受到影响，其他客户端则不受影响，因此无须进行调整。由于变更的范围更小、定义更清晰，因此分析变更对相关方的影响也更容易。

项目团队最初计划通过单独的字段传输完整的版本信息(包括补丁版本号)，但是从实践来看并没有达到预期的效果。尽管 Terravis 一再强调任何逻辑都不应该依赖于用来存储版本信息的字段，合作伙伴还是开始依赖这个字段。

项目团队对实现 ERROR REPORT 模式的数据结构进行扩展，使其可以完全支持具备机器可读性的错误消息，并能以多种语言向用户展示——瑞士有四种官方语言(德语、法语、意大利语和罗曼什语)，因此多语言功能非常实用。为了使错误消息从非结构化形式过渡到结构化形式，项目团队需要在不同的 API 中逐步引入结构化错误消息。目前，所有新的 API 或 API 版本都默认采用结构化错误消息。项目团队由此得出结论：使用结构化数据来传递错误消息不仅可以使沟通更加顺畅，还有助于准确地设计错误条件和其他重要信息，方便客户理解和处理错误。

随着时间的推移，PAGINATION 模式得到越来越广泛的应用。在设计某些操作时，项目团队一开始并没有考虑如何最大限度减少有效载荷以及所需的处理时间和资源。出现运行时问题后，项目团队对这些问题进行分析和识别，并采取了相应的缓解措施(例如使用 PAGINATION 模式)。为了避免额外进行计数查询，项目团队没有依赖 Java 持久化 API(Java Persistence API，JPA)或 Hibernate 这样的对象关系映射器，而是充分利用底层数据库服务器的潜力，从而使性能得到显著提升。

项目团队发现，通用的 API 与特定任务的 API 之间存在很大差异：瑞士联邦的土地登记 API 采用非常通用的设计原则，因此十多年来只发布了两个版本，其语法结构几乎没有发生变化。如果需要更新瑞士土地登记系统的数据，那么土地登记 API 会创建并发送一条消息，该消息采用类似于命令的通用数据结构。尽管对外公开的操作数量由此减少为一个，复杂性却转移到消息有效载荷中，导致土地登记 API 难以学习、理解、实现和测试。Terravis 的 API 设计则有所不同：项目团队根据所支持的业务流程，采用契约优先的设计方针，而且设计决策基于利益相关方的需求。这些 API 更容易理解和实现，但是会暴露许多操作，更新也更为频繁。从项目实施的情况来看，针对特定任务、领域驱动的 API 更符合实际需求。

总的来说，Terravis 是一个成功的平台，部分原因在于 Terravis 的 API 设计能够与许多不同的利益相关方实现全面集成。运用本书讨论的模式以及其他模式(例如《企业集成模式》(Enterprise Integration Patterns)[Hohpe 2003]一书介绍的模式)，有助于设计出质量较高的 API。虽然涉及的系统和组织类型众多、数量庞大，导致业务环境具有独特性和复杂性，但是集成许多不同的系统是普遍存在的挑战。因此，从 Terravis 项目中获得的经验教训对其他项目也有借鉴意义。

10.2　建筑施工领域的报价和订购流程

本节将介绍混凝土柱制造商 SACAC 在内部系统中使用的模式。SACAC 通过构建一种内部微服务架构来改进其报价和订购流程。

10.2.1　业务背景和领域

SACAC 是一家为建筑公司生产混凝土柱的瑞士企业。每根混凝土柱都经过专门定制，供特定的建筑工地使用。这种混凝土柱的报价流程比人们想象的要复杂得多。根据所需的柱体强度和尺寸，需要使用不同的材料(例如钢材)或不同形式的混凝土柱端部，以确保新建建筑具有稳定性。此外，SACAC 还可以调整混凝土柱的形状，以满足建筑师对美观的要求。实现这种高度的产品灵活性需要进行大量计算和设计，而且受到诸多业务规则的限制。SACAC 还面临激烈的市场竞争：建筑公司可能代表业主向生产同类混凝土柱的多家供应商索要同一栋建筑的报价，以进行比较。

无论是企业资源计划(Enterprise Resource Planning，ERP)还是计算机辅助设计(Computer Aided Design，CAD)系统，不同的现有软件系统需要相互配合以支持报价流程。项目团队还开发了新的系统功能，例如用于创建报价的配置系统。根据 Philippe Kruchten 提出的项目维度[Kruchten 2013]，SACAC 的报价和订单系统可以描述如下。

1. **系统规模**：该系统包括 15 项垂直微服务，在同一台虚拟机上运行。所有服务都是采用 Ruby 编写的应用程序，通过 Ruby on Rails [Ruby on Rails 2022]框架或 Sinatra [Sinatra 2022]框架实现。每项服务不仅包括用户界面和业务逻辑，而且能够访问消息总线和 MongoDB 数据库。

2. **系统关键性**：该系统对 SACAC 至关重要，因为某些核心流程只能通过新系统执行。

3. **系统存在时间**：自十多年前发布以来，该系统一直在开发和更新。

4. **团队分布**：开发工作最初在瑞士进行，但是随着项目的推进，越来越多的工作由位于德国的远程团队完成。

5. **变化速度**：项目团队仍在维护和开发该系统。每年发布的版本数量最初为 20 个左右，后来减少到六个。开发团队的规模也随着时间的推移而变化：最多时包括三位开发人员、一位测试人员和一位 IT 人员。前后共有 12 人参与项目。

6. **既有的稳定架构**：由于这是一个全新的项目，因此 SACAC 没有既定的 IT 架构。

7. **治理**：项目团队需要自行定义所有架构约束和管理规则，但是团队可以与 SACAC 的首席执行官直接沟通。

8. **业务模型**：项目的初期重点是改进流程，以便降低错误率、提高流程意识、消除重复性操作并实现流程自动化。

报价和订单系统不仅帮助 SACAC 在两年内实现销售额翻番，而且通过更准确的成本估算降低了混凝土柱的风险利润率，从而使公司能够提供更具竞争力的价格。取得成功后，该项目转变为业务流程改进计划，旨在进一步降低整体流程成本和流程周期时间。

10.2.2　技术方面的挑战

由于计算的准确性会直接影响最终报价，因此 SACAC 要求所有计算必须准确无误。如果由于技术决策的变化而不得不选择更昂贵的方案，则会对成本和利润产生负面影响，还可能失去潜在的客户。

项目的动态环境是一项挑战。由于这是首次对 SACAC 的核心流程进行改进和数字化，因此需要管理大量变更和利益相关方，新的想法也会随着时间的推移不断出现。在优化业务流程和开发相应的软件支持之前，需要提炼出正确的需求并理解当前的业务流程。此外，公司需要从"购买现场软件"的心态转变为"为特定需求开发定制软件"的心态，从"单一软件系统"的思维方式转变为"集成应用环境"的思维方式。

在报价流程中，客户、工程师、制图员、规划师等多个角色需要相互协作。客户通过指定约束条件来请求报价，这些约束条件对混凝土柱的设计和定价有很大影响。CAD 和结构分析系统必须使用客户提供的数据来设计和评估解决方案。在实施该项目之前，业务流程主要依赖于人工操作，并由独立软件提供支持。而在实施该项目之后，业务流程转变为采用 HTTP、Web 分布式创作和版本管理(WebDAV)[Dusseault 2007] API 以及异步消息传递机制的集成软件环境，并遵循面向微服务的架构。

主要的架构选择包括基于浏览器的集成、RESTful HTTP API 以及使用超媒体和 JSON 主页文档(JSON home document)来实现解耦[Nottingham 2022]。所有微服务都遵循一套通用的命名约定和架构约束，包括何时应该使用同步或异步消息传递技术[Hohpe 2003]。

10.2.3　API 的角色和状态

SACAC 的报价和订单系统由不同的微服务组成，按照报价管理、订单管理、差异计算、生产规划等四大领域进行组织。

如图 10-5 所示，项目团队将系统的定制开发部分设计成多项微服务，这些微服务既是 RESTful HTTP API 的提供者，也是 RESTful HTTP API 的使用者。各项微服务通过 HTTPS 保护数据传输的安全，并使用 JSON 作为消息交换的格式。商用现成软件(COTS 软件)则通过各自的接口进行集成，主要采用文件传输的方式来交换数据。

CAD 系统用于设计混凝土柱，它是一个没有服务器组件的独立应用程序，因此集成工作有一定难度：项目团队决定通过虚拟的 WebDAV[Dusseault 2007]共享来为 CAD 系统提供配置文件。WebDAV 通常充当文件共享网络协议，用于保存和读取远程服务器中存储的文件。可以像读写普通文件一样读写这些文件，但是读写操作也会触发业务逻辑。举例来说，将有效的混凝土柱 CAD 文件上传到 WebDAV 共享时，会推动订单流程进入下一个处理阶段(例如执行下一个动作)。

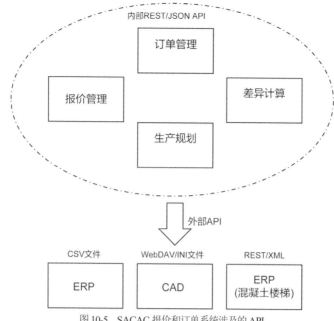

图 10-5　SACAC 报价和订单系统涉及的 API

除了提供基于文件的接口之外，CAD 集成还需要映射应用程序的数据模型。这种数据模型专门针对混凝土柱，而 CAD 系统采用的数据模型属于通用模型，适用于各种类型的 CAD。为了弥合这种语义差距，项目团队需要与许多利益相关方进行讨论，以确保 CAD 数据的导出和导入正确无误。第二个外部系统是 ERP 系统，但是它缺乏便于外部集成的 API，所以项目团队决定通过 WebDAV 发布的 CSV 文件来传输数据。除了这两个系统，后来又集成了第三个外部系统。由于产品范围扩大，SACAC 决定开始生产混凝土楼梯，因此需要引入另一个 ERP 系统。该系统提供合适的 Web API，并使用 XML 作为数据格式。

系统本身提供的 API 仅供其他微服务使用，所以这些 API 属于 SOLUTION-INTERNAL API，用于 FRONTEND INTEGRATION 和 BACKEND INTEGRATION。由于只有一支团队负责开发所有微服务，不存在跨团队沟通的问题，因此对 API 的变更进行协商变得更容易。通常情况下，API 应该保持稳定。API 可能从一项微服务迁移到另一项微服务，但是 API DESCRIPTION 里的技术性契约必须保持兼容性。

通过提供一个包含所有 API 端点的中央主页文档，可以实现位置透明性。由于 SACAC 项目遵循 REST 原则进行集成，因此资源的端点会通过这个中央文档发布。如果 API 经过重新组织，或部署新版本时采用 TWO IN PRODUCTION 模式，那么这些变化也会通过中央主页文档发布。这样一来，其他微服务不必重新部署就可以继续使用。

如图 10-6 所示，API 的使用存在一定限制。只有定义了数据更改操作的微服务才能调用该操作，跨微服务的调用(例如微服务 A 需要获取微服务 B 的数据)必须使用只读 API。那么，怎样进行数据更改呢？嵌入包含(transclusion)机制能够实现不同微服务之间的集成。具体来说，某项微服务提供的 HTML 片段可以嵌入可能由另一项微服务提供的页面中，因此该页面的部分内容可能来自其他微服务，而这些微服务有权限更改与订单相关的数据。

这种系统存储了大量中心化信息，这些信息是关于订单的共享数据，供所有微服务使用。每项微服务都有自己的专用数据库，用来存放特定于该微服务的数据。为了避免将中心化信息重复存储到这些数据库的读取模型中，项目团队在共享数据库中创建了一份只读视图。考虑到团队结构和项目规模，采用更复杂的解决方案并不会带来足够的收益，因此项目团队选择了相对简单的解决方案。

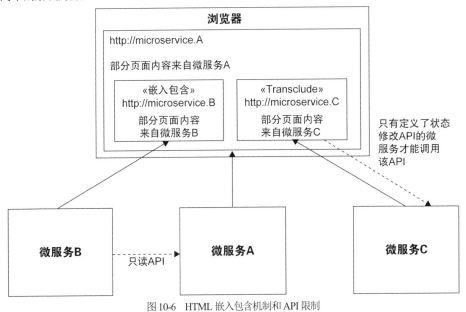

图 10-6　HTML 嵌入包含机制和 API 限制

10.2.4　模式使用和实现

SACAC 的报价和订单系统采用许多不同的模式。首先，API 主要使用 FRONTEND INTEGRATION，该模式支持 HTML 页面和嵌入包含的页面片段调用它们所属的微服务的业务逻辑。这些 API 既可以读取数据，也可以写入数据，写入操作包括 STATE CREATION OPERATION(只写不读)和 STATE TRANSITION OPERATION(既写又读)。请注意，写入操作只能在提供了写入操作的微服务生成的页面或页面片段中进行。此外，系统使用 BACKEND INTEGRATION，通过只读 API 在不同的微服务之间交换数据。这些只读 API 主要包括两种模式：一是 RETRIEVAL OPERATION，用于获取各种领域对象的数据；二是 COMPUTATION FUNCTION，用于执行复杂的计算任务(例如计算结构工程的度量指标)。

整个 API 没有实施版本控制策略。某些情况下，需要使用不同的 API 版本以支持新旧业务流程。为此，项目团队通过使用 TWO IN PRODUCTION 模式为必要的旧版本提供支持，并在 API 的 URL 中加入 VERSION IDENTIFIER 以区分不同的版本。

为了改善用户体验，许多结果通过分批次的方式逐步展示。因此，用于检索数据的 RETRIEVAL OPERATION 支持 PAGINATION 模式。在返回客户、报价、预约等领域对象表示时，往往会以增量方式展示结果。CONDITIONAL REQUEST 是另一种用于减小消息有效载荷的模式，可以避免返回自上次请求以来没有发生变化的数据。

由于业务流程以及与系统的单独交互可能涉及多个步骤，因此需要多次调用系统。为便于处理，所有 API 调用和 HTML 页面请求都会传递 CONTEXT REPRESENTATION，其中包括安全信息这样的通用元素。CONTEXT REPRESENTATION 还会处理一个常见的需求，那就是通过管理账户或支持账户来"冒充"用户的身份。此外，CONTEXT REPRESENTATION 包括业务背景，例如特定的流程步骤、订单或其他业务对象。这些上下文元素由各自的通用唯一标识符(Universally Unique Identifier，UUID)进行标识(这一点符合 ID ELEMENT 模式)，并通过上下文传递。请求上下文可能包括"起始"跳转点和"目标"跳转点，以方便用户浏览系统。LINK ELEMENT 可用于构建非默认 URL，点击这些 URL 可以跳转到特定的页面，也可以返回到之前访问过的页面。LINK ELEMENT 不仅支持 RESTful 架构，而且可以通过超媒体实现业务流程导航，还能帮助客户端选择正确的 API 版本，因此是通过消息传递的重要信息类型。如前所述，LINK ELEMENT 通过中央 JSON 主页文档进行修改。这种中央 JSON 主页文档相当于我们提出的 LINK LOOKUP RESOURCE 模式，能够为 API 端点提供位置透明性。

技术故障、权限不足、简单的业务逻辑错误等各种原因都可能导致请求失败。一开始，系统只是返回简单的 HTTP 错误代码；随着时间的推移，项目团队决定提供 ERROR REPORT。ERROR REPORT 包含更丰富的信息，有助于用户更好地理解重要的错误消息。

系统采用 Ruby 编写，通过 Ruby on Rails 框架实现。这种框架可以方便地实现某些模式，例如框架本身就支持 CONDITIONAL REQUEST。此外，Ruby on Rails 能够很好地支持 HTTP、JSON 和 REST 风格的 API。为了通过 WebDAV 集成外部系统，项目团队开发了名为 RailsDAV 的自定义库并将其开源。

为了更好地管理请求上下文和嵌入包含的内容，所有微服务使用同一个 TCP/IP 域名，反向代理负责接收发往该域名的请求并转发给相应的微服务。这样一来，全部资产和脚本都置于同一个域名下，从而不会受到浏览器端安全措施的困扰(例如与同源策略相关的问题)。

10.2.5　回顾与展望

总的来说，SACAC 的报价和订单系统取得了成功。该系统不仅为公司带来了丰厚的利润，而且使公司在市场竞争中居于前列。无论是解决方案内部的 API 集成，还是与外部系统的 API 集成，对于实现端到端业务流程的支持都极为重要。从项目实施的情况来看，如果能开发更多用于导出数据的 API，则可以使用这些数据进行统计和商务智能分析，从而大有裨益。总体而言，在数据与系统的集成方面，可以给项目打高分。将数据导出到其他系统以及与外部用例进行集成并不是设计阶段的重点，因为这些需求到后期才显现出来。

项目团队获得的一个经验教训是，用户界面的成功有赖于匹配用户需求和业务目标的 API，而不能仅仅依靠技术本身。本书讨论的职责模式起到桥梁的作用。

尽管 SACAC 的报价和订单系统采用微服务架构，不过仍然存在一个问题：如果采用结构合理的单体架构，那么开发效率是否会更高？然而，很难在项目实施后给出确切的答案。微服务架构具有明确的结构和边界，从而能够为软件架构师提供有效的设计工具。

在该项目启动的时候，许多技术尚未在主流库中普及。举例来说，目前通过标准手段就能实现嵌入包含机制。如果今天从零开始开发该项目，那么可以直接使用库中已有的许多功能，而不必编写自定义代码。为了提高可靠性并改善用户体验，更多操作可能采用异步方式进行处理。

项目团队不仅具备丰富的经验，而且专注于业务价值和预期收益，这些因素是项目最终取得成功的关键所在。开发人员既要编写代码，又要担任业务顾问和业务流程工程师——他们与业务负责人密切合作，成功实现了建筑施工领域的数字化转型，而这个领域对软件的依赖程度超出预期。

10.3　本章小结

本章介绍了 API 设计的两个实际案例，二者(有意无意地)运用了本书讨论的各种模式。这两种大型系统都已投入使用，并随着时间的推移不断演进。

第一个模式案例涉及瑞士抵押贷款业务的大规模业务流程集成，我们介绍了瑞士开发的大型流程集成平台: Terravis。该平台采用许多质量模式，包括 WISH LIST 和 CONTEXT REPRESENTATION。Terravis 的业务环境涉及多个相关方、企业和政府组织，因此演进模式 VERSION IDENTIFIER 和 TWO IN PRODUCTION 也发挥了重要作用。Terravis 提供的 COMMUNITY API 并非免费产品，用户必须根据 PRICING PLAN 支付相应的使用费用。

第二个模式案例不仅涉及软件领域的角色(软件架构师和 API 设计人员)，也涉及建筑领域的角色(建筑设计师)。我们介绍了一种基于 Web 的报价和订单管理系统，SACAC 使用这种系统为建筑工地定制设计混凝土柱。运用本书讨论的 API 模式(包括第一个案例中提到的 ERROR REPORT 等模式)和端点角色模式(例如 LINK LOOKUP RESOURCE)，项目团队开发出一种既灵活又高效的系统。

需要注意的是，即使模式的选择和使用不存在问题，API 的实现仍然可能对可扩展性、性能、一致性、可用性等质量指标产生负面影响。这些质量相关因素与处理它们的模式之间存在复杂的多对多关系，与其他关键的成功因素也会相互影响。因此，需要始终根据项目的具体背景运用和调整模式，并在开发和测试过程中遵循行之有效的软件工程实践。

我们的讨论已接近尾声，第 11 章将进行总结并展望未来。

第 11 章
结　语

本章将回顾全书的内容，并思考本书三个部分讨论的 API 设计和演进模式。我们会介绍相关的研究，并对 API 及其相关架构的未来发展进行预测(这些预测可能略显大胆)。

如今，分布式系统已成为常态。在分布式系统中，众多服务相互协作，并通过远程 API 交换数据。当 API 及其实现组装成分布式应用程序时，它们必须满足各式各样的集成要求。举例来说，不同的 API 可能采用不同的通信协议和消息交换格式，实现这些 API 的组件可能分布在不同的安全区域或是在不同的位置运行。根据期望质量目标和现有的约束条件，可以选择使用不同的方式来优化消息传递和端点设计。例如，响应性、可伸缩性和可靠性通常是 API 质量的硬性指标，除此之外，API 也要做到便于开发人员使用并具备可演进性。许多 API 能够自动处理涉及客户、产品、业务合作伙伴的业务流程和活动，这些业务活动及其支持软件会根据不断变化的功能要求和质量目标而进行调整。

本书介绍的模式语言面向集成架构师、API 开发人员以及其他参与 API 设计和演进的人员，帮助他们在设计服务于特定客户群体及其目标和领域上下文的 API 时，能够做出更明智、更充分、更合理的决策。我们提出的模式为 API 的设计决策提供了行之有效的方案。

11.1　简要回顾

本书介绍了 44 种用于 API 设计和演进的模式，既包括 PAGINATION(第 7 章)、API DESCRIPTION (第 9 章)等比较常见的模式，也包括 CONTEXT REPRESENTATION(第 6 章)、TWO IN PRODUCTION(第 8 章)等"上镜率"不太高的模式。第 4 章概括介绍了模式语言，并讨论了 FRONTEND INTEGRATION、PARAMETER TREE 等用于定义 API 范围及其构建消息的模式。

我们假定应用这些模式的 API 交换的是纯文本消息，而不是远程对象。进行数据交换时，API 既可以使用同步通信信道，也可以使用基于队列的异步通信信道。某些选定的模式在第 2 章介绍的 Lakeside Mutual 示例应用程序中实现，在第 10 章介绍的两个实际案例中也有应用。虽然许多模式的激励性示例和已知用例来自面向微服务的系统，但是所有涉及远程 API 的软件系统都可能从应用这些模式中受益。

当然，本书并未涵盖所有模式。例如，反应式、长期运行、事件驱动的 API 设计只是一笔带过，而有关这方面的内容完全可以再写一本书。研究具有高级复合结构的模式也很有意思，这些结构具有资源预留、概览-详细信息演示、案例管理活动等领域特定的语义。Martin Fowler 撰写的《分析模式》(*Analysis Patterns*)[Fowler 1996]一书提出了许多模式，不妨考虑将它们转换为可以直接使用的现成方案，并用于实际的 API 设计。为此，可以参考数据建模方面的图书(例如《数据建模模式》[Hay 1996]一书)，也可以利用微格式[Microformats 2022]、Schema.org 等常见的数据定义倡议。在构建这种"领域 API"时，业务职责驱动设计能够发挥重要作用。

在 API 实现层面，可以将 API 分为两类：一类是充当"守护资源"的聚合型 API，它们会调用其他 API；另一类是充当"基础资源"的自包含型 API，它们不依赖其他 API。今后，我们可能还会继续探讨涉及 API 编排流(API orchestration flow)或 API 对话的模式[Pautasso 2016]。虽然本书提到 API 实现方面的内容，但是并没有详细介绍系统事务(遵循 ACID 保证)与业务级补偿(采用各种 BASE 属性)之间的区别。Saga 模式[Richardson 2018]或"尝试-取消-确认"模式[Pardon 2011]也许是处理业务级补偿的有效手段。

我们没有深入探讨协议的具体细节。针对 RESTful HTTP，《RESTful Web 服务工具书(中文版)》(*RESTful Web Services Cookbook*)[Allamaraju 2010]一书以及其他许多图书给出了详细的建议。本书前言介绍了相关的模式语言，并列出了其他一些不错的资源。

此外，本书并未过多强调与 API 实现相关的管理过程。与所有应用程序部署一样，API 实现也必须在运行时进行管理。可以通过多种方式部署并托管 API 实现和面向服务的系统，包括使用无服务器函数和其他云计算服务。开发人员需要配置和保护 API 端点(可能还有 API 网关)，并监控故障和性能。这些活动属于 API 管理的范畴，涵盖与 API 设计和演进相辅相成的一系列实践和工具。

11.2　API 研究：模式重构、微服务领域特定语言及其他

在全新的项目中采用"API 优先"的设计方法并不难，但如果生产环境中使用的 API 出现质量问题，应该怎样处理呢？本书两位作者 Mirko Stocker 和 Olaf Zimmermann 进行的一项调查[Stocker 2021a]表明，API 的变更不仅与现有需求或新需求有关，也可能归因于质量出现问题或功能需求发生变化。

为了提高软件系统的质量，并确保系统能够适应今后可能出现的功能变化，不妨考虑进行重构。重构是优化软件系统的一种实践，不会改变外部可观察的行为。代码重构通过清理代码来改善代码质量。例如，对类和方法进行重命名以提高可理解性，或将一段较长的代码拆分为几部分以提高可维护性。

API 重构扩展了代码重构的概念(一定程度上也拓展了"重构"一词的含义)：

API 重构在不改变特征集和语义的情况下对系统的远程接口进行改进，以提高至少一个质量属性。

在本书写作过程中，接口重构目录(Interface Refactoring Catalog)[Stocker 2021b]正在逐步完善。重构的一个目的是使软件符合某种设计模式(但不作强制性要求)[Kerievsky 2004]。接口重构目录引用并建议使用本书介绍的许多模式，这一点不足为奇。在该目录中，针对 API 的重构模式包括"添加愿望清单"(ADD WISH LIST)、"引入分页"(INTRODUCE PAGINATION)和"外部化上下文"(EXTERNALIZE CONTEXT)。

接口重构目录中列出的许多重构模式得到了微服务领域特定语言(Microservice Domain Specific Language, MDSL)工具的支持。这是因为 MDSL(参见附录 C)以第 1 章介绍的 API 领域模型为基础，并以各种方式实现了第 4~9 章讨论的所有模式。这些模式通常作为 API 端点、操作、消息表示元素等规范元素的装饰器。

本书几位作者致力于研究用于描述 API 与领域驱动设计之间关系的模式，例如"领域模型外观作为 API"和"聚合根作为 API 端点"[Singjai 2021a; Singjai 2021b; Singjai 2021c]。为了将 API 设计与领域驱动设计结合起来，我们正在研究如何在领域模型中对 API 进行建模，以及如何检测 API 与领域驱动设计的映射模式。API 分析研究是另一个有前途的方向，这方面的研究催生出了"可变集合资源"(MUTABLE COLLECTION RESOURCE)等新模式[Serbout 2021]。

11.3　未来展望

众所周知，预测未来并非易事。在撰写本书时，我们很难想象 HTTP 会退出历史舞台。HTTP/2 是 HTTP 的第二个主要版本，于 2015 年成为正式标准; HTTP/3 是第三个主要版本，于 2022 年 6 月成为拟议标准。过去几年中还出现了一些新的协议，其中部分协议在内部使用 HTTP/2——gRPC 就是个有代表性的例子。无论协议如何变化，API 设计人员都要投入大量精力来处理消息的冗长程度、服务粒度、通信各方的耦合/解耦等问题。在资源受限的环境中，API 及其客户端的设计和维护会变得更加复杂。经验告诉我们，随着硬件的发展，客户的期望也会随之增加。

与协议相比，消息交换格式的更新换代可能更频繁。举例来说，XML 曾经风靡一时，但是如今已让位给 JSON。然而，曾经有一段时间，人们认为 XML 是标记语言演进的终极阶段。那么，JSON 有朝一日是否也会像 XML 那样退出历史舞台呢? 倘若如此，取代 JSON 的又是什么呢? 我们不知道这些问题的答案，但我们确信，EMBEDDED ENTITY、LINKED INFORMATION HOLDER 等涉及消息设计的模式会继续发挥作用——即使今后出现新的消息交换格式，这些模式在 API 设计中也仍有用武之地[1]。

在描述基于 HTTP 的 API 时，OpenAPI 规范是目前主流的描述语言。而在描述基于消息的 API 时，AsyncAPI 的重要性日益突出。MDSL 不仅支持 OpenAPI 规范和 AsyncAPI 的绑定和生成器，也支持其他现代 API 描述语言。今后是否会出现新的 API 描述语言，它们能够持续存在，并覆盖当今两大集成方式(同步通信和异步通信)以及其他集成技术和协议? 是否可能出现一种统一的 API 描述语言? 时间会给出答案，我们期待在这些语言以及使用了这些语言的 API 设计中看到我们提出的模式。

---

[1]　今后是否会出现一些不会受限于特定格式、可以自动应用这些模式的半智能工具呢?

11.4   其他资源

本书配套网站[1]提供了模式摘要和其他背景信息。接口重构目录的相关信息参见官方网站[2]的介绍。《设计实践参考》[Zimmermann 2021b]一书提出的渐进式服务设计(Stepwise Service Design)活动大量采用了本书讨论的模式。该书还提供一个开源资源库[3]，其中包括适用于服务分析与设计的方法和实践。

11.5   写在最后

尽管 IT 行业的时髦用语和技术概念"你方唱罢我登台"，但集成风格和设计模式却始终存在。模式并非最终的解决方案，但是可以帮助开发人员改进设计并避免出现常见的错误——当然，开发过程中也许还会出现新的错误，不过这些错误将成为宝贵的经验教训，最终可能催生出新的模式或反模式。希望开发人员将我们提出的模式作为设计工作的指引，而不是最终的解决方案。

我们相信，在实际的 API 设计和开发项目中，本书讨论的架构知识和模式有助于开发人员进行架构决策。如果这些模式确实有所帮助，那么我们很乐意听到你的意见和建议，希望你告诉我们如何运用这些模式设计出令人拍案叫绝的 API。

感谢你购买、阅读并耐心读完本书！

---

1 https://api-patterns.org.
2 https://interface-refactoring.github.io.
3 https://socadk.github.io/design-practice-repository.

附录 A
端点识别和模式选择指南

本附录提供的速查表不仅可以帮助开发人员决定何时运用哪种模式,而且展示了我们提出的模式语言在职责驱动设计(Responsibility Driven Design,RDD)、领域驱动设计(Domain Driven Design,DDD)和对齐-定义-设计-完善(Align Define Design Refine,ADDR)过程中的应用。

A.1 模式选择速查表

速查表提供的各个问题-模式表可供开发人员判断在特定情况下应该使用哪种模式。请注意,模式选择涉及一系列复杂的设计问题和考虑因素,而这些表格并没有完全反映出这种复杂性。对于相关解决方案的背景、影响因素以及后果,本书第 I 部分提出的决策模型和第 II 部分介绍的模式文本进行了更为深入的探讨。第 4 章为开发人员理解本书内容和模式语言提供了更多切入点。

A.1.1 API 设计基础

API 基础模式旨在解决 API 设计初期遇到的基本问题。这些问题和相应的模式如表 A-1 所示。

表 A-1 API 基础模式(参见第 4 章)的适用场合

问题	模式
最终用户应用程序希望从后端获取数据或活动信息	实现 FRONTEND INTEGRATION API
两个后端需要相互协作以满足业务需求	实现 BACKEND INTEGRATION API
新的 API 应该具备广泛的可用性	引入 PUBLIC API
新的 API 应该只向特定的客户群体开放	引入 COMMUNITY API
新的 API 只针对单个应用程序(例如将其拆分为多项服务)	引入 SOLUTION-INTERNAL API

进行模式选择时,需要考虑客户端类型、业务模型、产品/项目愿景、项目/产品背景等多种因素。客户端组合(即客户端的数量和位置、这些客户端的信息需求)和安全要求在决策中占有重要地位。决策驱动因素和期望质量目标的详细讨论参见第 1、3、4 章。

表 A-2 列出的职责模式可以为 API 端点设计提供初步的指引。

表 A-2　如何根据角色对 API 进行识别和分类(参见第 5 章)

问题	模式
识别候选 API 端点	应用领域驱动设计的方法或渐进式 API 设计的实践(例如 ADDR 过程或《Design Practice Reference》[Zimmermann 2021b]一书提出的某种实践)
对面向动作的业务能力(代表业务活动或命令)进行建模	定义 PROCESSING RESOURCE，并在其操作中实现所需的活动、协调和状态管理(参见表 A-3)
对面向数据的业务能力进行建模	定义 INFORMATION HOLDER RESOURCE(注意由此产生的耦合)，并为其提供合适的创建、读取、更新、删除和搜索操作(参见表 A-3)
应用程序之间需要交换瞬态数据，但不应该直接耦合	定义 DATA TRANSFER RESOURCE，并在应用程序中加入 API 客户端
客户端不应该依赖于提供者的位置	提供 LINK LOOKUP RESOURCE 端点作为动态端点引用的目录
公开短时间存在的事务型数据	将 INFORMATION HOLDER RESOURCE 标记为 OPERATIONAL DATA HOLDER
公开长时间存在的可变数据	将 INFORMATION HOLDER RESOURCE 标记为 MASTER DATA HOLDER
公开长时间存在、客户端无法修改的数据	将 INFORMATION HOLDER RESOURCE 标记为 REFERENCE DATA HOLDER

在端点识别过程中，如果逻辑和数据具有高度内聚性，则可以考虑为领域驱动设计中的每个 BOUNDED CONTEXT 定义一个 API 或一个 API 端点[Singjai 2021a]。如果希望进行细粒度分解(而且这种分解是可行的)，则可以通过 AGGREGATE 来识别 API 和 API 端点[Singjai 2021b; Singjai 2021c]。

API 端点公开的操作以不同的方式影响(或不影响)提供者端状态，包括只读不写、只写不读、既写又读、不写不读。相关模式参见表 A-3。

表 A-3　如何对操作进行分类(参见第 5 章)

问题	模式
API 客户端需要初始化提供者端状态(包括领域层实体)	将操作标记为只写不读的 STATE CREATION OPERATION
API 客户端需要查询和读取提供者端状态	将操作标记为只读不写的 RETRIEVAL OPERATION
API 客户端需要更新或删除提供者端状态	将操作标记为既写又读的 STATE TRANSITION OPERATION(变体：完全状态替换/部分状态替换、状态删除)
API 客户端需要调用与状态无关的操作	将操作标记为不写不读的 COMPUTATION FUNCTION

A.1.2　设计请求消息和响应消息的结构

确定 API 端点及其操作具有的角色和职责之后，就可以开始定义数据契约(即请求消息和响应消息的标头结构和消息体结构)。可供使用的模式如表 A-4 所示。

表 A-4　基本结构模式(参见第 4 章)

问题	模式
数据比较简单	为请求消息和响应消息设计 ATOMIC PARAMETER 或 ATOMIC PARAMETER LIST
数据比较复杂	为请求消息和响应消息设计 PARAMETER TREE，多个 PARAMETER TREE 可能组合在一起形成 PARAMETER FOREST；PARAMETER TREE 既可以包含其他 PARAMETER TREE，也可以包含 ATOMIC PARAMETER 或 ATOMIC PARAMETER LIST 作为叶结点

在设计消息有效载荷时，如何为基本消息元素和结构化消息元素指定构造型角色如表 A-5 所示。

表 A-5　元素构造型(参见第 6 章)

问题	模式
交换结构化数据(例如领域实体表示)	在消息有效载荷中加入包含 EMBEDDED ENTITY 的 DATA ELEMENT(按照实体关系进行组织)
区分各个表示元素或其他 API 部件	在消息有效载荷中加入具有本地唯一性或全局唯一性的 ID ELEMENT
使操作流程更加灵活	从 ID ELEMENT 升级为 LINK ELEMENT，以支持 REST 的核心原则：超媒体即应用程序状态引擎(Hypertext as the engine of application state，HATEOAS)(超媒体控件)；链接可以引用 PROCESSING RESOURCE 或 INFORMATION HOLDER RESOURCE
对有效载荷进行注释以简化处理过程	添加 METADATA ELEMENT(控制元数据、溯源元数据、聚合元数据)

A.1.3　改进 API 质量

如果希望实现数据传输简约性，那么不妨考虑采用与 API 质量相关的模式，以解决互操作性问题并正确调整消息表示的大小。相关模式参见表 A-6。

表 A-6　何时应用哪种质量改进措施(参见第 6、7、9 章)

问题	模式
API 客户端报告互操作性问题和可用性问题	从 MINIMAL API DESCRIPTION 切换为 ELABORATE API DESCRIPTION
	在 PARAMETER TREE 中加入 METADATA ELEMENT
	在封装控制元数据(例如服务质量属性)的有效载荷中加入 CONTEXT REPRESENTATION
很难分析和修复 API 使用错误以及其他故障	在响应消息表示中加入 ERROR REPORT 以详细描述故障
API 客户端报告性能问题	从 EMBEDDED ENTITY 切换为 LINKED INFORMATION HOLDER，以调整消息大小和服务粒度(这两种模式可以灵活组合)
	使用 WISH LIST 或 WISH TEMPLATE 以减少传输数据量
	考虑采用其他能够改善数据传输简约性的质量模式(例如 CONDITIONAL REQUEST 或 REQUEST BUNDLE)
	引入 PAGINATION
需要部署访问控制机制	引入 API KEY 或更高级的安全解决方案

A.1.4　API 支持和维护

API 提供者既要处理模式变化，又要平衡兼容性与可扩展性之间的关系。如表 A-7 所示，演进模式能够提供实现这些目标的策略和方法。

表 A-7　何时应用哪种演进模式(参见第 8 章)

问题	模式
通报不具备向后兼容性的变化	引入新的 API 主版本，并通过新的、明确的 VERSION IDENTIFIER 进行标识
通报版本间变化的影响和重要性	使用 SEMANTIC VERSIONING 以区分主版本号、次版本号和补丁版本号
需要维护多个版本的 API 及其操作	提供 TWO IN PRODUCTION (变体: N IN PRODUCTION)
不需要支持多个版本的 API 及其部件(包括消息结构元素)	公布 AGGRESSIVE OBSOLESCENCE 策略，并随时宣布停用或删除日期(但给予一段过渡期)
承诺在一段固定的时间内保持 API 的可用性并提供支持	提供 LIMITED LIFETIME GUARANTEE，并在发布 API 时对外公布
不承诺 API 的稳定性和长期持续性	将 API 定位为 EXPERIMENTAL PREVIEW

A.1.5　API 发布和产品化

API 投入使用之后，文档编写和治理工作就变得十分重要。部分常见的问题和处理这些问题所用的模式如表 A-8 所示。

表 A-8　API 规范和文档(参见第 9 章)

问题	模式
客户端需要了解如何调用 API	编写并发布 MINIMAL API DESCRIPTION 或 ELABORATE API DESCRIPTION
确保 API 得到合理使用	实施 RATE LIMIT
根据 API 的使用情况收取费用	制定 PRICING PLAN
传达服务质量特征	发布 SERVICE LEVEL AGREEMENT 或非正式规范

A.2　"驱动型" API 设计

本节将介绍职责驱动设计的背景信息，并总结如何利用领域驱动设计来构建 API。此外，本节将重新审视 ADDR 过程(相关讨论参见第 II 部分引言)与我们提出的模式存在哪些互补性。

A.2.1　职责驱动设计的概念

为了组织并构造端点和操作设计空间(或 ADDR 过程中的定义阶段)，我们采用职责驱动设计[Wirfs-Brock 2002]的部分术语和角色构造型(role stereotype)。职责驱动设计最初用于面向对象的分析与设计(Object Oriented Analysis and Design，OOAD)，其核心定义清楚地体现出这一点。

- 应用程序是一组相互交互的对象；
- 对象是一个或多个角色的实现；
- 角色是一组具有相关性的职责；
- 职责是执行任务或掌握信息的义务；
- 协作既可以是对象之间或角色之间的交互，也可以是对象与角色之间的交互；
- 契约是概括描述协作条款的协议。

根据我们的经验，职责驱动设计在代码层面和架构层面都能得到有效的应用。由于 API 设计既涉及架构层面也涉及开发层面，因此职责驱动设计中的角色构造型非常适合用来描述 API 的行为。例如，可以认为 API 端点都具有(远程)接口功能，其作用是提供对服务提供者、控制器/协调者、信息持有者等角色的访问，同时也负责保护它们的安全。API 端点公开的读写操作反映出这些角色对应的职责。API DESCRIPTION 规定了职责驱动设计的契约，协作则通过调用 API 操作来实现。

在讨论 API 设计时，第 5 章介绍的模式采用了这些术语和概念。

A.2.2 领域驱动设计和 API 设计

领域驱动设计[Evans 2003; Vernon 2013]采用的模式和我们提出的模式在以下几个方面也有联系：

- 领域驱动设计的 SERVICE 适合通过远程 API 对外公开。
- 领域驱动设计的 BOUNDED CONTEXT 可能对应于一个单独的 API(包括多个端点)。
- 领域驱动设计的 AGGREGATE 也可以通过 API 对外公开(API 可能包括多个端点，以根 ENTITY 为起点)。根据 AGGREGATE 的性质，通常会优先选择 PROCESSING RESOURCE 而不是 INFORMATION HOLDER RESOURCE，相关原因可参见这两种模式的讨论。
- 领域驱动设计的 REPOSITORY 负责管理实体的生命周期，其中涉及对 API 提供者端应用程序状态进行读写访问(根据我们提出的操作职责模式定义)。例如，存储库通常提供查找功能，这些功能可以转换为 API 层面的 RETRIEVAL OPERATION。特殊用途的存储库可能提供 LINK LOOKUP RESOURCE。领域驱动设计的 FACTORY 也涉及生命周期管理，可能还会提供其他 API 操作(前提是这些操作的功能不需要公开，而是作为 API 内部的实现细节)。
- 在 API DESCRIPTION 的数据部分定义的 PUBLISHED LANGUAGE 中，领域驱动设计的 VALUE OBJECT 可作为数据传输表示(Data Transfer Representation，DTR)对外公开。第 6 章讨论的 DATA ELEMENT 模式与此相关。

领域驱动设计的 AGGREGATE 和 ENTITY 模式通常会表现出类似于流程的属性(因为二者代表一组在运行时具有身份和生命周期的领域概念)，因此这两种模式可以在端点识别过程中帮助区分哪些操作是 STATE CREATION OPERATION，哪些操作是 STATE TRANSITION OPERATION。然而，不应该在 API 层面将整个领域模型公开为 PUBLISHED LANGUAGE，以免 API 客户端与提供者端 API 实现之间产生无谓的紧密耦合。

战术性领域驱动设计模式并不区分主数据和操作型数据，这两种数据都可能是 PUBLISHED LANGUAGE 的一部分，并以 ENTITY 的形式出现在专用的 BOUNDED CONTEXT 和 AGGREGATE 中(相关讨论参见《实现领域驱动设计》(*Implementing Domain-Driven Design*)[Vernon 2013]一书)。就领域驱动设计而言，无论是在相同的 BOUNDED CONTEXT 中还是在不同的 BOUNDED CONTEXT 中，都建议采用领域 EVENT SOURCING[Fowler 2006]来集成 AGGREGATE。这是因为 EVENT SOURCING 不仅能够实现 AGGREGATE 之间的解耦，而且可以在发生导致出现一致性问题的故障时通过重放事件恢复到当前状态。API 可能支持 EVENT SOURCING。

《Web API 设计原则》(*Principles of Web API Design*)[Higginbotham 2021]一书指出，资源"不是数据模型"，也"不是对象或领域模型"。在我们使用的技术中立术语中，"端点"对应于《Web API 设计原则》一书提到的"资源"。此外，"REST 的设计理念不只局限于 CRUD 操作"。尽管如此，数据和领域模型仍然可以作为 API 设计的参考，但是在使用时需要谨慎行事。

A.2.3　ADDR 过程和我们提出的模式

James Higginbotham 在《Web API 设计原则》[Higginbotham 2021]一书中率先提出 ADDR 过程，本书第 II 部分的讨论大致遵循这一过程。

表 A-9 总结了 ADDR 过程的各个阶段/步骤与本书讨论的模式之间存在哪些对应关系，并提供了本书案例使用的应用程序(部分模式选择决策参见第 3 章的叙述)。

表 A-9　ADDR 过程与本书模式的对应关系

阶段/步骤	模式	示例
对齐阶段		
第 1 步：确定数字能力	基础模式(第 4 章)	关于"联系方式更新"的用户故事(第 2 章)
第 2 步：获取活动步骤	N/A	可以应用敏捷开发实践中的故事拆分；事件风暴也是一种选择(相关的示例可参见 Olaf Zimmermann 的个人网站)[1]
定义阶段		
第 3 步：确定 API 边界	基础模式(第 4 章)	Lakeside Mutual 应用程序使用的领域模型和上下文映射(第 2 章)
	职责模式(第 5 章)	Lakeside Mutual 应用程序使用的 PROCESSING RESOURCE 和 INFORMATION HOLDER RESOURCE 模式
第 4 步：对 API 配置文件进行建模	基础模式(第 4 章)	参见第 3 章 3.5 节
	职责模式(第 5 章)	参见第 3 章 3.5 节
	初始 SERVICE LEVEL AGREEMENT (第 9 章)	参见第 3 章 3.5 节
设计阶段		
第 5 步：高级别设计	基本结构模式(第 4 章)	参见第 3 章 3.5 节
	元素构造型模式(第 6 章)	参见第 3 章 3.5 节
	EMBEDDED ENTITY 和 LINKED INFORMATION HOLDER 模式(第 7 章)	Lakeside Mutual 应用程序的 HTTP 资源 API 采用 Java 实现，提供了模式使用的示例(参见附录 B)
	模式的技术实现(例如作为 HTTP 资源)	参见附录 B
完善阶段		
第 6 步：完善设计	质量模式(第 6~7 章)	Lakeside Mutual 应用程序的客户信息持有者操作使用的 WISH LIST
第 7 步：编写 API 文档	API DESCRIPTION、RATE LIMIT (第 9 章)	有关最基本的技术契约，参见附录 B 给出的 OpenAPI 代码片段
	演进模式(第 8 章)，例如 VERSION IDENTIFIER	参见第 3 章给出的决策示例

---

1 https://ozimmer.ch/categories/#Practices.

有关"**第 3 步：确定 API 边界**"的更多详情。我们提出的模式与 James Higginbotham 的建议高度相符。例如，采用这些模式有助于避免使用他提到的反模式[Higginbotham 2021, p.70 ff.]。为了避免使用大型一体化 API 反模式(mega all-in-one API antipattern)、过载 API 反模式 (overloaded API antipattern)和辅助 API 反模式(helper API antipattern)，在决定端点应该使用面向活动还是面向数据的语义时，请参考本书第 5 章讨论的端点角色模式，并了解各项操作在职责方面存在的差异。

有关"**第 4 步：对 API 配置文件进行建模**"的更多详情。我们提出的许多模式适用于这个 ADDR 步骤。例如，本书第 6 章讨论的 LINK ELEMENT 模式以及相关的 METADATA ELEMENT 模式可用于描述资源分类法(resource taxonomy)，包括独立资源、依赖资源、关联资源[Higginbotham 2021, p.87]；而第 5 章讨论的操作职责模式可用于描述操作安全分类(operation safety classification)，包括安全操作、不安全操作、幂等操作[Higginbotham 2021, p. 91]。

有关"**第 5 步：高级别设计**"的更多详情。这个 ADDR 步骤与本书的第 4、5、7 章互为补充，可以使用这三个章节讨论的模式。API 管理层(API Management Layer)可以纳入 RATE LIMIT 模式(第 9 章)。在决定是否包括相关资源或嵌套资源时，请参考 EMBEDDED ENTITY 和 LINKED INFORMATION HOLDER 模式，二者有助于开发人员在超媒体序列化(hypermedia serialization) [Higginbotham 2021, p. 127]的背景下做出相关决策。WISH TEMPLATE 模式为基于查询的 API(query-based API)提供了补充建议。

有关"**第 6 步：完善设计**"的更多详情。请注意，ADDR 过程并没有涵盖平台中立层面的性能优化(本书第 6～7 章讨论的模式涉及性能优化)。尽管如此，第 6～7 章讨论的模式仍然适用于这个 ADDR 步骤。Higginbotham 提出的过程与本书讨论的模式相得益彰。

附录 B

Lakeside Mutual 案例的实现

第 2 章介绍的 Lakeside Mutual 是一家虚构的保险公司，本附录将继续探讨 Lakeside Mutual 案例。第 II 部分提供了这个案例的许多示例，本附录会挑选一些规范和实现细节进行讨论。

B.1　模式应用

Lakeside Mutual 案例应用了本书介绍的许多模式，部分模式如下：

- 在保单管理微服务中，InsuranceQuoteRequestProcessingResource 类是一个面向活动的 PROCESSING RESOURCE，这一点从类名的后缀（"ProcessingResource"）可以看出来。在客户核心服务中，CustomerInfor mationHolder 类是一个面向数据的 INFORMATION HOLDER RESOURCE。
- 在 CustomerDto 类中，表示元素 customerProfile 应用了 DATA ELEMENT 和 EMBEDDED ENTITY。
- 在客户自助服务微服务中，RateLimitInterceptor 类实现了 RATE LIMIT。

关于更完整的概述，请访问 Lakeside Mutual 的 GitHub 代码仓库[1]。接下来，我们从两个不同的角度讨论客户核心 INFORMATION HOLDER RESOURCE 对应的 getCustomers RETRIEVAL OPERATION。

B.2　Java 服务层

第 2 章的图 2-4 展示了一个已实现的保险业务概念对应的领域模型，本节介绍的 Java 服务层实现了这个领域模型的部分内容。由于篇幅所限，我们只列出每个工件的部分内容，更完整的实现请访问 GitHub 代码仓库。

如下所示，CustomerInformationHolder 类作为 Spring 框架中的@RestController：

```
@RestController
@RequestMapping("/customers")
public class CustomerInformationHolder {
```

---

1 https://github.com/Microservice-API-Patterns/LakesideMutual/blob/master/MAP.md.

```
/**
 * Returns a 'page' of customers.
 *
 * The query parameters {@code limit} and {@code offset} can be
 * used to specify the maximum size of the page and the offset of
 * the page's first customer.
 *
 * The response contains the customers, limit and offset of the
 * current page, as well as the total number of customers  * (data set size).
 * Additionally, it contains HATEOAS-style links that link to the
 * endpoint addresses of the current, previous, and next page.
 */
 @Operation(summary =
     "Get all customers in pages of 10 entries per page.")
 @GetMapping // 操作职责：检索操作
 public ResponseEntity<PaginatedCustomerResponseDto>
    getCustomers(
   @RequestParam(
     value = "filter", required = false, defaultValue = "")
     String filter,
   @RequestParam(
     value = "limit", required = false, defaultValue = "10")
     Integer limit,
   @RequestParam(
     value = "offset", required = false, defaultValue = "0")
     Integer offset,
   @RequestParam(
     value = "fields", required = false, defaultValue = "")
     String fields) {

   String decodedFilter = UriUtils.decode(filter, "UTF-8");

   Page<CustomerAggregateRoot> customerPage = customerService
     .getCustomers(decodedFilter, limit, offset);

   List<CustomerResponseDto> customerDtos = customerPage
     .getElements()
     .stream()
     .map(c -> createCustomerResponseDto(c, fields))
     .collect(Collectors.toList());

   PaginatedCustomerResponseDto response =
     createPaginatedCustomerResponseDto(
       filter,
```

```
            customerPage.getLimit(),
            customerPage.getOffset(),
            customerPage.getSize(),
            fields,
            customerDtos);

    return ResponseEntity.ok(response);
}
```

B.3　OpenAPI 规范和 API 客户端示例

我们从更高的层次来看待问题。在 Java 服务层中，`getCustomers` 操作的 OpenAPI 规范 (经过简化)如下所示。读者可以从不同于代码实现的角度来了解 API 设计：

```
openapi: 3.0.1
info:
  title: Customer Core API
  description: This API allows clients to create new customers
    and retrieve details about existing customers.
  license:
    name: Apache 2.0
  version: v1.0.0
servers:

  - url: http://localhost:8110
    description: Generated server url
paths:
  /customers:
    get:
      tags:
        - customer-information-holder
      summary: Get all customers in pages of 10 entries per page.
      operationId: getCustomers
      parameters:
        - name: filter
          in: query
          description: search terms to filter the customers by
            name
          required: false
          schema:
            type: string
            default: ''
        - name: limit
```

```
      in: query
      description: the maximum number of customers per page
      required: false
      schema:
        type: integer
        format: int32
        default: 10
    - name: offset
      in: query
      description: the offset of the page's first customer
      required: false
      schema:
        type: integer
        format: int32
        default: 0
    - name: fields
      in: query
      description: a comma-separated list of the fields
        that should be included in the response
      required: false
      schema:
        type: string
        default: ''
  responses:
    '200':
      description: OK
      content:
        '*/*':
          schema:
            $ref: "#/components/schemas\
                /PaginatedCustomerResponseDto"
components:
  schemas:
    Address:
      type: object
      properties:
        streetAddress:
          type: string
        postalCode:
          type: string
        city:
          type: string
    CustomerResponseDto:
      type: object
      properties:
```

```yaml
        customerId:
          type: string
        firstname:
          type: string
        lastname:
          type: string
        birthday:
          type: string
          format: date-time
        streetAddress:
          type: string
        postalCode:
          type: string
        city:
          type: string
        email:
          type: string
        phoneNumber:
          type: string
        moveHistory:
          type: array
          items:
            $ref: '#/components/schemas/Address'
        links:
          type: array
          items:
            $ref: '#/components/schemas/Link'
    Link:
      type: object
      properties:
        rel:
          type: string
        href:
          type: string
    AddressDto:
      required:
        - city
        - postalCode
        - streetAddress
      type: object
      properties:
        streetAddress:
          type: string
        postalCode:
          type: string
```

```yaml
        city:
          type: string
        description: the customer's new address
      PaginatedCustomerResponseDto:
        type: object
        properties:
          filter:
            type: string
          limit:
            type: integer
            format: int32
          offset:
            type: integer
            format: int32
          size:
            type: integer
            format: int32
          customers:
            type: array
            items:
              $ref: '#/components/schemas/CustomerResponseDto'
          links:
            type: array
            items:
              $ref: '#/components/schemas/Link'
```

使用命令行工具 curl 查询端点时，返回的 HTTP 响应如下所示：

```
curl -X GET --header \
'Authorization: Bearer b318ad736c6c844b' \
http://localhost:8110/customers\?limit\=2
```

```json
{
  "limit": 2,
  "offset": 0,
  "size": 50,
  "customers": [ {
    "customerId": "bunlo9vk5f",
    "firstname": "Ado",
    "lastname": "Kinnett",
    "birthday": "1975-06-13T23:00:00.000+00:00",
    "streetAddress": "2 Autumn Leaf Lane",
    "postalCode": "6500",
    "city": "Bellinzona",
    "email": "akinnetta@example.com",
```

```
    "phoneNumber": "055 222 4111",
    "moveHistory": [ ]
  }, {
    "customerId": "bd91pwfepl",
    "firstname": "Bel",
    "lastname": "Pifford",
    "birthday": "1964-02-01T23:00:00.000+00:00",
    "streetAddress": "4 Sherman Parkway",
    "postalCode": "1201",
    "city": "Genf",
    "email": "bpiffordb@example.com",
    "phoneNumber": "055 222 4111",
    "moveHistory": [ ]
  } ],
  "_links": {
    "self": {
      "href": "/customers?filter=&limit=2&offset=0&fields="
    },
    "next": {
      "href": "/customers?filter=&limit=2&offset=2&fields="
    }
  }
}
```

附录 C
微服务领域特定语言

本附录将深入探讨微服务领域特定语言(Microservice Domain-Specific Language，MDSL)，以帮助读者理解本书第 I 部分和第 II 部分给出的示例。MDSL 的应用范围涵盖所有架构风格和支持技术。换句话说，这门语言不仅适用于描述微服务，还适用于描述消息和数据规范，因此"MDSL"一词也可以指消息和数据规范语言。

API 设计人员可以采用 MDSL 来定义 API 契约、数据表示以及与技术的绑定。这门语言的语法和语义支持本书讨论的领域模型和设计模式。MDSL 工具提供接口描述语言和服务编程语言的生成器，这些语言包括 OpenAPI、gRPC 协议缓冲区、GraphQL、应用程序级配置文件语义(Application-Level Profile Semantics，ALPS)以及 Jolie。Jolie 还可以处理 Web 服务描述语言(Web Service Description Language，WSDL)与 XML 模式之间的转换。

关于 MDSL 的语言规范和配套工具，请访问 MDSL 网站以获得更多信息[1]。

C.1   MDSL 入门

首先，MDSL 支持第 9 章讨论的 API DESCRIPTION。为了指定此类 API 契约，MDSL 采用第 1 章介绍的领域模型概念，包括 API 端点、操作、客户端和提供者。

MDSL 本身支持本书讨论的各种模式。例如，ATOMIC PARAMETER 和 PARAMETER TREE(参见第 4 章)用于构造数据定义。此外，角色和职责(参见第 5 章)可以分配给端点和操作。在消息表示层面，MDSL 包括元素构造型和质量模式(参见第 6、7、9 章)的装饰器，<<Pagination>> 就是这样一个装饰器。MDSL 也集成了演进模式(参见第 8 章)：API 提供者及其 SERVICE LEVEL AGREEMENT 可能会披露 EXPERIMENTAL PREVIEW、LIMITED LIFETIME GUARANTEE 等生命周期保证，许多语言元素可能带有 VERSION IDENTIFIER。

C.1.1   设计目标

作为服务和 API 设计的契约语言，MDSL 致力于促进敏捷建模实践、API 草图绘制以及 API 设计工作坊。MDSL 应该具备较强的可读性，以便参与 API 设计和演进的所有利益相关方群体都能理解。这门语言应该支持部分规范(partial specification)，并且可以随着时间的推移而不断完善。为了在教程和出版物(例如本书)中使用，MDSL 的语法必须足够简洁，就算是复杂的

---

1 https://Microservice-api-patterns.github.io/MDSL-Specification.

API 契约也能在一页书或一张演示幻灯片(或更少)中进行展示。

MDSL 可用于两种情况。一种是自上而下的 API 设计，从需求(例如用于描述集成场景的用户故事和 API 草图)出发，逐步过渡到代码实现和部署工件；另一种是自下而上的接口发现，即识别现有系统的内部接口，这些接口可能封装为公共 API、社区 API 或解决方案内部的远程 API。举例来说，第 II 部分引言提到的对齐-定义-设计-完善(Align Define Design Refine，ADDR)过程[Higginbotham 2021]是一种自上而下的设计过程，领域驱动的 Context Mapper [Kapferer 2021]是支持 MDSL 的发现工具。

MDSL 旨在实现 API 设计的平台独立性，采用这门语言编写的 API DESCRIPTION 不会受限于 HTTP 或其他任何一种协议或消息交换格式。就许多方面而言，HTTP 协议设计与大多数接口定义语言和 RPC 风格的通信协议不同，因此 MDSL 必须支持提供者根据不同的技术进行配置和调整，从而克服协议之间存在的差异，同时保持通用性或特定性。

C.1.2 "Hello World"(API 版)

MDSL 的"Hello World"和服务 API 设计如下所示：

```
API description HelloWorldAPI

data type SampleDTO {ID<int>, "someData": D<string>}

endpoint type HelloWorldEndpoint
exposes
  operation sayHello
  expecting payload "in": D<string>
  delivering payload SampleDTO

API provider HelloWorldAPIProvider
  offers HelloWorldEndpoint
  at endpoint location "http://localhost:8000"
  via protocol HTTP
    binding resource HomeResource at "/"
      operation sayHello to POST
```

这段代码定义了唯一的端点类型 HelloWorldEndpoint，它公开了唯一的端点操作 sayHello。该操作只有一个内联请求参数"in": D<string>，并返回名为 SampleDTO 的未命名数据传输对象(Date Transfer Object，DTO)作为输出。由于 SampleDTO 经过显式建模，因此其规范可以重复使用。在本例中，SampleDTO({ID<int>, "someData": D<string>})是一个扁平的 PARAMETER TREE，包括两个元素：ID<int>是未命名参数，ID 代表 ID ELEMENT，类型为整数；"someData": D<string>是命名参数，名称为"someData"，D 代表 DATA ELEMENT，类型为字符串。

每个端点类型描述了一个与平台无关、可能会重复使用的 API 契约。除了端点类型

HelloWorldEndpoint 之外，这段代码还包括一个名为 HelloWorldAPIProvider 的 API
提供者实例，该实例提供的 API 实现将抽象端点类型绑定到 HTTP。在本例中，端点类型
HelloWorldEndpoint 与唯一的 HTTP 资源 HomeResource 绑定，唯一的端点操作
sayHello 与 HomeResource 的 POST 方法绑定。资源 URI 由两部分组成，分别位于端点级
别和资源级别，并通过关键字 at 进行标记。请求参数可以单独、明确地绑定到 QUERY、PATH
或 HTTP RFC 定义的其他参数类型。本例没有给出参数绑定的具体情况，因此默认参数绑定到
请求的 BODY。

可以预先指定数据类型：

```
data type SampleDTOStub {ID, "justAName"}
```

SampleDTOStub 的定义并不完整。观察这个扁平的 PARAMETER TREE 可以看到，第一个
元素是名为 ID 的标识符角色，但是其名称尚未确定，类型也未知；第二个参数的角色和类型
同样没有指定，仅包含"justAName"。这种不完整、初步的规范适用于两种情况：一是在设
计的初始阶段只需要绘制 API 草图，二是在给定的建模上下文中不需要关注某些细节。

更多示例请浏览 MDSL 网站的"Primer: Getting Started with MDSL"[1]和项目仓库。

C.2　MDSL 参考

本节将深入探讨 MDSL 的概念。

C.2.1　API 端点类型(包含消息规范)

MDSL 的语法受到领域模型(参见第 1 章)的启发。在 MDSL 中，API DESCRIPTION 包括一个
或多个对外公开操作的端点类型。这些操作会接收请求消息并发送响应消息，收发的请求消息
和响应消息要么由简单数据组成，要么由结构化数据组成。完整的示例如下：

```
API description CustomerRelationshipManagementExample

endpoint type CustomerRelationshipManager
  serves as PROCESSING_RESOURCE
data type Customer P
exposes
  operation createCustomer
    with responsibility STATE_CREATION_OPERATION
    expecting payload "customerRecord": Customer
    delivering payload "customerId": D<int>
    compensated by deleteCustomer
  // 尚未执行 GET 操作
  operation upgradeCustomer
```

---

1 https://Microservice-api-patterns.github.io/MDSL-Specification/primer.

```
    with responsibility STATE_TRANSITION_OPERATION
    expecting payload "promotionCode": P // 部分指定
    delivering payload P // 未指定响应
  operation deleteCustomer
    with responsibility STATE_DELETION_OPERATION
    expecting payload "customerId": D<int>
    delivering payload "success": MD<bool>
    transitions from "customerIsActive" to "customerIsArchived"
  operation validateCustomerRecord
    with responsibility COMPUTATION_FUNCTION
    expecting
      headers "complianceLevel": MD<int>
      payload "customerRecord": Customer
    delivering
      payload "isCompleteAndSound": D<bool>
    reporting
      error ValidationResultsReport
        "issues": {"code":D<int>, "message":D<string>}+
```

在这段代码中，CustomerRelationshipManager API 公开并充当 PROCESSING_RESOURCE(如果遵循我们提出的模式命名约定，那么 PROCESSING_RESOURCE 应该写作 PROCESSING RESOURCE)。PROCESSING_RESOURCE 是第 5 章讨论的职责模式之一，包括四种读写特性不同的操作，其中的差异通过名为 with responsibility 的装饰器加以区分。举例来说，upgradeCustomer 是一项 STATE_TRANSITION_OPERATION。在本例中，所有操作都定义了请求消息和响应消息(并非 MDSL 的强制要求，因为消息交换模式可能有所不同)。请求消息和响应消息的标头和有效载荷内容通过 MDSL 数据传输表示进行建模，这些数据传输表示的相关讨论参见 C.2.2 节。

某些操作定义了撤销操作(compensated by)和状态转换(transitions from … to)。validateCustomerRecord 操作可以返回 ERROR REPORT，这是第 6 章讨论的一种模式。请注意，ValidationResultsReport 有一个加号(+)，表示包含"至少一个"基数，因此 ValidationResultsReport 至少会记录一个问题。validateCustomerRecord 操作包含一个名为"complianceLevel": MD<int>的请求标头，作为元数据使用，类型为整数。

更详细的解释请浏览 MDSL 网站的"Service Endpoint Contracts in MDSL"[Zimmermann 2022]。

C.2.2　数据类型和数据契约

本书一直在强调数据建模的重要性。API 的 PUBLISHED LANGUAGE 包含多处平面数据表示或嵌套数据表示：

- 端点类型定义了操作，这些操作涉及请求消息(可能还涉及响应消息)，其中包含有效载荷内容和元数据标头。务必明确规定消息的结构并使各方就此达成一致，以实现互操作性和准确性，并确保具有良好的客户端开发者体验。
- 如果有多项操作使用某些数据结构，那么这些操作可能会引用共享的数据传输表示。这些数据传输表示在消息层面上类似于程序内部的数据传输对象，将被纳入一个或多个 API 端点契约。
- API 可能用于发送和接收事件，这些事件也需要数据定义。

API 数据定义会影响客户端与提供者之间的耦合程度，因此是 API 能否取得成功的"关键先生"。MDSL 支持多种数据建模方式，以应对前文讨论的使用场景。MDSL 数据类型的设计借鉴了消息交换格式(例如 JSON)，并在此基础上进行泛化。下面是两个示例：

```
data type SampleDTO {ID, D<string>}
data type Customer {
  "name": D<string>,
  "address": {"street": D<string>, "city": D<string>}*,
  "birthday": D<string>}
```

第 4 章讨论的两种基本结构模式 ATOMIC PARAMETER 和 PARAMETER TREE 构成了 MDSL 的类型系统。在上面这段代码中，"name": D<string>是一个 ATOMIC PARAMETER；Customer 是一个嵌套的 PARAMETER TREE，内部还有一个 PARAMETER TREE，这个名为"address"的字段包含一个或多个元素，由其定义末尾的星号(*)表示。

PARAMETER TREE 和 PARAMETER FOREST

MDSL 支持嵌套结构，以实现 PARAMETER TREE 模式。嵌套结构采用大括号表示：{...{...}}，这种语法类似于数据表示语言(例如 JSON)中的对象。

前文所示的代码包括两个 PARAMETER TREE，其中一个 PARAMETER TREE(即"address")直接写入消息规范：

```
"address": {"street": D<string>, "city": D<string>}
```

方括号[...]表示使用 PARAMETER FOREST 模式，例如：

```
data type CustomerProductForest [
  "customers": {"customer": CustomerWithAddressAndMoveHistory}*;
  "products": {"product": ID<string>}
]
```

ATOMIC PARAMETER (完整规范或部分规范)

完整的 ATOMIC PARAMETER 定义为标识符-角色-类型三元组。我们以"aName":D<string> 为例进行分析。

- **"aName"**：标识符(可选)。标识符对应于编程语言和数据表示语言(例如 JSON)中的变量名，必须用双引号括起来(例如`"somePayloadData"`)，可以包含空格(" ")或下划线("_")。
- **D**：角色(强制)。角色包括 D(数据)、MD(元数据)、ID(标识符)和 L(链接)，直接对应于第六章讨论的四种元素构造型模式 DATA ELEMENT、METADATA ELEMENT、ID ELEMENT 和 LINK ELEMENT。
- **string**：类型(可选)。基本类型包括 `bool`、`int`、`long`、`double`、`string`、`raw` 和 `void`。
- 举例来说，D<int>代表整数数据值，而 D<void>代表空的表示元素。

标识符-角色-类型三元组概念剖析

消息标头或有效载荷的某个特定部分(即领域模型中的"表示元素")承担的角色是将其作为主要的规范元素，标识符和类型则属于可选元素。通过这样处理，就可以在 API 设计尚未完成时提前使用 MDSL：

```
operation createCustomer
  expecting payload "customer": D
  delivering payload MD
```

标识符-角色-类型三元组与编程语言中常用的标识符-类型对略有不同。如前所述，只有角色是强制性的，而标识符和类型属于可选项。这使得开发人员能够以更简洁的方式定义 API，从而符合敏捷开发的实践要求。如果某个元素的类型尚未确定，那么可以使用 P 来表示这个元素(P 代表"参数"或"有效载荷占位符")。在标识符-类型-角色三元组中，P 可以代替角色-类型元素，也可以代替整个三元组。举例如下：

```
operation upgradeCustomer
  expecting payload "promotionCode": P // 占位符
  delivering payload P // 未指定响应
```

`"nameOnly"`也可用于指定通用的占位符参数(既没有角色，也没有类型)。

多重性

基数分类符"*"、"?"和"+"用于将类型定义转换为集合("*"表示集合要么为空，要么包含任意数量的元素；"?"表示集合要么包含一个元素，要么为空，"+"表示集合包含至少一个元素)。如果没有明确指定使用哪个基数分类符，那么会默认使用"!"(集合包含恰好一个元素)。

更详细的解释请浏览 MDSL 网站的"Data Contracts and Schemas in MDSL"[Zimmermann 2022]。

C.2.3　提供者和协议绑定(HTTP、其他技术)

MDSL 的设计本身就包含对其他 API 契约语言中所有概念的泛化和抽象。大多数 API 契约语言的泛化和抽象比较简单直接，其他接口定义语言也进行过类似的处理。对 HTTP 资源 API 来说，由于 MDSL 端点与 HTTP 资源及其 URI 之间并不是一对一的关系，因此需要引入额外的概念和中间步骤来处理这些映射关系。特别需要注意的是，由 RFC 6570 规范[Fielding 2012] 倡导、在 HTTP 路径参数中使用的动态端点寻址是一种特定于 HTTP 的技术。此外，在检索操作中处理复杂的请求有效载荷并非易事，原因在于 HTTP GET 方法不适合包含请求体。HTTP 还采用特定的方式来处理寻址、请求参数和响应参数、错误和安全问题(采用这些方式有其合理性和必要性)。

如果缺少映射信息，那么可以通过在提供者级别显式定义 HTTP 绑定来补充这些信息：

```
API provider CustomerRelationshipManagerProvider version "1.0"
offers CustomerRelationshipManager
  at endpoint location "http://localhost:8080"
via protocol HTTP binding
  resource CustomerRelationshipManagerHome
    at "/customerRelationshipManagerHome/{customerId}"
    operation createCustomer to PUT // POST 方法已使用
      element "customerRecord" realized as BODY parameter
    // 尚未执行 GET 操作
    operation upgradeCustomer to PATCH
      element "promotionCode" realized as BODY parameter
    operation deleteCustomer to DELETE
      element "customerId" realized as PATH parameter
    operation validateCustomerRecord to POST
      element "customerRecord" realized as BODY parameter
provider governance TWO_IN_PRODUCTION
```

根据 MDSL 规范生成 OpenAPI 以及之后生成服务器端存根和客户端代理时，抽象端点类型并不包含全部所需的绑定信息。MDSL 操作与 HTTP 动词(例如 GET、POST、PUT 等)的映射是一个特别重要的示例。因此，还可以提供额外的映射细节，例如指定有效载荷参数是通过 QUERY 字符串、消息 BODY 还是其他方式(URI PATH、HEADER 或 COOKIE)进行传输(如前所述)。错误报告和安全策略也可以绑定，并提供媒体类型信息。

更详细的解释请浏览 MDSL 网站的"Protocol Bindings for HTTP, gRPC, Jolie, Java" [Zimmermann 2022]。

C.3　微服务 API 模式支持概述

MDSL 通过多种方式支持本书讨论的微服务 API 模式(Microservice API Pattern，MAP)：

1. 在数据契约部分,基本表示元素充当 MDSL 语法规则。MDSL 主要采用 PARAMETER TREE 和 ATOMIC PARAMETER 来定义数据结构，同时也支持 ATOMIC PARAMETER LIST 和 PARAMETER

FOREST。PARAMETER TREE 对应于 JSON 对象({...})。当基数分类符为"*"和"+"时，意味着使用 JSON 作为消息交换格式的 API 应该发送或接收一个 JSON 数组([...])。MDSL 还使用 int、string、bool 等基本类型。

2. 基础模式(例如 PUBLIC_API 和 FRONTEND_INTEGRATION)可以用作整个 API 描述的装饰器注解。MDSL 也支持第 4 章讨论的其他可见性模式和方向模式，包括 PUBLIC_API、COMMUNITY_API 和 SOLUTION_INTERNAL_API。

3. 角色装饰器和职责装饰器可用于端点级别和操作级别。举例来说，角色装饰器(例如 PROCESSING_RESOURCE 和 MASTER_DATA_HOLDER)用于描述 API 端点的角色，而职责装饰器(例如 COMPUTATION_FUNCTION 和 RETRIEVAL_OPERATION)用于描述 API 操作的职责。相关讨论参见第 5 章。

4. 在定义 ATOMIC PARAMETER 时，可以选择不同的表示元素构造型作为标识符-角色-类型三元组中的角色，包括 D(数据)、MD(元数据)、ID(标识符)和 L(链接)。

5. 也可以使用模式装饰器对显式数据类型和内联表示元素进行注解。<<Context Representation>>和<<Error_Report>>(参见第 6 章)以及<<Embedded_Entity>>和<<Wish_List>>(参见第 7 章)都是负责装饰表示元素的构造型。

以下示例详细展示了 MDSL 支持的五种 MAP：

```
API description CustomerManagementExample version "1.0.1"
usage context SOLUTION_INTERNAL_API
  for FRONTEND_INTEGRATION
data type Customer <<Data_Element>> {ID, D} // 初步

endpoint type CustomerRelationshipManager
  serves as INFORMATION_HOLDER_RESOURCE
  exposes
    operation findAll with responsibility RETRIEVAL_OPERATION
      expecting payload "query": {
        "queryFilter":MD<string>*,
        "limit":MD<int>,
        "offset":MD<int>}
      delivering payload
       <<Pagination>> "result": {
          "responseDTR":Customer*,
          "offset-out":MD<int>,
          "limit-out":MD<int>,
          "size":MD<int>,
          "self":Link<string>,
          "next":L<string>}*
```

在这段代码中，findAll 操作应用了第 7 章讨论的 PAGINATION 模式。从 Customer RelationshipManager 的定义可以看到，消息设计遵循 PAGINATION 模式的解决方案，并使

用模式特定的表示元素，例如"limit"。根据模式描述的要求，客户端需要在基于偏移的分页中指定"limit"和"offset"。

本例包括全部四种元素构造型的实例，例如 METADATA ELEMENT 和 LINK ELEMENT。定义数据元素时可以使用长名称也可以使用短名称，这两种方式在示例中均有展示(参见"self"和"next")：

- Data(或 D)代表普通数据、基本数据或值角色，对应于 DATA ELEMENT 模式。
- Identifier(或 ID)代表标识符，对应于 ID ELEMENT 模式。
- Link(或 L)代表网络可访问的标识符(如 URI 链接)，对应于 LINK ELEMENT 模式。
- Metadata(或 MD)代表控制元数据、溯源元数据或聚合元数据，对应于 METADATA ELEMENT 模式。

元素角色构造型可以搭配基本类型使用，以便精确定义 ATOMIC PARAMETER。

使用 MDSL 装饰器注解和构造型并非强制要求，不过它们有助于增加 API 描述的表达性，而且可以通过 API 检查器(linter)/契约验证器、代码/配置生成器、MDSL 到 OpenAPI 转换器等工具进行处理。

C.4　MDSL 工具

开源项目 MDSL-Web[1]是一款基于 Eclipse 的编辑器和 API 检查器，不仅提供能够支持快速、目标驱动进行 API 设计("API 优先")的转换功能，而且能够将 API 设计重构为本书讨论的许多模式。这款工具既可以验证 MDSL 规范，也可以生成特定于平台的契约(如 OpenAPI、gRPC、GraphQL 和 Jolie)。由于命令行界面能够提供大多数 IDE 功能，因此在创建和使用 MDSL 规范时不一定需要使用 Eclipse。

中间生成器模型和 API 可以实现其他目标语言与其他工具的集成。Apache FreeMarker 是一种采用 Java 编写的模板引擎，用于生成基于模板的报告。其中一个可用的示例模板能够将 MDSL 转换为 Markdown。

更多信息请浏览 MDSL 网站的"MDSL Tools: Users Guide"[Zimmermann 2022]。

C.5　在线资源

关于 MDSL 的权威信息和最新资料，请访问 MDSL 网站[2]。该网站还提供 MDSL 入门指南、教程和速查表。

第 11 章提到的接口重构目录(Interface Refactoring Catalog)提供了 API 重构前后的 MDSL 代码片段，详情请访问接口重构目录网站 https://interface-refactoring.github.io。

有关 MDSL 工具的分步说明和示例，请参见 Olaf Zimmermann 的博客文章 https://ozimmer.ch/categories/#Practices。

1　https://github.com/Microservice-API-Patterns/MDSL-Web.
2　https://microservice-api-Patterns.github.io/MDSL-Specification.